科学出版社"十四五"普通高等教育本科规划教材

田间试验与统计分析

（第四版）

主　编	刘永建（四川农业大学）	明道绪（四川农业大学）
副主编	曹墨菊（四川农业大学）	朱永平（云南农业大学）
	刘桂富（华南农业大学）	
其他编者	（按姓氏笔画排序）	
	赵欣欣（吉林农业大学）	王久光（西南大学）
	毛孝强（云南农业大学）	刘仁祥（贵州大学）
	陈正军（甘肃农业大学）	季　兰（山西农业大学）
	季彪俊（福建农林大学）	敖和军（湖南农业大学）
	郭新梅（青岛农业大学）	龚　江（石河子大学）
	董中东（河南农业大学）	谭礼强（四川农业大学）
主　审	黄玉碧（四川农业大学）	

U0249571

科学出版社

北　京

内 容 简 介

本书包含田间试验的设计与实施、资料的整理与描述、常用概率分布、t 检验和 u 检验、方差分析、正交设计、χ^2 检验、直线回归分析、直线相关分析、多元线性回归分析、复相关分析、偏相关分析、协方差分析、常用试验设计与统计分析的 SAS 程序、常用试验设计与统计分析的 R 脚本、课程实验、常用数理统计表等内容；内容广度、深度选择恰当，具有科学性、系统性、针对性、实用性，基本概念、基本原理、基本方法叙述正确，条理清晰、简明扼要、深入浅出，实例丰富、过程详细、步骤完整。

本书可作为高等院校植物生产类、林学类和草学类等专业的生物统计课程教材，对于农学和生物学科研工作者也是一本提供试验或调查设计方法、提供对试验或调查获得的资料进行整理分析方法的重要参考书。

图书在版编目（CIP）数据

田间试验与统计分析 / 刘永建，明道绪主编. —4 版. —北京：科学出版社，2020.12
科学出版社"十四五"普通高等教育本科规划教材
ISBN 978-7-03-064067-3

Ⅰ. ①田… Ⅱ. ①刘… Ⅲ. ①田间试验-统计分析-高等学校-教材 Ⅳ. ①S3-33

中国版本图书馆 CIP 数据核字（2020）第 011435 号

责任编辑：丛 楠 / 责任校对：严 娜
责任印制：霍 兵 / 封面设计：谜底书装

科 学 出 版 社 出版
北京东黄城根北街 16 号
邮政编码：100717
http://www.sciencep.com

三河市宏图印务有限公司印刷
科学出版社发行 各地新华书店经销

*

2005 年 7 月第 一 版 开本：787×1092 1/16
2020 年 12 月第 四 版 印张：21
2024 年 11 月第八次印刷 字数：538 000

定价：65.00 元
（如有印装质量问题，我社负责调换）

第四版前言

《田间试验与统计分析》教材出版历经近 20 载，始终以立德树人为根本任务，以服务人才培养为目标，以提高教材质量为核心，高度重视教材的思想性、学术性、创新性和实践性，在提高我国高等农林院校生物统计学课程的教学水平方面发挥了重要作用。《田间试验与统计分析》（第四版）经申报评审，立项为科学出版社"十四五"普通高等教育本科规划教材予以出版，并确定由四川农业大学刘永建教授和明道绪教授担任主编。

本书是在《田间试验与统计分析》（第三版）的基础上修订而成的，仍包含十一章：第一章，田间试验（王久光、敖和军编写）；第二章，资料的整理与描述（赵欣欣编写）；第三章，常用概率分布（董中东、陈正军编写）；第四章，假设检验（季彪俊编写）；第五章，方差分析的基本原理与步骤（刘永建、龚江编写）；第六章，方差分析的实际应用（曹墨菊、谭礼强、郭新梅编写）；第七章，正交设计（刘永建编写）；第八章，χ^2检验（朱永平、毛孝强编写）；第九章，直线回归与相关分析（刘仁祥编写）；第十章，多元线性回归与相关分析（季兰、明道绪编写）；第十一章，协方差分析（刘桂富编写）。附有常用试验设计与统计分析的 SAS 程序（刘永建编写）、常用试验设计与统计分析的 R 脚本（刘桂富编写）、课程实验（刘永建、刘桂富编写）、常用数理统计表（陈正军选编）。建议选学的章、节、段用"＊"注明。本书聘请四川农业大学黄玉碧教授担任主审。

本书在《田间试验与统计分析》（第三版）基础上作了以下改动：在第四章中，对非配对设计和配对设计试验资料的假设检验做了较大修改，使分析思路更加清晰、分析步骤更加详细；在第六章中，删除了单因素随机区组设计、拉丁方设计和裂区设计出现缺区情况下进行缺区估计与资料分析的内容，增加了多环境试验资料的联合方差分析；在第十一章中，将协方差分量的估计单独作为一节介绍，更加强调方差分量估计和协方差分量估计；对第三版的附录一进行了补充和完善；增加了附录二"常用试验设计与统计分析的 R 脚本"，附录三"课程实验"；更换了少数例题、习题；更正了已发现的个别笔误；对个别章节的文字叙述做了必要的修改、增删。

为了推进教材的数字化，将例题通过 R4.3.2 和 SAS 学术版（https://welcome.oda.sas.com）实现的代码及其运行结果的文档生成二维码，放置在例题旁边，读者可以扫码浏览。以该教材为蓝本，依托中国大学 MOOC 平台建成了在线开放课程（https://www.icourse163.org/course/SAU-1449581162），读者可以注册使用。

本书在编写中参考了有关中外文献和专著，编写者对这些文献和专著的作者、对热情指导和大力支持修订工作的科学出版社丛楠同志一并表示衷心感谢！

虽然本书已对第三版中的有关内容作了调整、精简，对个别章节的文字叙述作了必要的修改、增删，但限于编者水平，疏漏、不足仍在所难免，敬请生物统计学专家学者和广大读者批评、指正，以便再版时修改。

编 者

2020 年 10 月

第一版前言

  "田间试验与统计分析"是我国高等农业院校作物生产类、林园类、生物技术类等各本科专业和综合大学、师范院校生物学类本科专业及成人教育、网络教育相应本科专业开设的一门重要的专业基础课。它既为田间试验提供基本的、常用的试验设计与资料统计分析的方法，也为"遗传学"、"育种学"等后续课程的学习打下统计学基础。

  为了编写一本符合本科培养目标要求的，体现科学性、系统性、实用性、针对性相统一的教材，科学出版社立项由国际生物统计学会会员、四川农业大学明道绪教授主编出版 21 世纪高等院校教材《田间试验与统计分析》。

  本教材包括田间试验 （欧阳西荣、唐章林编写），资料的整理与描述 （王奇编写），常用概率分布（徐向宏编写），显著性检验（周以飞编写），方差分析（明道绪、刘永建编写），χ^2检验（朱永平、毛孝强编写），直线回归与相关分析（马朝芝编写），多元线性回归与相关分析（季兰编写），协方差分析（刘桂富编写），试验资料的方差分析（单虹丽、曹墨菊编写），正交设计试验资料的方差分析（林栋、金凤编写）共十一章（选学内容，用"*"注明），并附有常用生物统计方法的 SAS 程序、汉英名词对照表（刘永建编写）及常用统计数学用表。初稿完成后，由主编明道绪教授负责统稿，做了必要的修改与增删。

  在教材编写中力求做到循序渐进、由浅入深、深入浅出、简明易懂；在正确阐述重要的统计学原理的同时，着重于基本概念、基本方法的介绍，特别注意学生动手能力的培养和统计分析与计算机科学的结合；每一种设计或分析方法都安排有步骤完整、过程详细的实例予以说明；各章都配备有习题（书后附参考答案）供读者练习。

  本教材既可作为我国高等院校开设"田间试验与统计分析"课程的教学用书，对农业和生物科技工作者来说也是一本有重要实用价值的工具书。

  本教材在编写过程中参考了有关中外文献和专著，编者对这些文献和专著的作者表示衷心感谢！

  限于编者水平，错误、缺点在所难免，敬请生物统计学专家和广大读者批评指正，以便再版时修改。

编 者

2005 年 5 月 18 日

目　　录

《田间试验与统计分析》（第四版）教学课件索取

　　凡使用本教材作为授课教材的高校主讲教师，可获赠教学课件一份。通过以下两种方式之一获取：

　　1. 扫描左侧二维码，关注"科学EDU"公众号→教学服务→课件申请，索取教学课件。

　　2. 填写下方教学课件索取单后扫描或拍照发送至联系人邮箱。

姓名：		职称：		职务：	
电话：			电子邮箱：		
学校：			院系：		
所授课程（一）：				人数：	
课程对象：□研究生 □本科（____年级）□其他_____				授课专业：	
使用教材名称 / 作者 / 出版社：					
所授课程（二）：				人数：	
课程对象：□研究生 □本科（____年级）□其他_____				授课专业：	
使用教材名称 / 作者 / 出版社：					
您对本书的评价及下一版的修改意见：					
推荐国外优秀教材名称/作者/出版社：				院系教学使用证明（公章）：	
您的其他建议和意见：					

联系人：丛楠　　　咨询电话：010-64034871　　　回执邮箱：congnan@mail.sciencep.com

第一章 田间试验

第一节 田间试验概述

一、田间试验的意义、任务与要求

（一）田间试验的意义与特点

田间试验（field experiment）是指在田间土壤、自然气候等环境条件下栽培作物，并进行与作物有关的各种科学研究的试验。

作物生产是在田间进行的，田间是各种农作物的基本生活环境，作物的产量、品质及特性的表现，是田间各种自然环境条件综合作用的结果。选育新的高产优质品种、认识作物的生长发育规律、探索新的增产技术措施等，都须在田间条件下进行试验。新的农业科研成果、从外地引进的新品种和新技术是否增产等，也必须在田间条件下进行比较试验，以确定其推广应用价值。因此，在解决农业生产实际问题而进行的农业科学研究中，田间试验占有重要的地位。

由于农业科学试验的材料和内容具有的多样性及复杂性，除田间试验外，还要采用多种其他试验方式予以配合，如实验室试验、温室试验、人工气候箱（室）试验等。实验室或温室试验能较严格地控制在田间条件下难以控制的某些试验条件（如温度、光照、土壤水分等），简化试验条件和过程，有助于揭示作物生长发育规律；利用人工气候箱（室）进行试验，可对温度、湿度、日照和光强等同时调节，模拟某种自然气候条件，对于研究农业生产的理论问题具有重大意义。但这些试验研究结果能不能在大田生产中推广应用，都必须经过田间试验的检验。因此，田间试验是大面积推广农业科技成果的准备阶段，是农业科学试验的重要形式。

田间试验的环境条件就是或接近大面积生产时的有代表性的条件，其研究成果应用到实际生产中容易获得预期的效果，实现大面积推广。因此，田间试验获得的科技成果，可很快转化为现实生产力。

田间试验与环境条件、农业生产条件密切相关，概括起来具有以下几个主要特点。

（1）田间试验研究的对象和材料是作物，以作物生长发育的反应作为试验指标研究作物生长发育规律、探索作物高产栽培技术或条件。不同作物有不同的遗传特性，同一作物的不同品种也有其自身的生长发育规律，对外界环境条件各有不同的反应，要求一定的适宜条件才能满足其正常生长发育的需要。田间试验是在自然条件下进行的试验，自然条件是多变的，要保证田间试验结果可靠，必须在不同环境条件下进行一系列的田间试验，才能确定作物品种及其相应栽培技术的适宜区域。

（2）田间试验具有严格的地区性和季节性。农业生产的最大特点之一是地区性很强。任何优良品种、栽培技术、病虫害防治措施等，都会因时间、地点和条件的不同而表现出不同的效果。在一个地区进行田间试验获得的研究成果，最适宜在当地推广应用；从外地引进的新品种、新技术都必须在当地进行田间试验，以确定其推广应用价值。由于作物生长发育受到气候条件的影响和限制，因此田间试验的季节性也很强。而且，田间试验的周期长，从试验开始到结束，常常需要历时作物的整个生长季节，有的一年只能进行一次，有的试验要继续进行若干年，才能获得可靠结果。

（3）田间试验普遍存在试验误差。由于田间试验受到试验因素以外各种内在的、外在的非试验因素的影响，特别是受到客观存在的土壤差异的影响，使田间试验结果常常包含不同来源的试验误差。因此，在进行田间试验的过程中，应采取各种措施尽量减少试验误差，采用相应的统计分析方法分析试验资料，以正确估计试验误差，得到可靠的结论。

（二）田间试验的任务与作用

田间试验的根本任务是在自然大田生产条件下，选育新的作物品种和改良农业生产技术，客观地评定优良品种及其适应区域，研究各项增产技术措施及其应用范围，使科研成果能够合理地应用和推广，尽快转化为生产力。

田间试验有下述两个主要作用。

（1）田间试验是联系农业科学与生产实践的桥梁。农业科学的成果和理论，必须通过田间试验才能被广泛地应用到农业生产实践中去；生产实践的经验也须通过田间试验才能上升为理论，以便更有效地指导农业生产。

（2）田间试验研究成果能推动农业生产和农业科学向前发展。通过田间试验探索农作物的生长发育规律及其与自然环境和栽培条件的关系，制订出合理、有效的技术措施，以实现农业的高产、高效、优质、生态和安全。田间试验还可以做出示范，推动大面积生产；同时推广、传授先进技术，培养农技人员，促进农业技术革命，提高农业科学水平。

（三）田间试验的要求

作物生长在自然环境的土壤中，其生长发育过程始终受到各种外界环境因素的综合影响。各地的自然环境条件不同，对作物的生长发育具有不同的影响，在不同环境条件下的试验结果也不尽相同。由于田间试验的环境条件难以精确控制，增加了进行试验的复杂性，试验结果一般都存在或大或小的试验误差。为了有效地做好试验，使试验结果能够在提高农业生产和农业科学水平上发挥应有的作用，对田间试验有以下基本要求。

（1）试验目的要明确。为了提高农业生产的水平和效益，推动农业科学发展，在深入生产实际调查和阅读大量农业科技文献的基础上，选择有科学性、创新性、针对性、现实性、预见性的研究课题进行研究，以解决当前生产中的实际问题，选育出新的作物品种，研究出新的农业生产技术或综合配套措施。对试验的预期结果要心中有数，试验前最好能对试验结果提出符合科学理论的假说。

（2）试验要有代表性和先进性。试验的代表性是指进行田间试验的条件要能够代表其研究结果将要推广应用地区的自然条件和生产水平，这决定了试验结果的可推广利用程度和研究成果的应用价值。否则由于农业生产的地区性，研究成果的推广应用可能受到限制。试验的先进性是指农业研究除了结合当前实际外，还要考虑到农业生产的发展前景，试验条件既要代表目前生产水平，还要注意将来可能被广泛采用的条件，也要考虑到其他学科的发展对农业生产的影响，使试验结果既能满足当前需要，有推广应用价值，又有一定前瞻性，从而推动农业生产和农业科学发展。

（3）试验结果要正确可靠。田间试验的结果是用来指导大田生产的，其研究结果必须正确可靠，才能保证研究结果的推广应用会对农业生产产生应有效益。由于田间试验过程中各种条件的变化和差异，常常不可避免地产生或大或小的试验误差，试验误差影响研究结果的正确性和可靠性。这就要求在进行田间试验的过程中，必须严格控制试验条件，尽可能减少试验误差，要努力提高试验的准确性和精确性，使试验结果正确、可靠。

准确性（accuracy）也叫准确度，指在试验中某一试验指标或性状的观测值与其真值接近的程度。设某一试验指标或性状的真值为 μ，观测值为 x，若 x 与 μ 相差的绝对值 $|x-\mu|$ 小，则观测值 x 的准确性高；反之则低。精确性（precision）也叫精确度，指试验中同一试验指标或性状的重复观测值之间彼此接近的程度。若重复观测值彼此接近，即任意两个观测值 x_i、x_j 相差的绝对值 $|x_i-x_j|$ 小，则观测值精确性高；反之则低。试验的准确性、精确性合称为试验的正确性。由于实际试验中的真值 μ 常常未知，所以准确性不易度量，但是利用统计方法可度量精确性。

要保证试验结果具有较高的准确性和精确性，必须保证试验条件的一致性，除了设置的试验处理的差异外，其他所有管理措施和条件要尽可能相同；要准确地执行各项试验技术，避免发生人为的错误；还必须做到观察记载标准要明确、一致，同一项目或性状的观察记载最好由相同人员完成。

（4）试验结果要具有重演性。试验结果的重演性是指在相同的条件下再次进行同一试验，应能获得与原试验相同的结果。只有试验结果符合客观规律、能够重演，才有推广应用的价值。试验结果的重演性取决于试验条件的代表性和试验的正确性。一般说来，只要试验条件的代表性好，试验结果正确，试验结果是能够重演的。田间试验结果的重演与实验室里精确控制试验条件的化学、物理试验结果可准确地重复不完全一样。田间试验中不仅作物本身具有变异性，在作物生长发育的过程中，更是受到各种环境条件变化的影响，在相同条件下再次进行同一试验可允许试验结果略有出入（如产量略高或略低一点），但试验结果表现出来的规律和变化趋势应一致。为了避免环境条件特殊变化影响试验结果的正确性，保证试验结果能够重演，可将试验在多种试验条件下重复进行多次，如品种区域试验常常在多个地点进行 2~3 年，以对各供试品种进行全面正确的评价。

二、田间试验常用术语

1. 试验指标 用来衡量试验结果的好坏或处理效应的高低、在试验中具体测定的性状或观测的项目称为试验指标（experimental index）。由于试验目的的不同，选择的试验指标也不尽相同。田间试验中农作物的许多农艺性状、品质性状、生理生化指标，如产量、株高、穗长、穗数、每穗粒数、千粒重、饱满度、结实率、发芽率、蛋白质含量、纤维长度和强度、酶活性等都可以作为试验指标。

2. 试验因素 试验中人为能控制的、研究者拟研究的、影响试验指标的原因或条件称为试验因素（experimental factor）。例如，小麦高产栽培技术研究中，品种、密度、播种期、施氮量等都对产量有影响，均可作为试验因素予以研究。只研究一个因素对试验指标影响的试验称为单因素试验；同时研究两个或两个以上因素对试验指标影响的试验称为多因素试验。试验因素常用大写英文字母 A、B、C……表示。

3. 因素水平　　对试验因素所设定的质的不同状态或量的不同级别称为因素水平（factor level），简称水平。例如，比较 5 个小麦品种产量的高低，这 5 个小麦品种（质的不同状态）就是品种这个试验因素的 5 个水平；研究 4 种施氮量对水稻产量的影响，这 4 种施氮量（量的不同级别）就是施氮量这个试验因素的 4 个水平。因素水平一般用代表该因素的英文字母添加数字下标 1、2……表示，如 A_1、A_2……；B_1、B_2……等。

4. 试验处理　　事先设计好的实施在试验单位上的具体项目称为试验处理（experimental treatment），简称处理。在单因素试验时，实施在试验单位上的具体项目就是试验因素的某一水平。例如，进行小麦品种比较试验，实施在试验单位上的具体项目就是种植某品种小麦。进行多因素试验时，实施在试验单位上的具体项目是各因素的某一水平组合。例如，进行 3 个小麦品种（A）和 4 种播种密度（B）的两因素试验，共有 $3 \times 4 = 12$ 个水平组合，实施在试验单位上的具体项目就是某小麦品种与某播种密度的组合。又如，进行 3 个施氮量（A）、3 个施磷量（B）和 3 个施钾量（C）的三因素试验，共有 $3 \times 3 \times 3 = 27$ 个水平组合，实施在试验单位上的具体项目就是某一施氮量、某一施磷量、某一施钾量的组合。

5. 试验小区　　实施一个处理的一小块长方形土地称为试验小区（experimental plot），简称小区。

6. 试验单位　　实施处理的材料单位称为试验单位（experimental unit），亦称试验单元。试验单位可以是田间试验的一个小区，盆栽试验的一个盆钵，微生物培养基配方试验的一个培养皿，也可以是一穴、一株、一穗、一个器官等。

7. 总体与个体　　根据研究目的确定的研究对象的全体称为总体（population），其中的一个研究对象称为个体（individual）。个体是统计研究中最基本的单位，根据田间试验的研究目的，它可以是某品种水稻的一个小区产量、某品种小麦一个麦穗的小穗数、某品种玉米的一个百粒重等。也就是说，统计研究的个体就是对农作物的某一性状或试验指标通过观察、测量所获得的一个观测值。相应的总体是某品种水稻小区产量观测值的全体，某品种小麦麦穗小穗数观测值的全体，某品种玉米百粒重观测值的全体等。根据总体全部个体计算所得的总体特征数称为参数（parameter），总体参数通常用希腊字母表示，如总体平均数 μ、总体标准差 σ 等。

8. 有限总体与无限总体　　包含有限个个体的总体称为有限总体（finite population），其个体数目常记为 N。例如，某品种小麦麦穗的小穗数观测值总体虽然包含的个体数目很多，但仍为有限总体。包含无限多个个体的总体称为无限总体（infinite population）。例如，在统计学理论研究上服从正态分布的总体、服从 t 分布的总体，包含一切实数，属于无限总体。在实际研究中还有一类假设总体。例如，进行几个小麦品种比较试验获得这几个小麦品种的小区产量观测值，实际上并不存在种植这几个小麦品种小区产量观测值总体，只是假设有这样的总体存在。

9. 样本　　从总体中抽取的一部分个体组成的集合称为样本（sample）。根据样本全部个体计算所得的样本特征数称为统计数（statistic），统计数常用小写英文字母表示，如样本平均数 $\bar{x}$、样本标准差 s 等。样本统计数是相应总体参数的估计值，如样本平均数 $\bar{x}$ 是总体平均数 μ 的估计值；样本标准差 s 是总体标准差 σ 的估计值等。

　　研究的目的是了解总体，但通常能得到的却是样本。由样本推断总体是统计分析的基本手段，因此，样本必须具有较好的代表性，这就要求抽样应符合随机性和独立性。抽样的随机性是指总体的各个体具有同等的概率被抽取；抽样的独立性是指每次抽取一个个体后不影响下次抽样时各个体被抽取的概率。从总体中采用随机方法抽取的样本称为随机样本（random sample）。随机样本具有较好的代表性。

　　10．样本容量　　样本所包含的个体数目称为样本容量（sample size），样本容量常记为 n。通常将样本容量 $n>30$ 的样本称为大样本，将样本容量 $n\leqslant30$ 的样本称为小样本。

第二节　田间试验的误差及其控制

一、试验误差及其控制

（一）试验误差

　　由于受到试验因素以外各种内在的、外在的非试验因素的影响，田间试验的观测值与处理总体平均数之间产生的差异称为试验误差，简称误差（error）。田间试验误差可分为系统误差和随机误差两种。

　　1．系统误差　　在一定试验条件下，由某种原因所引起的使观测值发生方向性的误差称为系统误差（systematic error），又称为偏性（bias）。系统误差是试验过程中产生的误差，它的值或恒定不变或遵循一定的变化规律，其产生的原因往往是可知的或可掌握的。产生系统误差的常见原因有仪器差异、方法差异、试剂差异、条件差异、顺序差异、人为差异等，如试验地肥力按一定方向有规律的变化、试验分析药品纯度差异或观察记载人员的习惯与偏向等。导致系统误差的原因多种多样，因试验地点、人员、仪器、药品等研究条件不同而异，所以实际观测资料的系统误差往往是多种偏差的复合。系统误差影响试验的准确性。

　　系统误差是某种方向性原因形成的，只要认真检查，可在很大程度上预见到各种系统误差的具体来源。从事田间试验的研究人员必须熟识本领域研究及实验室仪器设备中容易发生系统偏差的因素，有针对性地予以控制。通过合理选择试验地、合理安排试验小区、校正仪器设备、观察记载及严格按标准进行操作，控制、降低及避免系统误差的产生。

　　2．随机误差　　由多种偶然的、无法控制的因素所引起的误差称为随机误差（random error）。例如，将某品种小麦采用相同的栽培技术种植在土壤肥力相近的相邻几个小区上，由于受许多无法控制的内在和外在的偶然因素的影响，其株高、小区产量等虽然接近但不完全相同。这种误差就是随机误差。随机误差具有偶然性，在试验中，即使十分小心控制也难以消除。随机误差影响试验的精确性。统计分析的试验误差主要指随机误差，这种误差越小，试验的精确性越高。

（二）田间试验误差的来源

　　为了有针对性地控制和降低试验误差，应充分了解试验误差的来源。在田间试验中，试验误差的来源可以概括为以下三个方面。

　　1．试验材料的差异　　田间试验的供试材料通常是作物。不同作物、不同品种的遗传特性及作物个体的生长发育状况等方面往往会存在一定差异，如试验所用的作物品种基因型不纯、种子大小和生活力不一致、幼苗的长势长相等素质之间的差异等，均可对试验结果产生一定影响而导致试验误差的出现。

2. 试验操作和田间管理技术的差异 作为试验材料的作物在田间生长周期较长，在试验过程中各个管理环节的任何疏忽和不一致，都会对作物的生长发育产生影响，引起试验误差。例如，试验过程中的整地、播种、施肥、中耕除草、灌溉、收获等操作与管理技术在时间上、质量上不完全一致；对作物性状观测记载和测定的时间、标准、操作人员的不同及所用仪器或工具的不一致等，均会产生试验误差。

3. 环境条件的差异 各种环境条件不一致对试验处理的影响，均会导致试验误差的产生。田间试验中环境条件的差异主要是指试验地的土壤差异和肥力不均匀所导致的差异，这是普遍存在、影响最大而又最难以控制的。其他还有病虫害侵袭、人畜践踏、风雨影响等，都具有随机性，对各处理的影响也不尽相同，而且这些影响的出现与影响程度是难以预测的，难以有针对性地予以控制。

上述各项差异在不同程度上影响试验结果，造成系统误差或随机误差。田间试验的误差难以避免，但试验误差与试验过程中发生的错误是完全不同的概念。在试验过程中，错误是工作粗心大意、不按规程操作等主观原因造成的，是完全可以避免的，是不应该发生的。

（三）田间试验误差的控制途径

为了提高试验结果的正确性，获得可靠的试验结果，应严格控制试验误差。控制试验误差就是要根据试验误差的来源，采取相应措施来避免或减少非试验因素对试验结果的影响。

1. 选择同质一致的试验材料 田间试验中供试作物品种的基因型必须要求同质一致，即选择纯度一致、来源相同的作物种子。试验中需育苗移栽或扦插的，幼苗生长发育状况应一致。对大小、壮弱不同的幼苗分级，将同一级别的幼苗安排在同一区组的各小区，或将各级幼苗按比例分配给各小区。

2. 采用标准化的操作管理技术 在田间试验整个过程中，要严格执行各项技术规程，各种操作、管理技术对所有处理应做到尽可能一致。而田间试验往往需要一定的小区面积和较大的工作量，整个试验地做到完全一致是不容易的。实际工作中的一切操作管理、观察测量和数据收集，一般都应以区组为单位进行，就是要贯彻"局部控制"的原则，区组内的一切操作管理做到完全一致。例如，若全部试验小区的中耕除草不能在一天内完成，则当天至少要完成一区组内所有小区的工作，以使同一区组内各小区做到均匀一致。这样，即使各天之间出现差异，由于区组的局部控制功能而得到控制，不影响处理间的比较。由于试验操作人员的不同，执行同一技术时会发生差异，如幼苗移栽的质量、锄草的深浅、施肥的均匀程度等均可能出现差异。因此，若有数人进行同一项操作，最好由一人独立完成一个区组的某项操作。

3. 控制土壤差异对试验结果的影响 田间试验引起误差的主要外界因素是土壤差异。如果能够有效地控制土壤差异，减少土壤差异对试验结果的影响，就能有效地减少田间试验误差，提高试验的正确性。控制土壤差异的主要措施有：①选择土壤质地和肥力均匀的试验地；②采用适当的小区技术；③应用正确的试验设计和相应的统计分析方法。

二、试验地的土壤差异与试验地的选择

(一)试验地的土壤差异

试验地是田间试验最重要的基础条件,土壤差异是田间试验误差的最主要、最普遍的来源。田间试验设计、小区安排和试验实施过程中,许多减少试验误差的措施主要都是针对控制土壤差异而采取的。土壤差异的形成主要有两个原因。

一是土壤形成的基础即成土母质或地形地势的不同,造成土壤的物理、化学性质方面的差异。土壤形成基础方面的差异往往是较大范围的,通过选择试验地的适当位置,一般不会造成很大的试验误差;而且土壤形成基础产生的差异往往导致系统误差,只要了解土壤差异情况,合理安排试验小区,就可以将其对试验结果的影响降到最小。

二是由于土壤利用过程中产生的差异。土壤利用的历史不同,前茬作物不同,种植过程中土壤耕作、施肥等技术措施不一致均可导致土壤差异。例如,在一块地的不同位置分别种植花生和玉米,或红薯与大豆,由于作物的养分吸收与利用、根系分布、残留物的多少等方面的差异,会使土壤的结构、肥力等特性产生差异,影响后茬作物的生长。土壤差异一旦形成,会持续较长时间,短期内难以消除。因此,选择试验地时,应该了解其前茬作物及土地利用情况,这对降低田间试验误差,提高试验正确性有十分重要的意义。

土壤差异是可以测量的。最简单的办法是目测法,即根据前茬作物生长状况是否一致予以判断。更精细的土壤肥力差异测定可采用空白试验。空白试验是指在整个试验地上种植一个植株个体较小的作物品种;从整地到收获的整个作物生长过程中,采用一致的栽培管理措施;对作物生长状况作仔细观察,遇有特殊情况,如严重缺株、病虫害等,注明地段、行数,以便将来分析时予以考虑;收获时,将整个试验地划分为若干个面积相同的小区,依次编号,分开收获,得到产量数据。根据各小区的产量高低,就可获知试验地的土壤差异情况。

土壤差异的表现形式大致可分为两种,一种形式是肥力呈梯度变化,即肥力高低有规则地从大田的一边到另一边逐渐变化;另一种形式是肥力呈斑块状变化,有的地段肥,有的地段瘦,变化无规律。针对这两种土壤差异的表现形式,布置小区时应有所区别。

(二)试验地的选择

正确选择试验地是减小土壤差异、控制试验误差和提高试验正确性的重要措施。除试验地的自然条件和农业条件具有代表性外,还应注意以下几点。

1. 试验地的位置要适当　试验地的环境要有代表性,符合种植试验作物的要求,地势、土质要能代表当地主要土壤情况。试验地应选择阳光充足、四周有较大空旷地的地段,不宜靠近楼房、高树等屏障,以免遮阴影响或造成试验小区环境不一致。试验地也应便于管理,周围有相同作物的田地,应与道路、村庄、牧场保持一定距离,避免人畜践踏。

2. 试验地最好选用平地　平地的土壤水分和养分等条件的均匀性一般优于坡地,产生的试验误差通常较小。如果试验地高低不平,就会造成其土壤水分、温度和养分的较大差异,增大试验误差,也不便于田间管理。若没有平地,应选用沿一个方向倾斜的缓坡地,并在布置小区时,尽可能使同一区组的各小区设置在同一等高线上。

3. 试验地的土壤结构和肥力要均匀一致　如果试验处理数目较多,试验占地面积较

大，至少应做到一个区组的土壤结构和肥力尽可能均匀一致。如果土壤肥力差异较大，要适当减少处理数目，使试验占地面积较小，土壤结构和肥力容易均匀一致。

4. 试验地应有土地利用的历史记录　　以往土壤利用的不同对肥力的分布、均匀性甚至土壤结构都会有较大影响，因此应根据试验地土地利用的历史记录，选择近年来在土地利用上相同或接近的田块。对不宜连作的作物，应避免选用多年连续种植该作物的田块。

5. 试验地采用轮换制　　为了避免因前作试验处理造成的土壤肥力差异的影响，使每年的试验能设置在土壤肥力较均匀一致的土地上，应对试验地采用轮换制。经过不同处理的试验后，尤其是在肥料试验后，由于不同小区施肥量甚至肥料种类不同，作物生长状况也有一定差异，原试验地土壤肥力的均匀性受到较大影响，在一定时间内难以恢复，只能用作一般生产，以待试验地的土壤肥力逐渐恢复均匀性。

三、田间试验设计的基本原则

田间试验设计（field experimental design）有广义与狭义之分。广义的田间试验设计是指试验研究课题设计，包括制订试验方案、小区技术、资料搜集和整理分析方法等。狭义的田间试验设计则专指小区技术，特别是重复区和小区的田间排列方法。

根据试验目的要求和试验地的具体情况，将各试验小区在试验地上作最合理的设置和排列，称为田间试验设计。这样定义的田间试验设计就是上述狭义的田间试验设计。田间试验设计的主要作用是控制、降低试验误差，提高试验的精确性，获得试验误差的无偏估计，从而对试验处理进行正确、有效的比较。

田间试验设计应遵循以下三个基本原则。

（一）重复

重复（replication）是指将同一处理设置在两个或两个以上的试验单位上。同一处理所设置的试验单位数称为处理的重复数。若试验的每个处理都各设置在 1 个试验单位上时，称为无重复试验；若试验一部分处理各设置在 1 个试验单位上、另一部分处理各设置在 2 个或 2 个以上试验单位上时，称为部分处理有重复的试验；若试验的每个处理都各设置在 2 个试验单位上时，称该试验有 2 次重复；若试验的每个处理都各设置在 3 个试验单位上时，称该试验有 3 次重复；以此类推。重复有下述两个主要作用。

1. 估计试验误差　　如果一个处理只设置在 1 个试验单位上，只能得到试验指标（如小区产量）的 1 个观测值，无法估计试验误差的大小。只有当同一处理设置在 2 个或 2 个以上的试验单位上，即同一处理有 2 次或 2 次以上重复，获得 2 个或 2 个以上试验指标的观测值时，才可从试验指标重复观测值之间的差异来估计试验误差。

2. 降低试验误差　　统计学已证明，表示样本平均数抽样误差大小的样本平均数标准误 $s_{\bar{x}}$ 与样本标准差 s 和样本容量 n 之间的关系为 $s_{\bar{x}} = \dfrac{s}{\sqrt{n}}$，即样本平均数抽样误差的大小与重复数的平方根成反比。适当增大重复数可以降低试验误差，提高试验的精确性。

（二）随机排列

试验的随机有 3 个含义：一是分组随机，使每个试验单位有同等机会被分配到各处理组；

二是抽样随机，使总体中每个个体有同等机会被抽取；三是试验顺序随机，使每个试验单位先后接受处理的机会相同，避免时间顺序的影响。田间试验的随机排列（random assortment）是指试验的每一处理都有同等机会设置在一个重复（区组）中的任何一个试验小区上。随机排列和重复结合，就能获得试验误差的无偏估计。各试验小区的随机排列可以采用抽签法或随机数字法进行。

（三）局部控制

当试验小区数目较多、整个试验地面积较大，而试验环境或试验小区差异较大时，如果仅根据重复和随机两个原则进行试验设计，不能将试验环境或试验小区差异所引起的变异从试验误差中分离出来，因而试验误差大，试验的精确性与检验的灵敏度低。为解决这一问题，可将整个试验环境或试验小区划分成若干个小环境或区组，在小环境或区组内使非处理因素尽可能一致，实现试验条件的局部一致性，这就是局部控制（local control）。

田间试验设置重复是为了降低试验误差，但又因设置重复增加了试验地的面积从而增大试验地的土壤差异，若将同一处理各重复小区在整块试验地中完全随机排列，则因土壤差异增大而减少了重复降低误差的作用。划分区组进行局部控制就能弥补这一不足。不同处理随机设置在同一区组（重复）的各试验小区上，因为同一区组的试验小区相邻，土壤差异较小，土壤差异较大的区组间的差异可借助统计分析方法将其从试验误差中分离出来。也就是说，试验误差不因设置重复扩大了试验地面积而增大，局部控制能较好地降低试验误差。

重复、随机排列和局部控制是田间试验设计的三个基本原则。采用这三个基本原则进行田间试验设计，配合适当的统计分析方法，就能降低试验误差、无偏估计试验误差，从试验结果中提取可靠结论。田间试验设计的三个基本原则的关系和作用如图 1-1 所示。

四、控制土壤差异的小区技术

利用合理的小区技术（plot technique）可以有效控制土壤差异及田间操作管理引起的误差，提高试验精确性。小区技术主要包括以下几个方面。

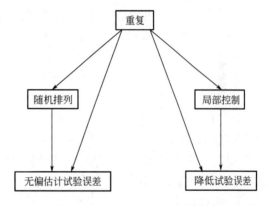

图 1-1　田间试验设计的三个基本原则的关系和作用

（一）小区面积

小区面积的大小对于减少土壤差异的影响和提高试验的精确性有密切关系。在一定范围内增大小区面积，可以减少试验误差，因为小区面积太小，更有可能恰巧占有或大部分占有土壤较瘦或较肥的部分，使小区之间差异增大；较大的小区同时包括肥瘦部分的可能性要大些，小区间土壤差异的程度相应缩小，从而降低试验误差。

但小区面积增大的幅度与降低试验误差的效果不成比例，即小区面积增大到一定程度以后，试验误差的降低就较不明显，试验误差减少的幅度小于小区面积增大的幅度。如果采用很大的小区，由于整个试验地面积增大很多，不但工作量大幅度增加，多费人力、物力，而且土壤差异也增大。当试验地的面积一定时，精确性因小区面积增大而提高，但随着重复数减少而下降。增加重复数比增大小区面积能更有效地降低试验误差，因而试验小区面积与重复数应综合考虑，在保证一定重复数的基础上，适当增大小区面积。

研究性试验的小区面积一般在 $6\sim30m^2$，示范性试验的小区面积通常不小于 $300m^2$。在确定一个具体试验的小区面积时，应考虑以下因素。

1. 试验种类　　为了便于试验的实施，机械化试验、灌溉试验等的小区面积应大些；品种比较试验的小区面积可小些。

2. 作物类别　　依作物植株个体的大小确定小区面积。稻、麦的植株个体较小，小区面积可小些，其品种比较试验的小区面积一般为 $5\sim15m^2$；棉花、玉米植株个体较大，小区面积应大些，其品种比较试验的小区面积一般为 $15\sim25m^2$。

3. 试验地面积与土壤差异程度及形式　　试验地的面积大时，可采用较大的小区面积；土壤差异大的，小区面积应大些；土壤差异小的，小区面积可小些；土壤差异呈现斑块状变化时，应采用较大的小区面积。

4. 育种工作的不同阶段　　在新品种选育过程中，品系数由多到少，种子量由少到多，对精确性的要求从低到高，小区面积亦应从小到大。

5. 保证试验收获计产的准确性　　大多数作物田间试验都需要获得最终产量资料，以说明各处理对作物产量及产量构成因子的作用。要保证试验最终产量的准确性，必须考虑到取样的需要、边际效应与生长竞争的影响。在田间试验进行的过程中，常常需要在田间取样进行各种测定。取样可能影响其周围植株的生长，因而有可能影响最终小区产量的准确性。考虑到取样的需要，应相应增大小区面积。边际效应是指小区两边或两端植株的生长环境与小区中间植株的生长环境不一致而表现出的差异。小区的边行若与未种植作物的田地相邻，由于占有较大的生长空间而表现出一定优势，产量偏高。生长竞争是指当相邻小区种植不同品种或相邻小区实施不同肥料等处理时，由于株高、分枝分蘖力或生长期的不同，小区边际通常有一行或多行受到影响。这些影响因不同性状及其差异大小而不同。对边际效应与生长竞争影响的处理方法是，在小区上除去可能受到影响的边行和两端。一般在小区的每一边除去 $1\sim2$ 行，两端各除去 $30\sim50cm$。考虑到取样的需要、消除边际效应与生长竞争的影响，试验小区面积应大于小区计产面积。

（二）小区形状

小区形状是指长宽比例。适当的小区形状在控制土壤差异、提高试验精确性方面也有较为重要的作用。一般情况下，长方形尤其是狭长形小区的试验误差比正方形小区要小。不论土壤差异呈梯度变化还是斑块状变化，狭长形小区均能较全面地包括不同肥力的土壤。狭长形小区也使各小区更紧密相邻，减少小区之间的土壤差异。当已知土壤肥力呈梯度变化时，一定要使小区的长边与肥力变化方向平行，使区组的长边与土壤肥力变化方向垂直（图 1-2），才能使试验误差最小。如果小区和区组排列方向与前述相反，则试验误差就会最大。

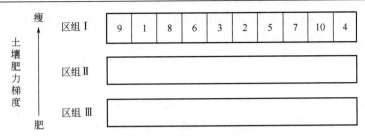

图 1-2　按土壤肥力变化趋势确定小区和区组排列方向

1，2，…，10 表示处理

小区的长宽比依试验地形状、面积及小区多少、大小而定，一般以 3∶1～5∶1 为宜。为了便于试验小区实现机械作业，小区的长宽比可大些，或依机械作业的宽度而定。

小区的长宽比除了考虑土壤差异的分布状况外，还要考虑到边际效应和作物倒伏等因素。

（三）重复数

重复数应根据试验所要求的精确度、土壤差异的大小、试验材料（如种子）的数量、试验地面积、小区大小、处理数的多少等具体情况而定。试验精确度要求较高、土壤差异较大、试验材料较多、试验地面积较大、小区面积较小、处理数较少时，重复数应多些。试验精确度要求不高、土壤差异较小、试验材料较少、试验地面积较小、小区面积较大、处理数较多时，重复数可少些。田间试验一般设置 3～5 次重复。

（四）保护行的设置

为了使各处理小区所处的环境条件尽可能一致，保护试验材料不受外来因素的影响，如人畜践踏和损害，防止靠近试验地四周的小区受所处特殊空旷环境的影响，避免边际效应，从而进行处理之间的正确比较，常在小区试验地的周围设置保护行（guarding row）。

保护行的多少依作物而定，禾谷类作物一般至少种植 4 行。大多数试验小区与小区之间连续种植，一般不设保护行；重复区（区组）之间一般也不设保护行。

保护行种植的品种，可用对照品种，或用比供试品种略为早熟的品种，以减少试验小区收获时发生的误差及鸟害。

（五）重复区（区组）和小区的排列

将一个重复的全部处理小区安排于土壤肥力等环境条件相对均匀一致的一小块土地上，称为一个区组（block）。设置区组是控制土壤差异和其他田间管理产生的差异等最简单、最有效的方法。田间试验一般设置 3～5 次重复，即设置 3～5 个区组。每一区组安排全部处理，称为完全区组（complete block）。这时重复与区组等同。当处理数较多时，每个区组只安排部分处理，称为不完全区组（incomplete block）。

区组和小区排列的原则是：尽可能将土壤差异分配到不同的区组之间去，同一区组内各小区的土壤肥力应尽可能一致，而不同区组之间可以存在较大差异；同一区组中各小区内可包括较大的土壤差异，小区间的差异要小。尽管区组间的差异较大，由于可利用适当的统计分析方法将区组间的变异剖分出来，并不增大试验误差，所以，按上述原则排列区组和小区，能有效降低试验误差，提高试验的精确度。

区组的排列依试验地的形状、地势、土壤差异情况而定，有两种排列方式。

1. 密集式　　即所有区组相邻地排列在一块试验地里。当小区数不太多时，每一区组可排成一行，试验地呈长方形。试验地为正方形而长度安排不下整个区组时，一个区组也可排成两行，相邻在一起。试验地平坦而靠近坡地时，区组的排列最好与坡平行。试验地本身为坡地时，同一区组的各小区设置在同一等高线上。当肥力呈梯度变化时，区组要与肥力变化方向垂直，即同一区组的各小区设置于同一肥力水平带。

2. 分散式　　即各个区组可以单独或成群设置在试验地各个不同地段，甚至不同地块。注意，同一区组内的各小区不能分开。

第三节　田间试验方案

一、田间试验的种类

（一）按试验因素的多少分类

1. 单因素试验（single-factor experiment）　　是指只研究一个因素对试验指标影响的试验，其他所有试验条件均严格控制一致。单因素试验是最基本、最简单的试验。例如，在育种试验中，将若干个新品种与对照品种进行比较，品种是唯一考察的因素，其他环境条件和栽培管理都严格控制一致。单因素试验设计简单，试验结果分析容易。

2. 多因素试验（multiple-factor experiment）　　是指同时研究两个或两个以上试验因素对试验指标影响的试验，其他所有试验条件均严格控制一致。例如，同时探讨氮、磷、钾肥对作物生长的影响，可将这 3 种肥料各设置 2~3 个水平进行试验，其他环境条件和栽培管理都严格控制一致，就构成了一个三因素试验。包含各试验因素所有水平组合的多因素试验称为多因素全面试验（overall experiment）。多因素全面试验不仅可以考察各个因素的主效应和简单效应，还可以考察因素之间的交互作用，确定各试验因素的最优水平组合。多因素试验的效率远远高于多个单因素试验的效率。多因素全面试验的主要问题是当试验因素及其水平数较多时，水平组合即处理太多，试验要花费大量的人力、物力、财力，试验误差也不易控制。因而多因素全面试验宜在因素个数及其水平数都较少时应用。

3. 综合性试验（comprehensive experiment）　　也是一种多因素试验，与前述多因素全面试验的区别在于综合性试验是将试验因素的某些水平相组合构成少数几个水平组合，使需实施的水平组合即处理数大为减少。这种试验的目的在于探讨试验因素中某些水平组合的综合作用，而不在于考察各试验因素的主效应、简单效应和交互作用。综合性试验是针对起主导作用且相互关系已基本清楚的因素设置的试验，它的水平组合就是经过实践已初步证实的各试验因素的优良水平搭配。

（二）按试验的内容分类

1. 品种试验　　将基因型不同的作物品种在相同条件下进行试验，鉴别各品种的优劣，从中选出适合当地的高产、优质品种。品种试验又可分为新品种选育试验、品种比较试验和品种区域试验。

2. 栽培试验　将基因型相同的作物品种在不同栽培条件下进行试验，研究作物高产、优质的栽培技术。例如，作物播种期试验、密度试验、肥料施用量和施用时期试验、灌溉试验、复种轮作试验及机械化栽培试验等。

3. 品种和栽培相结合的试验　将基因型不同的作物品种在不同栽培条件下进行试验，目的在于确定适合于当地种植的高产、优质品种及其配套栽培技术。

（三）按试验的年份分类

1. 一年试验　指在一年内或一个生长季节进行的试验。

2. 多年试验　指在多年或多个生长季节进行的试验。

（四）按试验的地点分类

1. 单点试验　指仅在一个试验地点进行的试验。

2. 多点试验　指在两个或两个以上试验地点进行相同的试验。这种试验在各地不同的自然条件下进行，有助于确定试验成果的适应范围，有利于新品种和新技术的推广。

（五）按试验进程分类

1. 预备试验　预备试验就是正式试验开始之前，根据试验设计进行的探索性试验，为正式试验做好准备。通过预备试验，使试验人员熟悉操作方法和程序，熟悉和合理选择供试材料。通过对预备试验所得到的资料进行分析，还可检查试验设计的科学性、合理性和可行性，发现问题及时解决，使正式试验能顺利进行。

2. 主要试验　在预备试验的基础上，严格按照试验设计和试验技术要求进行的正式试验。试验的处理和重复数较多，精确度要求较高。

3. 示范试验　又称生产试验，是一种推广性质的试验。示范试验应尽量接近生产条件，要能够重现主要试验的结果。示范试验的试验面积较大，试验地和材料要有代表性，处理和重复数宜少，试验正确性要高。

（六）按试验小区的大小分类

1. 小区试验　指试验小区面积$\leqslant 60 m^2$的试验。

2. 大区试验　指试验小区面积$> 60 m^2$的试验。

二、拟定试验方案的基本要求

试验方案（experimental scheme）是指根据试验目的、要求而拟定的进行比较的一组试验处理。单因素试验方案就是该因素各水平组成的一组试验处理；多因素试验方案就是各因素水平组合组成的一组试验处理。试验方案是整个试验工作的核心部分，须周密考虑，慎重拟定。试验方案很大程度上反映了研究水平的高低，决定试验能否取得有价值的结果。方案不完善，试验执行得再好，也弥补不了其缺陷，结果肯定不理想；方案太复杂则难以执行好。拟定一个正确有效的试验方案，是保证试验成功的基础。拟定试验方案时，应注意以下几点。

（一）精选参试因素

参试因素应选择对试验指标影响较大、能解决关键性问题的因素。田间试验的目的就是通过比较来鉴别处理效果的好坏。一项试验研究往往涉及许多方面，需要对多个因素进行研究。但是，一个试验研究的因素不能太多，否则处理数过多无法实施。试验方案应力求简单。制订试验方案时，应对试验目的作仔细深入分析，在固定大多数因素的条件下，抓住试验中的主要因素，重点研究一个或两三个因素的作用，每个因素设置一定数量水平，构成一定数量的处理。一般在研究的初期，应抓住关键因素作单因素试验。例如，在作物生长后期进行施用某种生长调节剂的试验，在拟定试验方案时，设置施用不同用量生长调节剂的几个处理和一个不施用生长调节剂的对照，得到一个包含多个处理的单因素试验方案。随着研究的深入，需要了解因素之间的交互作用，可采用多因素试验。例如，研究作物不同生育时期对不同生长调节剂用量的反应，则应安排一个两因素试验。

（二）合理确定参试因素的水平

各因素的水平数目应适当，水平数太少容易漏掉一些有用的信息，致使试验结果不全面；水平数目过多，不仅难以反映出各水平间的差异，而且增加了处理数。水平间的差异或间距要合理，使各水平有明显区别，并把最优水平包括在内。各因素水平可根据因素的特点及作物的反应灵敏度等来确定，以使处理的效果容易表现出来。有些因素在数量等级上只需较小的差异就能反映出不同处理的效果，如生长调节剂浓度等。有些因素在数量等级上则需较大的差异才能反映出不同处理效果来，如磷肥用量等。田间试验中，以量的不同级别划分水平的因素，其水平通常采用等差法（即等间距法）确定，也可采用等比法、选优法确定。

1. 等差法　指各相邻两个水平数量之差相等。例如，水稻全生育期的尿素用量可设3个水平，分别为20、40、60（kg/666.7m^2），相邻两个水平都相差20kg/666.7m^2。又如，玉米种植密度可设3500、4000、4500（株/666.7m^2），相邻两个水平都相差500株/666.7m^2。

2. 等比法　指各相邻两个水平的数量比值相同。例如，油菜喷施不同浓度硼肥的各水平分别为7.5、15、30、60（mg/kg），相邻两个水平之比为1:2。

3. 选优法　先确定因素水平的最大值和最小值，以 $G=$（最大值－最小值）×0.618为水平间距，用（最小值＋G）和（最大值－G）确定因素另外两个水平。当试验指标与因素水平间呈抛物线关系时，用这种方法可以找到一个最优水平，故将此法称为选优法。例如，上述喷施生长调节剂浓度试验，把因素水平的最大值和最小值定为5、0（mg/kg），则水平间距 $G=$（5－0）×0.618＝3.09（mg/kg），因素的另外两个水平分别为0＋3.09＝3.09（mg/kg），5－3.09＝1.91（mg/kg），于是，喷施生长调节剂浓度试验用选优法确定的因素水平为0、1.91、3.09、5（mg/kg）。

（三）设置对照

有比较才能鉴别，在试验方案中应设置对照（check or control）（记为CK）。对照也是试验方案中的一个处理，所以对照亦称对照处理。对照是比较的基准，任何试验都不能缺少对照，否则就不能显示出试验处理的效果。

根据研究的目的与内容，可选择不同的对照形式。例如，进行喷施植物生长调节剂的试验，喷施生长调节剂的为处理，不喷施生长调节剂的为对照，这样的对照为空白对照。若进行几个生长调节剂浓度的比较试验，各个处理可互为对照，不必再设对照。在对作物某生育期进行生理生化指标测定时，所得数据是否异常应与作物的正常值作比较，作物的正常值就是标准对照。在杂交试验中，要确定杂交优势的大小，必须以亲本作对照，这就是试验对照。对作物进行某种处理前与处理后的比较，属于自身对照。在肥料效果试验中，以不施肥处理作为空白对照，同时，还可以设置肥底对照，如研究磷肥效果时，可在施用氮、钾肥的基础上，比较施磷肥与否的产量差异，这时单施氮、钾肥的处理就称为肥底对照。

设置对照有两个方面的作用：一是在田间对各处理进行观察比较时作为衡量处理优劣的标准。二是估计和矫正试验地的土壤差异。整个试验地设置几个对照以后，依据对照产量的变化，估计出试验地的土壤肥力变化和分布情况，并将不同处理的试验结果矫正到各小区土壤肥力相同或相近的水平进行比较，从而减少或消除土壤差异产生的影响。

（四）遵循唯一差异原则

为保证试验结果的严格可比性，除了试验因素设置不同的水平外，其余因素或其他所有条件均应保持一致，以排除非试验因素对试验结果的干扰，使处理间也比较结果可靠。例如，进行某品种作物播种期试验，设3月15日、3月25日、4月4日、4月14日4个播种期，播种期的不同是该试验不同处理之间的唯一差异，其他如种植密度、施肥量等均应一致，栽培管理措施都应相同，才能得出该品种作物的适宜播种期。又如，进行一个喷施叶面肥的试验，如果设置两个叶面肥浓度，对照应为喷施等量清水，处理与对照间的差异就是叶面肥的效果；如果对照为不喷叶面肥（意味着也不施等量清水），处理与对照间的差异，就难以分清到底是叶面肥的效果，还是喷施清水的效果，不能说明叶面肥的真实效果有多大。

（五）考虑试验因素与试验条件的关系

一个试验中只有试验因素的水平可以变动，其他非试验因素必须保持一致，且固定在某个水平上。在某种条件下获得的试验结果，在其他条件下通常不能重演，最优处理也不一定再是最优。例如，在含磷、钾丰富的土壤上进行氮肥肥效试验，可能获得较好的增产效果；但在缺磷、钾的土壤上重复进行该试验，氮肥的增产效果就会降低。因而在拟定试验方案时，必须明确试验因素与非试验因素之间的关系，考虑试验条件的影响，尤其是那些与试验因素可能存在交互作用的试验条件。例如，品种试验时应安排好密度、施肥水平等一系列试验条件，使之具有代表性和典型性。由于单因素试验时试验条件的局限性，可以考虑将那些与试验因素有交互作用的试验条件作为试验因素一起进行多因素试验，或在不同条件下，重复进行单因素试验，以获得可靠的试验结果。

三、拟定试验方案的方法

（一）单因素试验方案的拟定

单因素试验方案由试验因素的所有水平构成。例如，在水稻栽培试验中进行4个不同施氮量的试验，就是一个有4个水平的单因素试验。4个不同施氮量，即该因素的4个水平就构成了试验方案。

（二）多因素试验方案的拟定

多因素试验方案由该试验的各个试验因素的水平组合（即处理）构成。在列出各个试验因素的水平组合时，如果每个因素的每个水平都要相互组合一次，则水平组合数等于各个试验因素水平数的乘积。例如，进行施氮量（A）和种植密度（B）两因素水稻栽培试验，施氮量 A 设 3 个水平，种植密度 B 设 4 个水平，两个因素的 12 个水平组合（表 1-1），就构成了施氮量 A、种植密度 B 两因素试验方案。

表 1-1　施氮量 A、种植密度 B 两因素试验方案

因素 A	因素 B			
	B_1	B_2	B_3	B_4
A_1	A_1B_1	A_1B_2	A_1B_3	A_1B_4
A_2	A_2B_1	A_2B_2	A_2B_3	A_2B_4
A_3	A_3B_1	A_3B_2	A_3B_3	A_3B_4

这种由各个试验因素所有水平组合构成的试验方案称为多因素完全试验方案。根据多因素完全试验方案进行的试验称为多因素全面试验。

（三）综合性试验方案的拟定

综合性试验方案是在各个试验因素全部水平组合中挑选部分水平组合构成的试验方案，属于多因素不完全试验方案。根据多因素不完全试验方案进行的试验称为多因素部分实施试验（partly-executed experiment）。作物栽培的综合性试验、正交设计试验等都属于多因素部分实施试验。

第四节　田间试验的设计方法

根据处理在各重复区中的排列方式，田间试验设计可分为顺序排列设计和随机排列设计两大类。顺序排列设计常用于处理数多、对精确度要求不高的试验，它强调试验实施的简化和方便，对试验结果不需进行精确的统计分析。随机排列设计常用于处理数较少、对精确度要求较高的试验，它特别强调合理的试验误差估计，需要对试验结果进行精确的统计分析。

一、顺序排列设计

顺序排列设计就是在重复区内将各处理作顺序排列。这种设计简单，操作方便，能减少小区间的边际效应和生长竞争。但由于各处理作顺序排列容易产生系统误差，当存在明显土壤肥力梯度变化时更是如此。下面介绍顺序排列的对比设计和间比设计。

（一）对比设计

1. 设计方法　　对比设计（contrast design）是将各处理按照一定顺序（如植株高矮、成熟期早晚、施肥量多少等）排列在每一重复区内的各个小区上，每隔两个处理设置一个对照，使每一处理都可与其相邻的对照直接比较。如果处理数为偶数，则以处理开头；处理数为奇数，可以处理开头，也可以对照开头。当各重复区排列成多排时，不同重复区内处理的排列可采用阶梯式（图1-3）或逆向式（图1-4）。

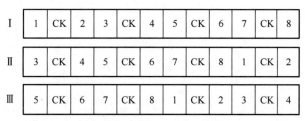

图1-3　8个处理的对比设计小区排列示意图（阶梯式）

Ⅰ，Ⅱ，Ⅲ表示重复；1，2，3，…，8表示处理；CK表示对照

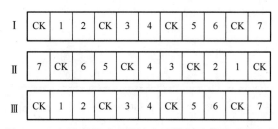

图1-4　7个处理的对比设计小区排列示意图（逆向式）

Ⅰ，Ⅱ，Ⅲ表示重复；1，2，3，…，7表示处理；CK表示对照

阶梯式排列可使同一处理尽可能占有不同的土壤条件，而逆向式排列的最大好处是便于田间观察记载。为了方便以后整理和分析试验结果，对比设计中与每个对照相邻的两个处理的搭配最好不要打乱。

2. 设计特点　　对比设计应用了田间试验设计的重复和局部控制两个原则。由于相邻小区特别是狭长形相邻小区之间土壤肥力差异较小，每个处理与其相邻的对照进行比较，其结果比较准确可靠。因此，对比设计是运用相邻小区土壤肥力的相似性来减少试验误差的。但是，由于对比设计没有应用随机排列的原则，因此不能无偏估计试验误差。

对比设计的优点是设计、布置和田间观察记载都比较方便；缺点是对照占地多，达整个试验地的1/3或更多。因此，对比设计的处理不宜过多，一般在10个以内。

3. 资料分析　　由于不能无偏估计试验误差，对比设计试验结果的分析通常采用简单的百分比法。下面以一实例予以说明。

【**例1-1**】　9个油菜品种（其中1个为对照CK）的比较试验，3次重复，对比设计，田间小区排列如图1-3所示。小区计产面积20m²，试验结果（产量，kg/20m²）见表1-2。对试验资料进行分析。

表 1-2　油菜品种比较试验产量结果分析

品种代号	重复/（kg/20m²）			产量合计/（kg/20m²）	平均产量/（kg/20m²）	与相邻 CK 的百分比/%
	I	II	III			
（1）	（2）	（3）	（4）	（5）	（6）	（7）
1	5.5	5.7	5.6	16.8	5.60	120.0
CK	4.7	4.5	4.8	14.0	4.67	—
2	4.1	4.6	4.3	13.0	4.33	92.9
3	4.5	4.3	4.3	13.1	4.37	92.3
CK	4.9	4.6	4.7	14.2	4.73	—
4	5.5	5.2	5.3	16.0	5.33	112.7
5	4.2	4.4	4.6	13.2	4.40	95.0
CK	4.6	4.7	4.6	13.9	4.63	—
6	6.0	5.7	5.7	17.4	5.80	125.2
7	4.9	4.7	4.5	14.1	4.70	98.6
CK	5.0	4.6	4.7	14.3	4.77	—
8	4.8	5.0	5.2	15.0	5.00	104.9

第一步，计算各品种（包括 CK）3 次重复的产量合计和平均产量，列于表 1-2 的第（5）和第（6）列。

第二步，计算各品种（不包括 CK）产量合计（或平均产量）与其相邻 CK 产量合计（或平均产量）的百分比，将结果列于表 1-2 的第（7）列。例如，4 号品种产量合计与其相邻 CK 产量合计的百分比为 16.0 / 14.2＝5.33 / 4.73＝112.7%。

第三步，根据各品种产量合计与其相邻 CK 产量合计的百分比作出结论。凡大于 100% 的品种均较 CK 增产，小于 100% 的品种均较 CK 减产。但由于试验误差的存在，一般田间试验很难鉴别 5% 以下的显著性，因此通常认为大于 110% 的品种增产显著，小于 90% 的品种减产显著，介于二者之间的品种宜继续试验，再作结论。

本例 6 号、1 号和 4 号品种产量合计与其相邻 CK 产量合计的百分比均大于 110%，均较 CK 显著增产。8 号品种产量合计与其相邻 CK 产量合计的百分比仅为 104.9%，在第 II 和第 III 重复中产量比 CK 高，但在第 I 重复中却低于 CK，因而不能认为其较 CK 显著增产。7 号、5 号、2 号和 3 号品种均较 CK 减产，但不显著。

（二）间比设计

1．设计方法　　与对比设计类似，间比设计（interval contrast design）也是在每一重复区中将各处理进行顺序排列。所不同的是，间比设计中各重复区的第一个和最后一个小区一定是对照，每两个对照之间排列相同数目的处理，通常为 4 个、9 个或 19 个。当各重复区排列成多排时，不同重复区内处理的排列可采用阶梯式（图 1-5）或逆向式（图 1-6）。如果一块土地上不能安排整个重复区的小区，则可在另一块土地上接下去，但开始时仍需设置一个对照（称为额外对照），如图 1-7 所示。

I	CK	1	2	3	4	CK	5	6	7	8	CK	9	10	11	12	CK	13	14	15	16	CK
II	CK	5	6	7	8	CK	9	10	11	12	CK	13	14	15	16	CK	1	2	3	4	CK
III	CK	9	10	11	12	CK	13	14	15	16	CK	1	2	3	4	CK	5	6	7	8	CK
IV	CK	13	14	15	16	CK	1	2	3	4	CK	5	6	7	8	CK	9	10	11	12	CK

图 1-5　16 个处理的间比设计小区排列示意图（阶梯式）

I，II，III，IV 表示重复；1，2，3，…，16 表示处理；CK 表示对照

I	CK	1	2	3	4	CK	5	6	7	8	CK	9	10	11	12	CK	13	14	15	16	CK
II	CK	16	15	14	13	CK	12	11	10	9	CK	8	7	6	5	CK	4	3	2	1	CK
III	CK	1	2	3	4	CK	5	6	7	8	CK	9	10	11	12	CK	13	14	15	16	CK
IV	CK	16	15	14	13	CK	12	11	10	9	CK	8	7	6	5	CK	4	3	2	1	CK

图 1-6　16 个处理的间比设计小区排列示意图（逆向式）

I，II，III，IV 表示重复；1，2，3，…，16 表示处理；CK 表示对照

I	CK	1	2	3	4	CK	5	6	7	8	CK	9	10	11	12	CK	13	14	15	16	CK
	CK	32	31	30	29	CK	28	27	26	25	CK	24	23	22	21	CK	20	19	18	17	Ex CK
II	CK	5	6	7	8	CK	9	10	11	12	CK	13	14	15	16	CK	17	18	19	20	CK
	CK	4	3	2	1	CK	32	31	30	29	CK	28	27	26	25	CK	24	23	22	21	Ex CK
III	CK	9	10	11	12	CK	13	14	15	16	CK	17	18	19	20	CK	21	22	23	24	CK
	CK	8	7	6	5	CK	4	3	2	1	CK	32	31	30	29	CK	28	27	26	25	Ex CK

图 1-7　32 个处理的间比设计小区排列示意图（阶梯式）

I，II，III 表示重复；1，2，3，…，32 表示处理；CK 表示对照；Ex CK 表示额外对照

2．设计特点　　与对比设计类似，间比设计也应用了田间试验设计的重复和局部控制两个原则。由于每一段（即连续 4 个、9 个或 19 个）处理两侧都有对照作比较，在减少因土壤肥力差异造成的试验误差方面具有一定的作用。间比设计的另一个优点是可以比较方便地

安排大量的处理，对照所占试验地较对比设计少，适宜在处理数较多时（如新品种选育中原始材料观察和早期的品系选择或株系鉴定）使用。

3．结果分析 间比设计试验结果的分析与对比设计类似，下面结合实例予以介绍。

【**例1-2**】 16个水稻株系的产量鉴定试验，推广品种为对照CK，4次重复，间比设计，田间小区排列如图1-5所示。小区计产面积10m²，试验结果（产量，kg/10m²）见表1-3。对试验结果进行分析。

表1-3 水稻株系鉴定试验产量结果分析

株系代号	重复/（kg/10m²）				产量合计/（kg/10m²）	平均产量/（kg/10m²）	两侧CK产量合计平均/（kg/10m²）	对两侧CK产量合计平均的百分比/%
	I	II	III	IV				
（1）	（2）	（3）	（4）	（5）	（6）	（7）	（8）	（9）
CK	11.52	11.76	11.63	11.11	46.02	11.505		
1	12.22	12.58	13.28	12.72	50.80	12.700		110.1
2	11.35	11.96	11.48	11.26	46.05	11.513	46.15	99.8
3	10.45	11.26	12.29	10.45	44.45	11.113		96.3
4	12.67	13.19	13.34	13.88	53.08	13.270		115.0
CK	11.81	11.78	11.37	11.32	46.28	11.570		
5	11.83	11.94	11.74	11.83	47.34	11.835		102.8
6	14.32	14.62	15.08	14.54	58.56	14.640	46.07	127.1
7	10.52	10.34	10.71	10.01	41.58	10.395		90.3
8	11.56	11.13	11.69	11.56	45.94	11.485		99.7
CK	11.46	11.64	11.20	11.56	45.86	11.465		
9	11.51	15.76	12.63	11.51	51.41	12.853		112.1
10	12.12	12.58	13.28	12.12	50.10	12.525	45.86	109.2
11	11.65	11.96	12.18	12.15	47.94	11.985		104.5
12	11.45	10.26	11.29	11.05	44.05	11.013		96.1
CK	11.66	11.29	11.34	11.57	45.86	11.465		
13	10.41	10.00	10.27	10.81	41.49	10.373		91.0
4	16.42	16.78	15.94	16.32	65.46	16.365	45.61	143.5
15	11.89	11.97	11.90	11.89	47.65	11.913		104.5
16	11.01	11.34	10.71	10.82	43.88	10.970		96.2
CK	11.56	11.14	11.30	11.36	45.36	11.340		

第一步，计算各株系（包括CK）4次重复的产量合计与平均产量，列于表1-3的第（6）和第（7）列。

第二步，计算各段（连续4个）株系两侧CK产量合计（或平均产量）的平均数，列于表1-3的第（8）列。例如，5号、6号、7号和8号株系两侧CK产量合计的平均数为（46.28＋45.86）/2＝46.070（kg/10m²）。

第三步，计算各株系产量合计对于其两侧CK产量合计平均数的百分比，列于表1-3的第（9）列。例如，1号株系产量合计对于其两侧CK产量合计平均数的百分比为50.80/46.15＝110.1%。

第四步，根据各株系产量合计对于其两侧 CK 产量合计平均数的百分比作出结论。凡大于 110%的株系较 CK 显著增产，小于 90%的株系较 CK 显著减产，介于二者之间的株系宜继续试验，再作结论。本例 14 号、6 号、4 号、9 号和 1 号株系均较 CK 显著增产，其余株系需再做试验。

二、随机排列设计

随机排列设计就是将各处理随机排列在重复区内各个小区上。这种设计可有效避免系统误差的产生，能对试验结果进行精确的统计分析，试验结果的可靠性较高。随机排列的试验设计方法很多，下面介绍完全随机设计、随机区组设计、拉丁方设计和裂区设计。

（一）完全随机设计

1. 设计方法　　完全随机设计（completely randomized design）是将各处理完全随机地分配给不同的试验单位（如试验小区），每一处理的重复次数可以相等也可以不相等。这种设计使每一试验单位都有同等的机会接受任何一种处理，它是随机排列试验设计中最简单的一种。"随机"的方法可以采用抽签法或随机数字法。

例如，研究某种生长调节剂对水稻株高的影响，进行 6 个处理（包括施用清水的对照）的盆栽试验，每处理 4 盆（即重复 4 次），共 24 盆。设计时先将每盆水稻（试验单位）随机编号 1、2、3、…、24，然后用抽签法从所有编号中随机抽取 4 个编号 13、2、7、22 作为实施第 1 处理的 4 盆，再从余下的 20 个编号中随机抽取 4 个编号 5、18、24、12 作为实施第 2 处理的 4 盆，如此进行下去，直到从余下的 8 个编号中随机抽取 4 个编号 4、16、9、14 作为实施第 5 处理的 4 盆，余下的编号为 21、23、6、8 的 4 盆则实施第 6 处理为止。于是可得各处理实施的盆号如下：

第 1 处理：13，2，7，22　　　　第 2 处理：5，18，24，12
第 3 处理：17，20，11，1　　　　第 4 处理：10，3，15，19
第 5 处理：4，16，9，14　　　　第 6 处理：21，23，6，8

R 脚本　SAS 程序

2. 设计特点　　完全随机设计应用了试验设计的重复和随机两个原则，优点是设计容易，处理数与重复数都不受限制，统计分析也比较简单；缺点是没有应用局部控制原则，当试验环境条件差异较大时试验误差较大，试验的精确度较低。因此，完全随机设计常用于土壤肥力均匀一致的田间试验和在实验室、温室、人工气候箱（室）中进行的试验。

（二）随机区组设计

1. 设计方法　　随机区组设计（randomized block design）是随机完全区组设计（randomized complete block design）的简称，是随机排列设计中最常用、最基本的设计。设计步骤是，先将整个试验地划分成若干个区组，区组数等于重复数；然后将每个区组划分成若干个小区，小区数等于处理数；再将全部处理独立随机安排在每一区组的各个小区上。区组内各个小区安排处理的"随机"可采用抽签法或随机数字法。

进行随机区组设计应注意以下 3 点。

（1）根据局部控制原则，划分区组时应使区组内的环境变异尽可能小，区组间的环境变异尽可能大。当试验环境条件（如土壤肥力等）存在梯度变化时，区组的走向应与环境变化梯度垂直，而区组内小区的长边应与环境变化梯度平行，以使区组内的各小区所处的环境条件尽可能均匀一致（图 1-8）。如果试验环境不存在可觉察的趋势变化，则区组内两端试验小区间的距离应尽可能短。

R 脚本

SAS 程序

图 1-8　10 个处理 3 次重复的随机区组设计

1，2，3，…，10 表示处理

（2）由于试验地的限制，同一试验的不同区组可以分散设置在不同的田块或地段上，但同一区组内的所有小区必须设置在一起，决不能分开。

（3）每一区组内各处理的随机排列必须独立进行，这称为以区组为单位的独立随机化。

2．设计特点　　随机区组设计是针对完全随机设计的缺点而提出的。它在完全随机设计的基础上体现了局部控制原则，从而将试验环境均匀性的控制范围从整个试验地缩小到一个个区组，区组间的差异可以通过统计分析方法使其与试验误差分离。所以，随机区组设计既能保持完全随机设计的优点，又能克服完全随机设计可能产生的缺点，降低试验误差，试验的精确度较高。

随机区组设计的优点是：①设计简单，容易掌握；②灵活性大，单因素、两因素、多因素、综合性试验都可以采用；③符合试验设计的三原则，能无偏估计试验误差，能有效地减少单向土壤肥力差异对试验的影响，降低试验误差，试验的精确度较完全随机设计高；④对试验地的形状和大小要求不严，必要时不同区组可以分散设置在不同的田块或地段上；⑤易于统计分析，当因某种偶然原因而损失某一处理或区组时，可以除去该处理或区组进行统计分析。

随机区组设计的缺点是：①处理数不能太多，因为处理数太多，区组必然增大，区组内的环境变异增大，从而丧失区组局部控制的功能，试验误差增大。随机区组设计的处理数一般不超过 20 个，最好为 10 个左右。②只能控制一个方向的土壤差异，试验精确度低于拉丁方设计。

（三）拉丁方设计

1．设计方法　　拉丁方设计（latin square design）是从行和列两个方向对试验环境条件进行局部控制，使每个行和列都成为一个区组，在每一区组内独立随机安排全部处理的试验设计。在拉丁方设计中，同一处理在每一行区组和每一列区组出现且只出现一次，所以拉丁方设计的处理数、重复数、行区组数和列区组数均相同。

拉丁方是一个由 n 个字母构成的 $n×n$ 阶方阵，各字母在每一行和每一列出现且只出现一次。第一行和第一列的字母均按顺序排列的拉丁方称为标准拉丁方。3×3 标准拉丁方只有一个，即

$$
\begin{array}{ccc}
A & B & C \\
B & C & A \\
C & A & B
\end{array}
$$

将每个标准拉丁方的列或行进行调换，可以得到许多不同的拉丁方。表1-4为4×4～8×8的标准拉丁方。

表1-4　4×4～8×8的标准拉丁方

4×4

（1）					（2）					（3）					（4）			
A	B	C	D		A	B	C	D		A	B	C	D		A	B	C	D
B	A	D	C		B	C	D	A		B	D	A	C		B	A	D	C
C	D	B	A		C	D	A	B		C	A	D	B		C	D	A	B
D	C	A	B		D	A	B	C		D	C	B	A		D	C	B	A

5×5						6×6					
A	B	C	D	E		A	B	C	D	E	F
B	A	E	C	D		B	F	D	C	A	E
C	D	A	E	B		C	D	E	F	B	A
D	E	B	A	C		D	A	F	E	C	B
E	C	D	B	A		E	C	A	B	F	D
						F	E	B	A	D	C

7×7							8×8							
A	B	C	D	E	F	G		A	B	C	D	E	F	G	H
B	C	D	E	F	G	A		B	C	D	E	F	G	H	A
C	D	E	F	G	A	B		C	D	E	F	G	H	A	B
D	E	F	G	A	B	C		D	E	F	G	H	A	B	C
E	F	G	A	B	C	D		E	F	G	H	A	B	C	D
F	G	A	B	C	D	E		F	G	H	A	B	C	D	E
G	A	B	C	D	E	F		G	H	A	B	C	D	E	F
								H	A	B	C	D	E	F	G

进行拉丁方设计，首先依据拉丁方的阶数等于处理数的要求选取标准拉丁方；然后对标准拉丁方的列、行随机排列；最后对处理随机排列。对于3×3和4×4标准拉丁方，对所有列和第二、第三、第四行随机排列，再对处理随机排列；对于5×5及其以上标准拉丁方，对所有列和行随机排列，再对处理随机排列。下面结合实例介绍拉丁方设计的步骤。

【例1-3】　有5个小麦品种甲、乙、丙、丁、戊进行比较试验。采用拉丁方设计以控制试验地双向肥力差异对试验结果的影响。

第一步，选择标准拉丁方。本例处理数为5，从表1-4中选取5×5标准拉丁方，如图1-9（a）所示。

R脚本　SAS程序

第二步，列随机排列。按抽签法所得随机数字1、3、2、4、5对选取的标准拉丁方的列随机排列，结果如图1-9（b）所示。

第三步，行随机排列。按抽签法所得随机数字3、5、4、2、1对已经列随机排列的标准拉丁方的行随机排列，结果如图1-9（c）所示。

第四步，处理随机排列。按抽签法所得随机数字2、5、4、1、3对处理随机排列，即将

5 个小麦品种甲、乙、丙、丁、戊随机排列为乙、戊、丁、甲、丙；将已进行列、行随机排列的标准拉丁方的 A、B、C、D、E 分别替换为乙、戊、丁、甲、丙，即得拉丁方设计的田间排列，结果如图 1-9（d）所示。

```
                1  3  2  4  5
A  B  C  D  E      A  C  B  D  E      3  C  A  D  B  E
B  A  E  C  D      B  E  A  C  D      5  E  D  C  B  A
C  D  A  E  B      C  A  D  E  B      4  D  B  E  A  C
D  E  B  A  C      D  B  E  A  C      2  B  E  A  C  D
E  C  D  B  A      E  D  C  B  A      1  A  C  B  D  E
     (a)               (b)               (c)
```

丁	乙	甲	丙	戊
丙	甲	丁	戊	乙
甲	戊	丙	乙	丁
戊	丙	乙	丁	甲
乙	丁	戊	甲	丙

(d)

图 1-9　5×5 拉丁方设计

2. 设计特点　　拉丁方设计有 3 个特点：一是试验的重复数与处理数相等；二是每一行和每一列都包括全部处理，形成一个完全区组；三是所有处理在行和列中都进行随机排列。

拉丁方设计的优点是：由于每一行和每一列都形成一个区组，具有双向局部控制功能，可以从两个方向消除试验环境条件的影响，试验的精确度较随机区组设计高。

拉丁方设计的缺点是：①由于重复数等于处理数，故处理不能太多，否则行区组、列区组占地过大，试验效率不高；若处理数少，则重复数不足，导致试验误差自由度太小，会降低试验的精确度和检验处理间差异的灵敏度。因此，拉丁方设计缺乏伸缩性，一般常用于 5～8 个处理的试验。②田间布置时，不能将行区组和列区组分开设置，要求有整块方形的试验地，缺乏随机区组设计的灵活性。

（四）裂区设计

进行两因素试验，有时两个因素有主次之分，希望对主要因素的研究有较高的精确度。例如，品种与施肥量两因素试验，品种是主要因素，精确度要求较高；施肥量是次要因素，精确度要求较低。在这种情况下，通常采用裂区设计（split-plot design）。进行两因素裂区设计，两个因素区分为主区因素与副区因素，次要因素为主区因素，主要因素为副区因素。主区因素的水平也称为主处理，副区因素的水平也称为副处理。

1. 设计方法　　两因素裂区设计的步骤是，先将试验地划分为若干个区组，区组数等于试验的重复数；再将每个区组划分为若干个主区，主区数等于主区因素的水平数；然后将每一主区划分为若干个副区，副区数等于副区因素的水平数；将主区因素各水平（即主处理）独立随机安排在各区组内的主区上，将副区因素各水平（即副处理）独立随机安排在各主区内的副区上。由于在设计时将主区分裂为副区，故称为裂区设计。

两因素裂区设计的主区通常按随机区组排列（如上所述），也可按完全随机排列或拉丁方排列。

【例 1-4】　某小麦中耕次数（A，主区因素）和施肥量（B，副区因素）试验，因素 A 设 3 个水平：A_1、A_2、A_3；因素 B 设 4 个水平：B_1、B_2、B_3、B_4；试验重复 3 次，主区按随机区组排列。按此要求进行裂区设计。

第一步，将试验地划分为 3 个区组，每个区组划分为 3 个主区。

R 脚本

第二步，将各区组的每个主区划分为 4 个副区。

SAS 程序

第三步，将主区因素 A 的 3 个水平 A_1、A_2、A_3 独立随机安排在每个区组内的 3 个主区上。

第四步，将副区因素 B 的 4 个水平 B_1、B_2、B_3、B_4 独立随机安排在每个主区内的 4 个副区上，即得裂区设计的田间排列（图 1-10）。

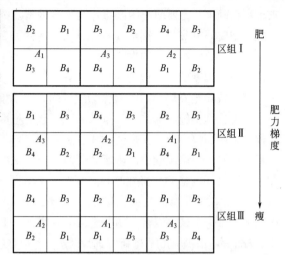

图 1-10 小麦中耕次数（A）和施肥量（B）试验裂区设计的田间排列

2. 设计特点 裂区设计是多因素试验的一种设计方法。将两因素随机区组设计和裂区设计相比较，可以看出裂区设计的特点。

（1）两因素随机区组设计研究的因素同等重要，小区面积相同。两因素裂区设计副区因素是主要研究的因素，主区因素是次要研究的因素；副区面积小、主区面积大。

（2）在田间排列上，两因素随机区组设计是将每个处理（即水平组合）独立随机地安排在各区组的每个小区上。两因素裂区设计是先将各区组划分为主区，再将主区划分副区；把主区因素的各水平（即主处理）独立随机安排在各区组内的主区上，把副区因素的各水平（即副处理）独立随机安排在各主区内的副区上。这样对副处理来说主区就是一个完全区组，但对全试验所有处理（即水平组合）来说，主区仅是一个不完全区组。主处理的重复数等于试验的重复数，副处理的重复数等于试验的重复数×主处理数，显然副处理的重复数大于主处理的重复数。

（3）两因素随机区组设计各因素水平间比较的精确度是一致的。两因素裂区设计，在主区因素水平间、副区因素水平内主区因素水平间进行比较，其精确度较低；而在副区因素水平间、主区因素水平内副区因素水平间进行比较，其精确度较高；尤其是副区因素水平间的比较，比主区因素水平间的比较更为精确。也就是说，两因素裂区设计主区因素主效应的精确性低、副区因素主效应以及副区因素与主区因素的交互作用的精确性高。因此，对于副区因素主效应以及副区因素与主区因素的交互作用来说，裂区设计的精确度比随机区组设计高。

（4）两因素随机区组设计试验资料的方差分析只有一个试验误差。两因素裂区设计试验资料的方差分析有两个误差：主区误差和副区误差。三因素裂区设计（此时三个因素区分为主区因素、副区因素与副副区因素、次次要因素为主区因素、次要因素为副区因素、主要因素为副副区因素）有 3 个误差：主区误差、副区误差和副副区误差。通常主区误差大于副区误差，副区误差大于副副区误差。

两因素裂区设计主要应用于以下几种情况。

（1）精确度要求不同。如果某一因素的主效比另一因素的主效重要而要求更为精确的比较，或者两个因素间的交互作用是较其主效更为重要的研究目标，宜采用裂区设计。应将要求更高精确度、主要研究的因素作为副区因素。例如，有 10 个玉米品种、3 种肥料的两因素试验，主要研究品种，则应安排品种为副区因素，肥料为主区因素。

（2）主效应绝对值的大小不同。如果根据已进行的试验或经验判断某一因素的主效应绝对值比另一因素的主效应绝对值大，宜采用裂区设计。将主效应绝对值大的因素作为主区因素，将主效应绝对值小的因素作为副区因素，以便于揭示副区因素水平间的差异。

（3）管理实施的需要。如果某一因素比另一因素需要更大的小区面积，为了管理实施的方便而采用裂区设计。将需要面积较大的因素作为主区因素，需要面积较小的因素作为副区因素。例如，栽培试验中，施肥和灌溉需要较大的面积，为便于实际操作和控制肥料和水在相邻小区之间的移动，将施肥和灌溉作为主区因素，将其他因素作为副区因素。

（4）试验方案临时变更。有时，一个试验（如甘薯品种比较试验）已经进行，但临时发现必须加上另一个试验因素（如翻蔓与不翻蔓）。这时可以将已经进行试验的各小区再划分成若干个较小的小区即副区，将新增试验因素——副区因素的各水平（此例为 2 个水平）设置上去。

第五节　田间试验的实施步骤

田间试验的实施就是要正确、及时地把试验的各处理按照试验设计实施到试验小区，正确贯彻执行对试验地的各项管理措施，以保证试验作物的正常生长。通过田间观察记载、室内考种掌握试验作物生长发育过程中的发展动态并获得可靠的试验数据。

实施田间试验的最终目标是使试验方案得到完美的实现，也就是说要使试验方案中规定的各种比较得以充分的表现，使试验结果正确地反映出试验处理表现的客观实际，把试验误差控制到最小。为了达到这个目标，在田间试验的整个实施过程中，必须始终严格执行唯一差异原则，即除了试验处理所要求的差异外，尽可能地将其他试验环境条件控制一致。在设置有区组的情况下，还必须执行以区组为单位的局部控制原则，所有非试验处理所要求的各种田间操作，在同一区组内都必须尽可能一致。例如，各项技术操作和观察记载的人员以及进行时间、工具、方法、数量、质量等在同一区组内都要力求相同。

田间试验的实施步骤主要包括试验计划的制订、试验地准备与区划、种子准备、播种或移栽、栽培管理、田间观察记载和测定、收获脱粒和室内考种等，是从试验开始到试验结束的全过程。

一、田间试验计划的制订

试验计划是实施田间试验的依据。田间试验能否取得预期效果，与计划制订是否正确、周密有密切关系。因此，田间试验实施的第一步就是制订试验计划，明确试验的目的、要求、方法以及各项技术措施的规格要求，使田间试验的各项工作有计划地进行，以保证试验任务的圆满完成。

（一）田间试验计划的内容

田间试验计划的内容，因试验种类和要求的不同而异，一般应包括以下内容。

（1）试验名称。

（2）试验目的及其依据。包括现有的科技成果、发展趋势，以及预期的试验效果。

（3）试验时间和地点。

（4）试验地的基本情况。包括土壤、地形、地势、位置、水利条件，以及轮作方式、前作状况等。

（5）试验方案。包括试验因素、因素的水平、试验处理等。

（6）试验设计。包括试验设计方法、小区面积和形状、重复数，以及保护行、走道、排水沟的设置等。

（7）试验地耕作、播种和田间管理措施及其质量要求。

（8）田间观察记载和室内考种、分析测定项目及方法。

（9）试验取样和收获计产方法。

（10）试验资料的统计分析方法和要求。

（11）试验所需的土地面积、经费、人工及主要仪器设备。

（12）田间种植图、观察记载表、室内考种表等。

（13）计划制订人、执行人。

（二）种植计划书的编制

编制种植计划书是为布置试验处理、种植试验材料和进行田间观察记载做好准备，在制订试验计划后进行。

种植计划书除包括试验名称、试验时间与地点、田间种植图外，其余内容因试验类型不同而有所不同。肥料、药剂、栽培、品种比较等试验，一般还包括处理种类或代号、种植区号或行号、田间观察记载项目等；育种试验一般还应包括今年种植区号或行号，去年种植区号或行号，品种（系）或组合名称或代号，种子来源或原产地、特点以及田间观察记载项目等。种植计划书的内容可以根据需要灵活拟订，但应遵守便于查清试验材料的来龙去脉和历年表现的原则，以有利于对试验材料的评定和总结。

在编制种植计划书时，应在种植计划书上将上述项目依次划成表格。在育种试验的初期阶段，因材料较多，为了避免编号时发生遗漏或重复，可用打号机按顺序打印。

种植计划书对于试验实施是非常重要的，应至少准备两份。一份用于田间种植和观察记载；一份在室内妥善保管，以备不测。田间观察记载的资料要及时誊抄在室内的种植计划书上。

（三）田间种植图

田间种植图表示试验各部分的具体布局和设计，它是试验地区划的依据，也为田间观察记载提供方便。

在田间种植图上，应重点画出试验区的形状、区组的位置与走向、小区的排列与长宽度，同时还应标明试验地周围的主要标志（如道路、房屋、沟渠等）及其方位和水沟、走道、保护行的设置等。田间种植图应详细、具体，在进行试验地的具体规划时要能按照它进行操作。

田间种植图的绘制应在进行试验地区划前完成。如果实际布置落实试验处理时有所调整，应及时进行修正。

图1-11为8个品种的小麦品种比较试验田间种植图。图中仅标明了区组的位置与走向、小区的排列与面积，以及走道、保护行的设置等主要部分。

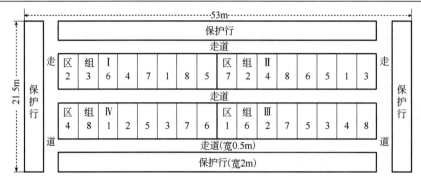

图 1-11　小麦品种比较试验田间种植图

1，2，3，…，8 表示处理，小区面积＝3×8＝24（m²），试验区长＝3×16＋（0.5+2）×2＝53（m），

试验区宽＝8×2＋0.5×3＋2×2＝21.5（m），试验区面积＝53×21.5＝1139.5（m²）

二、试验地准备与区划

　　试验地是实施田间试验的场所。试验地在进行区划之前，必须做好充分准备，以保证各处理获得尽可能一致的试验环境条件。

　　试验地的面积、形状以及土壤等情况要先进行详细测定。土壤肥力的均匀性可通过观察前茬作物的长势或进行空白试验来确定。

　　试验地应按照试验要求施用基肥，基肥不仅质量要一致，而且要施得均匀。基肥（有机肥必须充分腐熟）在施用前要充分混合，施用时最好采用分格分量的方法，以达到均匀施肥，避免因基肥施用不当而造成土壤肥力的差异。试验地的耕耙应在 1～2 天内完成，应采用当地的先进技术，做到深耕、细耙、整平。耕耙的深浅应一致，并且方向必须与将来区组设置的长边方向相同，使同一区组内各小区的耕耙质量最为相似。试验地的耕耙等工作范围应延伸到试验区边界外 1～1.5m，使试验范围内的耕层比较一致。试验地耕耙后应开好四周排水沟，做到沟沟相通，使地面雨后不积水。

　　试验地准备工作完成后，即可根据田间种植图进行试验地区划。通常，先按照田间种植图所标示的整个试验区长度和宽度规划试验区，然后再划分区组、小区、走道和保护行等。

　　为使试验区形状方正，规划时首先在试验地一角用木桩定点，用绳子将试验地较长一边取直并固定下来，这是试验区的第一边。再以定点处为直角，应用"勾股定理"画出一直角三角形(将皮尺的3m处固定在直角上，0m 和 12m 固定在一个锐角上，7m 固定在另一个锐角上，如图1-12所示)，三角形的一条直角边与绳子（即试验区的第一边）重合。沿三角形的另一条直角边再拉一根绳子，即为试验区的第二边。然后，根据试验区长度确定试验区第一边的右端点，在试验区的第一边右端点用同样的方法画出另一直角三角形，确定试验区的第四边。最后，

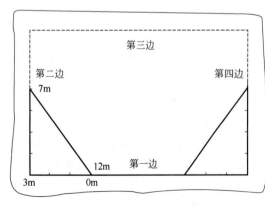

图 1-12　试验区田间区划示意图

根据试验区宽度，确定第二边、第四边的上端点，用一根绳子连接第二边、第四边的上端点，即为试验区的第三边。图 1-12 为试验区田间区划示意图。

在进行试验地的区划时，必须注意试验区的位置要恰当，面积要准确，同时要防止偏斜。

三、种子准备

农作物是田间试验的主要研究对象和试验材料，进行田间试验需要准备充足的、高质量的农作物种子。除非试验处理需要不同的品种，否则田间试验用的种子遗传背景和种子来源都应相同，并且经过精选去杂，以保证其纯度，使试验的准确性不受影响。

种子准备最重要的任务就是确定播种量。可进行播种量试验和密度试验，播种量的确定应使各处理小区（或各行）能发芽的种子粒数基本相同，以免造成植株数、营养面积和光照条件的差异。由于不同品种的种子大小差异很大，发芽率和混杂程度也各不相同，因而播种量的确定不能只看种子重量，而要先测定种子的千粒重和发芽率，然后计算播种量。

播种量的计量因种子大小和播种方式的不同而异。小粒种子（如水稻、小麦、油菜等）或撒播，播种量常以重量计；大粒种子（如玉米、花生等）或点播，播种量常以粒数计。在育种工作的初期阶段，材料较多，而每一材料的种子数量较少，不可能进行发芽试验，播种量常以粒数计。

播种量通常根据所要求的播种密度（粒数）、播种面积、发芽率和千粒重等进行计算。

$$小区（每行）播种量（kg）=\frac{每平方米应播发芽种子粒数×千粒重（g）×小区（每行）面积（m^2）}{发芽率×1000×1000}$$

或

$$小区（每行）播种量（粒）=\frac{每平方米应播发芽种子粒数×小区（每行）面积（m^2）}{发芽率}$$

移栽作物，如水稻、油菜等的播种量也应按此计算，并适当增加。

种子准备应按照种植计划书的顺序进行，避免发生错误。根据计算好的各小区（或各行）播种量，将种子称好或数好，分别装入已写好试验名称、品种名称（或代号）、区组和小区编号（或行号）的种子袋中。所有种子分装完成后，应按种植计划书上的排列顺序校对一遍，贮备待播。

需在播种前进行浸种催芽或药剂处理的，应在种子准备时进行。

四、播种或移栽

播种或移栽是田间试验的一项重要而细致的工作。必须严格按照计划要求确保播种或移栽的质量。

若进行人工播种，应在播种前按要求开好播种沟或打窝，并根据田间种植计划在各小区首行插上写有区组和小区编号（或行号）的木牌（或竹牌），经检查无误后分发种子袋。将木牌（或竹牌）、种子袋和记载本上的号码核对无误后开始播种。播种时应力求种子分布均匀，深浅一致，注意避免漏播和种子混杂。当种子很少而要求较高时，宜用播种板，以便准确地按密度播种。播种必须播完一个区组再播另一区组。播完一区（或一行），需进行检查，如发现错误，应立即纠正，然后进行盖种。

若进行机器播种，应注意小区形状要符合机器播种的要求。播种时，应按规定调整好播种量，要求播种机速度均匀一致，不能行走偏斜，种子必须播在一条直线上。要注意清洗播种机，避免种子混杂。播种后，必须核定每小区的实际播种量（放入播种机中的种子量减去剩余的种子量），并做好记录。

进行移栽的作物，要先播种在秧田或苗床。移栽取苗时，要注意挑选大小均匀一致的幼苗，或分等级按比例混合后等量分配于各小区（或各行），以减少试验材料的差异。运送幼苗的过程中，要注意防止发生差错，最好用塑料牌等标明试验处理或品种代号，并随幼苗分送到各小区（或各行），经核查无误后再行移栽。移栽时，要按照预定的窝行距控制密度，使所有幼苗保持相同的营养面积。要注意移栽质量，如移栽深浅一致等。移栽后多余的幼苗可留在小区（或行）的一端，以备在必要时进行补栽。

所有试验小区的播种或移栽完成后，接着进行保护行的播种或移栽。一个试验的播种或移栽工作最好在一天内完成。如果一天完成不了整个试验的播种或移栽，同一区组所有小区的播种或移栽必须在一天内完成，切不可在一个区组内中断。

整个试验的播种或移栽工作完成后，应根据实际情况对田间种植图进行修正和标注。同时做好播种或移栽工作的详细记录。

五、栽培管理

试验地的栽培管理是保证田间试验准确性和精确性的重要环节之一，必须给予高度重视，严格按照试验计划执行。

试验地的栽培管理措施应达到当地的先进水平。在执行各项管理措施时，除了试验方案所规定的处理间差异外，其他栽培管理措施均应力求质量一致，以免对各处理造成不同的影响，增大试验误差。为此，要求试验地的任何一项栽培管理措施最好能在一天内完成，至少同一区组要在一天内完成。

与一般大田生产一样，试验地的栽培管理主要包括施肥、中耕除草、灌溉排水和防病治虫等。

施肥是最重要的栽培管理措施之一，施肥不均匀会造成很大的试验误差，必须严格控制。施肥要求肥料质量一致，各小区的施肥量相同，并且施用均匀，深度和时间适当，以使整个试验具有均匀一致的营养条件，以减少试验误差。施用矿物质肥料，需按肥料中的有效成分计算施用量。施用有机肥料，或在同一小区混合施用几种矿物质肥料时，要预先搅拌均匀。如肥料容易吹散或用量太少，可拌入一定量的干细土。

中耕作物应及时中耕培土，尽可能使用机械进行中耕。除草应尽可能使用除草剂，以便在较短的时间内完成。当进行人工中耕除草或需要人力辅助完成时，要事先计算好工作量，一组人员共同完成一个区组的作业，并按区组方向（垂直于小区方向）进行，而另一组人员完成另一个区组，把人员间的差异放到不同区组中。

水田试验各个小区应有独立的灌溉和排水系统，以控制灌溉或排水时间和水层厚度。旱地试验若需灌溉，也需要类似的措施。否则，会造成很大的试验环境差异，引起试验误差。应避免试验地的局部积水和沟渠漏水，雨后应当及时排水。

如果试验处理对病虫害的反应不是试验研究的内容，则试验地上的一切病虫害都必须及时得到防治。各小区在药剂用量、施药质量和施药时间等方面都要尽可能做到一致。

总之，试验地的栽培管理是一项琐碎、繁杂的工作。要清楚地认识到它对田间试验成败的重要性，认真仔细地做好各项田间作业，遵循唯一差异原则，尽量避免或减少人为的差异，以降低试验误差，提高试验的准确性和精确性。

试验地各项栽培管理工作的完成时间、方法和质量等情况，均需及时进行详细记录。

六、田间观察记载和测定

在作物生长发育过程中，进行及时、准确的田间观察记载和测定是田间试验积累数据资料、掌握试验材料客观规律的重要手段。

田间观察记载的内容，应根据试验目的和要求、作物种类以及实际条件来确定。一般来说，试验处理可能表现出差异的所有情况都在记载之列。但在具体工作中，应分清主次，有所选择。田间试验观察记载的内容，通常有以下几个方面。

1. 气候条件的观察记载　　主要目的是了解作物生长发育过程中不同气候条件对处理产生的影响。一般包括温度（气温和土温）、光照（光照长度和强度）、湿度、降雨和灾害性气候等。气候条件的观察可在试验所在地进行，也可引用附近气象台（站）的资料。但有关试验地的农田小气候，则必须由试验人员自行观测，其中的关键是要校准观测仪器和严格控制观测时间。一些特殊的气候条件，如冷、热、风、雨、霜、雪、雹等灾害性气候，以及由此引起的作物生长发育的变化，试验人员都应及时观察记载，以供分析试验结果时参考。

2. 试验地农事操作的记载　　试验地的栽培管理和其他农事操作都会改变作物生长发育的外界条件，从而引起作物产生相应的变化。因此，详细记载整个试验过程中的农事操作（如整地、施肥、播种、中耕除草、灌溉排水、防病治虫等）的日期、数量、方法等，将有助于正确分析试验结果。

3. 作物生育动态的观察记载　　这是田间观察记载的主要内容。观察记载项目应在制订试验计划时预先确定，主要包括生育期、形态特征、生理特性、生长动态、农艺性状等。应根据试验目的、作物种类、观察项目等确定观察记载的方法、标准和时间。

4. 不正常现象的观察记载　　不正常现象是指会严重影响试验效果的各种现象，如动物危害、冷害、冻害、肥害、药害和意外损失等。如果发生这类现象，应详细记录发生时间、历程和影响程度，以备分析试验结果时使用。

田间观察记载必须有专人负责，要做到及时、准确。一项观察记载工作，应由同一人完成，不宜中途换人，以免造成误差。整个试验的观察记载，应力求在一天内完成，至少同一区组要在一天内完成。

在田间试验过程中，有时需要在作物生长发育的特定时期取样测定某些生理生化指标，如水稻旗叶蛋白质含量、酶活性等，以研究不同处理对作物体内物质变化的影响。进行取样测定时，需注意取样方法要合理，样本容量要适当。应采用标准化的测定方法，使用经过标定或校准的仪器设备和符合纯度要求的药品试剂，使测定结果具有较高的重复性和精确度。

七、收获、脱粒和室内考种

有些田间试验进行到作物生长发育的某一时期即告结束，如油菜苗期病毒病防治试验只需进行到抽薹期或现蕾期，就能获得衡量试验处理效果的指标（如发病率）。但大多数田间试验需进行到作物成熟，通过收获、脱粒获取籽粒产量，作为处理效果的评定指标。因此，收获、脱粒和室内考种是这些田间试验获取数据资料的关键，必须做到及时、细致、准确，决不能发生差错。否则，会使整个试验受到影响，甚至前功尽弃。

田间试验的收获在作物成熟且田间观察记载均已完成后进行。收获前必须做好充分的准备（包括收获、脱粒、翻晒用的材料和工具）。如果各小区作物成熟期相同，收获时首先将保护行和按计划要求需除去的小区边行及两端一定长度的植株割下，置于原地，查对无误后将其运走；然后，在小区计产面积上，按计划要求采取一定的取样方法（见本章第六节）抽取用于室内考种和其他测定的植株（或其他样本），挂上标签并核对正确后运入挂藏室，按类别或不同处理分别挂好，以便进行室内考种和测定；最后，收获计产面积上的其余植株，将收获物装入袋中或打捆，挂上标签后运输，以免发生差错。收获时，要尽量避免损失，特别是易落粒作物尤需注意。

如果各小区作物成熟期不一致，则收获方法与上述类似，但有两点不同：一是保护行和小区边行应保留到最后；二是各小区先熟先收、后熟后收，两端植株在收获前割除。对于收获期较长的作物（如棉花等），保护行和小区边行、两端植株均应保留到整个试验收获结束。

收获物要及时翻晒，注意防止霉烂和虫害，并尽快脱粒。脱粒时应严格按小区分区脱粒，要注意脱粒质量。脱粒后应及时晾晒，待种子充分干燥后称重。在脱粒、晾晒和称重过程中，凡需装袋的均应附上标签，且里外各一，以便识别。

田间试验的收获、运输、贮藏、脱粒、晾晒和称重等工作，必须由专人负责，建立验收制度，随时查对。

在田间试验中，有些项目如株高、茎粗、籽粒颜色、饱满度、千粒重（或百粒重）、结实率等农艺性状，以及种子蛋白质、油分、糖分含量及纤维长度和强度等品质性状，需在作物成熟后通过室内考种（或测定）进行观察记载。前已述及，用于室内考种的植株，应在收割前按规定选取并悬挂在室内，使其自然干燥。要注意防止鼠害、虫害和其他损失，并及时进行考种。考种时要严格按照规定进行操作，同一项目应由一（组）人进行观察，以避免人为差异。

田间试验经过上述步骤，取得了大量的数据资料。为了说明试验结果，必须对这些数据资料进行整理和分析，并结合田间的观察记载，对试验作出科学的结论。有关试验数据资料的整理和分析方法，将在以后各章介绍。

第六节　田间试验的抽样方法

为了获得田间试验小区的数据资料，需要对小区内的植株进行调查，但不可能也没有必要对整个小区的所有植株进行全面调查，而是通过抽样选取部分植株作为代表，由这些植株的调查结果推知整个试验小区的情况，这种方法称为抽样调查（sampling investigation）。选取的这"部分"植株构成样本。

田间试验的抽样调查涉及 3 个问题：①抽样单位的大小，即一个试验单位（如试验小区）应划分成多少个抽样单位；②样本容量的大小，即为保证抽样调查结果有预定的精确性，应抽取多少个抽样单位；③抽样单位的配置，即如何确定抽样单位在试验单位中的具体位置。

试验单位上能获得一个调查数据的一个或多个个体或由多个个体组成的集合，称为抽样单位（sampling unit）。抽样单位随调查项目、作物（或病虫害）种类、生育时期、播种方法等的不同而异，可以是一种自然单位，也可以由若干个自然单位合并而成，还可以是人为确定的大小、范围或数量等。田间试验抽样调查常用的抽样单位有单株或单窝、器官、长度、面积、时间、容积或重量等。抽样单位的大小与抽样调查的精确性有密切关系，抽样调查时应选取适当的抽样单位。例如，小麦、水稻等小株密播作物，一般不以单株而以一定面积（包括若干株）为抽样单位。

样本容量的大小直接影响抽样调查的精确性。样本容量越大，精确度越高，调查的工作量也越大。因此，样本容量的确定应从多方面综合考虑，如小区面积、作物生长的整齐度、抽样调查的精确性和人力、物力、财力、时间等。

田间试验抽样调查旨在通过样本了解整个试验（或试验小区）的情况，样本应具有足够的代表性，这就要求根据调查项目和试验的具体情况选取适当的抽样方法。田间试验抽样调查常用的抽样方法有典型抽样、顺序抽样、随机抽样和成片抽样等，下面分别予以介绍。

一、典型抽样

根据研究目的有意识地抽取一定数量具有代表性的抽样单位构成样本的抽样方法称为典型抽样（typical sampling），又称代表性抽样。例如，对于育种的原始材料，必须选取具有品种典型特征的植株进行调查。

典型抽样所获得的样本称为典型样本（typical sample）。典型抽样的关键就在于选取真正具有代表性的典型样本。这种方法虽灵活机动、收效较快，但由于完全依赖于调查者的知识和经验，结果不稳定，并且不符合随机原则，无法估计抽样误差。

二、顺序抽样

按照某种既定的顺序抽取一定数量的抽样单位构成样本的抽样方法称为顺序抽样（ordinal sampling），又称机械抽样、系统抽样或等距抽样，如每隔一定株数（或行数）或长度抽取一个抽样单位。顺序抽样常采用三点式、五点式、对角线式、棋盘式、分行式、平行线式或"Z"字式等（图 1-13），各试验单位中的抽样单位都按同一方式设置。

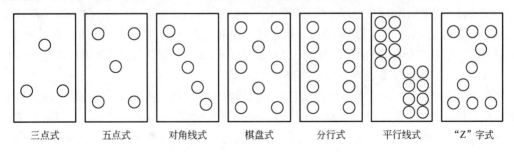

| 三点式 | 五点式 | 对角线式 | 棋盘式 | 分行式 | 平行线式 | "Z"字式 |

图 1-13 田间试验顺序抽样的几种方式

顺序抽样方法简单，容易操作，能使抽样单位在试验小区中的分布比较均匀，样本的代表性较好，一般情况下抽样误差较小。但若存在趋势变异，可能出现偏性，而且难以无偏估计抽样误差。所以，只有在试验单位内个体性状表现一致时才采用顺序抽样。

三、随机抽样

所有抽样单位都有同等机会被抽取进入样本的抽样方法称为随机抽样（random sampling），又称等概率抽样或概率抽样。随机抽样一般先对所有抽样单位进行编号，再用抽签法或随机数字法抽取所需数量的抽样单位构成样本。

随机抽样的优点是样本的代表性强，能无偏估计抽样误差；缺点是比较麻烦。

田间试验抽样调查常用的随机抽样方法有简单随机抽样、分层随机抽样、整群随机抽样和多级随机抽样等。

（一）简单随机抽样

先将试验单位（如试验小区）的所有抽样单位按其所处位置或其他特征进行编号，然后采用随机方法从中直接抽取一定数量的抽样单位构成样本，这种抽样方法称为简单随机抽样（simple random sampling）。例如，某油菜品种比较试验，每小区 8 行，每行 10 窝，每窝种植一株。若以株为抽样单位，则每小区有 80 个抽样单位。采用简单随机抽样，样本容量为 5。抽样时，先将 80 个抽样单位按种植位置编号，然后用抽签法从 80 个编号中随机抽取 5 个，这 5 个编号的植株即构成样本（图1-14）。

采用简单随机抽样要求各试验小区抽样单位的随机配置应分别独立进行。

10	11	30	31	50	51	70	71
9	12	29	32	49	52	69	72
8	13	28	33	48	53	68	73
7	14	27	34	47	54	67	74
6	15	26	35	46	55	66	75
5	16	25	36	45	56	65	76
4	17	24	37	44	57	64	77
3	18	23	38	43	58	63	78
2	19	22	39	42	59	62	79
1	20	21	40	41	60	61	80

图 1-14　简单随机抽样示意图

被抽样单位为 17、28、49、59、66

采用简单随机抽样可无偏估计抽样误差。但在抽样单位较多时，对抽样单位编号和抽样都比较麻烦。

（二）分层随机抽样

先将试验单位（如试验小区）按某种特征或变异原因划分为相对均匀一致的若干部分或区域，称为区层（zone），然后独立地在每一区层中随机抽取一定数量的抽样单位构成样本，这种抽样方法称为分层随机抽样（stratified random sampling）。划分区层的依据可以是种植行数、作物生长状况、土壤肥力、病虫害和杂草分布等。

采用分层随机抽样时，若各区层所包含的抽样单位数相同，从各区层中抽取的抽样单位数也应相同；若各区层所包含的抽样单位数不同，则从各区层抽取的抽样单位数应根据其所包含的抽样单位数按比例配置。例如，某试验小区的植株按长势情况分为强、中、弱三类，分别占 30%、50% 和 20%。如要抽取 10 株作样本，则按比例应从强、中、弱三类植株中分别抽取 3 株、5 株和 2 株构成样本。

分层随机抽样是一种体现"局部控制"的抽样方法，既能保证随机性，又能有效地降低抽样误差，在田间试验中应用较多。

（三）整群随机抽样

先将试验单位（如试验小区）内的所有抽样单位按某种特征或变异原因划分成若干个单位群，然后随机抽取一定数量的单位群，由这些单位群内的所有抽样单位构成样本，这种抽样方法称为整群随机抽样（cluster random sampling）。例如，在一块棉田抽样调查枯萎病病株率，将3600株棉株分为400个小块（单位群），每一小块包含相邻3行，每行3株共9株（9个抽样单位）。从400个小块中随机抽取40个小块，由这40个小块包含的所有（360株）棉株构成样本。

整群随机抽样随机抽取的不是一个抽样单位，而是包含若干个抽样单位的单位群，因而在大规模抽样调查中容易组织，并可大大提高工作效率，降低成本。但当各单位群间差异较大时，抽样误差也较大。

（四）多级随机抽样

先从试验单位（如试验小区）中随机抽取一定数量的抽样单位（称初级抽样单位），再进行一次或多次随机抽样，每次都在前一次抽出的抽样单位上随机抽取次一级抽样单位，这种抽样方法称为多级随机抽样（multilevel random sampling），也称为巢式随机抽样或多阶段随机抽样。二级随机抽样是多级随机抽样中最简单的一种。例如，研究某农药在叶片上的残留量，先在试验小区中随机抽取植株，再从抽出的植株上随机抽取叶片进行测定。

多级随机抽样的各级抽样单位可以相同，也可以不同。在多级随机抽样中，每增加一级抽样，会增加一个相应的抽样误差。因此，每级抽样至少应有两个抽样单位，以估计其抽样误差。

多级随机抽样在田间试验、土壤调查以及植物生理、生物化学等试验研究中应用十分广泛。

简单随机抽样的性质与完全随机设计相似，而分层随机抽样类似于随机区组设计。当采用分层随机抽样时，如果区层间的变异大于区层内的变异，则分层随机抽样的效率高于简单随机抽样。

如果根据地段来划分分层随机抽样的区层和整群随机抽样的单位群，那么分层随机抽样是先抽取所有地段，然后再随机抽取每一地段内的部分抽样单位；而整群随机抽样却相反，先随机抽取部分地段，然后再抽取这些地段内的所有抽样单位。因此，地段间的差异较大且地段面积较大时，应采用分层随机抽样；而地段间的差异较大且地段面积较小或者地段间的差异较小时，则应采用整群随机抽样。

分层随机抽样和整群随机抽样只进行一次随机抽取，而多级随机抽样需进行两次或两次以上。二级随机抽样是在整群随机抽样的基础上，对随机抽取的单位群（初级抽样单位）不是进行全面调查，而是随机抽取部分抽样单位（次级抽样单位）进行调查。

四、成片抽样

成片抽样（zonal sampling）是指抽取的抽样单位在试验单位（如试验小区）内不作随机分布或均匀分布而连成一片的抽样方法。作物生长发育时期（成熟期除外）的破坏性抽样常用成片抽样。因为破坏性抽样需要拔除植株，而植株拔除后其四周的植株就成为边际，不能作为下次抽样或以后测产使用。如果采用其他抽样方法，抽样单位分布比较分散，一次抽样破坏的面积可达抽样面积的9倍，而采用成片抽样可使破坏面积减少到抽样面积的3倍以下（图1-15）。如果抽样单位配置呈正方形，成片抽样减小破坏面积的效果最好。例如，油菜、玉米和棉花等作物，若采用成片抽样法抽取 3 个含有 3 株的抽样单位（共 9 株），每次抽样仅破坏 25 株，破坏面积与抽样面积之比为 25：9，即 2.78：1。

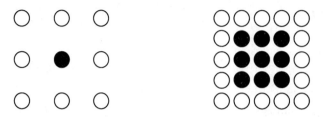

非成片抽样：抽取 1 个植株，共破坏 9 个植株　　　成片抽样：抽取 9 个植株，共破坏 25 个植株

图 1-15　成片抽样与非成片抽样的比较

　　由于作物生长发育时期的破坏性抽样会破坏试验小区，影响计产面积，一般可在每个小区的一侧多种几行或增加 1～2 个重复，专供破坏性抽样之用。

　　成片抽样虽然可减少破坏面积，但有可能因基础材料的不同而造成很大的抽样误差。这一点需特别注意。

习　题

　　1. 什么是田间试验？田间试验有哪些特点？田间试验的任务、作用分别是什么？对田间试验有何要求？

　　2. 什么是试验误差？随机误差与系统误差有何区别？什么是准确性、精确性？田间试验误差有哪些主要来源及相应的控制途径？

　　3. 何谓试验指标、试验因素、因素水平、试验处理、试验小区、总体、样本、样本容量、随机样本？

　　4. 控制土壤差异的小区技术包括哪些内容？各措施有何作用？

　　5. 田间试验设计的基本原则及其作用是什么？

　　6. 什么是试验方案？如何制订一个完善的试验方案？

　　7. 对比设计和间比设计有何异同？其试验结果如何分析？

　　8. 简述单因素完全随机设计、随机区组设计、拉丁方设计和两因素裂区设计的步骤以及各自的优缺点及应用条件。

　　9. 在一块存在双向肥力差异的试验地进行 6 个玉米品种（编号分别为 1、2、3、4、5、6）的比较试验，应采用哪种试验设计方法？为什么？写出设计过程并做出田间排列图。

　　10. 6 个油菜品种 A、B、C、D、E、F（其中 F 为对照）进行比较试验，试验重复 3 次，随机区组设计，小区面积 3m×10m＝30m²，区组间走道宽 0.5m，四周保护行宽 2m，小区间不设走道。绘制田间种植图，并计算试验区总面积。

　　11. 拟对 4 个水稻品种、3 种密度进行两因素试验，试验重复 3 次，裂区设计，密度为主区因素，品种为副区因素，主区按随机区组设计排列。对该试验进行设计，做出田间排列图。

　　12. 田间试验的实施步骤有哪些？简要说明每一步的目的和要求。

　　13. 田间试验常用的抽样方法有哪几类？各有何特点？

　　14. 简单随机抽样、分层随机抽样、整群随机抽样和多级随机抽样有何异同？

第二章 资料的整理与描述

在农学、生物学试验研究中，通过试验可获得大量的原始数据资料。这些资料往往是零乱的，无规律性可循。通过对资料的整理，也许能发现其内部联系和规律性；并利用平均数（mean）、标准差（standard deviation）和变异系数（coefficient of variation）三个统计数描述资料的特性，以便对资料作进一步的统计分析。本章首先介绍资料整理的方法，然后介绍平均数、标准差、变异系数的意义和计算方法。

第一节 资料的整理

一、资料的分类

农学、生物学试验所获得的资料，一般可分为数量性状资料和质量性状资料两大类。

（一）数量性状资料

数量性状（quantitative trait）是指能够以量测或计数的方式表示其数量特征的性状。观察测定数量性状获得的数据就是数量性状资料。根据获得数量性状资料方式的不同，数量性状资料又分为计量资料和计数资料两种。

1. 计量资料 指用度、量、衡等计量工具以量测方式获得的数量性状资料。其数据用长度、重量、容积等表示，如小麦的株高、水稻的小区产量、玉米的百粒重等。计量资料的观测值不一定是整数，两个相邻的整数间允许有带小数的任何数值出现，其小数位数的多少由度量工具的精度而定。例如，小麦的株高，可以是 92cm、93cm，也可以是 92.5cm 或 92.56cm，观测值的变异是连续的。因此，计量资料也称为连续性变量资料（continuous variable data）。

2. 计数资料 指用计数方式获得的数量性状资料。计数资料的观测值只能以整数表示，在两个相邻整数间不允许有任何带小数的数值出现。例如，水稻的分蘖数、每穗小穗数、单位面积的害虫数、单位叶面积的病斑数等，这些观测值只能以整数来表示，各个观测值是不连续的。因此，计数资料也称为不连续性变量资料（discontinuous variable data）或间断性变量资料（discrete variable data）。

（二）质量性状资料

质量性状（qualitative trait）又称属性性状，是指能通过感官评价的性状，如花药、籽粒、颖壳等器官的颜色，芒的有无，绒毛的有无等。这类性状一般用文字描述，不能直接用数量表示，但可以对其观察结果作数量化处理，方法有以下两种。

1. 统计次数法 在一定的总体或样本内，根据某一质量性状的类别统计其次数，以次数作为质量性状的数量。例如，红花豌豆与白花豌豆杂交，统计 F_2 不同花色的植株，在

1000 株中，有红花 266 株、紫花 494 株、白花 240 株（还可进一步计算出 3 种花色植株出现的百分率分别为 26.6%、49.4%和 24.0%）。这种利用统计次数法对质量性状数量化得来的资料又称次数资料。

2．定级评分法　　这种方法是用不同数字表示某种现象在表现程度上的差别。例如，小麦感染锈病的严重程度分为免疫、高度抵抗、中度抵抗、感染 4 个级别，为了将其数量化，可将"免疫"记为 0、"高度抵抗"记为 1、"中度抵抗"记为 2、"感染"记为 3。又如，施用某种农药后害虫分为死亡、存活两种情况，为了将其数量化，可将"死亡"记为 0，"存活"记为 1。

二、资料的检查与核对

在对资料进行整理、分析之前，须对原始资料进行检查、核对。检查、核对原始资料的目的在于确保原始资料的完整性和正确性。所谓完整性，是指原始资料无缺失或重复。所谓正确性，是指原始资料的测量和记载无差错，或未进行不合理的归并。检查中要特别注意特大、特小的异常数据（可结合专业知识判断）。对于重复、异常或遗漏的数据，应予以删除或补齐；对于错误、相互矛盾的数据应进行更正，必要时进行复查或重新试验。原始资料的检查、核对，是统计工作中一项非常重要的工作，因为只有完整、正确的资料，才能真实地反映试验的客观情况，经过统计分析得到可靠的结论。

三、资料整理的方法

试验资料经检查、核对后，根据样本容量确定是否分组。一般，对于小样本（$n \leqslant 30$）资料不必分组，直接进行统计分析；对于大样本（$n > 30$）资料，可将资料分成若干组，制成次数分布表，以了解资料集中与分散的情况。不同类型的资料，分组方法不同。

R 脚本　　SAS 程序

（一）计数资料的整理

对于观测值不多、变异范围不大的计数资料，以每一个不同的观测值为一组进行分组，制成次数分布表。例如，随机调查 100 个麦穗，计数每穗小穗数，原始数据列于表 2-1。

表 2-1　100 个麦穗的每穗小穗数

18	15	17	19	16	15	20	18	19	17
17	18	17	16	18	20	19	17	16	18
17	16	17	19	18	18	17	17	17	18
18	15	16	18	18	18	17	20	19	18
17	19	15	17	17	16	17	18	18	18
18	19	19	17	19	17	18	16	18	17
17	19	16	16	17	17	17	15	17	16
18	19	18	18	19	19	20	17	16	19
18	17	18	20	19	16	18	19	17	16
15	16	18	17	18	17	17	16	19	17

上述 100 个麦穗的每穗小穗数为 15～20，变异范围不大，共有 6 个不同的观测值，即 15、16、17、18、19、20。以每一个不同的观测值为一组，共分为 6 组。把 100 个观测值一一归组，划线计数，统计各组观测值出现次数，即得 100 个麦穗的每穗小穗数的次数分布表，见表 2-2。

表 2-2　100 个麦穗每穗小穗数的次数分布表

每穗小穗数（x）	划线计数	次数（f）
15	卌 丨	6
16	卌 卌 卌	15
17	卌 卌 卌 卌 卌 卌 丨丨	32
18	卌 卌 卌 卌 卌	25
19	卌 卌 卌 丨丨	17
20	卌	5
合计		100

从表 2-2 可以看到，原始资料经整理后，资料特征较为明显：100 个麦穗有 89 个麦穗的小穗数为 16～19，占 89%；有 6 个麦穗的小穗数为 15，占 6%；有 5 个麦穗的小穗数为 20，占 5%。

有些计数资料，观测值多，变异范围大，若以变异范围内每一个可能的不同观测值为一组，则组数太多而每组所包含的观测值太少，甚至个别组包含的观测值个数为 0，资料的规律性显示不出来。对于这样的资料，可扩大为几个相邻的可能的不同观测值为一组，适当减少组数，分组后，资料的规律性就较明显。例如，研究某早稻品种的每穗粒数，共观察 200 个稻穗，每穗粒数的变异范围为 27～83。如果以 27～83 范围内每一个可能的不同观测值为一组，则需要分 57 组，每组所包含的观测值太少，资料的规律性显示不出来。如果扩大为以 5 个相邻的可能的不同观测值为一组，共分为 12 组：26～30，31～35，…，81～85（注意，第一组应包含最小观测值，最后一组应包含最大观测值），则资料的规律性较明显，见表 2-3。

从表 2-3 可看到：200 个稻穗有 173 个稻穗的每穗粒数为 41～70，占 86.5%；有 14 个稻穗的每穗粒数为 26～40，占 7.0%；有 13 个稻穗的每穗粒数为 71～85，占 6.5%。

表 2-3　200 个稻穗每穗粒数次数分布表

每穗粒数（x）	次数（f）
26～30	1
31～35	3
36～40	10
41～45	21
46～50	32
51～55	41
56～60	38
61～65	25
66～70	16
71～75	8
76～80	3
81～85	2
合计	200

R 脚本　　SAS 程序

（二）计量资料的整理

对于计量资料不能按计数资料的分组方法进行整理，分组时须先确定全距、组数、组距、组中值及组限，然后将每个观测值归组，制成次数分布表。下面以表 2-4 中 140 行水稻产量为例，说明计量资料整理的方法与步骤。

表 2-4　140 行水稻产量　　　　　　　　　　　　　（单位：g）

177	215	197	97	123	159	245	119	119	131	149	152	167	104
161	214	125	175	219	118	192	176	175	95	136	199	116	165
214	95	158	83	137	80	138	151	187	126	196	134	206	137
98	97	129	143	179	174	159	165	136	108	101	141	148	168
163	176	102	194	145	173	75	130	149	150	161	155	111	158

131	189	91	142	140	154	152	163	123	205	149	155	131	209
183	97	119	181	149	187	131	215	111	186	118	150	155	197
116	<u>254</u>	239	160	172	179	151	198	124	179	135	184	168	169
173	181	188	211	197	175	122	151	171	166	175	143	190	213
192	231	163	159	158	159	177	147	194	227	141	169	124	159

1. 求全距　　全距是资料中最大值与最小值之差，又称为极差（range），记为 R，即

$$R = x_{\max} - x_{\min}$$

表 2-4 中，水稻行产量最大观测值为 254g，最小观测值为 75g，因此，全距 R 为

$$R = 254 - 75 = 179 \text{（g）}$$

表 2-5　样本容量与组数

样本容量	组数
30～60	5～8
60～100	8～10
100～200	10～12
200～500	12～18
500 以上	18～30

2. 确定组数和组距　　组数的多少视样本容量及资料全距的大小而定，一般以达到既简化资料又不影响反映资料的规律性为原则。组数要适当，不宜过多，也不宜过少。分组越多所求得的统计数越准确，但增大了运算量；若分组过少，资料的规律性反映不出来，计算出的统计数的准确性也较低。一般可参考表 2-5 由样本容量确定组数。

组数确定后，即可确定组距。组距是指每组的最大值与最小值之差，记为 i。分组时要求各组的组距相等。组距由全距与组数确定，计算公式为

$$i = \frac{\text{全距}}{\text{组数}}$$

表 2-4 中的观测值个数即样本容量为 140，查表 2-5，选取组数 12，则组距 i 为

$$i = \frac{179}{12} = 14.9 \approx 15 \text{（g）}$$

3. 确定组限和组中值　　各组的最大值与最小值称为组限，最小值称为下限，最大值称为上限。每一组的中点值称为组中值，它是该组的代表值。组中值与组限、组距的关系如下：

$$\text{组中值} = \frac{\text{组下限} + \text{组上限}}{2} = \text{组下限} + \frac{\text{组距}}{2} = \text{组上限} - \frac{\text{组距}}{2}$$

等距分组时，相邻两组的组中值之差等于组距，所以当第一组的组中值确定后，加上组距就是第二组的组中值，第二组的组中值加上组距就是第三组的组中值，其余类推。

在资料分组时为了避免第一组中的观测值过多，通常选取第一组的组中值接近或等于资料中的最小观测值。第一组的组中值确定后，该组组限也就随之确定，其余各组的组中值和组限也就相继确定。注意，最后一组的上限应大于资料中的最大值。

表 2-4 中，最小观测值为 75，选取 75 为第一组的组中值；因组距为 15，所以第一组的下限为 $75 - \frac{15}{2} = 67.5$；第一组的上限也就是第二组的下限为 $67.5 + 15 = 82.5$；第二组的上限也就是第三组的下限为 $82.5 + 15 = 97.5$；以此类推，一直到某一组的上限大于资料中的最大值 254 为止。于是分组为 67.5～82.5，82.5～97.5，…，247.5～262.5。

为了使恰好等于前一组上限和后一组下限的观测值能确切归组，约定将其归入后一组，即约定"上限不在内"。通常将各组的上限略去不写，即第一组记为 67.5～，第二组记为

82.5～，第三组记为 97.5～，…，最后一组记为 247.5～。

4. 归组、划线计数、作次数分布表　　分组结束后，将资料中的每一观测值一一归组，划线计数，然后制成次数分布表。如表 2-4 中，第一个观测值 177，应归入表 2-6 中第 8 组，其组限为 172.5～；第二个观测值 215，应归入第 10 组，其组限为 202.5～；依次把 140 个观测值一一归组、划线计数、统计各组观测值出现次数，即得 140 行水稻产量次数分布表（表 2-6）。

表 2-6　140 行水稻产量次数分布表

组限	组中值（x）	划线计数	次数（f）	累加次数
67.5～	75	‖	2	2
82.5～	90	卌 ‖	7	9
97.5～	105	卌 ‖	7	16
112.5～	120	卌 卌 ‖	13	29
127.5～	135	卌 卌 卌 ‖	17	46
142.5～	150	卌 卌 卌 卌	20	66
157.5～	165	卌 卌 卌 卌 卌	25	91
172.5～	180	卌 卌 卌 卌 ‖	21	112
187.5～	195	卌 卌 ‖	13	125
202.5～	210	卌 卌	9	134
217.5～	225	‖	3	137
232.5～	240	‖	2	139
247.5～	255	‖	1	140
合计			140	

注意，在归组划线时不要重复或遗漏。归组划线后各组次数之和应等于样本容量，如果不等，则说明归组划线有误，应予纠正。

前面选取的组数为 12，但由于第一组的组中值等于最小观测值，实际上增加了 1/2 组，这样也使最后一组的组中值接近于最大值，又差不多增加了 1/2 组，所以实际的组数为 13。实际组数比选取组数多一组或少一组这无关紧要。

从表 2-6 可看到：140 行水稻产量有 118 行水稻产量为 112.5～217.5g，占 84.29%；有 16 行水稻产量为 67.5～112.5g，占 11.43%；有 6 行水稻产量为 217.5～262.5g，占 4.29%。

（三）质量性状资料的整理

对于质量性状资料可按性状或属性类别进行分组，分别统计各组的次数，制成次数分布表。例如，水稻杂交 F_2 植株米粒性状的分离情况，见表 2-7。

表 2-7　水稻杂交 F_2 植株米粒性状分离情况

性状类别	次数（f）	频率/%
红米非糯	96	54
红米糯稻	37	21
白米非糯	31	17
白米糯稻	15	8
合计	179	100

四、常用统计表与统计图

统计表是用表格形式表示数据间的数量关系；统计图是用几何图形表示数据间的数量关

系。使用统计表和统计图，可以把研究对象的特征、内部构成、相互关系等简明、形象地表达出来，便于比较分析。

（一）统计表

1. 统计表的结构和要求　统计表由标题、横标目、纵标目、线条、数字及合计构成，其基本格式如下表所示。

表号　标　题

总横标目（或空白）	纵标目	合计
横标目	数据资料	
合计		

编制统计表的原则：结构简单，层次分明，内容安排合理，重点突出，数据准确，便于理解和比较分析。具体要求如下。

（1）标题要简明扼要、准确地说明表的内容，有时须注明时间、地点。

（2）标目分横标目和纵标目两项。横标目列在表的左侧，用以表示被说明事物的主要标志；纵标目列在表的上端，说明横标目各统计指标内容，并注明单位，如百分数（%）、千克（kg）、厘米（cm）等。

（3）一律用阿拉伯数字，数字以小数点对齐，小数位数一致，无数字的用"—"表示，数字是"0"的，则填写"0"。

（4）表的纵向线条一般可省略，表的左上角一般不用斜线条。

2. 统计表的种类　统计表可根据纵、横标目有无分组分为简单表（无分组）和复合表（有分组）两类。

（1）简单表。由一组横标目和一组纵标目组成，纵、横标目都未分组。此类表适用于简单资料的统计。例如，表2-8由一组横标目和一组纵标目组成，是一张简单表。

表 2-8　紫花大豆与白花大豆杂交 F_2 花色分离情况

花色	次数（f）	频率/%
紫色	221	73.42
白色	80	26.58
合计	301	100.00

（2）复合表。由两组或两组以上的横标目与一组纵标目结合而成；或由一组横标目与两组或两组以上的纵标目结合而成；或由两组或两组以上的横、纵标目结合而成（表2-9）。复合表适用于复杂资料的统计。在复合表中为了便于理解可根据需要添加纵向线条。

表 2-9　刺人参根皮、全根脂溶性化合物的组成与含量

化合物类别	根皮		全根	
	种类	相对含量/%	种类	相对含量/%
单萜类	7	1.89	9	2.03
倍半萜类	12	25.75	12	27.06
芳香族	9	7.79	7	6.56
脂肪族	28	16.89	24	18.52
合计	56	52.32	52	54.17

（二）统计图

常用的统计图有直方图（histogram）、多边形图（polygon）、条形图（bar diagram）、圆图（pie chart）和线图（line chart）等。统计图的选择取决于资料的性质，一般计量资料采用直方图、多边形图，计数资料、质量性状资料采用条形图、圆图。

1．绘制统计图的基本要求

（1）统计图的标题应简明扼要，列于图的下方。

（2）纵、横两轴应有刻度，注明单位，横轴由左至右、纵轴由下而上，数值由小到大。

（3）图形长宽比例约 5∶4 或 6∶5。

（4）图中需用不同颜色或不同线条代表不同事物时，应有图例说明。

2．常用统计图的绘制方法

（1）直方图（又称为柱形图、矩形图）。对于计量资料，可根据其次数分布绘制直方图以表示资料的分布情况。现以 140 行水稻产量的次数分布（表 2-6）为例予以说明。作图时，在横轴上标记各组组限（为节省篇幅，在第一组下限与原点间加折断号），在纵轴上标记次数；第一组的次数为 2，在该组的下限和上限处绘两条纵线段，其高度等于纵轴上两个单位，连接两纵线段顶端成为矩形；依此绘制其余各组的矩形，即得次数分布直方图（图 2-1）。

（2）多边形图。对于计量资料也可根据其次数分布绘制多边形图。仍以 140 行水稻产量的次数分布（表 2-6）为例予以说明。在作图时，在横轴上标记组中值（为节省篇幅，在第一组组中值与原点间加折断号），在纵轴上标记次数；以每组的组中值为横坐标、次数为纵坐标描点，把各点依次用线段连接即得次数分布多边形图（图 2-2）。

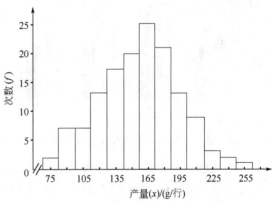

图 2-1　140 行水稻产量次数分布直方图

（3）条形图。对于计数资料、质量性状资料用条形图来表示其次数分布情况，通过等宽长条的高低表示研究指标属性类别的次数或频率分布。一般在横轴上标出属性类别，在纵轴上标出次数或频率。如果只涉及一项指标，则采用单式条形图；如果涉及两项或两项以上的指标，则采用复式条形图。绘制条形图时，应注意以下几点：①纵轴尺度从"0"开始，间隔相等，标明所表示指标的尺度及单位。②横轴是条形图的共同基线，应标明各长条的内容。长条的宽度相等，间隔相同。③绘制复式条形图时，将同一属性类别的两项或两项以上指标的长条绘制在一起，各长条所表示的指标用图例说明，同一属性类别、等级的各长条间不留间隔。

根据表 2-7 绘制的水稻杂交 F_2 米粒性状分离条形图（图 2-3）是单式的。

图 2-4 是根据 4 个不同水稻品种不同生育期的叶绿素含量测定数据绘制的复式条形图。

（4）圆图。用于表示计数资料、质量性状资料的构成比。所谓构成比，就是各类别、等级的观察值个数（次数）与总观察值个数（总次数）的百分比。把圆图的全面积作为 100%，依据各类别、等级的构成比将圆图分成若干个扇形，以扇形面积的大小分别表示各类别、等级的百分比。

绘制圆图时，应注意以下几点：①圆图每 3.6º 圆心角所对应的扇形面积为 1%。②圆图上各扇形按资料顺序或大小顺序，以时钟 9 时或 12 时为起点，顺时针方向排列。③圆图中各扇形用线条分开或绘以不同颜色，注明简要文字及百分比。

例如，根据表 2-7 的数据绘制的水稻杂交 F_2 米粒性状分离圆图（图 2-5）。

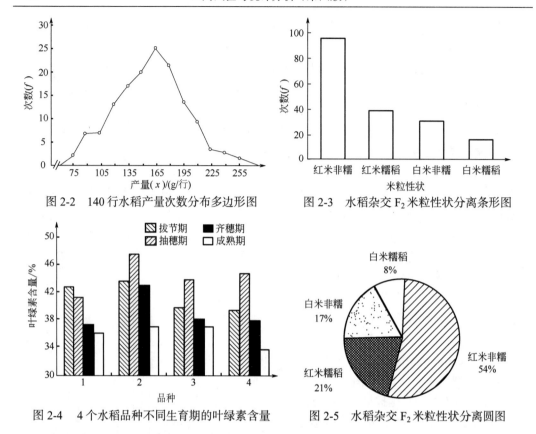

图 2-2　140 行水稻产量次数分布多边形图　　　图 2-3　水稻杂交 F_2 米粒性状分离条形图

图 2-4　4 个水稻品种不同生育期的叶绿素含量　　图 2-5　水稻杂交 F_2 米粒性状分离圆图

（5）线图。用来表示事物或现象随时间而变化的情况。线图有单式和复式两种。

单式线图表示某一事物或现象随时间而变化的情况。例如，根据某地 1985～2002 年小麦生产年的降水量，绘制成单式线图（图 2-6）。年降水量在 600mm 以上为丰水年；在 500～600mm 为常态年；在 500mm 以下为干旱年。

复式线图是在同一图上表示两种或两种以上事物或现象随时间而变化的情况，可用实线"——"、断线"------"、点线"……"、横点线"—•—•—"、符号线"−△−△−△−"或"−◇−◇−◇−"等予以区别。例如，测定 5 个不同小麦品种灌浆结实期叶片的蒸腾速率，将测定结果绘成复式线图（图 2-7）。

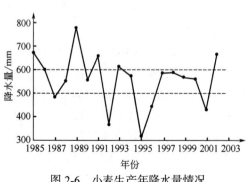

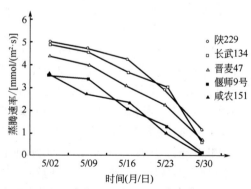

图 2-6　小麦生产年降水量情况　　　　图 2-7　不同小麦品种灌浆结实期叶片的蒸腾速率

第二节 资料的描述

使用统计表和统计图可以简明、形象地把研究对象的特征、内部构成、相互关系等表达出来。但对于试验研究而言，仅有这种表达是不够的。为了便于对资料作进一步的统计分析，常利用平均数、标准差、变异系数三个统计数描述资料的特性。下面分别介绍平均数、标准差、变异系数的意义和计算方法。

一、资料的集中性描述——平均数

平均数是统计学中最常用的统计数，用来描述资料的集中性（central tendency），所谓集中性是指资料中的观测值以某一数值为中心而分布的性质；并以平均数作为资料的代表进行资料之间的相互比较。平均数的种类较多，主要有算术平均数（arithmetic mean）、中位数（median）、众数（mode）、几何平均数（geometric mean）与调和平均数（harmonic mean）5 种。

（一）算术平均数

算术平均数是指资料中各个观测值的总和除以观测值的个数所得的商，简称平均数或均数。设某样本包含 n 个观测值 x_1，x_2，$\cdots$，x_n，样本平均数记为 $\bar{x}$，计算公式为

$$\bar{x} = \frac{x_1 + x_2 + \cdots + x_n}{n} = \frac{1}{n}\sum_{i=1}^{n} x_i \qquad (2\text{-}1)$$

其中，$\sum$ 为求和符号；x_i 为第 i 个观测值；$\sum_{i=1}^{n} x_i$ 表示从第 1 个观测值 x_1 累加到第 n 个观测值 x_n，当其在意义上已明确时，可简写为 $\sum x$。此时，式（2-1）改写为

$$\bar{x} = \frac{1}{n}\sum x \qquad (2\text{-}2)$$

1. 算术平均数的计算方法   算术平均数可根据样本容量及分组情况而采用直接法或加权法计算。

（1）直接法。对于小样本（$n \leq 30$）资料或未分组的大样本资料，根据式（2-2）计算平均数。

【例 2-1】 在大豆区域试验中，'吉农 904' 的 6 个小区产量分别为 25.0，26.0，22.0，20.0，24.5，23.5（kg）。求该品种的小区产量平均数。

R 脚本   SAS 程序

由式（2-2），得

$$\bar{x} = \frac{1}{n}\sum x = \frac{25.0 + 26.0 + 22.0 + 20.0 + 24.5 + 23.5}{6} = \frac{141}{6} = 23.5 \text{（kg）}$$

即 '吉农 904' 的小区平均产量为 23.5kg。

（2）加权法。对于已分组的大样本（$n > 30$）资料，可在次数分布表的基础上采用加权法计算平均数，计算公式为

$$\bar{x} = \frac{f_1 x_1 + f_2 x_2 + \cdots + f_k x_k}{f_1 + f_2 + \cdots + f_k} = \frac{1}{\sum_{i=1}^{k} f_i}\sum_{i=1}^{k} f_i x_i = \frac{1}{\sum f}\sum fx \qquad (2\text{-}3)$$

其中，f_i 为第 i 组的次数；x_i 为第 i 组的组中值；k 为分组数。

第 i 组次数 f_i 是权衡第 i 组组中值 x_i 在资料中所占比例大小的数量，因此将第 i 组次数 f_i 称为第 i 组组中值 x_i 的"权"，加权法也由此而得名。

【例 2-2】 根据表 2-6 所列出的次数分布采用加权法计算 140 行水稻产量的平均数。

由式（2-3），得

$$\bar{x}=\frac{\sum fx}{\sum f}=\frac{2\times 75+7\times 90+\cdots+1\times 255}{140}=157.93（g）$$

即采用加权法计算 140 行水稻的平均产量为 157.93g。

采用直接法计算得 $\bar{x}=157.47g$，用加权法计算的结果与其十分接近。

2. 算术平均数的基本性质

性质 1 样本中各个观测值与其平均数之差（简称离均差，deviation from mean）的总和等于零，简述为离均差之和为零，即

$$\sum_{i=1}^{n}(x_i-\bar{x})=0 \text{ 或简写为 } \sum(x-\bar{x})=0$$

证明如下：

$$\sum(x-\bar{x})=(x_1-\bar{x})+(x_2-\bar{x})+\cdots+(x_n-\bar{x})$$
$$=(x_1+x_2+\cdots+x_n)-n\bar{x}$$
$$=\sum x-n\frac{1}{n}\sum x=0$$

性质 2 样本中各个观测值与其平均数之差的平方的总和小于各个观测值与不等于平均数的任意数值之差的平方的总和，简述为离均差平方和最小。即，若 $a\neq\bar{x}$，则 $\sum(x-\bar{x})^2<\sum(x-a)^2$。

证明如下：

$$\sum(x-a)^2=\sum[(x-\bar{x})+(\bar{x}-a)]^2$$
$$=\sum[(x-\bar{x})^2+2(x-\bar{x})(\bar{x}-a)+(\bar{x}-a)^2]$$
$$=\sum(x-\bar{x})^2+2\sum(x-\bar{x})(\bar{x}-a)+\sum(\bar{x}-a)^2$$
$$=\sum(x-\bar{x})^2+2(\bar{x}-a)\sum(x-\bar{x})+n(\bar{x}-a)^2$$

由于 $\sum(x-\bar{x})=0$，因此 $2(\bar{x}-a)\sum(x-\bar{x})=0$，于是

$$\sum(x-a)^2=\sum(x-\bar{x})^2+n(\bar{x}-a)^2$$

因为 $a\neq\bar{x}$，$n(\bar{x}-a)^2$ 必大于 0，所以 $\sum(x-\bar{x})^2<\sum(x-a)^2$。

3. 总体平均数　　用希腊字母 μ（注意，不要将希腊字母 μ 误写为英文字母 u）表示总体平均数。包含 N 个个体的有限总体的平均数 μ 的计算公式为

$$\mu=\frac{1}{N}\sum_{i=1}^{N}x_i \tag{2-4}$$

在统计学中,用样本平均数 $\bar{x}$ 估计总体平均数 μ。当一个统计数的数学期望(mathematical expectation)等于所估计的总体参数时,称此统计数为该总体参数的无偏估计值(unbiased estimate)。统计学已证明样本平均数 $\bar{x}$ 是总体平均数 μ 的无偏估计值。

(二)中位数

将资料内所有观测值从小到大依次排列,当观测值的个数是奇数时,位于中间的那个观测值,或当观测值的个数是偶数时,位于中间的两个观测值的平均数,称为中位数,简称中数,记为 M_d。对于呈偏态分布的数据资料,中位数的代表性优于算术平均数。

中位数的计算方法因资料是否分组而有所不同。

1. 未分组资料中位数的计算方法　对于未分组资料,先将各观测值由小到大依次排列。

(1)当观测值个数 n 为奇数时,$\dfrac{n+1}{2}$ 位置的观测值 $x_{\frac{n+1}{2}}$ 为中位数,即

$$M_d = x_{\frac{n+1}{2}}$$

(2)当观测值个数为 n 偶数时,$\dfrac{n}{2}$ 和 $\dfrac{n}{2}+1$ 位置的两个观测值 $x_{\frac{n}{2}}$、$x_{\frac{n}{2}+1}$ 的平均数为中位数,即

$$M_d = \frac{x_{\frac{n}{2}} + x_{\frac{n}{2}+1}}{2} \tag{2-5}$$

【例2-3】　测量9株玉米的株高并将各观测值由小到大依次排列为154,155,157,159,160,161,163,166,167(cm)。求其中位数。

由于 $n=9$,为奇数,则

$$M_d = x_{\frac{9+1}{2}} = x_5 = 160 \text{(cm)}$$

即9株玉米株高的中位数为160cm。

【例2-4】　随机抽测某品种大豆10个百粒重,并将各观测值由小到大依次排列为17.0,17.2,18.0,18.4,19.2,19.4,20.4,20.6,21.0,22.2(g)。求其中位数。

由于 $n=10$,为偶数,则

$$M_d = \frac{x_{\frac{n}{2}} + x_{\frac{n}{2}+1}}{2} = \frac{x_{\frac{10}{2}} + x_{\frac{10}{2}+1}}{2} = \frac{x_5 + x_6}{2} = \frac{19.2 + 19.4}{2} = 19.3 \text{(g)}$$

即该品种大豆10个百粒重中位数为19.3g。

2. 已分组资料中位数的计算方法　若资料已分组,制成次数分布表,可利用次数分布表计算中位数,计算公式为

$$M_d = L + \frac{i}{f}\left(\frac{n}{2} - c\right) \tag{2-6}$$

其中,L 为中位数所在组的下限;i 为组距;f 为中位数所在组的次数;n 为总次数;c 为小于中位数所在组的累加次数。

【例2-5】　根据表2-6所列出的次数分布计算140行水稻产量的中位数。

由表2-6可知 $i=15$,$n=140$,中位数只能在累加次数为91所对应的组限为 157.5~172.5

这一组，于是可确定 $L=157.5$，$f=25$，$c=66$，代入式（2-6）得

$$M_d=L+\frac{i}{f}\left(\frac{n}{2}-c\right)=157.5+\frac{15}{25}\times\left(\frac{140}{2}-66\right)=159.9\ (\text{g})$$

即 140 行水稻产量的中位数为 159.9g。

（三）众数

资料中出现次数最多的那个观察值或次数最多一组的组中值称为众数，记为 M_0。例如，表 2-2 所列出的 100 个麦穗每穗小穗数的次数分布中，17 出现的次数最多，则 100 个麦穗每穗小穗数的众数为 17 穗。又如，表 2-6 所列出的 140 行水稻产量的次数分布中，157.5～172.5 这一组的次数最多，其组中值为 165，则 140 行水稻产量的众数为 165g。

（四）几何平均数

n 个观测值相乘之积开 n 次方所得的 n 次方根，称为几何平均数，记为 G。在计算生长率，进行生产动态分析、药物效价分析等时，用几何平均数比用算术平均数更能代表其平均水平。几何平均数的计算公式如下：

$$G=\sqrt[n]{x_1x_2\cdots x_n}=(x_1x_2\cdots x_n)^{\frac{1}{n}} \tag{2-7}$$

为了计算方便，可将各观测值取常用对数后相加除以 n，得 $\lg G$，再求 $\lg G$ 的反对数，即得 G：

$$G=\lg^{-1}\left[\frac{1}{n}(\lg x_1+\lg x_2+\cdots+\lg x_n)\right] \tag{2-8}$$

【例 2-6】 逐日测定蚕豆根长（mm）列于表 2-10。求蚕豆根长的日平均增长率。

表 2-10 蚕豆根长的测定值与日增长率

日期	根长/mm	日增长率（x）	$\lg x$
第 1 天	17	—	—
第 2 天	23	0.35294	−0.45230
第 3 天	30	0.30435	−0.51663
第 4 天	38	0.26667	−0.57403
第 5 天	51	0.34211	−0.46583
第 6 天	72	0.41176	−0.38536
第 7 天	86	0.19444	−0.71121
合计			−3.10536

根据式（2-8）求日平均增长率，得

$$G=\lg^{-1}\left[\frac{1}{n}(\lg x_1+\lg x_2+\cdots+\lg x_n)\right]$$
$$=\lg^{-1}\left[\frac{1}{6}\times(-0.45230-0.51663-0.57403-0.46583-0.38536-0.71121)\right]$$
$$=\lg^{-1}\left(\frac{-3.10536}{6}\right)$$
$$=\lg^{-1}(-0.51756)=0.3037$$

即蚕豆根长的日平均增长率为 0.3037 或 30.37%。

（五）调和平均数

资料中 n 个观测值倒数的算术平均数的倒数称为调和平均数，记为 H，即

$$H=\frac{1}{\frac{1}{n}\left(\frac{1}{x_1}+\frac{1}{x_2}+\cdots+\frac{1}{x_n}\right)}=\frac{1}{\frac{1}{n}\sum\frac{1}{x}} \tag{2-9}$$

调和平均数主要用于反映研究对象不同阶段的平均速率等。

【例 2-7】 测定水分在某种土壤毛细管中的上升速率，得表 2-11。计算该土壤毛细管中水的平均上升速率。

根据式（2-9）求平均上升速率，得

表 2-11 土壤毛细管中水的上升速率

上升高度/cm	上升速率(x)/(cm/min)	$1/x$
0→10	6	1/6
10→20	4	1/4
20→30	2	1/2
合计		11/12

$$H=\frac{1}{\frac{1}{3}\times\left(\frac{1}{6}+\frac{1}{4}+\frac{1}{2}\right)}=\frac{1}{\frac{1}{3}\times\frac{11}{12}}=3.27\ (\text{cm/min})$$

即该土壤毛细管中水的平均上升速率为 3.27cm/min。

就同一资料而言，算术平均数≥几何平均数≥调和平均数。

二、资料的离散性描述——变异数

用平均数作为资料的代表，其代表性的强弱受资料中各个观测值变异程度的影响。如果各个观测值变异程度小，则平均数的代表性强；如果各个观测值变异程度大，则平均数代表性弱。因而仅用平均数对一个资料的特性作统计描述是不全面的，还需引入用于描述资料的离散性（statistical dispersion），即表示资料中各个观测值变异程度大小的统计数——变异数。统计学中常使用的变异数有极差、标准差和变异系数等。

（一）极差

极差（全距）是表示资料中各个观测值变异程度大小且计算最简便的统计数。极差大，资料中各个观测值变异程度大；极差小，资料中各个观测值变异程度小。但在计算极差时，只利用了资料中的最大值和最小值，因而极差不能准确表示资料中各个观测值的变异程度，比较粗略。当资料很多而又要迅速对各个资料中各个观测值的变异程度作出判断时，可利用极差这个统计数。

（二）标准差

1. 标准差的意义 若某样本包含 n 个观测值 x_1, x_2, …, x_n，为了准确表示样本内各个观测值的变异程度，人们首先会想到以平均数为标准，求出各个观测值与平均数之差 $(x-\bar{x})$，即离均差。离均差的绝对值 $|x-\bar{x}|$ 大，该观测值变异大，反之，观测值变异小。由于 $\sum(x-\bar{x})=0$，显然不能用 $\sum(x-\bar{x})$ 来表示资料中各个观测值的变异程度。

为了解决离均差有正有负、离均差之和为 0 的问题，可将每个离均差平方，进而求得离

均差的平方和，简称平方和（sum of squares），记为 SS，用来表达资料中各个观测值的变异程度。

$$SS = \sum_{i=1}^{n}(x_i - \overline{x})^2 \qquad (2\text{-}10)$$

由于平方和 SS 随样本容量 n 的改变而改变，为了消除样本容量 n 的影响，用平方和除以样本容量 n，即 $\dfrac{1}{n}\sum_{i=1}^{n}(x_i - \overline{x})^2$，求出离均差平方的平均数；为了使所得的统计数是相应总体参数的无偏估计值，在求离均差平方的平均数时，分母不用样本容量 n，而用自由度 $n-1$。于是，利用统计数 $\dfrac{1}{n-1}\sum_{i=1}^{n}(x_i - \overline{x})^2$ 表示资料中各个观测值的变异程度，称为均方（mean square），记为 MS，又称为样本方差（variance），记为 s^2，即

$$s^2 = \frac{1}{n-1}\sum_{i=1}^{n}(x_i - \overline{x})^2 \qquad (2\text{-}11)$$

式（2-11）中的 $n-1$ 称为离均差平方和的自由度，简称为自由度（degree of freedom），记为 df。它的统计意义是指在计算离均差平方和时，能够自由变动的离均差的个数。在计算离均差平方和时，n 个离均差受到 $\sum(x-\overline{x})=0$ 这一条件的约束，能自由变动的离均差的个数是 $n-1$。当 $n-1$ 个离均差确定了，第 n 个离均差也就随之而定了，不能再任意变动。例如，有 5 个离均差，已知 4 个离均差为 4，3，-2，-1，则第 5 个离均差只能是 -4，不能取其他数值。5 个离均差能自由变动的个数是 $5-1=4$，即相应的离均差平方和的自由度为 4。一般，在计算离均差平方和时，若约束条件为 k 个，则其自由度 $df = n - k$。

样本方差 s^2 相应的总体参数称为总体方差，记为 σ^2（注意，不要将希腊字母 σ 误写为希腊字母 δ）。总体方差 σ^2 表示总体中各个个体的变异程度。对于包含 N 个个体的有限总体，σ^2 的计算公式为

$$\sigma^2 = \frac{1}{N}\sum_{i=1}^{N}(x_i - \mu)^2 \qquad (2\text{-}12)$$

其中，μ 为总体平均数。

由于样本方差带有原观测单位的平方单位，在仅表示一个资料中各个观测值的变异程度而不作其他分析时，常常需要与样本平均数配合使用，这时应将平方单位还原，即应求出样本方差的平方根。样本方差 s^2 的平方根叫作样本标准差，记为 s，即

$$s = \sqrt{\frac{1}{n-1}\sum_{i=1}^{n}(x_i - \overline{x})^2} \qquad (2\text{-}13)$$

或简写为

$$s = \sqrt{\frac{\sum(x-\overline{x})^2}{n-1}} \qquad (2\text{-}14)$$

由于　　　　　$\displaystyle\sum(x-\overline{x})^2 = \sum(x^2 - 2x\overline{x} + \overline{x}^2) = \sum x^2 - 2\overline{x}\sum x + n\overline{x}^2$

$$= \sum x^2 - 2 \frac{\sum x}{n} \sum x + n \left(\frac{\sum x}{n} \right)^2$$

$$= \sum x^2 - \frac{\left(\sum x \right)^2}{n}$$

所以，式（2-14）可改写为

$$s = \sqrt{\frac{\sum x^2 - \frac{\left(\sum x \right)^2}{n}}{n-1}} \qquad (2\text{-}15)$$

2．标准差的计算

（1）直接法。对于小样本（$n \leqslant 30$）资料或未分组的大样本资料，直接根据式（2-15）计算标准差。

【例2-8】 测量某品种水稻单株粒重得5个观测值为3，8，7，6，4（g）。计算样本标准差 s。

因为 $\sum x = 3+8+7+6+4 = 28$，$\sum x^2 = 3^2+8^2+7^2+6^2+4^2 = 174$，利用式（2-15），得

$$s = \sqrt{\frac{\sum x^2 - \frac{1}{n} \left(\sum x \right)^2}{n-1}} = \sqrt{\frac{174 - \frac{28^2}{5}}{5-1}} = 2.07 \text{（g）}$$

即该品种水稻5个单株粒重观测值的标准差为2.07g。

（2）加权法。对于已分组的大样本（$n > 30$）资料，可在次数分布表的基础上采用加权法计算标准差，计算公式为

$$s = \sqrt{\frac{\sum_{i=1}^{k} f_i x_i^2 - \frac{1}{n} \left(\sum_{i=1}^{k} f_i x_i \right)^2}{n-1}} = \sqrt{\frac{\sum f x^2 - \frac{1}{n} \left(\sum f x \right)^2}{n-1}} \qquad (2\text{-}16)$$

其中，f_i 为第 i 组的次数；x_i 为第 i 组的组中值；k 为分组数；n 为样本观测值的总个数。

【例2-9】 根据表2-6所列出的次数分布采用加权法计算140行水稻产量的标准差。

根据式（2-16），得

$$s = \sqrt{\frac{\sum f x^2 - \frac{1}{n} \left(\sum f x \right)^2}{n-1}} = \sqrt{\frac{(2 \times 75^2 + 7 \times 90^2 + \cdots + 1 \times 255^2) - \frac{22110^2}{140}}{140-1}} = 36.45 \text{（g）}$$

即采用加权法计算140行水稻产量的标准差 $s = 36.45$g。

采用直接法计算得 $s = 36.24$g，表明采用加权法计算的结果与其十分接近。

（三）变异系数

标准差带有与资料观测值相同的度量单位，不能用来比较度量单位不同或者度量单位相同但平均数不同的两个或多个资料中各个观测值变异程度的大小，需引入另一个表示资料中各个观测值变异程度的统计数，使其既能表示资料中各个观测值的变异程度，又能用来比较两个或多个资料中各个观测值变异程度的大小。变异系数正是这样的统计数。

变异系数是样本标准差（s）与样本平均数（$\bar{x}$）的比值，以百分数表示，记为 CV（%），计算公式为

$$CV(\%) = \frac{s}{\bar{x}} \times 100 \qquad (2\text{-}17)$$

变异系数是一个不带单位的百分数，可用来比较两个或多个资料中各个观测值变异程度的大小。

表 2-12 为两个小麦品种主茎高度的平均数、标准差和变异系数。如果从标准差看，小麦品种甲的主茎高度的变异程度比小麦品种乙的主茎高度的变异程度大。但是，因为两个小麦品种主茎高度的平均数不同，所以应该用变异系数来比较两个小麦品种主茎高度的变异程度的大小。经计算得到小麦品种甲的主茎高度的变异系数 $CV_甲 = 9.23\%$，小麦品种乙的主茎高度的变异系数 $CV_乙 = 10.92\%$，可见小麦品种甲的主茎高度的变异程度小于品种乙。

表 2-12　两个小麦品种主茎高度的平均数、标准差与变异系数

品种	平均数（$\bar{x}$）/cm	标准差（s）/cm	变异系数（CV）/%
甲	98.0	9.05	9.23
乙	76.0	8.30	10.92

田间试验中，选择试验地时常用变异系数作为表示试验地土壤差异程度的指标。

变异系数既受平均数（$\bar{x}$）的影响，也受标准差（s）的影响。因此，使用变异系数（CV）表示资料中各个观测值变异程度或比较两个或多个资料中各个观测值变异程度的大小时，应同时列出平均数（$\bar{x}$）和标准差（s），以免产生误解。

习　题

1. 试验资料分为哪几类？各有何特点？
2. 简要说明进行资料整理的目的和意义。
3. 简述计量资料整理的步骤。
4. 常用的统计表和统计图有哪些？
5. 调查 100 个小区水稻产量的数据如下表（小区计产面积 1m²，单位：10g），编制次数分布表。

37	36	39	36	34	35	33	31	38	34
<u>46</u>	35	39	33	41	33	32	34	41	32
38	38	42	33	39	39	30	38	39	33
38	34	33	35	41	31	34	35	39	30
39	35	36	34	36	35	37	35	36	32
35	37	36	28	35	35	36	33	38	27
35	37	38	30	<u>26</u>	36	37	32	33	30
33	32	34	33	34	37	35	32	34	32
35	36	35	35	35	34	32	30	36	30
36	35	38	36	31	33	32	33	36	34

注：取第一组的组中值 = 26，组距 $i = 3$；两处下划线分别表示最大值和最小值

6. 根据第 5 题的次数分布表，绘制直方图和多边形图。
7. 测得某水稻品种的化学成分（%）如下表，根据表中数据绘制圆图。

水分	糖类	蛋白质	脂肪	粗纤维	灰分
13.0	63.0	8.0	2.0	9.0	5.0

8．常用的平均数有哪几种？如何计算？

9．根据第 5 题的次数分布表，采用加权法计算 100 个小区水稻产量的平均数和标准差。

10．分别计算下面两个玉米品种的 10 个果穗长度的标准差和变异系数，解释所得结果。

品种	果穗长度/cm									
BS24	19	21	20	20	18	19	22	21	21	19
金皇后	16	21	24	15	26	18	20	19	22	19

第三章　常用概率分布

为了便于读者理解统计分析的基本原理，正确掌握和应用以后各章所介绍的统计分析方法，本章在介绍概率论中最基本的两个概念——事件、概率的基础上，重点介绍农学、生物学试验研究中常用的几种随机变量的概率分布——二项分布、正态分布，以及样本平均数的抽样分布、t 分布、χ^2 分布和 F 分布。

第一节　事件与概率

一、事件

（一）必然现象与随机现象

在自然界、生产实践和科学试验中，人们会观察到各种各样的现象，把它们归纳起来，大体上分为两大类：一类现象是可预言其结果，即在保持条件不变的情况下，重复进行观察，其结果总是确定的，必然发生或必然不发生。例如，在标准大气压下，水加热到 100℃ 必然沸腾；没有生活能力的种子播种后必然不能出苗等。这类现象称为必然现象（inevitable phenomena）或确定性现象（definite phenomena）。另一类现象是事前不可预言其结果，即在保持条件不变的情况下，重复进行观察，其结果未必相同，呈现偶然性。例如，掷一枚质地均匀对称的硬币，其结果可能是币值一面朝上，也可能是币值一面朝下；进行 100 粒小麦种子发芽试验，可能 "0 粒发芽"，也可能 "1 粒发芽"，…，也可能 "100 粒发芽"。这类在个别观察或试验中其结果呈现偶然性的现象称为随机现象（random phenomena）或不确定性现象（indefinite phenomena）。

人们通过长期的观察和实践并深入研究之后发现，随机现象或不确定性现象有如下特点：①在一定的条件实现时，有多种可能的结果发生，事前人们不能预言将出现哪种结果；②对一次或少数几次观察或试验而言，其结果呈现偶然性、不确定性，但在相同条件下进行大量重复观察或试验时，其试验结果却呈现出某种固有的特定的规律性——频率的稳定性，称为随机现象的统计规律性。例如，投掷一枚质地均匀对称的硬币，出现币值一面朝上，或出现币值一面朝下是事前不能确定的，但随着投掷硬币次数的增加，出现币值一面朝上，或出现币值一面朝下的频率逐渐接近 0.5。概率论与数理统计就是研究和揭示随机现象统计规律的一门科学。

（二）随机试验与随机事件

1. 随机试验　　根据研究目的，在一定条件下对自然现象所进行的观察或试验统称为试验（trial）。一个试验如果具有下述三个特性，则称其为一个随机试验（random trial），简称试验。

（1）试验可以在相同条件下多次重复进行。

（2）每次试验的可能结果不止一个，并且事先知道会有哪些可能的结果。

（3）每次试验总是恰好出现这些可能结果中的一个，但在一次试验之前却不能肯定这次试验会出现哪一个结果。

例如，在一定条件下，进行100粒小麦种子发芽试验，观察其发芽情况；又如，投掷一枚质地均匀对称的硬币，观察出现币值一面朝上情况，它们都具有随机试验的3个特征，因此都是随机试验。

2．随机事件 随机试验的某一种可能结果，称为随机事件（random event），简称事件（event）。随机事件通常用大写英文字母A、B、C等表示。在一定条件下进行一项试验，随机事件可能发生，也可能不发生。

（1）基本事件。不能再分的事件称为基本事件（elementary event）。例如，在1，2，3，…，20这20个数字中随机抽取1个数字，有20种不同的可能结果："取得的数字是1"，"取得的数字是2"，…，"取得的数字是20"，每一种可能结果就是一个事件。这20个事件都是不可能再分的事件，它们都是基本事件。由若干个基本事件组合而成的事件称为复合事件（compound event）。例如，"取得的数字是2的倍数"是一个复合事件，它由"取得的数字是2"，"取得的数字是4"，"取得的数字是6"，…，"取得的数字是20"10个基本事件组合而成。

（2）必然事件。在一定条件下进行一项试验，必然会发生的事件称为必然事件（certain event），必然事件用大写希腊字母Ω表示。例如，在标准大气压下，水加热到100℃沸腾，就是一个必然事件。

（3）不可能事件。在一定条件下进行一项试验，不可能发生的事件称为不可能事件（impossible event），不可能事件用大写希腊字母Φ表示。例如，没有生活能力的种子播种后出苗，就是一个不可能事件。

必然事件与不可能事件实际上是确定性现象，它们不是随机事件，为了方便起见，把它们看作为两个特殊的随机事件。

二、概率

研究随机试验，仅知道发生哪些可能结果即随机事件是不够的，还须了解各种随机事件发生的可能性大小，以揭示这些事件的内在统计规律性。这就要求有一个能够表达事件发生可能性大小的数量指标，这个数量指标应该是事件本身所固有的，不随人的主观意志而改变。将表达事件发生可能性大小的数量指标称为概率（probability）。事件A的概率记为$P(A)$。

（一）概率的统计定义

在相同条件下进行n次重复试验，如果随机事件A发生的次数为m，那么$\dfrac{m}{n}$称为随机事件A的频率（frequency）；如果当试验重复数n逐渐增大时，随机事件A的频率越来越稳定地接近某一数值p，那么就把数值p称为随机事件A的概率。这样定义的概率称为统计概率（statistical probability）。

例如，为了确定"1粒小麦种子发芽"这个事件的概率，在表3-1中列出了小麦种子发芽试验记录。

表 3-1　小麦种子发芽试验记录

试验种子粒数（n）	100	200	300	400	500	600	700
发芽种子粒数（m）	65	155	204	274	349	419	489
频率（m/n）	0.6500	0.7750	0.6800	0.6850	0.6980	0.6983	0.6986

从表 3-1 可看出，随着试验种子粒数的增多，"1 粒小麦种子发芽"这个事件发生的频率越来越稳定地接近 0.7，于是就把 0.7 作为"1 粒小麦种子发芽"这个事件的概率。

在一般情况下，随机事件的概率 p 是不可能准确得到的。通常以试验次数 n 充分大时随机事件 A 的频率作为该随机事件概率的近似值，即

$$P(A) = p \approx \frac{m}{n} \quad （n \text{ 充分大}） \tag{3-1}$$

（二）概率的古典定义

对于某些随机事件，不用进行多次重复试验来确定其概率，而是根据随机事件本身的特性就可直接计算其概率。

有些随机试验具有以下特征。

（1）试验的所有可能结果只有有限个，即样本空间中的基本事件只有有限个。

（2）各个可能结果出现的可能性相等，即所有基本事件的发生是等可能的。

（3）试验的所有可能结果两两互不相容。

具有上述特征的随机试验，称为古典概型（classical model）。对于古典概型，概率定义如下所述。

设样本空间（sample space）由 n 个等可能的基本事件所构成，其中事件 A 包含有 m 个基本事件，则事件 A 的概率为 $\frac{m}{n}$，即

$$P(A) = \frac{m}{n} \tag{3-2}$$

这样定义的概率称为古典概率（classical probability）。

【例 3-1】　在 1，2，3，…，20 这 20 个数字中随机抽取 1 个，求下列随机事件的概率。

（1）$A=$ "抽得的数字 $\leqslant 4$"。

（2）$B=$ "抽得的数字是 2 的倍数"。

因为该试验样本空间由 20 个等可能的基本事件构成，即 $n=20$，而事件 A 所包含的基本事件有 4 个，即抽得的编号为 1、2、3、4 中的任何 1 个，事件 A 便发生，$m_A=4$，所以

$$P(A) = \frac{m_A}{n} = \frac{4}{20} = 0.2$$

同理，事件 B 所包含的基本事件数 $m_B=10$，即抽得的数字为 2、4、6、8、10、12、14、16、18、20 中的任何 1 个，事件 B 便发生，故

$$P(B) = \frac{m_B}{n} = \frac{10}{20} = 0.5$$

（三）概率的性质

根据概率的定义，概率有如下基本性质。

（1）对于任何事件 A，其概率 $P(A)$ 在 0 与 1 之间，即 $0 \leqslant P(A) \leqslant 1$。

（2）必然事件的概率为 1，即 $P(\Omega)=1$。

（3）不可能事件的概率为 0，即 $P(\Phi)=0$。

三、小概率事件实际不可能性原理

随机事件的概率表示随机事件在一次试验中发生的可能性大小。若随机事件的概率很小，如小于 0.05、0.01、0.001，称为小概率事件。小概率事件虽然不是不可能事件，但在一次试验中发生的可能性很小，不发生的可能性很大，以至于实际上可以看成是不可能发生的。在统计学上，把小概率事件在一次试验中看成是实际不可能发生的事件，称为小概率事件实际不可能性原理，亦称为小概率原理。小概率事件实际不可能性原理是进行假设检验的基本依据，在第四章介绍假设检验的基本原理时将详细叙述其具体应用。

第二节　概　率　分　布

事件的概率表示一次试验某一个结果发生的可能性大小。若要全面了解试验，则必须知道试验的全部可能结果及各种可能结果发生的概率，即必须知道随机试验的概率分布（probability distribution）。为了深入研究随机试验，我们先引入随机变量（random variable）的概念。

一、随机变量

进行一项试验，其结果有多种可能，每一种可能结果都可用一个数来表示，把这些数作为变量 x 的取值，则试验结果可用变量 x 来表示。

【例3-2】　对 100 株树苗进行嫁接，观察其成活株数，其可能结果是 "0 株成活"，"1 株成活"，…，"100 株成活"。用变量 x 表示成活株数，则变量 x 的取值为 0，1，2，…，100。

【例3-3】　抛掷一枚硬币，其可能结果是"币值一面朝上"，"币值一面朝下"。"币值一面朝上"用 1 表示，"币值一面朝下"用 0 表示，用变量 x 表示试验结果，则变量 x 的取值为 0，1。

【例3-4】　测定某品种小麦产量（kg/666.7m²），表示测定结果的变量 x 所取的值为一个特定范围 $[a, b]$，如 350～400（kg/666.7m²），变量 x 可以取这个范围内的任何数值。

如果表示试验结果的变量 x，其可能取值的个数是有限的，且每种可能取值的概率是确定的，则称变量 x 为离散型随机变量（discrete random variable）；如果表示试验结果的变量 x，其可能取值为某范围内的数值，且变量 x 在其取值范围内的任一区间上取值的概率是确定的，则称变量 x 为连续型随机变量（continuous random variable）。

引入随机变量的概念后，对随机试验概率分布的研究就转为了对随机变量概率分布的研究。

二、离散型随机变量的概率分布

要了解离散型随机变量 x 的概率分布，就必须知道它的所有可能取值 x_i（$i=1$，2……）及每种可能取值的概率 p_i（$i=1$，2……）。

如果将离散型随机变量 x 的所有可能取值 x_i（$i=1$，2……）及其对应的概率 p_i，记作

$$P(x=x_i)=p_i \qquad (i=1，2……) \qquad (3-3)$$

则称式（3-3）为离散型随机变量 x 的概率分布。常用下述列表法表示离散型随机变量的概率分布。

x	x_1	x_2	…	x_n	…
p	p_1	p_2	…	p_n	…

显然离散型随机变量的概率分布具有 $p_i \geqslant 0$ 和 $\sum p_i=1$ 这两个基本性质。

三、连续型随机变量的概率分布

连续型随机变量 x（如水稻产量、小麦株高、玉米百粒重等）的可能取值是不可数的，其概率分布不能用列表法来表示。对连续型随机变量 x 概率分布的研究所关心的也不是变量 x 恰好取某一个数值的概率，而是变量 x 在某一个区间内取值的概率。例如，对水稻产量概率分布的研究不关心水稻产量为 500（kg/666.7m^2）的概率，而关心水稻产量介于 450 与 550（kg/666.7m^2）之间的概率。所以对于连续型随机变量 x，要了解的是它在某个区间 $[a，b)$ 内取值的概率，即 $P(a \leqslant x < b)=$？下面通过频率分布密度曲线予以说明。

根据表 2-6 作 140 行水稻产量的频率分布直方图（图 3-1），纵坐标为频率密度，即频率与组距的比值。可以设想，如果样本容量越来越大（$n \rightarrow +\infty$）、组距越来越小（$i \rightarrow 0$），水稻行产量在区间 $[a，b)$ 内的频率将趋近于一个稳定值——概率。这时，频率分布直方图各个直方上端中点的连线——频率分布折线将逐渐趋向于一条曲线。换句话说，当 $n \rightarrow +\infty$、$i \rightarrow 0$ 时，频率分布折线的极限是一条稳定的函数曲线。如果样本是取自连续型随机变量，则这条函数曲线将是光滑的。这条曲线排除了抽样和测量的误差，反映了水稻行产量的概率分布规律。这条曲线叫概率分布密度曲线，相应的函数叫概率密度函数（probability density function）。若将水稻行产量的概率密度函数记为 $f(x)$，则 x 在区间 $[a，b)$ 内取值的概率为

$$P(a \leqslant x < b)=\int_a^b f(x)\ \mathrm{d}x \qquad (3-4)$$

式（3-4）为连续型随机变量 x 在区间 $[a，b)$ 内取值概率的表达式。换句话说，连续型随机变量 x 在区间 $[a，b)$ 内取值的概率等于以该区间为底、概率分布密度曲线为顶的曲边梯形（图 3-1 的阴影部分）的面积。

连续型随机变量的概率分布具有以下性质。

（1）概率密度函数大于或等于 0，即 $f(x) \geqslant 0$。

（2）当随机变量 x 取某一特定值时，其概率等于 0，即

$$P(x=c)=\int_c^c f(x)\ \mathrm{d}x=0 \qquad （c\ 为任意实数）$$

（3）在一次试验中随机变量 x 的取值必定在（$-\infty$，$+\infty$）范围内，为一必然事件。所以

$$P(-\infty < x < +\infty) = \int_{-\infty}^{+\infty} f(x)\, \mathrm{d}x = 1 \tag{3-5}$$

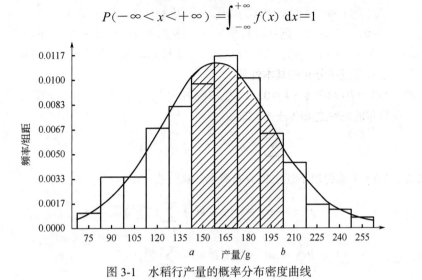

图 3-1 水稻行产量的概率分布密度曲线

式（3-5）表明概率分布密度曲线与横轴构成的曲边三角形的面积为 1。

第三节 二项分布

一、伯努利试验及其概率公式

将某随机试验重复进行 n 次，若各次试验结果互不影响，即每次试验结果出现的概率都不依赖于其他各次试验的结果，则称这 n 次试验是独立的。

对于 n 次独立的试验，如果每次试验结果出现且只出现事件 A 与对立事件 $\overline{A}$ 之一，在每次试验中，出现事件 A 的概率是常数 p（$0 < p < 1$），出现对立事件 $\overline{A}$ 的概率是 $1-p=q$，则称这一串重复的独立试验为 n 重伯努利试验，简称伯努利试验（Bernoulli trial）。

n 重伯努利试验事件 A 可能发生 0，1，2，$\cdots$，n 次，统计学已证明 n 重伯努利试验事件 A 发生 k（$0 \leqslant k \leqslant n$）次的概率为

$$P_n(k) = \sum_{k=0}^{n} C_n^k p^k q^{n-k} \qquad (k=0,\ 1,\ 2,\ \cdots,\ n) \tag{3-6}$$

将式（3-6）与二项展开式

$$(q+p)^n = \sum_{k=0}^{n} C_n^k p^k q^{n-k}$$

相比较发现，n 重伯努利试验事件 A 发生 k 次的概率等于 $(q+p)^n$ 展开式中的第 $k+1$ 项，所以也把式（3-6）称为二项概率公式。

二、二项分布的定义及性质

（一）二项分布的定义

若随机变量 x 所有可能的取值为零和正整数：0，1，2，$\cdots$，n，且

$$P(x=k)=P_n(k)=C_n^k p^k q^{n-k} \quad (k=0,\ 1,\ 2,\ \cdots,\ n)$$

其中，$p>0$，$q>0$，$p+q=1$，则称随机变量 x 服从参数为 n 和 p 的二项分布（binomial distribution），记为 $x\sim B\ (n,\ p)$。二项分布是一种重要的间断型随机变量的概率分布。容易验证，二项分布具有概率分布的基本性质。

（1）$P(x=k)=P_n(k)\geqslant 0$（$k=0,\ 1,\ 2,\ \cdots,\ n$）。

（2）二项分布的概率之和等于 1，即

$$\sum_{k=0}^{n} C_n^k p^k q^{n-k}=(q+p)^n=1$$

根据式（3-6）不难得出下述二项分布概率计算公式：

$$P(x\leqslant m)=P_n(k\leqslant m)=\sum_{k=0}^{m} C_n^k p^k q^{n-k} \tag{3-7}$$

$$P(x\geqslant m)=P_n(k\geqslant m)=\sum_{k=m}^{n} C_n^k p^k q^{n-k} \tag{3-8}$$

$$P(m_1\leqslant x\leqslant m_2)=P_n(m_1\leqslant k\leqslant m_2)=\sum_{k=m_1}^{m_2} C_n^k p^k q^{n-k} \quad (m_1<m_2) \tag{3-9}$$

（二）二项分布的特征

二项分布由 n 和 p 两个参数决定，参数 n 只能取正整数，参数 p 能取 0 与 1 之间的任何数值（q 由 p 确定，故不是另一个独立参数）。二项分布有如下特征。

（1）当 p 偏离 0.5 且 n 不大时，分布是偏倚的。但随着 n 的增大，分布逐渐趋于对称，如图 3-2 所示。

（2）当 p 趋于 0.5 时，分布趋于对称，如图 3-3 所示。

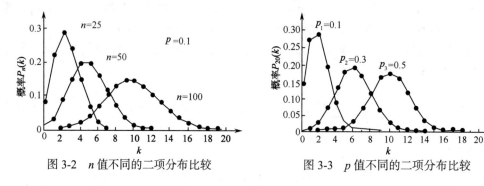

图 3-2　n 值不同的二项分布比较　　　　图 3-3　p 值不同的二项分布比较

（3）对于固定的 n 及 p，当 k 增大时，$P_n(k)$ 先随之增大并达到其极大值，以后又减小。

三、二项分布的概率计算及应用条件

【例 3-5】　有一批玉米种子出苗率为 67%。从该批玉米种子中任取 6 粒种 1 穴中，问此穴至少有 1 粒玉米种子出苗的概率是多少？

根据题意，$n=6$，$p=0.67$，$q=1-0.67=0.33$。设 6 粒种子出苗为 x 粒，则 $x\sim B$（6，0.67）。于是 6 粒玉米种子种 1 穴中，这穴至少有 1 粒种子出苗的概率为

$$P（至少 1 粒种子出苗）＝P(x=1)+P(x=2)+\cdots+P(x=6)$$
$$=C_6^1\times0.67^1\times0.33^5+C_6^2\times0.67^2\times0.33^4+\cdots+C_6^6\times0.67^6\times0.33^0$$
$$=0.0157+0.0799+0.2162+0.3292+0.2673+0.0905$$
$$=0.9987$$

或

$$P（至少 1 粒种子出苗）＝1-P(x=0)=1-C_6^0\times0.67^0\times0.33^6$$
$$=1-0.0013=0.9987$$

表明若种子出苗率为 67%，每穴种 6 粒种子，几乎肯定出苗，一般不用补苗。

【例 3-6】　大豆紫花与白花这一相对性状在 F₂ 的分离符合一对等位基因的遗传规律，即 F₂ 的紫花植株与白花植株之比为 3∶1。求 F₂ 10 株有 7 株是紫花的概率。

根据题意，$n=10$，$p=3/4=0.75$，$q=1/4=0.25$。设 F₂ 10 株中紫花植株为 x 株，则 $x\sim B(10，0.75)$。于是 F₂ 10 株有 7 株是紫花的概率为

$$P(x=7)=C_{10}^7\times0.75^7\times0.25^3=0.2503$$

即 F₂ 10 株有 7 株是紫花的概率为 0.2503。

从上面各例可看出，二项分布的应用条件有 3 个。

（1）各个观察单位只有互相对立的两种观察结果，属于二项分布资料。

（2）已知出现某一结果的概率为 p，其对立结果的概率则为 $1-p=q$，要求 p 是从大量观察中获得的比较稳定的数值。

（3）n 个观察单位的观察结果互相独立，即每个观察单位的观察结果不影响其他观察单位的观察结果。

四、二项分布的平均数与标准差

统计学已证明，服从二项分布 $B(n，p)$ 的随机变量 x 的平均数 μ、标准差 σ 与参数 n、p 有如下关系。

当试验结果以事件 A 发生次数 k 表示时

$$\mu=np \tag{3-10}$$
$$\sigma=\sqrt{npq} \tag{3-11}$$

当试验结果以事件 A 发生的频率 k/n 表示时

$$\mu_p=p \tag{3-12}$$
$$\sigma_p=\sqrt{\frac{pq}{n}} \tag{3-13}$$

σ_p 也称为总体百分率标准误，当 p 未知时，常以样本百分率 $\hat{p}$ 来估计，此时式（3-13）改写为

$$s_{\hat{p}}=\sqrt{\frac{\hat{p}\hat{q}}{n}}，\quad\hat{q}=1-\hat{p} \tag{3-14}$$

其中，$s_{\hat{p}}$ 为样本百分率标准误。

【例 3-7】　某树种幼苗成材率为 70%。现种植 2000 株，问成材幼苗株数的平均数、标准差是多少？

根据题意，$n=2000$，$p=0.70$，$q=0.30$。设 2000 株幼苗成材为 x 株，则 $x\sim B$（2000，0.70）。将 $n=2000$，$p=0.70$，$q=0.30$ 代入式（3-10）、式（3-11），得

成材幼苗株数的平均数　　$\mu=np=2000\times0.7=1400$（株）

成材幼苗株数的标准差　　$\sigma=\sqrt{npq}=\sqrt{2000\times0.7\times0.3}=20.49$（株）

第四节　正 态 分 布

正态分布是一种非常重要的连续型随机变量的概率分布。在农学、生物学试验研究中，有许多变量，如水稻产量、小麦株高、玉米百粒重等服从或近似服从正态分布。许多统计分析方法都以正态分布为基础。此外，还有不少随机变量的概率分布在一定条件下以正态分布为其极限分布。正态分布无论在理论研究上还是实际应用中，均占有十分重要的地位。

一、正态分布的定义与特征

（一）正态分布的定义

若连续型随机变量 x 的概率密度函数为

$$f(x)=\frac{1}{\sigma\sqrt{2\pi}}\mathrm{e}^{-\frac{(x-\mu)^2}{2\sigma^2}} \tag{3-15}$$

其中，μ 为平均数；σ^2 为方差；则称随机变量 x 服从正态分布（normal distribution），正态分布又称为高斯分布（Gaussian distribution），记为 $x\sim N(\mu,\sigma^2)$。其累计分布函数（cumulative distribution function）为

$$F(x)=\frac{1}{\sigma\sqrt{2\pi}}\int_{-\infty}^{x}\mathrm{e}^{-\frac{(x-\mu)^2}{2\sigma^2}}\mathrm{d}x \tag{3-16}$$

正态分布的密度曲线如图 3-4 所示。

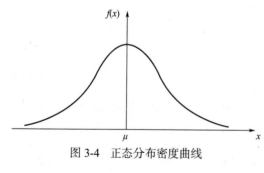

图 3-4　正态分布密度曲线

（二）正态分布的特征

由式（3-15）和图 3-4 可以看出，正态分布具有以下特征。

（1）正态分布密度曲线是单峰、对称的"悬钟"形曲线，对称轴为 $x=\mu$。

（2）概率密度函数 $f(x)$ 在 $x=\mu$ 处达到极大，极大值 $f(\mu)=\frac{1}{\sigma\sqrt{2\pi}}$。

（3）概率密度函数 $f(x)$ 是非负函数，以 x 轴为渐近线，x 的取值范围为（$-\infty$，$+\infty$）。

（4）概率密度曲线在 $x=\mu\pm\sigma$ 处各有一个拐点，即曲线在（$-\infty$，$\mu-\sigma$）和（$\mu+\sigma$，$+\infty$）区间内是下凸的，在［$\mu-\sigma$，$\mu+\sigma$］区间内是上凸的。

（5）正态分布有两个参数，平均数 μ 和标准差 σ。μ 是位置参数，当 σ 恒定时，μ 越大，

则概率密度曲线沿 x 轴越向右移动；反之，μ 越小，概率密度曲线沿 x 轴越向左移动，如图 3-5 所示。σ 是变异度参数，当 μ 恒定时，σ 越大，表示 x 的取值越分散在 μ 的左右，曲线越"胖"；σ 越小，x 的取值越集中在 μ 附近，曲线越"瘦"，如图 3-6 所示。

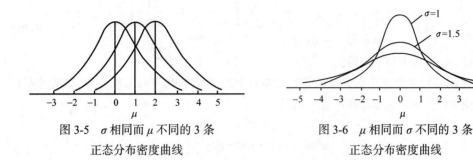

图 3-5　σ 相同而 μ 不同的 3 条
正态分布密度曲线

图 3-6　μ 相同而 σ 不同的 3 条
正态分布密度曲线

（6）概率密度曲线与横轴构成的曲边三角形的面积为 1，即

$$P(-\infty < x < +\infty) = \int_{-\infty}^{+\infty} \frac{1}{\sigma\sqrt{2\pi}} e^{-\frac{(x-\mu)^2}{2\sigma^2}} \mathrm{d}x = 1$$

二、标准正态分布

平均数 $\mu = 0$、方差 $\sigma^2 = 1$ 的正态分布称为标准正态分布（standard normal distribution）。标准正态分布的概率密度函数及累计分布函数分别记为 $\Psi(u)$ 和 $\Phi(u)$，由式（3-15）及（3-16）得

$$\psi(u) = \frac{1}{\sqrt{2\pi}} e^{-\frac{1}{2}u^2} \tag{3-17}$$

$$\Phi(u) = \frac{1}{\sqrt{2\pi}} \int_{-\infty}^{u} e^{-\frac{1}{2}u^2} \mathrm{d}u \tag{3-18}$$

随机变量 u 服从标准正态分布，记为 $u \sim N(0, 1)$，概率密度曲线如图 3-7 所示。

对于任何一个服从正态分布 $N(\mu, \sigma^2)$ 的随机变量 x，都可以通过标准化变换：

$$u = \frac{x - \mu}{\sigma} \tag{3-19}$$

将其变换为服从标准正态分布的随机变量 u。u 称为标准正态变量或标准正态离差（standard normal deviate）。

根据式（3-18）对不同的 u 值计算 $\Phi(u)$，编制成函数表，称为标准正态分布表（附录四附表 1），从附表 1 中可查到 u 在某一个区间内取值的概率。这就给解决不同平均数 μ、方差 σ^2 的正态分布概率计算问题带来很大便利。

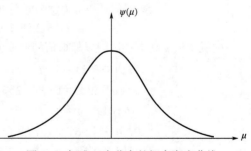

图 3-7　标准正态分布的概率密度曲线

三、正态分布的概率计算

关于正态分布的概率计算，先从标准正态分布的概率计算着手。

（一）标准正态分布的概率计算

设 $u \sim N(0,1)$，则 u 在 $[u_1, u_2)$ 内取值的概率为

$$P(u_1 \leqslant u < u_2) = \frac{1}{\sqrt{2\pi}} \int_{u_1}^{u_2} e^{-\frac{1}{2}u^2} du = \frac{1}{\sqrt{2\pi}} \int_{-\infty}^{u_2} e^{-\frac{1}{2}u^2} du - \frac{1}{\sqrt{2\pi}} \int_{-\infty}^{u_1} e^{-\frac{1}{2}u^2} du$$
$$= \Phi(u_2) - \Phi(u_1) \tag{3-20}$$

$\Phi(u_2)$、$\Phi(u_1)$ 可由附表 1 查得。

根据式（3-20）及标准正态分布概率密度曲线的对称性可推出下列关系式，再借助附表 1，便能很方便地计算标准正态分布的有关概率。

$$P(0 \leqslant u < u_1) = \Phi(u_1) - 0.5$$
$$P(u \geqslant u_1) = \Phi(-u_1)$$
$$P(|u| \geqslant u_1) = 2\Phi(-u_1) \tag{3-21}$$
$$P(|u| < u_1) = 1 - 2\Phi(-u_1)$$
$$P(u_1 \leqslant u < u_2) = \Phi(u_2) - \Phi(u_1)$$

【例 3-8】 已知 $u \sim N(0,1)$，求 $P(u \leqslant -1.64)$；$P(u \geqslant 2.58)$；$P(|u| \geqslant 2.56)$；$P(0.34 \leqslant u \leqslant 1.53)$。

利用式（3-21），查附表 1 得

$$P(u \leqslant -1.64) = \Phi(-1.64) = 0.0505$$
$$P(u \geqslant 2.58) = \Phi(-2.58) = 0.00494$$
$$P(|u| \geqslant 2.56) = 2\Phi(-2.56) = 2 \times 0.005234 = 0.010468$$
$$P(0.34 \leqslant u \leqslant 1.53) = \Phi(1.53) - \Phi(0.34) = 0.93699 - 0.6331 = 0.30389$$

对于标准正态分布，随机变量 u 在下述区间内取值的概率应用较多（图 3-8）：

$$P(-1 \leqslant u < 1) = 0.6826$$
$$P(-2 \leqslant u < 2) = 0.9545$$
$$P(-3 \leqslant u < 3) = 0.9973$$
$$P(-1.96 \leqslant u < 1.96) = 0.95$$
$$P(-2.58 \leqslant u < 2.58) = 0.99$$

随机变量 u 在上述区间以外取值的概率分别为

$$P(|u| \geqslant 1) = 1 - P(-1 \leqslant u < 1) = 1 - 0.6826 = 0.3174$$
$$P(|u| \geqslant 2) = 1 - P(-2 \leqslant u < 2) = 1 - 0.9545 = 0.0455$$
$$P(|u| \geqslant 3) = 1 - P(-3 \leqslant u < 3) = 1 - 0.9973 = 0.0027$$
$$P(|u| \geqslant 1.96) = 1 - P(-1.96 \leqslant u < 1.96) = 1 - 0.95 = 0.05$$
$$P(|u| \geqslant 2.58) = 1 - P(-2.58 \leqslant u < 2.58) = 1 - 0.99 = 0.01$$

（二）一般正态分布的概率计算

若随机变量 $x \sim N(\mu, \sigma^2)$，则 x 在区间 $[x_1, x_2)$ 内取值的概率，记为 $P(x_1 \leqslant x < x_2)$，等于图 3-9 中阴影部分曲边梯形面积，即

$$P(x_1 \leqslant x < x_2) = \frac{1}{\sigma\sqrt{2\pi}} \int_{x_1}^{x_2} \mathrm{e}^{-\frac{(x-\mu)^2}{2\sigma^2}} \mathrm{d}x \qquad (3\text{-}22)$$

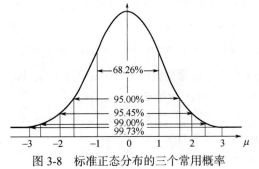

图 3-8　标准正态分布的三个常用概率

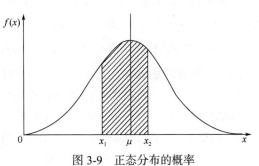

图 3-9　正态分布的概率

对式（3-22）作变换：$u = \dfrac{x-\mu}{\sigma}$，得 $\mathrm{d}x = \sigma\,\mathrm{d}u$，故有

$$P(x_1 \leqslant x < x_2) = \frac{1}{\sigma\sqrt{2\pi}} \int_{x_1}^{x_2} \mathrm{e}^{-\frac{(x-\mu)^2}{2\sigma^2}} \mathrm{d}x = \frac{1}{\sigma\sqrt{2\pi}} \int_{\frac{x_1-\mu}{\sigma}}^{\frac{x_2-\mu}{\sigma}} \mathrm{e}^{-\frac{1}{2}u^2} \sigma\,\mathrm{d}u$$

$$= \frac{1}{\sqrt{2\pi}} \int_{-\infty}^{u_2} \mathrm{e}^{-\frac{1}{2}u^2} \mathrm{d}u - \frac{1}{\sqrt{2\pi}} \int_{-\infty}^{u_1} \mathrm{e}^{-\frac{1}{2}u^2} \mathrm{d}u = \varPhi(u_2) - \varPhi(u_1)$$

其中，$u_1 = \dfrac{x_1 - u}{\sigma}$；$u_2 = \dfrac{x_2 - u}{\sigma}$。

表明服从正态分布 $N(\mu,\ \sigma^2)$ 的随机变量 x 在区间 $[x_1,\ x_2)$ 内取值的概率，等于服从标准正态分布 $N(0,\ 1)$ 的随机变量 u 在区间 $\left[\dfrac{x_1-\mu}{\sigma},\ \dfrac{x_2-\mu}{\sigma}\right)$ 内取值的概率。因此，计算一般正态分布的概率，只需将区间的上、下限作标准化变换，就可通过查标准正态分布的概率表求得。

【例3-9】　设 $x \sim N(30.26,\ 5.10^2)$，求 $P(21.64 \leqslant x < 32.98)$。

令 $u = \dfrac{x-30.26}{5.10}$，则 $u \sim N(0,\ 1)$，所以

$$P(21.64 \leqslant x < 32.98) = P\left(\frac{21.64-30.26}{5.10} \leqslant \frac{x-30.26}{5.10} < \frac{32.98-30.26}{5.10}\right)$$

$$= P(-1.69 \leqslant u < 0.53) = \varPhi(0.53) - \varPhi(-1.69)$$

$$= 0.7019 - 0.04551 = 0.65639$$

对于服从正态分布 $N(\mu,\ \sigma^2)$ 的随机变量 x，以下几个概率［即随机变量 x 在区间 $[\mu - k\sigma,\ \mu + k\sigma)$ 内取值的概率，$k = 1,\ 2,\ 3,\ 1.96,\ 2.58$］应用较多：

$$P(\mu - \sigma \leqslant x < \mu + \sigma) = 0.6826$$

$$P(\mu - 2\sigma \leqslant x < \mu + 2\sigma) = 0.9545$$

$$P(\mu - 3\sigma \leqslant x < \mu + 3\sigma) = 0.9973$$

$$P(\mu - 1.96\sigma \leqslant x < \mu + 1.96\sigma) = 0.95$$

$$P(\mu - 2.58\sigma \leqslant x < \mu + 2.58\sigma) = 0.99$$

随机变量 x 在区间（$\mu-k\sigma$，$\mu+k\sigma$）外取值的概率 $P(x\le\mu-k\sigma)+P(x\ge\mu+k\sigma)$ 为两尾概率（two-tailed probability），记为 α，即 $P(x\le\mu-k\sigma)+P(x\ge\mu+k\sigma)=\alpha$。

随机变量 x 小于等于（$\mu-k\sigma$）的概率 $P(x\le\mu-k\sigma)$ 与随机变量 x 大于等于（$\mu+k\sigma$）的概率 $P(x\ge\mu+k\sigma)$ 为一尾概率（one-tailed probability）。由于正态分布的对称性，一尾概率 $P(x\le\mu-k\sigma)$ 等于一尾概率 $P(x\ge\mu+k\sigma)$，都为 $\frac{\alpha}{2}$，即 $P(x\le\mu-k\sigma)=P(x\ge\mu+k\sigma)=\frac{\alpha}{2}$。

例如，随机变量 x 在（$\mu-1.96\sigma$，$\mu+1.96\sigma$）外取值的两尾概率为 0.05（图 3-10），即
$$P(x\le\mu-1.96\sigma)+P(x\ge\mu+1.96\sigma)=0.05$$

随机变量 x 小于等于（$\mu-1.96\sigma$）的概率 $P(x\le\mu-1.96\sigma)$ 与随机变量 x 大于等于（$\mu+1.96\sigma$）的概率 $P(x\ge\mu+1.96\sigma)$ 的一尾概率为 0.025（图 3-11），即
$$P(x\le\mu-1.96\sigma)=P(x\ge\mu+1.96\sigma)=0.025$$

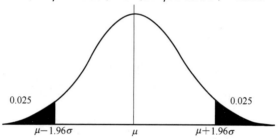

图 3-10　两尾概率

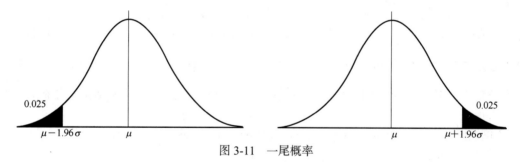

图 3-11　一尾概率

【例 3-10】 已知 $x\sim N(30.26, 5.1^2)$，求 $P(x\le15)$；$P(x\ge40)$；$P(|x-30.26|<5.1)$；$P(20.06\le x<40.46)$。

令 $u=\dfrac{x-30.26}{5.1}$，则 $u\sim N(0,1)$，所以

$$P(x\le15)=P\left(\frac{x-30.26}{5.1}\le\frac{15-30.26}{5.1}\right)=P(u\le-2.9922)=\Phi(-2.9922)=0.001395$$

$$P(x\ge40)=P\left(\frac{x-30.26}{5.1}\ge\frac{40-30.26}{5.1}\right)=P(u\ge1.9098)=\Phi(-1.9098)=0.02807$$

$$P(|x-30.26|<5.1)=P(-5.1<x-30.25<5.1)$$
$$=P\left(-1<\frac{x-30.26}{5.1}<1\right)=P(-1<u<1)$$
$$=\Phi(1)-\Phi(-1)=0.8413-0.1587=0.6826$$

$$P(20.06 \leqslant x < 40.46) = P\left(\frac{20.26-30.26}{5.1} \leqslant \frac{x-30.26}{5.1} < \frac{40.46-30.26}{5.1}\right)$$
$$= P(-2 \leqslant u < 2) = \Phi(2) - \Phi(-2)$$
$$= 0.97725 - 0.02275 = 0.9545$$

附表 2 给出了满足 $P(|u| \geqslant u_\alpha) = \alpha$ 的两尾分位数 u_α 的数值。因此，只要已知两尾概率 α 的值，由附表 2 就可直接查出对应的两尾分位数 u_α，查附表 2 的方法与查附表 1 相同。

例如，已知 $u \sim N(0, 1)$，求 $P(u \leqslant -u_\alpha) + P(u \geqslant u_\alpha) = 0.10$ 的 u_α；$P(-u_\alpha < u < u_\alpha) = 0.86$ 的 u_α。

因为附表 2 中的 α 值是

$$\alpha = 1 - \frac{1}{\sqrt{2\pi}} \int_{-u_\alpha}^{u_\alpha} e^{-\frac{1}{2}u^2} du$$

所以 $P(u \leqslant -u_\alpha) + P(u \geqslant u_\alpha) = 1 - P(-u_\alpha < u < u_\alpha) = 0.10 = \alpha$，由附表 2 查得 $u_{0.10} = 1.644854$。$P(-u_\alpha < u < u_\alpha) = 0.86$，$\alpha = 1 - P(-u_\alpha < u < u_\alpha) = 1 - 0.86 = 0.14$，由附表 2 查得 $u_{0.14} = 1.475791$。

通过查附表 2，可以得到两个常用的两尾概率分位数：$u_{0.05} = 1.96$，$u_{0.01} = 2.58$。

对于 $x \sim N(\mu, \sigma^2)$，只要将其转换为 $u \sim N(0, 1)$，即可求得相应的两尾分位数。

【例 3-11】　已知 $x \sim N(12.86, 1.33^2)$，若 $P(x \leqslant l_1) = 0.03$，$P(x \geqslant l_2) = 0.03$，求 l_1 和 l_2。

由题意可知，$\frac{\alpha}{2} = 0.03$，$\alpha = 0.06$，又因为

$$P(x \leqslant l_1) = P\left(\frac{x-12.86}{1.33} \leqslant \frac{l_1-12.86}{1.33}\right) = P(u \leqslant -u_\alpha) = 0.03$$

$$P(x \geqslant l_2) = P\left(\frac{x-12.86}{1.33} \geqslant \frac{l_2-12.86}{1.33}\right) = P(u \geqslant u_\alpha) = 0.03$$

所以

$$P(x \leqslant l_1) + P(x \geqslant l_2) = P(u \leqslant -u_\alpha) + P(u \geqslant u_\alpha)$$
$$= 1 - P(-u_\alpha \leqslant u \leqslant u_\alpha) = 0.06 = \alpha$$

由附表 2 查得 $u_{0.06} = 1.880794$，所以

$$\frac{l_1-12.86}{1.33} = -1.880794, \quad \frac{l_2-12.86}{1.33} = 1.880794$$

于是，$l_1 = 10.36$，$l_2 = 15.36$。

第五节　样本平均数抽样分布与标准误

总体与样本之间的关系是统计学的中心内容，对其研究可从两方面着手，一是从总体到样本，就是研究抽样分布（sampling distribution）；二是从样本到总体，就是统计推断（statistical inference）。统计推断是以总体分布和样本抽样分布的理论关系为基础的。为了能正确地利用样本去推断总体，正确理解统计推断的结论，须了解样本的抽样分布。

由总体中随机抽取若干个个体组成样本，即使每次抽取的样本含量相等，统计数（如样本平均数 $\bar{x}$，样本标准差 s）也将随样本的不同而不同，因而统计数也是随机变量，也有其概率分布。统计数的概率分布称为抽样分布。本节仅讨论样本平均数的抽样分布。

一、样本平均数抽样分布

由总体随机抽样的方法可分为有返置抽样和不返置抽样两种。前者指每次抽出一个个体后，这个个体应返置回原总体；后者指每次抽出的个体不返置回原总体。对于无限总体，返置与否都可认为各个个体被抽到的机会相等。对于有限总体，则应采用返置抽样，否则各个个体被抽到的机会就不相等。

设某总体的各个个体为 x，总体平均数为 μ，方差为 σ^2，将此总体称为原总体或 x 总体。现从该总体中随机抽取容量为 n 的样本，样本平均数记为 $\bar{x}$。可以设想，从原总体中抽出很多甚至无穷多个容量为 n 的样本，由这些样本算得的平均数 $\bar{x}$ 有大有小，不尽相同，与原总体平均数 μ 相比往往表现出不同程度的差异。这种差异是由随机抽样造成的，称为抽样误差（sampling error）。显然，样本平均数 $\bar{x}$ 也是一个随机变量，其概率分布叫作样本平均数抽样分布。由样本平均数 $\bar{x}$ 构成的总体称为样本平均数抽样总体，其平均数和标准差分别记为 $\mu_{\bar{x}}$ 和 $\sigma_{\bar{x}}$。$\sigma_{\bar{x}}$ 是样本平均数抽样总体的标准差，简称标准误（standard error），它表示平均数抽样误差的大小。统计学上已证明 $\bar{x}$ 总体的两个参数 $\mu_{\bar{x}}$ 和 $\sigma_{\bar{x}}$ 与 x 总体的两个参数 μ 和 σ 有如下关系：

$$\mu_{\bar{x}}=\mu, \quad \sigma_{\bar{x}}=\frac{\sigma}{\sqrt{n}} \tag{3-23}$$

下面进行一个模拟抽样试验验证这个结论。

设某有限总体包含 4 个个体（$N=4$）：2，3，3，4。根据 $\mu=\dfrac{\sum x}{N}$ 和 $\sigma^2=\dfrac{\sum(x-\mu)^2}{N}$ 求得该总体的平均数 μ、方差 σ^2、标准差 σ 为

$$\mu=3, \quad \sigma^2=\frac{1}{2}, \quad \sigma=\sqrt{\frac{1}{2}}$$

从包含 N 个个体的有限总体作样本容量为 n 的返置随机抽样，所有可能的样本数为 N^n。就上述 $N=4$ 的有限总体而言，如果从中抽取样本容量 $n=2$ 的样本，则一共可抽得 $4^2=16$ 个样本；如果从中抽取样本容量 $n=4$ 的样本，则一共可抽得 $4^4=256$ 个样本。分别求这些样本的平均数 $\bar{x}$，并列出 $\bar{x}$ 的次数分布，如表 3-2 所示。

表 3-2 $N=4$，$n=2$、$n=4$ 时 $\bar{x}$ 的次数分布表

\multicolumn{4}{}{$N^n=4^2=16$}				\multicolumn{4}{}{$N^n=4^4=256$}			
$\bar{x}$	f	$f\bar{x}$	$f\bar{x}^2$	$\bar{x}$	f	$f\bar{x}$	$f\bar{x}^2$
2.0	1	2	4	2.00	1	2	4.0
2.5	4	10	25	2.25	8	18	40.5
3.0	6	18	54	2.50	28	70	175.0
3.5	4	14	49	2.75	56	154	423.5
4.0	1	4	16	3.00	70	210	630.0
				3.25	56	182	591.5
				3.50	28	98	343.0
				3.75	8	30	112.5
				4.00	1	4	16.0
合计	16	48	148	合计	256	768	2336.0

根据表 3-2，在 $n=2$ 的抽样试验中，样本平均数抽样总体的平均数 $\mu_{\bar{x}}$、方差 $\sigma_{\bar{x}}^2$ 与标准差 $\sigma_{\bar{x}}$ 分别为

$$\mu_{\bar{x}}=\frac{\sum f\bar{x}}{N^n}=\frac{48}{16}=3=\mu$$

$$\sigma_{\bar{x}}^2=\frac{\sum f(\bar{x}-\mu_{\bar{x}})^2}{N^n}=\frac{\sum f\bar{x}^2-\dfrac{\left(\sum f\bar{x}\right)^2}{N^n}}{N^n}=\frac{148-\dfrac{48^2}{16}}{16}=\frac{1}{4}=\frac{1/2}{2}=\frac{\sigma^2}{n}$$

$$\sigma_{\bar{x}}=\sqrt{\sigma_{\bar{x}}^2}=\sqrt{\frac{1}{4}}=\frac{\sqrt{1/2}}{\sqrt{2}}=\frac{\sigma}{\sqrt{n}}$$

根据表 3-2，对 $n=4$ 的抽样试验，样本平均数抽样总体的平均数 $\mu_{\bar{x}}$、方差 $\sigma_{\bar{x}}^2$ 与标准差 $\sigma_{\bar{x}}$ 分别为

$$\mu_{\bar{x}}=\frac{765}{256}=3=\mu\ ,\quad \sigma_{\bar{x}}^2=\frac{32}{256}=\frac{1}{8}=\frac{1/2}{4}=\frac{\sigma^2}{n}\ ,\quad \sigma_{\bar{x}}=\sqrt{\frac{1}{8}}=\frac{\sqrt{1/2}}{\sqrt{4}}=\frac{\sigma}{\sqrt{n}}$$

这就验证了 $\mu_{\bar{x}}=\mu$、$\sigma_{\bar{x}}=\dfrac{\sigma}{\sqrt{n}}$ 的正确性。

若将表 3-2 中两个样本平均数的抽样总体作频率密度分布直方图，则如图 3-12 所示。

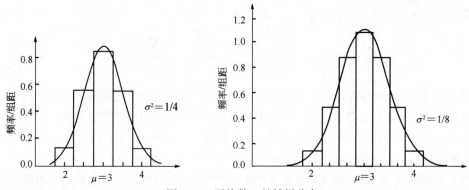

图 3-12 平均数 $\bar{x}$ 的抽样分布

由以上模拟抽样试验可以看出，虽然原总体并非正态分布，但从中随机抽取样本，即使样本含量很小（ $n=2$，$n=4$ ），样本平均数的分布却趋于正态分布。随着样本含量 n 的增大，样本平均数的分布越来越从不连续趋于连续的正态分布。比较图 3-12 两个分布，n 由 2 增大到 4 时，这种趋势表现得相当明显。当 $n>30$ 时，$\bar{x}$ 的分布就近似正态分布。x 变量与 $\bar{x}$ 变量概率分布间的关系可由下列两个定理说明。

（1）若随机变量 $x\sim N(\mu,\sigma^2)$；x_1，x_2，…，x_n 是由 x 总体得来的随机样本，则样本平均数 $\bar{x}=\dfrac{\sum x}{n}$ 的概率分布也是正态分布，且有 $\mu_{\bar{x}}=\mu$，$\sigma_{\bar{x}}=\dfrac{\sigma}{\sqrt{n}}$，即 $\bar{x}\sim N\left(\mu,\dfrac{\sigma^2}{n}\right)$。

（2）若随机变量 x 服从平均数是 μ、方差是 σ^2 的分布（不是正态分布）；x_1，x_2，…，x_n 是由此总体得来的随机样本，则当 n 相当大时，样本平均数 $\bar{x}=\dfrac{\sum x}{n}$ 的概率分布逼近正态分

布 $N\left(\mu, \dfrac{\sigma^2}{n}\right)$。这就是中心极限定理（central limit theorem）。

上述两个定理保证了样本平均数 $\bar{x}$ 的抽样分布服从或者逼近正态分布。不论 x 变量是连续型还是离散型，也不论 x 服从何种分布，一般只要 $n>30$，就可认为 $\bar{x}$ 的分布是正态的。若 x 的分布不很偏倚，在 $n>20$ 时，$\bar{x}$ 的分布就近似正态分布。

二、标准误

标准误（平均数抽样总体的标准差）$\sigma_{\bar{x}}=\dfrac{\sigma}{\sqrt{n}}$ 的大小反映样本平均数 $\bar{x}$ 抽样误差的大小，即精确性的高低。标准误 $\sigma_{\bar{x}}$ 大，说明各样本平均数之间差异大，样本平均数的精确性低；反之，标准误 $\sigma_{\bar{x}}$ 小，说明各样本平均数之间差异小，样本平均数的精确性高。标准误 $\sigma_{\bar{x}}$ 的大小与原总体的标准差 σ 成正比，与样本容量 n 的平方根成反比。从某特定总体抽样，因为 σ 是一常数，所以增大样本容量可降低样本平均数的抽样误差。

在实际工作中，总体标准差 σ 往往是未知的，因而无法求得 $\sigma_{\bar{x}}$。此时，可用样本标准差 s 估计 σ。于是，以 $\dfrac{s}{\sqrt{n}}$ 估计 $\sigma_{\bar{x}}$，记 $\dfrac{s}{\sqrt{n}}$ 为 $s_{\bar{x}}$，称为样本标准误或均数标准误。样本标准误 $s_{\bar{x}}$ 是平均数抽样误差的估计值。

若样本中各个观测值为 x_1，x_2，$\cdots$，x_n，则

$$s_{\bar{x}}=\frac{s}{\sqrt{n}}=\sqrt{\frac{\sum(x-\bar{x})^2}{n(n-1)}}=\sqrt{\frac{\sum x^2-\dfrac{1}{n}\left(\sum x\right)^2}{n(n-1)}} \qquad (3\text{-}24)$$

样本标准差 s 与样本标准误 $s_{\bar{x}}$ 既有联系又有区别。式（3-24）已表明了二者的联系。二者的区别在于：样本标准差 s 是表示样本中各个观测值变异程度大小的统计数，它的大小表示了样本平均数 $\bar{x}$ 对该样本代表性的强弱；样本标准误 $s_{\bar{x}}$ 是样本平均数 $\bar{x}$ 的标准差，它是样本平均数 $\bar{x}$ 抽样误差的估计值，其大小表明了样本平均数 $\bar{x}$ 精确性的高低。

对于大样本资料，常将样本标准差 s 与样本平均数 $\bar{x}$ 配合使用，记为 $\bar{x}\pm s$，用以表示所考察性状或指标的优良性与稳定性；对于小样本资料，常将样本标准误 $s_{\bar{x}}$ 与样本平均数 $\bar{x}$ 配合使用，记为 $\bar{x}\pm s_{\bar{x}}$，用以表示所考察性状或指标的优良性与抽样误差的大小。

第六节　t 分布、χ^2 分布和 F 分布

一、t 分布

上面讨论了平均数抽样总体与原总体概率分布的关系，若 $x\sim N(\mu, \sigma^2)$，则 $\bar{x}\sim N\left(\mu, \dfrac{\sigma^2}{n}\right)$。将随机变量 $\bar{x}$ 标准化，令 $u=\dfrac{\bar{x}-\mu}{\sigma_{\bar{x}}}$，则 $u\sim N(0, 1)$。当总体标准差 σ 未知时，以样本标准差 s 代替总体标准差 σ 所得到的统计数 $\dfrac{\bar{x}-\mu}{s_{\bar{x}}}$，记为 t，即

$$t = \frac{\bar{x} - \mu}{s_{\bar{x}}} \tag{3-25}$$

在计算 $s_{\bar{x}}$ 时，由于采用 s 来代替 σ，使得随机变量 t 不再服从标准正态分布，而是服从自由度 $df = n - 1$ 的 t 分布（t-distribution）。t 的取值范围是 $(-\infty, +\infty)$。

t 分布的概率密度曲线如图 3-13 所示，其特征如下。

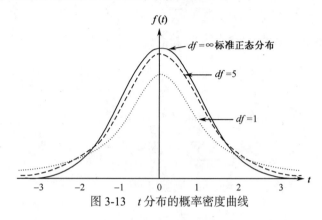

图 3-13　t 分布的概率密度曲线

（1）t 分布受自由度的制约，每一个自由度都有一条概率密度曲线。

（2）t 分布的概率密度曲线以纵轴为对称轴左右对称，且在 $t = 0$ 时，概率密度函数取得最大值。

（3）与标准正态分布的概率密度曲线相比，t 分布的概率密度曲线顶部略低，两尾部稍高而平。df 越小这种趋势越明显。df 越大，t 分布越趋近于标准正态分布。当 $n > 30$ 时，t 分布与标准正态分布的区别很小；$n > 100$ 时，t 分布与标准正态分布基本相同；$n \to \infty$ 时，t 分布与标准正态分布完全一致。

用 $f(t)$ 表示 t 分布的概率密度函数，则其累计分布函数 $F(t_\alpha)$ 为

$$F(t_\alpha) = \int_{-\infty}^{t_\alpha} f(t)\mathrm{d}t \tag{3-26}$$

因而 t 在区间 $[t_\alpha, +\infty)$ 取值的概率——右尾概率为 $1 - F(t_\alpha)$。由于 t 分布左右对称，t 在区间 $(-\infty, -t_\alpha]$ 内取值的概率——左尾概率也为 $1 - F(t_\alpha)$。于是 t 在区间 $(t_\alpha, +\infty)$ 内取值的概率与在区间 $(-\infty, -t_\alpha]$ 内取值的概率之和——两尾概率为 $2[1 - F(t_\alpha)]$。对于不同自由度下 t 分布的两尾概率及其对应的临界 t 值已编制成 t 值表（附表 3）。该表第一列为自由度 df，表头为两尾概率值，表中数字为临界 t 值。

例如，当 $df = 15$ 时，查附表 3 得两尾概率等于 0.05 的临界 t 值为 $t_{0.05(15)} = 2.131$，其意义是

$$P(-\infty < t \leqslant -2.131) = P(2.131 \leqslant t < +\infty) = 0.025$$

$$P(-\infty < t \leqslant -2.131) + P(2.131 \leqslant t < +\infty) = 0.05$$

由附表 3 可知，当 df 一定时，概率 p 越大，临界 t 值越小；概率 p 越小，临界 t 值越大。当概率 p 一定时，随着 df 的增加，临界 t 值在减小，当 df 为 $+\infty$ 时，临界 t 值与标准正态分布的临界 u 值相同。

二、χ^2 分布

某正态总体的平均数为 μ、方差为 σ^2。从该总体中独立随机抽取 n 个随机变量 $x_1, x_2, \cdots,$ x_n，并求出其标准正态离差

$$u_1 = \frac{x_1 - \mu}{\sigma}, \quad u_2 = \frac{x_2 - \mu}{\sigma}, \quad \cdots, \quad u_n = \frac{x_n - \mu}{\sigma}$$

这 n 个相互独立的标准正态离差的平方和记为 χ^2，即

$$\chi^2 = u_1^2 + u_2^2 + \cdots + u_n^2 = \sum_{i=1}^n u_i^2 = \sum_{i=1}^n \left(\frac{x_i - \mu}{\sigma}\right)^2 = \frac{1}{\sigma^2}\sum_{i=1}^n (x_i - \mu)^2 \tag{3-27}$$

它服从自由度为 n 的 χ^2 分布（chi-squared distribution），记为

$$\frac{1}{\sigma^2}\sum_{i=1}^n (x_i - \mu)^2 \sim \chi^2_{(n)}$$

若用样本平均数 $\bar{x}$ 代替总体平均数 μ，则随机变量

$$\frac{1}{\sigma^2}\sum_{i=1}^n (x_i - \bar{x})^2 = \frac{1}{\sigma^2}(n-1)s^2 \tag{3-28}$$

服从自由度为 $n-1$ 的 χ^2 分布，记为

$$\frac{1}{\sigma^2}(n-1)s^2 \sim \chi^2_{(n-1)}$$

因此，χ^2 分布是由正态总体随机抽样得来的一种连续型随机变量的概率分布。显然，$\chi^2 \geq 0$，即 χ^2 的取值范围是 $[0, +\infty)$；χ^2 分布的概率密度曲线（图 3-14）随自由度的不同而不同，随自由度的增大，概率密度曲线由偏斜逐渐趋于对称。

三、F 分布

在平均数为 μ、方差为 σ^2 的正态总体中随机抽取样本容量为 n_1 和 n_2 的两个样本，得到两个样本方差（均方）s_1^2 和 s_2^2，$\frac{s_1^2}{s_2^2}$ 构成一新的随机变量，记为 F，即

$$F = \frac{s_1^2}{s_2^2} \tag{3-29}$$

式（3-29）服从 $df_1 = n_1 - 1$、$df_2 = n_2 - 1$ 的 F 分布（F-distribution），F 分布又称为 Fisher-Snedecor 分布。F 分布是由正态总体随机抽样得来的一种连续型随机变量的概率分布，概率密度曲线（图 3-15）随自由度 df_1、df_2 的变化而变化，其形态随着 df_1、df_2 的增大由偏斜逐渐趋于对称。

F 的取值范围是 $(0, +\infty)$。用 $f(F)$ 表示 F 分布的概率密度函数，则其累计分布函数 $F(F_\alpha)$ 为

$$F(F_\alpha) = P(F < F_\alpha) = \int_0^{F_\alpha} f(F)\,\mathrm{d}F \tag{3-30}$$

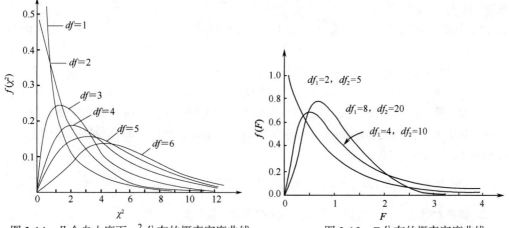

图 3-14　几个自由度下 χ^2 分布的概率密度曲线　　　图 3-15　F 分布的概率密度曲线

随机变量 F 在区间 $[F_\alpha, +\infty)$ 内取值的概率——右尾概率为 $P(F \geqslant F_\alpha)$ 为

$$P(F \geqslant F_\alpha) = 1 - F(F_\alpha) = \int_{F_\alpha}^{+\infty} f(F) \, \mathrm{d}F \qquad (3\text{-}31)$$

附表 4 列出的是对于不同的 df_1 和 df_2，$P(F \geqslant F_\alpha) = 0.05$ 和 $P(F \geqslant F_\alpha) = 0.01$ 的 F_α 值，即右尾概率 $\alpha = 0.05$ 和 $\alpha = 0.01$ 的临界 F 值，记为 $F_{0.05(df_1, df_2)}$ 和 $F_{0.01(df_1, df_2)}$。例如，根据 $df_1 = 3$、$df_2 = 18$ 查附表 4，得临界 F 值 $F_{0.05(3, 18)} = 3.16$ 和 $F_{0.01(3, 18)} = 5.09$，表示如果以 $n_1 = 4$、$n_2 = 19$ 在同一正态总体中连续抽样，所得 F 值大于或等于 3.16 的仅为 5%，大于或等于 5.09 的仅为 1%。

习　题

1．什么是随机试验？它具有哪三个特征？

2．什么是随机事件、必然事件、不可能事件？

3．什么是概率的统计定义与古典定义？事件的概率具有哪些基本性质？

4．什么是小概率事件实际不可能性原理？

5．离散型随机变量概率分布与连续型随机变量概率分布有何区别？

6．什么是二项分布？如何计算二项分布的平均数、方差和标准差？

7．什么是正态分布？正态分布密度曲线有何特点？

8．什么是标准正态分布？标准正态分布密度曲线有何特点？

9．什么是标准误？标准误与标准差有何联系与区别？

10．样本平均数抽样总体与原总体的平均数、方差两个参数间有何关系？

11．t 分布与标准正态分布有何区别与联系？

12．什么是 χ^2 分布与 F 分布？其分布密度曲线有何特点？

13．在一定条件下进行一项试验，事件 A 在试验结果中出现的概率为 0.8。现在相同的试验条件下进行 100 次这样的试验，能否断言事件 A 将出现 80 次？为什么？

14．已知随机变量 $x \sim B(100, 0.1)$，求 x 的总体平均数和标准差。

15．已知随机变量 $x \sim B(10, 0.6)$，求 $P(2 \leqslant x \leqslant 6)$、$P(x \geqslant 7)$、$P(x < 3)$。

16．假设每个人的血清中含有肝炎病毒的概率为 0.4%，混合 100 个人的血清，求此血清中含有肝炎病毒的概率。

17. 已知随机变量 $u \sim N(0,1)$，求 $P(u \leqslant -1.41)$、$P(u \geqslant 1.49)$、$P(|u| \geqslant 2.58)$、$P(-1.21 \leqslant u < 0.45)$，并作图表示。

18. 已知随机变量 $u \sim N(0,1)$，求下列各式的 u_α：① $P(u \leqslant -u_\alpha) + P(u \geqslant u_\alpha) = 0.1$；② $P(u \leqslant -u_\alpha) + P(u \geqslant u_\alpha) = 0.52$；③ $P(-u_\alpha < u < u_\alpha) = 0.42$；④ $P(-u_\alpha < u < u_\alpha) = 0.95$。

19. 设随机变量 $x \sim N(10, \sigma^2)$，$P(x \geqslant 12) = 0.1056$，求 x 在区间 $[6, 16]$ 内取值的概率。

20. 某品种玉米在某地区种植的平均产量为 $350kg/666.7m^2$，标准差为 $70kg/666.7m^2$，问产量超过 $400kg/666.7m^2$ 的占百分之几？

21. 设随机变量 $x \sim N(100, \sigma^2)$，$\bar{x}$、S 是样本平均数和标准差，求 $P\left(\dfrac{\bar{x}-100}{s/\sqrt{n}} > 0\right)$。

22. 临界 F 值 $F_{0.05(4, 20)} = 2.87$、$F_{0.01(4, 20)} = 4.43$ 的意义是什么？

第四章 假 设 检 验

科学试验的目的是根据所获得的样本资料对总体特征作出统计推断。所谓统计推断是指根据样本和假定模型对总体作出的以概率形式表述的推断。统计推断能排除试验误差影响，揭示事物的内在规律。统计推断包括假设检验（hypothesis testing）和参数估计（parameter estimation）两个内容。

假设检验是指根据样本统计数对样本所属总体参数提出的假设是否被否定所进行的检验。假设检验又叫显著性检验（significance testing），是统计学中十分重要的内容。假设检验方法很多，常用的有 u 检验、t 检验、F 检验和 χ^2 检验等。尽管这些检验方法的使用条件及用途不同，但检验的基本原理是相同的。本章结合实际例子阐明假设检验的基本原理，介绍 u 检验、t 检验方法，然后介绍总体参数置信区间的估计（confidence interval estimating）。

第一节　假设检验的基本原理

一、假设检验的意义

为了便于理解，结合实际例子来说明假设检验的意义。例如，有一个水稻品种，多年种植的平均千粒重 $\mu_0=25\text{g}$。某科研小组对该水稻品种进行穗选繁育，繁育后随机测定 12 个样点的千粒重，平均千粒重 $\bar{x}=26.5\text{g}$。能否根据 $\bar{x}-\mu_0=26.5-25=1.5$（g），就认为穗选繁育后千粒重总体平均数 μ 与多年种植的平均千粒重 μ_0 不相同？结论是，不一定。

因为根据 12 个样点的千粒重测定值计算的千粒重样本平均数 $\bar{x}$ 仅是穗选繁育后千粒重总体平均数 μ 的一个估计值。由于存在试验误差，任何一个样点的千粒重测定值 x_i，都可以表示为

$$x_i=\mu+\varepsilon_i \quad (i=1,\ 2,\ \cdots,\ 12) \tag{4-1}$$

其中，ε_i 为试验误差。

千粒重样本平均数 $\bar{x}$ 为

$$\bar{x}=\frac{1}{12}\sum_{i=1}^{12}x_i=\frac{1}{12}\sum_{i=1}^{12}(\mu+\varepsilon_i)=\mu+\sum_{i=1}^{12}\varepsilon_i=\mu+\bar{\varepsilon} \tag{4-2}$$

式（4-2）表明，千粒重样本平均数 $\bar{x}$ 包含穗选繁育后千粒重总体平均数 μ 与试验误差 $\bar{\varepsilon}$ 两部分。

于是，

$$\bar{x}-\mu_0=(\mu-\mu_0)+\bar{\varepsilon} \tag{4-3}$$

式（4-3）表明，$(\bar{x}-\mu_0)$ 是试验的表面差异，由两部分组成：一部分是试验的真实差异 $(\mu-\mu_0)$；另一部分是试验误差 $\bar{\varepsilon}$。虽然试验的真实差异 $(\mu-\mu_0)$ 未知，但试验的表面差异 $(\bar{x}-\mu_0)$ 是可以计算的，借助数理统计方法可以对试验误差作出估计。将试验的表面差异

$(\bar{x}-\mu_0)$ 与试验误差相比较间接推断试验的真实差异（$\mu-\mu_0$）是否存在，这就是假设检验的基本思想。假设检验的目的在于判明试验的表面差异 $(\bar{x}-\mu_0)$ 除包含试验误差 $\bar{\varepsilon}$ 外是否还包含试验的真实差异（$\mu-\mu_0$），从而对穗选繁育后千粒重总体平均数 μ 与多年种植的平均千粒重 μ_0 是否相同作出统计推断。

又如，某地进行了两个水稻品种对比试验，在相同条件下，两个水稻品种分别种植 8 个小区，获得两个水稻品种的平均产量为 $\bar{x}_1=510.0\text{kg}/666.7\text{m}^2$、$\bar{x}_2=502.5\text{kg}/666.7\text{m}^2$。能否根据 $\bar{x}_1-\bar{x}_2=7.5\text{kg}/666.7\text{m}^2$ 就判定这两个水稻品种产量总体平均数 μ_1、μ_2 不相同？结论仍然是，不一定。

因为从分别种植的 8 个小区获得的两个水稻品种平均产量 $\bar{x}_1$、$\bar{x}_2$，仅是两个品种产量总体平均数 μ_1、μ_2 的估计值。由于存在试验误差，样本平均数并不等于总体平均数，样本平均数包含总体平均数与试验误差两部分，即

$$\bar{x}_1=\mu_1+\bar{\varepsilon}_1,\quad \bar{x}_2=\mu_2+\bar{\varepsilon}_2 \tag{4-4}$$

于是，

$$\bar{x}_1-\bar{x}_2=(\mu_1-\mu_2)+(\bar{\varepsilon}_1-\bar{\varepsilon}_2) \tag{4-5}$$

其中，$\bar{x}_1-\bar{x}_2$ 为试验的表面差异；$\mu_1-\mu_2$ 为试验的真实差异；$\bar{\varepsilon}_1-\bar{\varepsilon}_2$ 为试验误差。

式（4-5）表明，试验的表面差异 $(\bar{x}_1-\bar{x}_2)$ 由两部分组成：一部分是试验的真实差异（$\mu_1-\mu_2$），另一部分是试验误差 $(\bar{\varepsilon}_1-\bar{\varepsilon}_2)$。虽然试验的真实差异（$\mu_1-\mu_2$）未知，但试验的表面差异 $(\bar{x}_1-\bar{x}_2)$ 是可以计算的，借助数理统计方法可以对试验误差作出估计。将试验的表面差异 $(\bar{x}_1-\bar{x}_2)$ 与试验误差相比较间接推断试验的真实差异（$\mu_1-\mu_2$）是否存在，即进行假设检验。假设检验的目的在于判明试验的表面差异 $(\bar{x}_1-\bar{x}_2)$ 除包含试验误差 $(\bar{\varepsilon}_1-\bar{\varepsilon}_2)$ 外是否还包含试验的真实差异（$\mu_1-\mu_2$），从而对两个水稻品种产量总体平均数 μ_1、μ_2 是否相同作出统计推断。

二、假设检验的步骤

下面结合一个实际例子介绍假设检验的基本步骤。

【例 4-1】　已知多年种植的某品种玉米单穗重 $x\sim N(300, 9.5^2)$，即单穗重总体平均数 $\mu_0=300\text{g}$，总体标准差 $\sigma_0=9.5\text{g}$。从种植过程中喷洒了某种药剂的植株中随机抽取 9 个果穗，测得平均单穗重 $\bar{x}=308\text{g}$。设喷洒了药剂的玉米单穗重 $x\sim N(\mu, \sigma^2)$，且假定 $\sigma^2=\sigma_0^2$，问喷洒了药剂的玉米单穗重总体平均数 μ 与多年种植的玉米单穗重总体平均数 μ_0 是否相同？

（一）提出假设

首先对样本所属总体参数作一个假设。假设喷洒了药剂的玉米单穗重总体平均数 μ 与多年种植的玉米单穗重总体平均数 μ_0 没有差异，即 $\mu-\mu_0=0$ 或 $\mu=\mu_0$，也就是假设试验的表面差异 $(\bar{x}-\mu_0)$ 只包含试验误差。这种假设称为无效假设或零假设（null hypothesis），记为 H_0：$\mu=\mu_0$。无效假设是待检验的假设，它有可能被否定，也有可能未被否定。因此，相应地还要有一个对应假设，称为备择假设（alternative hypothesis）。备择假设是在无效假设 H_0：$\mu=\mu_0$ 被否定时准备接受的假设，记为 H_A：$\mu-\mu_0\neq 0$ 或 $\mu\neq\mu_0$。对于本例，备择假设 H_A：$\mu-\mu_0\neq 0$ 或 $\mu\neq\mu_0$ 意味着喷洒了药剂的玉米单穗重总体平均数 μ 与多年种植的玉米单穗重总体平均数 μ_0 有差异。经过检验，若否定无效假设，就接受备择假设。

（二）计算概率

在假定无效假设成立的条件下，根据所检验的样本统计数的抽样分布，计算检验的表面差异$(\bar{x}-\mu_0)$只包含试验误差的概率。本例是在假定无效假设 H_0：$\mu=\mu_0$ 成立的条件下，研究在喷洒了药剂的玉米单穗重 $x \sim N(\mu, \sigma^2)$ 这一正态总体中抽样所获得的样本平均数 $\bar{x}$ 的抽样分布。第三章已述及，若 $x \sim N(\mu, \sigma^2)$，则样本平均数 $\bar{x} \sim N(\mu_{\bar{x}}, \sigma_{\bar{x}}^2)$，$\mu_{\bar{x}}=\mu$，$\sigma_{\bar{x}}=\dfrac{\sigma}{\sqrt{n}}$。将 $\bar{x}$ 标准化，得

$$u=\frac{\bar{x}-\mu_{\bar{x}}}{\sigma_{\bar{x}}}=\frac{\bar{x}-\mu}{\sigma_{\bar{x}}}=\frac{\bar{x}-\mu}{\dfrac{\sigma}{\sqrt{n}}} \qquad (4\text{-}6)$$

本例中，$\bar{x}=308\text{g}$，$\mu=\mu_0=300\text{g}$，$\sigma=\sigma_0=9.5\text{g}$，$n=9$，代入式（4-6），得

$$u=\frac{\bar{x}-\mu}{\dfrac{\sigma}{\sqrt{n}}}=\frac{308-300}{\dfrac{9.5}{\sqrt{9}}}=2.526$$

下面估计 $|u| \geqslant 2.526$ 的两尾概率，即估计 $P(|u| \geqslant 2.526)$ 是多少。第三章已述及，两尾概率为 0.05 的临界 u 值为 $u_{0.05}=1.96$，两尾概率为 0.01 的临界 u 值为 $u_{0.01}=2.58$，即

$$P(|u| \geqslant 1.96)=P(u \geqslant 1.96)+P(u \leqslant -1.96)=0.05$$
$$P(|u| \geqslant 2.58)=P(u \geqslant 2.58)+P(u \leqslant -2.58)=0.01$$

根据样本数据计算所得的 u 值为 2.526，介于两个临界 u 值之间，即 $u_{0.05}<2.526<u_{0.01}$。所以，$|u| \geqslant 2.526$ 的概率 p 介于 0.01 和 0.05 之间，即 $0.01<p<0.05$，说明假定试验的表面差异$(\bar{x}-\mu_0)$只包含试验误差的概率为 0.01～0.05。

（三）统计推断

根据小概率事件实际不可能性原理作出无效假设否定与否的推断，当试验的表面差异只包含试验误差的概率小于 0.05 时，可以认为在一次试验中试验的表面差异只包含试验误差实际上是不可能的，因而否定原先所作的无效假设 H_0：$\mu=\mu_0$，接受备择假设 H_A：$\mu \neq \mu_0$，即认为存在真实差异$(\mu-\mu_0)$。当试验的表面差异只包含试验误差的概率大于 0.05 时，没有足够把握否定无效假设 H_0：$\mu=\mu_0$，也就不能接受备择假设 H_A：$\mu \neq \mu_0$。

假设检验结果表明，试验的表面差异$(\bar{x}-\mu_0)$除包含试验误差外，还包含试验的真实差异$(\mu-\mu_0)$，即喷洒了药剂的玉米单穗重总体平均数 μ 与多年种植的玉米单穗重总体平均数 μ_0 有差异。

综上所述，假设检验从提出无效假设与备择假设到根据小概率事件实际不可能性原理作出无效假设否定与否的推断，这一过程实际上是应用所谓"概率性质的反证法"对样本所属总体参数所提出的无效假设的统计推断。

上述假设检验利用了 u 分布来估计出 $|u| \geqslant 2.526$ 的两尾概率，所以称为 u 检验。

三、显著水平与两种类型的错误

（一）显著水平

进行假设检验，无效假设否定与否的依据是小概率事件实际不可能性原理。用来推断无

效假设否定与否的概率标准称为显著水平（significance level），记为 α。在农学、生物学试验研究中常取 $\alpha=0.05$，称为5%显著水平；或 $\alpha=0.01$，称为1%显著水平或极显著水平。

对于【例 4-1】的 u 检验，若 $|u|<1.96$，说明试验的表面差异只包含试验误差的概率 $p>0.05$，即试验的表面差异只包含试验误差不是小概率事件，不能否定 H_0：$\mu=\mu_0$。统计学把这一假设检验结果表述为样本所属总体平均数 μ 与原总体平均数 μ_0 差异不显著（non-significant），意味着可以认为 μ 与 μ_0 相同。若 $1.96 \leqslant |u|<2.58$，说明试验的表面差异只包含试验误差的概率 p 为 0.01~0.05，即 $0.01<p \leqslant 0.05$，试验的表面差异只包含试验误差的可能性小，应否定 H_0：$\mu=\mu_0$，接受 H_A：$\mu \neq \mu_0$。统计学把这一假设检验结果表述为样本所属总体平均数 μ 与原总体平均数 μ_0 差异显著（significant），意味着总体平均数 μ 与 μ_0 不相同，推断的可靠程度不低于 95%。若 $|u| \geqslant 2.58$，说明试验的表面差异只包含试验误差的概率 p 不超过 0.01，即 $p \leqslant 0.01$，试验的表面差异只包含试验误差的可能性更小，应否定 H_0：$\mu=\mu_0$，接受 H_A：$\mu \neq \mu_0$。统计学把这一假设检验结果表述为样本所属总体平均数 μ 与原总体平均数 μ_0 差异极显著（very significant），意味着总体平均数 μ 与 μ_0 不相同，推断的可靠程度不低于 99%。

上述对【例 4-1】所进行的 u 检验，是否否定无效假设 H_0：$\mu=\mu_0$，需将实际计算出的统计数 u 的绝对值 $|u|$ 与显著水平为 α 的临界 u 值 u_α 比较：若 $|u| \geqslant u_\alpha$，则在 α 水平上否定 H_0：$\mu=\mu_0$；若 $|u|<u_\alpha$，则不能在 α 水平上否定 H_0：$\mu=\mu_0$。区间 $(-\infty, -u_\alpha]$ 和 $[u_\alpha, +\infty)$ 称为 α 水平上无效假设 H_0：$\mu=\mu_0$ 的否定域（rejection region），区间 $(-u_\alpha, u_\alpha)$ 称为 α 水平上无效假设 H_0：$\mu=\mu_0$ 的接受域（acceptance region）。

假设检验选用的显著水平，除常用的 $\alpha=0.05$ 和 $\alpha=0.01$ 外，也可选 $\alpha=0.10$ 或 $\alpha=0.001$ 等。选用哪种显著水平，应根据试验的要求或试验结论的重要性而定。如果试验中难以控制的因素较多，试验误差较大，则显著水平可选低些，即 α 值取大些。反之，如试验耗费较大，对精确度的要求较高，不容许反复，或者试验结论的应用事关重大，则所选显著水平应高些，即 α 值应该小些。显著水平 α 对假设检验的结论有直接影响，通常在拟定试验计划时就确定下来。

（二）两类错误

因为进行假设检验，无效假设否定与否的依据是"小概率事件实际不可能性原理"，但小概率事件不是不可能事件，所以所得出的结论不可能有百分之百的把握。假设检验可能出现两种类型的错误：Ⅰ型错误（type Ⅰ error）与Ⅱ型错误（type Ⅱ error）。Ⅰ型错误又称为 α 错误，就是把非真实差异错判为真实差异，即实际上 H_0 正确，检验结果为否定 H_0。犯Ⅰ型错误的可能性不超过所选用的显著水平 α。Ⅱ型错误又称为 β 错误，就是把真实差异错判为非真实差异，即实际上 H_A 正确，检验结果却未能否定 H_0。犯Ⅱ型错误的可能性记为 β，通常是随着 $|\mu-\mu_0|$ 减小或试验误差的增大而增大，$|\mu-\mu_0|$ 越小或试验误差越大，就越容易将试验的真实差异错判为非真实的差异。因此，如果经 u 检验得出"差异显著"或"差异极显著"的结论，至少有95%或99%的把握认为 μ 与 μ_0 不相同，判断错误的可能性不超过5%或1%；若经 u 检验得出"差异不显著"的结论，只能认为在本次试验条件下，μ 与 μ_0 没有差异的假设 H_0：$\mu=\mu_0$ 未被否定，这有两种可能存在：或者是 μ 与 μ_0 确实没有差异，或者是 μ 与 μ_0 有差异但因为试验误差大被掩盖了。因而，不能仅凭统计推断就简单地作出绝对

肯定或绝对否定的结论。"有很大的可靠性,但有一定的错误率",这是统计推断的基本特点。假设检验的两类错误归纳如表 4-1 所示。

表 4-1 假设检验的两类错误

客观实际	检验结果	
	否定 H_0	未否定 H_0
H_0 成立	Ⅰ型错误(α)	推断正确($1-\alpha$)
H_0 不成立	推断正确($1-\beta$)	Ⅱ型错误(β)

为了降低犯两类错误的概率,一般从选取适当的显著水平 α 和增加试验重复数 n 来考虑。因为选取数值小的显著水平 α 可以降低犯Ⅰ型错误的概率,但与此同时增大了犯Ⅱ型错误的概率,所以显著水平 α 的选用要同时考虑犯两类错误的概率的大小。对于农学、生物学研究,试验条件不容易控制,试验误差较大,为了降低犯Ⅱ型错误的概率,也有选取显著水平 α 为 0.10 或 0.20 的(注意,在选用这些显著水平时,一定要予以注明)。通常采用适当增加处理重复数的方式降低试验误差,提高试验的精确性,降低犯Ⅱ型错误的概率。

四、两尾检验与一尾检验

【例 4-1】所进行的 u 检验,对应于无效假设 H_0: $\mu=\mu_0$ 的备择假设为 H_A: $\mu\neq\mu_0$。H_A 包含 $\mu<\mu_0$ 或 $\mu>\mu_0$ 两种情况。此时,在 α 水平上无效假设 H_0: $\mu=\mu_0$ 的否定域为 $(-\infty,-u_\alpha]$ 和 $[u_\alpha,+\infty)$,对称地分布在 u 轴的左右两侧尾部,u 值在每侧尾部的概率为 $\alpha/2$(图 4-1)。利用两尾概率进行的假设检验叫两尾检验(two-tailed test),u_α 为 α 水平两尾检验的临界 u 值。两尾检验的目的在于判断 μ 与 μ_0 有无差异,而不考虑 μ 与 μ_0 谁大谁小。

两尾检验在实际研究工作中应用广泛,但是在有些情况下两尾检验不一定符合实际情况。例如,目前我国大豆育种工作者认为,大豆籽粒蛋白质含量超过 45%(μ_0)的品种为高蛋白品种。

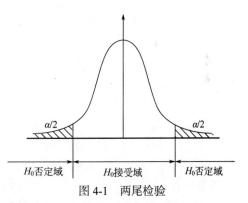

图 4-1 两尾检验

如果抽样检测某品种大豆的蛋白质含量,虽然样本平均数 $\bar{x}$ 大于 45%,但此时所关心的是样本所属总体平均数 μ 是否大于 μ_0,即该大豆品种是否属于高蛋白品种。此时的无效假设仍为 H_0: $\mu=\mu_0$,但备择假设则为 H_A: $\mu>\mu_0$。这时否定域为 $[u_\alpha,+\infty)$,位于 u 轴的右侧尾部。例如,当 $\alpha=0.05$ 时,否定域为 $[1.64,+\infty)$(图 4-2A)。又如,国家规定稻米中某种农药成分的残留物含量应低于 0.1%(μ_0)。在某地所产稻米农药成分残留物含量抽检中,虽然样本平均数 $\bar{x}$ 小于 0.1%,但此时所关心的是样本所属总体平均数 μ 是否小于 μ_0,即该地所产稻米是否属于合格产品。此时的无效假设仍为 H_0: $\mu=\mu_0$,但备择假设则为 H_A: $\mu<\mu_0$。这时否定域为 $(-\infty,-u_\alpha]$,位于 u 轴的左侧尾部。例如,当 $\alpha=0.05$ 时,否定域为(图 4-2B)。

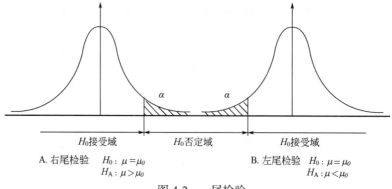

H_0接受域　　　　　　H_0否定域　　　　　　H_0接受域

A. 右尾检验　　$H_0：\mu=\mu_0$　　　　　B. 左尾检验　　$H_0：\mu=\mu_0$
　　　　　　　$H_A：\mu>\mu_0$　　　　　　　　　　　$H_A：\mu<\mu_0$

图 4-2　一尾检验

利用一尾概率进行的假设检验叫一尾检验（one-tailed test）。此时 u_α 为一尾 u 检验的临界 u 值。显然，一尾 u 检验的 u_α＝两尾 u 检验的 $u_{2\alpha}$。例如，一尾 u 检验的 $u_{0.05}$＝两尾 u 检验的 $u_{0.10}=1.64$，一尾 u 检验的 $u_{0.01}$＝两尾 u 检验的 $u_{0.02}=2.33$。注意，两尾 u 检验的 $u_{0.05}=1.96$；两尾 u 检验的 $u_{0.01}=2.58$。

在实际应用中，选用两尾检验或一尾检验应根据研究对象的具体情况和试验目的在试验设计时就确定。若事先不知道 μ 与 μ_0 谁大谁小，检验目的在于判断 μ 与 μ_0 有无差异，则选用两尾检验；若凭借一定的专业知识或经验推测 μ 应小于（或大于）μ_0，检验目的在于判断 μ 小于（或大于）μ_0，则选用一尾检验。

五、假设检验的注意事项

上面结合实例详细介绍了假设检验的基本原理与步骤。正确进行假设检验还应注意以下事项。

（1）要有合理的试验设计和准确的试验操作，避免系统误差、降低试验误差，提高试验的准确性和精确性。如果试验存在较大的试验误差与系统误差，有许多遗漏、缺失甚至错误，再好的统计方法也无济于事。因此，收集到正确、完整而又足够的资料是通过假设检验获得可靠结论的基本前提。

（2）选用的假设检验方法要符合其应用条件。由于资料类型、试验设计方法、样本容量等的不同，所选用的假设检验方法也不同，因而在选用检验方法时，应认真考虑其应用条件和适用范围。

（3）选用合理的统计假设。进行假设检验时，无效假设和备择假设的选用，决定了采用两尾检验还是一尾检验。

（4）正确理解假设检验结果的统计意义。假设检验以样本统计数作为检验对象，通过检验对总体参数作出统计推断。假设检验结果的"差异不显著""差异显著"或"差异极显著"都是对总体参数作出的推断，所有假设检验的结果都是对总体参数而言。

"差异不显著"是指试验的表面差异只包含试验误差的可能性大于显著水平 0.05，不能理解为没有差异。此时存在两种可能：一是无真实差异；二是有真实差异，但被试验误差所掩盖，表现不出差异的显著性。如果减小试验误差或增大样本容量，则可能表现出差异显著性。

"差异显著"或"差异极显著"不应该误解为相差很大或非常大，也不能认为在实际应用上一定就有重要或很重要的价值。"差异显著"或"差异极显著"是指试验的表面差异只包含试验误差的可能性小于 0.05 或 0.01，已达到了可以认为存在试验的真实差异的水平。有些试验结果虽然试验的表面差异大，但由于试验误差大，也许不能推断为"差异显著"；有些试验结果虽然试验的表面差异小，但由于试验误差小，反而可能推断为"差异显著"。

显著水平的高低表示统计推断可靠程度的高低，即在 0.05 水平下否定无效假设的可靠程度不低于95%，犯 Ⅰ 型错误的概率不超过 5%；在 0.01 水平下否定无效假设的可靠程度不低于99%，犯 Ⅰ 型错误的概率不超过 1%。

特别要强调的是，假设检验只能判断无效假设能否被否定，不能证明无效假设的正确性。

（5）统计分析结论的应用，还要与经济效益等结合起来综合考虑。例如，某种作物增施氮肥能使产量显著提高，能否在生产上推广应用，还应考虑产量提高带来的收益是否高于增施氮肥所增加的成本。

第二节　单个样本平均数的假设检验

单个样本平均数假设检验的目的在于检验样本所属总体平均数 μ 与已知总体平均数 μ_0 是否有差异，即检验该样本是否来自总体平均数为 μ_0 的总体。已知的总体平均数 μ_0 一般为公认的理论数值、经验数值或期望数值。

这类问题的无效假设 H_0: $\mu = \mu_0$，备择假设 H_0: $\mu \neq \mu_0$（两尾检验）或无效假设 H_0: $\mu = \mu_0$，备择假设 H_A: $\mu > \mu_0$ 或 H_A: $\mu < \mu_0$（一尾检验）。

若总体 σ^2 未知，试验样本为小样本，则采用 t 检验。t 检验就是在假设检验时利用 t 分布进行概率计算的检验方法。

【例 4-2】 已知某晚稻良种的千粒重总体平均数 $\mu_0 = 27.5$g。现育成一高产品种 '协优辐 819'，在 9 个小区种植，收获后各小区随机测定一个千粒重，所得观测值为 32.5，28.6，28.4，34.7，29.1，27.2，29.8，33.3，29.7（g）。检验新育成品种的千粒重与某晚稻良种的千粒重是否相同。

设新育成品种千粒重的总体平均数为 μ，因为检验 μ 与 μ_0 有无差异，且总体方差 σ_0^2 未知，又是小样本资料，故采用两尾 t 检验。

1. 提出假设 H_0: $\mu = \mu_0 = 27.5$g；H_A: $\mu \neq \mu_0 = 27.5$g

2. 计算 t 值 t 值计算公式为

R 脚本　SAS 程序

$$t = \frac{\bar{x} - \mu_0}{s_{\bar{x}}}, \quad df = n - 1 \tag{4-7}$$

先计算样本平均数 $\bar{x}$、样本标准差 s、样本均数标准误 $s_{\bar{x}}$ 如下：

$$\bar{x} = \frac{\sum x}{n} = \frac{32.5 + 28.6 + \cdots + 29.7}{9} = \frac{273.3}{9} = 30.3667 (\text{g})$$

$$s = \sqrt{\frac{\sum x^2 - \frac{1}{n}\left(\sum x\right)^2}{n-1}} = \sqrt{\frac{(32.5^2 + 28.6^2 + \cdots + 29.7^2) - \frac{273.3^2}{9}}{9-1}} = \sqrt{\frac{51.32}{8}} = 2.5328 (\text{g})$$

$$s_{\bar{x}}=\frac{s}{\sqrt{n}}=\frac{2.5382}{\sqrt{9}}=0.8443(\text{g})$$

所以

$$t=\frac{\bar{x}-\mu_0}{s_{\bar{x}}}=\frac{30.3667-27.5}{0.8443}=3.395$$

3. 统计推断　　根据 $df=n-1=9-1=8$ 查附表 3，得临界 t 值 $t_{0.01(8)}=3.355$，因为 $t>t_{0.01(8)}$，$p<0.01$，所以应否定 H_0：$\mu=\mu_0=27.5\text{g}$，接受 H_A：$\mu \neq \mu_0=27.5\text{g}$，表明新育成品种的平均千粒重与某晚稻良种的平均千粒重差异极显著。

第三节　两个样本平均数的假设检验

两个样本平均数假设检验的目的在于检验两个样本所属两个总体平均数是否相同。对于两个样本平均数的假设检验，因试验设计不同，分为非配对设计两个样本平均数的假设检验和配对设计两个样本平均数的假设检验两种。

一、非配对设计两个样本平均数的假设检验

非配对设计（non-paired design）是将试验单位完全随机地分为两组，然后再随机地对两组分别实施两个不同处理的试验设计。两组试验单位相互独立，所得观测值相互独立；两个处理的样本容量可以相等，也可以不相等，所得数据称为非配对数据，也称为成组数据。这种设计适用于试验单位初始条件比较一致的情况。

（一）两个样本的总体方差 σ_1^2 和 σ_2^2 未知，但 $\sigma_1^2=\sigma_2^2$，且为小样本，采用 t 检验

在介绍 t 检验之前先介绍两个总体方差 σ_1^2 与 σ_2^2 是否相同的假设检验——两尾 F 检验。此时无效假设与备择假设为 H_0：$\sigma_1^2=\sigma_2^2$，H_A：$\sigma_1^2 \neq \sigma_2^2$。检验对象为两个样本均方 s_1^2 与 s_2^2。F 值计算公式为

$$F=\frac{s_1^2}{s_2^2}, \quad df_1=n_1-1, \quad df_2=n_2-1 \tag{4-8}$$

注意，分子为数值大的均方，分母为数值小的均方。将计算所得的 F 值与根据 df_1（数值大的均方的自由度，即分子均方的自由度）、df_2（数值小的均方的自由度，即分母均方的自由度）查附表 5 得到的两尾临界 F 值 $F_{0.05(df_1, df_2)}$ 比较，若计算所得的 $F < F_{0.05(df_1, df_2)}$，$p>0.05$，不能否定 H_0：$\sigma_1^2=\sigma_2^2$，可以认为 σ_1^2 与 σ_2^2 相同；若计算所得的 $F \geqslant F_{0.05(df_1, df_2)}$，$p \leqslant 0.05$，否定 H_0：$\sigma_1^2=\sigma_2^2$，表明 σ_1^2 与 σ_2^2 不相同。

【例 4-3】　测得两个马铃薯品种'鲁引 1 号'和'大西洋'的块茎干物质含量结果（表 4-2），检验两个品种马铃薯的块茎干物质含量是否相同。

表 4-2　两个品种马铃薯块茎干物质含量

品种	块茎干物质含量/%					
鲁引 1 号	18.68	20.67	18.42	18.00	17.44	15.95
大西洋	23.22	21.42	19.00	18.92	18.68	

先检验两个总体方差 σ_1^2 与 σ_2^2 是否相同。经计算得 $s_1^2=2.412$、$s_2^2=3.997$，F 为

$$F=\frac{s_2^2}{s_1^2}=\frac{3.997}{2.412}=1.657$$

根据 $df_1=5-1=4$（df_1 为数值大的均方的自由度，即分子均方的自由度）、$df_2=6-1=5$（df_2 为数值小的均方的自由度，即分母均方的自由度）查附表 5，得两尾临界 F 值 $F_{0.05(4,5)}=7.39$。因为计算所得的 $F<F_{0.05(4,5)}$，故 $p>0.05$，不能否定 H_0：$\sigma_1^2=\sigma_2^2$，可以认为两个总体方差 σ_1^2 与 σ_2^2 相同。

本例两个总体的方差 σ_1^2 和 σ_2^2 未知，但满足 $\sigma_1^2=\sigma_2^2$ 的要求，且为小样本（$n_1=6$、$n_2=5$）。设两个马铃薯品种的块茎干物质含量总体平均数为 μ_1、μ_2，因为要检验 μ_1 与 μ_2 有无差异，所以应采用两尾 t 检验。

1．提出假设　H_0：$\mu_1=\mu_2$；H_A：$\mu_1\neq\mu_2$

2．计算 t 值　t 值计算公式为

$$t=\frac{\bar{x}_1-\bar{x}_2}{s_{\bar{x}_1-\bar{x}_2}}，\quad df=n_1+n_2-2 \tag{4-9}$$

其中，n_1、n_2 为两样本容量，$\bar{x}_1$、$\bar{x}_2$ 为两样本平均数；$s_{\bar{x}_1-\bar{x}_2}$ 为样本均数差数标准误，计算公式为

$$s_{\bar{x}_1-\bar{x}_2}=\sqrt{s_e^2\left(\frac{1}{n_1}+\frac{1}{n_2}\right)} \tag{4-10}$$

式（4-10）中 s_e^2 称为合并方差（pooled variance），其计算公式为

$$s_e^2=\frac{df_1s_1^2+df_2s_2^2}{df_1+df_2} \tag{4-11}$$

当 $n_1=n_2=n$ 时，

$$s_{\bar{x}_1-\bar{x}_2}=\sqrt{\frac{2s_e^2}{n}} \tag{4-12}$$

此例，已计算得 $s_1^2=2.412$，$s_2^2=3.997$，$df_1=5$，$df_2=4$，则

$$s_e^2=\frac{df_1s_1^2+df_2s_2^2}{df_1+df_2}=\frac{5\times2.412+4\times3.997}{5+4}=3.116$$

进而计算得

$$s_{\bar{x}_1-\bar{x}_2}=\sqrt{s_e^2\left(\frac{1}{n_1}+\frac{1}{n_2}\right)}=\sqrt{3.116\times\left(\frac{1}{6}+\frac{1}{5}\right)}=1.069$$

由于 $\bar{x}_1=18.193$，$\bar{x}_2=20.248$，于是，

$$t=\frac{\bar{x}_1-\bar{x}_2}{s_{\bar{x}_1-\bar{x}_2}}=\frac{18.193-20.248}{1.069}=-1.922$$

3．统计推断　根据 $df=n_1+n_2-2=6+5-2=9$ 查附表 3，得临界 t 值 $t_{0.05(9)}=2.262$。因为 $|t|=1.922<t_{0.05(9)}$，所以 $p>0.05$，不能否定 H_0：$\mu_1=\mu_2$，表明两个品种马铃薯的块茎平均干物质含量差异不显著，可以认为两个品种马铃薯的块茎干物质含量相同。

（二）两个样本的总体方差 σ_1^2 和 σ_2^2 未知，但 $\sigma_1^2 \neq \sigma_2^2$，且为小样本，采用近似 t 检验。

【例 4-4】 测定糯玉米品种'江南花糯'的出籽率（%）8 次（ $n_1=8$ ），得 $\overline{x}_1=83.06$，$s_1^2=323.74$；测定糯玉米品种'扬农 01'的出籽率（%）6 次（ $n_2=6$ ），得 $\overline{x}_2=62.88$，$s_2^2=46.67$。检验这两个糯玉米品种的出籽率是否相同。

先检验两个总体方差 σ_1^2 与 σ_2^2 是否相同。已计算得 $s_1^2=323.74$，$s_2^2=46.67$，F 值为

$$F=\frac{s_1^2}{s_2^2}=\frac{323.74}{46.67}=6.937$$

根据 $df_1=7$、$df_2=5$，查附表 5，得两尾临界 F 值 $F_{0.05(7, 5)}=6.85$。因为计算所得的 $F>F_{0.05(7, 5)}$，所以 $p<0.05$，表明两个总体方差 σ_1^2 与 σ_2^2 差异显著，即 $\sigma_1^2 \neq \sigma_2^2$。

本例两个总体的方差 σ_1^2 和 σ_2^2 未知，不满足 $\sigma_1^2=\sigma_2^2$ 的要求，且为小样本（ $n_1=8$、$n_2=6$ ）。设两个糯玉米品种的出籽率总体平均数为 μ_1、μ_2，因为要检验 μ_1 与 μ_2 有无差异，所以应采用两尾近似 t 检验。

1. 提出假设　　H_0：$\mu_1=\mu_2$；H_A：$\mu_1 \neq \mu_2$

2. 计算 t' 值　　t' 值计算公式如下：

$$t'=\frac{\overline{x}_1-\overline{x}_2}{s_{\overline{x}_1-\overline{x}_2}} \tag{4-13}$$

其中，t' 的自由度为有效自由度（effective degree of freedom），记为 df'，其计算公式为

$$df'=\frac{\left(\dfrac{s_1^2}{n_1}+\dfrac{s_2^2}{n_2}\right)^2}{\dfrac{\left(\dfrac{s_1^2}{n_1}\right)^2}{n_1-1}+\dfrac{\left(\dfrac{s_2^2}{n_2}\right)^2}{n_2-1}} \tag{4-14}$$

式（4-14）称为 Welch-Satterthwaite 方程。

样本均数差数标准误 $s_{\overline{x}_1-\overline{x}_2}$ 的计算公式为

$$s_{\overline{x}_1-\overline{x}_2}=\sqrt{\frac{s_1^2}{n_1}+\frac{s_2^2}{n_2}} \tag{4-15}$$

t' 近似服从 t 分布，所以这里的 t 检验为近似 t 检验。

本例，由于

$$s_{\overline{x}_1-\overline{x}_2}=\sqrt{\frac{s_1^2}{n_1}+\frac{s_2^2}{n_2}}=\sqrt{\frac{323.74}{8}+\frac{46.67}{6}}=6.946$$

于是，

$$t'=\frac{\overline{x}_1-\overline{x}_2}{s_{\overline{x}_1-\overline{x}_2}}=\frac{83.06-62.88}{6.946}=2.905$$

3. 统计推断　　由式（4-14）得

$$df'=\frac{\left(\dfrac{323.74}{8}+\dfrac{46.67}{6}\right)^2}{\dfrac{\left(\dfrac{323.74}{8}\right)^2}{8-1}+\dfrac{\left(\dfrac{46.67}{6}\right)^2}{6-1}}=9.46\approx9$$

根据 $df'=9$ 查附表 3，得临界 t 值 $t_{0.05(9)}=2.262$、$t_{0.01(9)}=3.250$。因为 $t_{0.05(9)}<t'<t_{0.01(9)}$，所以 $0.01<p<0.05$，应否定 H_0：$\mu_1=\mu_2$，接受 H_A：$\mu_1\neq\mu_2$，表明两个糯玉米品种的平均出籽率差异显著。

注意，两个样本平均数的假设检验的无效假设 H_0 与备择假设 H_A，一般如前所述，但也有例外。例如，通过收益与成本的综合经济分析，施用高质量的肥料比施用普通肥料提高的成本需用产量提高 d 个单位获得的收益来相抵。在检验施用高质量的肥料比施用普通肥料收益上是否有差异时，无效假设应为 H_0：$\mu_1-\mu_2=d$，备择假设为 H_A：$\mu_1-\mu_2\neq d$（两尾检验）；在检验施用高质量肥料的收益是否高于施用普通肥料时，无效假设应为 H_0：$\mu_1-\mu_2=d$，备择假设为 H_A：$\mu_1-\mu_2>d$（一尾检验）。此时，t 检验计算公式为

$$t=\frac{(\overline{x_1}-\overline{x_2})-d}{s_{\overline{x_1}-\overline{x_2}}}$$

二、配对设计两个样本平均数的假设检验

如果试验单位差异较大，采用非配对设计将影响试验的准确性与精确性。为了消除试验单位不一致对试验结果的影响，可以利用局部控制的原则，采用配对设计。

配对设计（paired design）是先根据配对的要求将试验单位两两配对，然后将配成对子的两个试验单位随机实施某一处理的试验设计。配对的要求是，配成对子的两个试验单位的初始条件尽量一致，不同对子间试验单位的初始条件允许有差异，每一个对子就是试验处理的一次重复。例如，在相邻两个小区、相邻两个盆钵实施两种不同处理；在同一植株（或器官）的对称部位上实施两种不同处理；在同一供试单位上进行处理前和处理后的对比等，都是配对设计，所得观测值称为成对数据。

【例 4-5】　选取生长期、发育进度和植株大小等都比较一致的相邻两块地（每块地面积为 666.7m² ）的红心地瓜苗配成一对，共有 6 对。每对中一块地按标准化栽培，另一块地进行绿色有机栽培，用以研究不同栽培措施对产量的影响，每块地的地瓜产量如表 4-3 所示。检验两种栽培方式的地瓜平均产量是否相同。

R 脚本　SAS 程序

表 4-3　两种栽培方法的地瓜产量　　　　　（单位：kg/666.7m²）

处理	对子					
	1	2	3	4	5	6
绿色有机栽培 x_{1j}	2722.2	2866.7	2675.9	3469.2	3653.9	3815.1
标准化栽培 x_{2j}	951.4	1417.0	1275.3	2228.5	2462.6	2715.4
$d_j=x_{1j}-x_{2j}$	1770.8	1449.7	1400.6	1240.7	1191.3	1099.7

本例为配对设计。为了消除对子间差异对试验结果的影响，先计算对子内两处理的差数 $d_j = x_{1j} - x_{2j}$（$j = 1, 2, \cdots, n$）。差数所属总体平均数为 μ_d，如果两个处理间没有差异，则 $\mu_d = 0$。此例，应用两尾 t 检验。

1. 提出假设　　$H_0: \mu_d = 0$；$H_A: \mu_d \neq 0$

2. 计算 t 值　　t 值计算公式为

$$t = \frac{\bar{d}}{s_{\bar{d}}}, \quad df = n - 1 \tag{4-16}$$

其中，$\bar{d} = \dfrac{\sum\limits_{j=1}^{n} d_j}{n}$；$s_{\bar{d}}$ 为差数的平均数标准误；n 为配对的对子数，即试验的重复数。$s_{\bar{d}}$ 的计算公式为

$$s_{\bar{d}} = \frac{s_d}{\sqrt{n}} = \sqrt{\frac{\sum (d - \bar{d})^2}{n(n-1)}} = \sqrt{\frac{\sum d^2 - \dfrac{1}{n}\left(\sum d\right)^2}{n(n-1)}} \tag{4-17}$$

本例，
$$\bar{d} = \frac{1}{6} \times (1770.8 + 1449.7 + \cdots + 1099.7) = 1358.8$$

$$s_{\bar{d}} = \frac{s_d}{\sqrt{n}} = \frac{240.371}{\sqrt{6}} = 98.131$$

于是，
$$t = \frac{\bar{d}}{s_{\bar{d}}} = \frac{1358.8}{98.131} = 13.847$$

3. 统计推断　　根据 $df = 6 - 1 = 5$ 查附表 3，得临界 t 值 $t_{0.01(5)} = 4.032$，因为 $t = 13.847 > t_{0.05(5)}$，$p < 0.01$，否定 $H_0: \mu_d = 0$，接受 $H_A: \mu_d \neq 0$，表明两种栽培方式的地瓜平均产量差异极显著。

第四节　百分率资料的假设检验

由具有两个属性类别的质量性状利用统计次数法得来的次数资料进而计算得来的百分率资料，如结实率、发芽率、病株率、杂株率等都服从二项分布。这类百分率资料的假设检验应按二项分布进行。但是，当样本容量 n 足够大、p 不太偏离 0.5、np 和 nq 均大于 5 时，二项分布接近于正态分布，此时可近似地采用 u 检验（称为正态近似法）对服从二项分布的百分率资料进行假设检验。适用于正态近似法所需要的服从二项分布百分率资料的样本容量 n 见表 4-4。

表 4-4　适用于正态近似法所需要的服从二项分布百分率资料的样本容量 n

$\hat{p}$（样本百分率）	$n\hat{p}$（较小组的次数）	n（样本容量）
0.5	15	30
0.4	20	50
0.3	24	80
0.2	40	200
0.1	60	600
0.05	70	1400

与样本平均数的假设检验类似，样本百分率的假设检验分为单个样本百分率的假设检验和两个样本百分率的假设检验。

一、单个样本百分率的假设检验

单个样本百分率假设检验的目的在于检验一个服从二项分布的样本百分率 $\hat{p}$ 所属二项总体百分率 p 是否与已知二项总体百分率 p_0 相同，或者说，检验该样本百分率 $\hat{p}$ 是否来自总体百分率为 p_0 的二项总体。当满足 np 和 nq 均大于 5 的条件时，可采用正态近似法进行检验；若 np 和 nq 均大于 30，不必对 u 进行连续性矫正。

【例 4-6】 糯玉米和非糯玉米杂交，F_1 糯性花粉粒百分率预期为 $p_0=0.50$。现检视 150 粒花粉，发现糯性花粉 68 粒，则糯性花粉粒百分率 $\hat{p}=0.453$。问样本百分率 $\hat{p}=0.453$ 所属总体百分率 p 与理论百分率 $p_0=0.50$ 是否相同？

由题意可知，糯性花粉粒百分率服从二项分布。假定 $p=p_0=0.50$ 成立，从而，$q=q_0=1-p_0=0.50$，计算得 $np=75$ 和 $nq=75$，均大于 5，可采用正态近似法来进行检验；要回答的问题是糯性花粉粒样本百分率 $\hat{p}=0.453$ 所属总体百分率 p 与理论百分率 $p_0=0.50$ 是否相同，故采用两尾 u 检验；由于 np 和 nq 均大于 30，不必对 u 进行连续性矫正。

1. 提出假设　　H_0: $p=p_0=0.50$; H_A: $p \neq p_0=0.50$

R 脚本　　SAS 程序

2. 计算 u 值　　u 值的计算公式为

$$u=\frac{\hat{p}-p_0}{\sigma_{\hat{p}}} \tag{4-18}$$

其中，$\hat{p}$ 为样本百分率；$p_0=0.50$ 为已知总体百分率；$\sigma_{\hat{p}}$ 为样本百分率标准误，其计算公式为

$$\sigma_{\hat{p}}=\sqrt{\frac{p_0 q_0}{n}}=\sqrt{\frac{p_0(1-p_0)}{n}} \tag{4-19}$$

其中，n 为样本容量。

本例，

$$\hat{p}=\frac{68}{150}=0.453$$

$$\sigma_{\hat{p}}=\sqrt{\frac{p_0(1-p_0)}{n}}=\sqrt{\frac{0.50 \times (1-0.50)}{150}}=0.041$$

于是，

$$u=\frac{\hat{p}-p_0}{\sigma_{\hat{p}}}=\frac{0.453-0.50}{0.041}=-1.146$$

3. 统计推断　　因为 $|u|<1.96$，$p>0.05$，所以不能否定 H_0: $p=p_0=0.50$，表明糯性花粉粒样本百分率所在的总体百分率 p 与理论百分率 $p_0=0.50$ 差异不显著，可以认为糯性花粉粒样本百分率所属总体百分率 p 与理论百分率 $p_0=0.50$ 相同。

二、两个样本百分率的假设检验

两个样本百分率假设检验的目的在于检验两个样本百分率 $\hat{p}_1$、$\hat{p}_2$ 所属两个总体百分率 p_1、p_2 是否相同。当两样本的 np、nq 均大于 5 时，可以采用正态近似法来进行检验；若两样

本的 np 和 nq 均大于 30，不必对 u 进行连续性矫正。

【例4-7】 调查春大豆品种 A 的 120 个豆荚，瘪荚 38 荚；调查春大豆品种 B 的 135 个豆荚，瘪荚 72 荚。检验这两个大豆品种的瘪荚率是否相同。

由题意可知，大豆瘪荚率是服从二项分布的百分率资料，$n_1=120$，$f_1=38$，瘪荚率估计值 $\hat{p}_1=\dfrac{f_1}{n_1}=31.7\%=0.317$，$n_2=135$，$f_2=72$，瘪荚率估计值 $\hat{p}_2=\dfrac{f_2}{n_2}=53.3\%=0.533$。设春大豆品种 A 的瘪荚率为 p_1，春大豆品种 B 的瘪荚率为 p_2。如果 $p_1=p_2=p$，p 的最好估计为 $\hat{p}_1$ 和 $\hat{p}_2$ 的加权平均数，即合并样本百分率 $\bar{p}$，计算公式为

$$\bar{p}=\frac{n_1\hat{p}_1+n_2\hat{p}_2}{n_1+n_2}=\frac{f_1+f_2}{n_1+n_2} \tag{4-20}$$

本例，

$$\bar{p}=\frac{f_1+f_2}{n_1+n_2}=\frac{38+72}{120+135}=0.431$$

R 脚本

SAS 程序

进而计算 $\bar{q}=1-\bar{p}$ 以及 $n_1\bar{p}$、$n_1\bar{q}$、$n_2\bar{p}$、$n_2\bar{q}$ 如下：

$$\bar{q}=1-\bar{p}=1-0.431=0.569$$

$$n_1\bar{p}=120\times0.431=51.720\,，\quad n_1\bar{q}=120\times0.569=68.280$$

$$n_2\bar{p}=135\times0.431=58.185\,，\quad n_2\bar{q}=135\times0.569=76.815$$

$n_1\bar{p}$、$n_1\bar{q}$、$n_2\bar{p}$、$n_2\bar{q}$ 均大于 5，可以采用正态近似法来进行检验；要回答的问题是春大豆品种 A 的瘪荚率 p_1 与春大豆品种 B 的瘪荚率 p_2 是否相同，故采用两尾 u 检验；由于 $n_1\bar{p}$、$n_1\bar{q}$、$n_2\bar{p}$、$n_2\bar{q}$ 均大于 30，不必对 u 进行连续性矫正。

1. 提出假设 H_0：$p_1=p_2$；H_A：$p_1\neq p_2$

2. 计算 u 值 u 值的计算公式为

$$u=\frac{\hat{p}_1-\hat{p}_2}{s_{\hat{p}_1-\hat{p}_2}} \tag{4-21}$$

其中，$\hat{p}_1=\dfrac{f_1}{n_1}$、$\hat{p}_2=\dfrac{f_2}{n_2}$ 为两个样本百分率；$s_{\hat{p}_1-\hat{p}_2}$ 为样本百分率差异标准误，计算公式为

$$s_{\hat{p}_1-\hat{p}_2}=\sqrt{\bar{p}\bar{q}\left(\frac{1}{n_1}+\frac{1}{n_2}\right)} \tag{4-22}$$

本例，

$$s_{\hat{p}_1-\hat{p}_2}=\sqrt{\bar{p}\bar{q}\left(\frac{1}{n_1}+\frac{1}{n_2}\right)}=\sqrt{0.431\times0.569\times\left(\frac{1}{120}+\frac{1}{135}\right)}=0.062$$

于是，

$$u=\frac{\hat{p}_1-\hat{p}_2}{s_{\hat{p}_1-\hat{p}_2}}=\frac{0.317-0.533}{0.062}=-3.484$$

3. 统计推断 因为 $|u|>2.58$、$p<0.01$，所以否定 H_0：$p_1=p_2$，接受 H_A：$p_1\neq p_2$，表明两个春大豆品种的瘪荚率差异极显著。

三、百分率资料假设检验的连续性矫正

（一）单个样本百分率假设检验的连续性矫正

前已述及，检验一个服从二项分布的样本百分率 $\hat{p}$ 所属二项总体百分率 p 与已知的二项总体百分率差 p_0 是否相同，当满足 np 和 nq 均大于 5 的条件时，可以采用正态近似法来进行检验。如果 np 和（或）nq 小于或等于 30，还须对 u 进行连续性矫正。连续性矫正后的 u 值记为 u_c，计算公式为

$$u_c = \frac{|\hat{p}-p_0| - \dfrac{0.5}{n}}{\sigma_{\hat{p}}} \qquad (4\text{-}23)$$

检验的其他步骤同【例 4-6】。

（二）两个样本百分率假设检验的连续性矫正

前已述及，检验两个样本百分率 $\hat{p}_1$、$\hat{p}_2$ 所属两个总体百分率 p_1、p_2 是否相同，当两样本的 np、nq 均大于 5 时，可以采用正态近似法来进行检验。如果两样本的 np 和（或）nq 小于或等于 30，还须对 u 进行连续性矫正，u_c 值的计算公式为

$$u_c = \frac{|\hat{p}_1-\hat{p}_2| - \dfrac{0.5}{n_1} - \dfrac{0.5}{n_2}}{s_{\hat{p}_1-\hat{p}_2}} \qquad (4\text{-}24)$$

检验的其他步骤同【例 4-7】。

【例 4-8】　调查大豆品种 A 20 荚，其中三粒荚 14 荚，两粒及两粒以下荚 6 荚；调查大豆品种 B 25 荚，其中三粒荚 7 荚，两粒及两粒以下荚 18 荚。检验两个大豆品种 A、B 的三粒荚率是否相同。

由题意可知，三粒荚率是服从二项分布的百分率资料，$n_1=20$，$f_1=14$，$n_2=25$，$f_2=7$，三粒荚率估计值 $\hat{p}_1 = \dfrac{14}{20} = 70\% = 0.70$，三粒荚率估计值 $\hat{p}_2 = \dfrac{7}{25} = 28\% = 0.28$。设大豆品种 A 的三粒荚率为 p_1，大豆品种 B 的三粒荚率为 p_2。在假定 $p_1=p_2$ 成立的条件下，根据（4-20）计算合并百分率 $\bar{p}$，进而计算 $\bar{q}=1-\bar{p}$ 以及 $n_1\bar{p}$、$n_1\bar{q}$、$n_2\bar{p}$、$n_2\bar{q}$ 如下：

$$\bar{p} = \frac{14+7}{20+25} = 0.467 , \quad \bar{q} = 1-\bar{p} = 1-0.467 = 0.533$$

$$n_1\bar{p} = 20 \times 0.467 = 9.340 , \quad n_1\bar{q} = 20 \times 0.533 = 10.660$$

$$n_2\bar{p} = 25 \times 0.467 = 11.675 , \quad n_2\bar{q} = 25 \times 0.533 = 13.325$$

$n_1\bar{p}$、$n_1\bar{q}$、$n_2\bar{p}$、$n_2\bar{q}$ 均大于 5，可以采用正态近似法来进行检验；要回答的问题是大豆品种 A 的三粒荚率 p_1 与大豆品种 B 的三粒荚率 p_2 是否相同，故采用两尾 u 检验；但由于 $n_1\bar{p}$、$n_1\bar{q}$、$n_2\bar{p}$、$n_2\bar{q}$ 均小于 30，须对 u 进行连续性矫正。检验步骤如下所述。

1. 提出假设　H_0：$p_1=p_2$；H_A：$p_1 \neq p_2$

2. 计算 u_c 值　因为

$$s_{\hat{p}_1-\hat{p}_2}=\sqrt{\overline{p}\,\overline{q}\left(\frac{1}{n_1}+\frac{1}{n_2}\right)}=\sqrt{0.467\times0.533\times\left(\frac{1}{20}+\frac{1}{25}\right)}=0.1497$$

于是，

$$u_c=\frac{\mid\hat{p}_1-\hat{p}_2\mid-\dfrac{0.5}{n_1}-\dfrac{0.5}{n_2}}{s_{\hat{p}_1-\hat{p}_2}}=\frac{\mid0.70-0.28\mid-\dfrac{0.5}{20}-\dfrac{0.5}{25}}{0.1497}=2.505$$

3. 统计推断　　因为 $1.96<u_c<2.58$，$0.01<p<0.05$，所以否定 H_0：$p_1=p_2$，接受 H_A：$p_1\neq p_2$，表明两个大豆品种 A、B 的三粒荚率差异显著。

第五节　参数的区间估计

参数估计（parameter estimation）是统计推断的另一重要内容。所谓参数估计就是用样本统计数估计总体参数，有点估计（point estimation）和区间估计（interval estimation）之分。将样本统计数直接作为相应总体参数的估计值叫点估计。点估计只给出了总体参数的估计值，没有考虑抽样误差，也没有指出估计的可靠程度。区间估计是在一定概率保证下给出总体参数的可能范围，所给出的可能范围称为置信区间（confidence interval），给出的概率保证称为置信度（confidence level）或置信概率（confidence probability）。本节介绍正态总体平均数 μ 和二项总体百分率 p 的置信区间。

一、正态总体平均数 μ 的置信区间

设一个从某正态总体随机抽样得来的样本包含 n 个观测值 x_1，x_2，$\cdots$，x_n，平均数 $\overline{x}=\dfrac{\sum x}{n}$，标准误 $s_{\overline{x}}=\dfrac{s}{\sqrt{n}}$，总体平均数为 μ。

因为 $t=\dfrac{\overline{x}-\mu}{s_{\overline{x}}}$ 服从自由度为 $n-1$ 的 t 分布，两尾概率为 α 时，

$$P(-t_\alpha\leqslant t\leqslant t_\alpha)=1-\alpha$$

也就是说，t 在区间 $[-t_\alpha, t_\alpha]$ 内取值的概率为 $1-\alpha$，即

$$P\left(-t_\alpha\leqslant\frac{\overline{x}-\mu}{s_{\overline{x}}}\leqslant t_\alpha\right)=1-\alpha$$

对 $-t_\alpha\leqslant\dfrac{\overline{x}-\mu}{s_{\overline{x}}}\leqslant t_\alpha$ 变形得

$$\overline{x}-t_\alpha s_{\overline{x}}\leqslant\mu\leqslant\overline{x}+t_\alpha s_{\overline{x}} \tag{4-25}$$

即

$$P(\overline{x}-t_\alpha s_{\overline{x}}\leqslant\mu\leqslant\overline{x}+t_\alpha s_{\overline{x}})=1-\alpha$$

式（4-25）称为总体平均数 μ 置信度为 $1-\alpha$ 的置信区间，其中 $t_\alpha s_{\overline{x}}$ 称为置信半径；$L_1=\overline{x}-t_\alpha s_{\overline{x}}$ 与 $L_2=\overline{x}+t_\alpha s_{\overline{x}}$ 分别称为置信下限（lower limit）与置信上限（upper limit）；置信上、下限之差 $2t_\alpha s_{\overline{x}}$ 称为置信距，置信距越小，估计的精确性越高。

常用的置信度为 95% 和 99%，由式（4-25）可得总体平均数 μ 置信度为 95% 和 99% 的置

信区间如下：

$$\bar{x}-t_{0.05}s_{\bar{x}} \leqslant \mu \leqslant \bar{x}+t_{0.05}s_{\bar{x}} \tag{4-26}$$

$$\bar{x}-t_{0.01}s_{\bar{x}} \leqslant \mu \leqslant \bar{x}+t_{0.01}s_{\bar{x}} \tag{4-27}$$

【例 4-9】 随机测得某高产、抗病小麦品种的 8 个千粒重，平均数 $\bar{x}=45.2$g，标准误 $s_{\bar{x}}=0.58$g。求该高产、抗病小麦品种的平均千粒重 μ 置信度为 95% 的置信区间。

由 $df=8-1=7$，查附表 3，得 $t_{0.05(7)}=2.365$。将 $\bar{x}$、$s_{\bar{x}}$、$t_{0.05}$ 代入式（4-26）求得平均千粒重 μ 置信度为 95% 的置信区间如下：

$$(45.2-2.365 \times 0.58) \text{ g} \leqslant \mu \leqslant (45.2+2.365 \times 0.58) \text{ g}$$

$$43.828\text{g} \leqslant \mu \leqslant 46.572\text{g}$$

即该高产、抗病小麦品种的平均千粒重 μ 置信度为 95% 的置信区间为 43.828g $\leqslant \mu \leqslant$ 46.572g。也就是说，该高产、抗病小麦品种的千粒重有 95% 的可能为 43.828～46.572g。

二、二项总体百分率 p 的置信区间

样本百分率 $\hat{p}$ 是总体百分率 p 的点估计值。百分率的置信区间是在一定置信度下对总体百分率 p 作出区间估计。求总体百分率的置信区间有两种方法：正态近似法和查表法，这里仅介绍正态近似法。

当 $n>1000$、$1\% \leqslant p \leqslant 99\%$ 时，总体百分率 p 的置信度为 95%、99% 的置信区间为

$$\hat{p}-1.96s_{\hat{p}} \leqslant p \leqslant \hat{p}+1.96s_{\hat{p}} \tag{4-28}$$

$$\hat{p}-2.58s_{\hat{p}} \leqslant p \leqslant \hat{p}+2.58s_{\hat{p}} \tag{4-29}$$

其中，$\hat{p}$ 为样本百分率；$s_{\hat{p}}$ 为样本百分率标准误，计算公式为

$$s_{\hat{p}}=\sqrt{\frac{\hat{p}(1-\hat{p})}{n}} \tag{4-30}$$

【例 4-10】 调查某品种水稻 1200 株，受二化螟危害的有 200 株，二化螟危害率 $\hat{p}=\frac{200}{1200}=0.1667=16.67\%$。求该品种水稻二化螟危害率 p 置信度为 95% 的置信区间。

先计算样本百分率标准误 $s_{\hat{p}}$，

$$s_{\hat{p}}=\sqrt{\frac{\hat{p}(1-\hat{p})}{n}}=\sqrt{\frac{0.1667 \times 0.8333}{1200}}=0.0108$$

根据式（4-28），求得置信下限 L_1 和置信上限 L_2 如下：

$$L_1=0.1667-1.96 \times 0.0108=0.1455$$

$$L_2=0.1667+1.96 \times 0.0108=0.1879$$

即该品种水稻二化螟危害率 p 置信度为 95% 的置信区间为 14.55% $\leqslant p \leqslant$ 18.79%。也就是说，该品种水稻二化螟危害率有 95% 的可能为 14.55%～18.79%。

习 题

1. 什么是假设检验？假设检验的基本步骤是什么？假设检验有何注意事项？

2. 什么是两尾检验和一尾检验？各在什么条件下应用？它们的无效假设与备择假设是怎样设定的？

3．什么是显著水平？它与假设检验结果有何关系？怎样选择显著水平？

4．假设检验的两类错误是什么？如何降低犯这两类错误的概率？

5．什么是参数的点估计与区间估计？

6．已知普通水稻单株产量服从正态分布，平均数 $\mu_0=250g$，标准差 $\sigma_0=2.78g$。现随机测得 10 株杂交水稻单株产量分别为 272，200，268，247，267，246，363，216，206，256（g）。问该杂交水稻的单株产量与普通水稻是否有差异？

7．规定某种果汁中的维生素 C 含量不得低于 20g/L。现对某批产品随机抽取 10 个样品进行检测，得维生素 C 含量平均数 $\bar{x}=19.5g/L$，标准差 $s=3.69g/L$，问这批产品合格吗？（提示：采用一尾 t 检验法，H_0：$\mu=\mu_0=20g/L$，H_A：$\mu<\mu_0=20g/L$）。

8．测得某品种玉米自交一代 25 穗每穗粒重的平均数 $\bar{x}_1=356.8g$，标准差 $s_1=13.3g$；自交二代 30 穗每穗粒重的平均数 $\bar{x}_2=338.9g$，标准差 $s_2=20.1g$。问该品种玉米自交一代与自交二代每穗粒重是否有差异？（提示：本题总体方差未知，先进行两尾 F 检验，判断是否满足 $\sigma_1^2=\sigma_2^2$ 的要求；采用两尾 t 检验）。

9．在前茬作物喷洒过含有机砷杀虫剂的麦田中随机抽取 14 株植株测定砷的残留量，得 $\bar{x}_1=7.6mg$，$s_1^2=2.17$；又在前茬作物从未喷洒过含有机砷杀虫剂的麦田中随机抽取 13 株植株测定砷的残留量，得 $\bar{x}_2=5.3mg$，$s_2^2=2.26$。问在前茬作物喷洒过含有机砷杀虫剂后，是否会使后作植物体内的砷残留量有所提高？（提示：本题总体方差未知，先进行两尾 F 检验，判断是否满足 $\sigma_1^2=\sigma_2^2$ 的要求；采用一尾 t 检验，H_0：$\mu_1=\mu_2$，H_A：$\mu_1>\mu_2$）。

10．用两种电极测定同一土壤 10 个样品的 pH，结果如下表。问两种电极测定结果有无差异？

处理	样品号									
	1	2	3	4	5	6	7	8	9	10
A 电极	5.78	5.74	5.84	5.80	5.80	5.79	5.82	5.81	5.85	5.78
B 电极	5.82	5.87	5.96	5.89	5.90	5.81	5.83	5.86	5.90	5.80

11．某地区历年平均血吸虫发病率为 1%，采取某种预防措施后，当年普查了 1000 人，发现 6 名患者，是否可认为预防措施有效？（提示：采用一尾 u 检验，H_0：$p=p_0$，H_A：$p<p_0$）。

12．对两个小麦品种作吸浆虫抗性试验，甲品种检查 590 粒，受害 132 粒；乙品种检查 710 粒，受害 203 粒。问这两个小麦品种的吸浆虫抗性是否有差异？

13．随机抽测 50 株 5 年生杂交杨树树高，平均数 $\bar{x}=9.36m$，标准差 $s=1.36m$。求这批 5 年生杂交杨树平均树高置信度为 95%的置信区间。

14．对某品种大豆 1000 粒种子进行发芽试验，有 620 粒发芽。求该品种大豆种子发芽率置信度为 99%的置信区间。

第五章 方差分析的基本原理与步骤

第四章所介绍的 t 检验能用来进行两个处理平均数的假设检验，但在农学、生物学试验研究中经常会遇到比较多个处理优劣的问题，即需要进行多个处理平均数的假设检验。这时，若仍采用 t 检验就不适宜了，原因如下所述。

（1）检验工作量大。例如，一个试验包含 6 个处理，采用 t 检验要进行 C_6^2=15 次两两处理平均数的假设检验；若有 k 个处理，则要作 $C_k^2 = \dfrac{k(k-1)}{2}$ 次假设检验。

（2）无统一的试验误差，试验误差估计值的精确性与检验的灵敏度低。对同一试验的多个处理平均数进行两两假设检验时，应该有一个统一的试验误差估计值。若用 t 检验作两两处理平均数的假设检验，由于各次假设检验计算的均数差数标准误 $s_{\bar{x}_i - \bar{x}_j}$ 常常不相同，各次假设检验的误差估计值不统一；且每次假设检验仅能利用两个处理的观测值估计试验误差，而不是利用试验的全部观测值估计试验误差，使试验误差估计值的精确度低，误差自由度小，从而降低假设检验的灵敏度。例如，一个试验有 6 个处理，每个处理重复 5 次，完全随机设计，共有 30 个观测值。用 t 检验作两两处理平均数的假设检验时，每次只能利用两个处理的10 个观测值估计试验误差，误差自由度仅为 $2 \times (5-1) = 8$；若利用整个试验的 30 个观测值估计试验误差，估计的精确度高于用 10 个观测值估计的试验误差，且误差自由度为 $6 \times (5-1) = 24$。可见，在用 t 检验进行多个处理平均数两两假设检验时，由于试验误差估计的精确度低，误差自由度小，检验的灵敏度低，容易掩盖差异的显著性。

（3）检验的 I 型错误概率大，推断的可靠性低。即使利用整个试验的全部观测值估计试验误差，用 t 检验法进行多个处理平均数两两比较的假设检验，由于没有考虑相互比较的两个平均数依数值大小排列的秩次，犯 I 型错误的概率大，推断的可靠性低。

基于上述原因，多个处理平均数的假设检验不宜用 t 检验，应采用本章介绍的方差分析。

方差分析（analysis of variance）是英国统计学家 Fisher（1923）提出的。"方差分析是一种在若干能相互比较的资料组中，把产生变异的原因加以区分开来的方法与技术"。这种方法将 k 个处理的观测值作为一个整体看待，把观测值总变异的平方和与自由度分解为相应于不同变异来源的平方和与自由度，进而获得不同变异来源总体方差估计值；通过计算这些总体方差估计值的适当比值检验各样本所属总体平均数是否相同。

方差分析实质上是观测值变异原因的数量分析，它在农学、生物学试验研究中应用十分广泛。

第一节 方差分析的基本步骤

试验资料因试验因素多少、试验设计方法的不同而有很多类型。对不同类型的试验资料进行方差分析在详略、繁简上有所不同，但方差分析的基本原理与步骤是相同的。本节结合单因素完全随机设计试验资料的方差分析介绍方差分析的基本原理与步骤。

一、数学模型与基本假定

某单因素试验有 k 个处理，n 次重复，完全随机设计，共有 kn 个观测值。试验资料的数据模式如表 5-1 所示。

表 5-1　k 个处理 n 次重复完全随机设计单因素试验资料的数据模式

处理	观测值 x_{ij}						总和 $x_{i.}$	平均 $\bar{x}_{i.}$
A_1	x_{11}	x_{12}	$\cdots$	x_{1j}	$\cdots$	x_{1n}	$x_{1.}$	$\bar{x}_{1.}$
A_2	x_{21}	x_{22}	$\cdots$	x_{2j}	$\cdots$	x_{2n}	$x_{2.}$	$\bar{x}_{2.}$
$\vdots$	$\vdots$	$\vdots$		$\vdots$		$\vdots$	$\vdots$	$\vdots$
A_i	x_{i1}	x_{i2}	$\cdots$	x_{ij}	$\cdots$	x_{in}	$x_{i.}$	$\bar{x}_{i.}$
$\vdots$	$\vdots$	$\vdots$		$\vdots$		$\vdots$	$\vdots$	$\vdots$
A_k	x_{k1}	x_{k2}	$\cdots$	x_{kj}	$\cdots$	x_{kn}	$x_{k.}$	$\bar{x}_{k.}$
总和							$x_{..}$	$\bar{x}_{..}$

表 5-1 中，x_{ij} 为第 i 个处理的第 j 个观测值（$i=1, 2, \cdots, k$；$j=1, 2, \cdots, n$）；

$x_{i.}=\sum\limits_{j=1}^{n} x_{ij}$ 为第 i 个处理 n 个观测值的总和；

$\bar{x}_{i.}=\dfrac{1}{n}\sum\limits_{j=1}^{n} x_{ij}=\dfrac{x_{i.}}{n}$ 为第 i 个处理的平均数；

$x_{..}=\sum\limits_{i=1}^{k}\sum\limits_{j=1}^{n} x_{ij}=\sum\limits_{i=1}^{k} x_{i.}$ 为试验全部观测值的总和；

$\bar{x}_{..}=\dfrac{1}{kn}\sum\limits_{i=1}^{k}\sum\limits_{j=1}^{n} x_{ij}=\dfrac{x_{..}}{kn}$ 为试验全部观测值的平均数。

x_{ij} 可以表示为

$$x_{ij}=\mu_i+\varepsilon_{ij} \tag{5-1}$$

其中，μ_i 为第 i 个处理观测值总体平均数；ε_{ij} 为试验误差，相互独立且都服从 $N(0, \sigma^2)$。

若令

$$\mu=\frac{1}{k}\sum_{i=1}^{k}\mu_i \tag{5-2}$$

$$\alpha_i=\mu_i-\mu \tag{5-3}$$

则式（5-1）可以改写为

$$x_{ij}=\mu+\alpha_i+\varepsilon_{ij} \tag{5-4}$$

其中，μ 为试验全部观测值总体平均数；α_i 为第 i 个处理的效应（treatment effect），表示处理 i 对试验结果产生的影响。显然有

$$\sum_{i=1}^{k}\alpha_i=0 \qquad (5\text{-}5)$$

式（5-4）称为单因素完全随机设计试验资料的数学模型（mathematical model），x_{ij} 表示为试验全部观测值总体平均数 μ、处理效应 α_i、试验误差 ε_{ij} 之和；由于 ε_{ij} 相互独立且都服从 $N(0, \sigma^2)$，可导出处理 $A_i(i=1, 2, \cdots, k)$ 的观测值 $x_{ij}(j=1, 2, \cdots, n)$ 服从 $N(\mu_i, \sigma^2)$，尽管各处理观测值总体平均数 μ_i 不一定相同，但总体方差 σ^2 一定相同。所以，单因素完全随机设计试验资料的数学模型可归纳为：效应的可加性（additivity）、分布的正态性（normality）和方差的一致性（homogeneity），这是方差分析的前提或基本假定。

若将表（5-1）中的观测值 $x_{ij}(i=1, 2, \cdots, k; j=1, 2, \cdots, n)$ 的数据结构，即数学模型，用样本统计数来表示，则

$$x_{ij}=\bar{x}_{..}+(\bar{x}_{i.}-\bar{x}_{..})+(\bar{x}_{ij}-\bar{x}_{i.})=\bar{x}_{..}+t_i+e_{ij} \qquad (5\text{-}6)$$

其中，$\bar{x}_{..}$、$(\bar{x}_{i.}-\bar{x}_{..})=t_i$、$(x_{ij}-\bar{x}_{i.})=e_{ij}$ 分别是 μ、$(\mu_i-\mu)=\alpha_i$、$(x_{ij}-\mu_i)=\varepsilon_{ij}$ 的估计值。

式（5-4）、式（5-6）表明，每个观测值 x_{ij} 都包含处理效应（$\mu_i-\mu$ 或 $\bar{x}_{i.}-\bar{x}_{..}$）与误差（$x_{ij}-\mu_i$ 或 $x_{ij}-\bar{x}_{i.}$），故 kn 个观测值的总变异可分解为处理间变异和处理内变异两部分。

二、平方和与自由度的分解

在方差分析中用样本方差，即均方来表示资料中各个观测值的变异程度。统计学上，将总变异均方的分子，即平方和分解为处理间平方和与处理内平方和两部分；将总均方的分母，即自由度分解为处理间自由度与处理内自由度两部分。

（一）总平方和的分解

对于表 5-1 所列出的试验资料，各观测值 x_{ij} 与总平均数 $\bar{x}_{..}$ 的离均差平方和称为总平方和（total sum of squares），记为 SS_T，即

$$SS_T=\sum_{i=1}^{k}\sum_{j=1}^{n}(x_{ij}-\bar{x}_{..})^2$$

因为

$$\sum_{i=1}^{k}\sum_{j=1}^{n}(x_{ij}-\bar{x}_{..})^2=\sum_{i=1}^{k}\sum_{j=1}^{n}[(\bar{x}_{i.}-\bar{x}_{..})+(x_{ij}-\bar{x}_{i.})]^2$$

$$=\sum_{i=1}^{k}\sum_{j=1}^{n}[(\bar{x}_{i.}-\bar{x}_{..})^2+2(\bar{x}_{i.}-\bar{x}_{..})(x_{ij}-\bar{x}_{i.})+(x_{ij}-\bar{x}_{i.})^2]$$

$$=n\sum_{i=1}^{k}(\bar{x}_{i.}-\bar{x}_{..})^2+2\sum_{i=1}^{k}(\bar{x}_{i.}-\bar{x}_{..})\sum_{j=1}^{n}(x_{ij}-\bar{x}_{i.})+\sum_{i=1}^{k}\sum_{j=1}^{n}(x_{ij}-\bar{x}_{i.})^2$$

由于 $\sum_{j=1}^{n}(x_{ij}-\bar{x}_{i.})=0$（第 i 个处理的 n 个观测值的离均差之和为零），所以

$$\sum_{i=1}^{k}\sum_{j=1}^{n}(x_{ij}-\bar{x}_{..})^2=n\sum_{i=1}^{k}(\bar{x}_{i.}-\bar{x}_{..})^2+\sum_{i=1}^{k}\sum_{j=1}^{n}(x_{ij}-\bar{x}_{i.})^2 \qquad (5\text{-}7)$$

式（5-7）中，$n\sum\limits_{i=1}^{k}(\overline{x}_{i.}-\overline{x}_{..})^2$ 为各处理平均数 $\overline{x}_{i.}$ 与总平均数 $\overline{x}_{..}$ 的离均差平方和与重复数 n 的乘积，称为处理间平方和（among treatment sum of squares），记为 SS_t，即

$$SS_t = n\sum_{i=1}^{k}(\overline{x}_{i.}-\overline{x}_{..})^2$$

式（5-7）中，$\sum\limits_{i=1}^{k}\sum\limits_{j=1}^{n}(x_{ij}-\overline{x}_{i.})^2$ 为各处理内 n 个观测值离均差平方和之和，称为处理内平方和（within treatment sum of squares）或误差平方和（residual sum of squares），记为 SS_e，即

$$SS_e = \sum_{i=1}^{k}\sum_{j=1}^{n}(x_{ij}-\overline{x}_{i.})^2$$

于是，

$$SS_T = SS_t + SS_e \tag{5-8}$$

式（5-8）是单因素完全随机设计试验资料总平方和、处理间平方和与误差平方和的关系式，亦称为总平方和的分解式。3 种平方和的简便计算公式如下（证略）：

$$SS_T = \sum_{i=1}^{k}\sum_{j=1}^{n}x_{ij}^2 - C$$

$$SS_t = \frac{1}{n}\sum_{i=1}^{k}x_{i.}^2 - C \tag{5-9}$$

$$SS_e = SS_T - SS_t$$

其中，$C = \dfrac{x_{..}^2}{kn}$ 称为矫正数。

（二）总自由度的分解

计算总平方和时，资料中 kn 个观测值的离均差 $(x_{ij}-\overline{x}_{..})$ 受到 $\sum\limits_{i=1}^{k}\sum\limits_{j=1}^{n}(x_{ij}-\overline{x}_{..})=0$ 这一条件的约束，故总自由度（total degrees of freedom）记为 df_T，等于资料中观测值的总个数 kn 减 1，即 $df_T = kn-1$。

计算处理间平方和时，k 个处理平均数的离均差 $(\overline{x}_{i.}-\overline{x}_{..})$ 受到 $\sum\limits_{i=1}^{k}(\overline{x}_{i.}-\overline{x}_{..})=0$ 这一条件的约束，故处理间自由度（among treatment degrees of freedom）记为 df_t，为处理数 k 减 1，即 $df_t = k-1$。

计算处理内平方和时，kn 个离均差 $(x_{ij}-\overline{x}_{..})$ 受到 k 个条件的约束，即 $\sum\limits_{j=1}^{n}(x_{ij}-\overline{x}_{i.})=0$（$i=1$，2，…，$k$），故处理内自由度（within treatment degrees of freedom）或误差自由度（residual degrees of freedom）记为 df_e，为资料中观测值的总个数 kn 减 k，即 $df_e = kn-k = k(n-1)$。

因为

$$kn-1 = (k-1)+(kn-k) = (k-1)+k(n-1)$$

所以

$$df_T = df_t + df_e \tag{5-10}$$

式（5-10）是单因素完全随机设计试验资料总自由度、处理间自由度、误差自由度的关系式，亦称为总自由度的分解式。

综合以上各式得

$$df_T = kn-1$$
$$df_t = k-1 \tag{5-11}$$
$$df_e = df_T - df_t$$

式（5-8）与式（5-10）合称为单因素完全随机设计试验资料平方和与自由度的分解式。

总平方和、处理间平方和与误差平方和除以各自的自由度便得到总均方（total mean squares）、处理间均方（treatment mean squares）和误差均方（error mean squares），分别记为 MS_T（或 s_T^2）、MS_t（或 s_t^2）和 MS_e（或 s_e^2），即

$$MS_T = s_T^2 = \frac{SS_T}{df_T}$$

$$MS_t = s_t^2 = \frac{SS_t}{df_t} \tag{5-12}$$

$$MS_e = s_e^2 = \frac{SS_e}{df_e}$$

注意，总均方一般不等于处理间均方与误差均方之和。

【例5-1】 水稻施用不同种类氮肥盆栽试验，设5个处理：A_1、A_2分别为施用两种不同工艺流程的氨水，A_3为施用碳酸氢铵，A_4为施用尿素，A_5为不施用氮肥（对照）；4次重复，完全随机设计，共有 $5 \times 4 = 20$ 个盆钵参试。将置于同一盆栽场的20个盆钵完全随机分为5组，每组4个盆钵，每组随机实施1个处理（A_1、A_2、A_3、A_4 4个施氮处理，每个盆钵的施氮量皆为折合纯氮1.2g）。稻谷产量（g/盆）列于表5-2。

表5-2 水稻施用不同种类氮肥盆栽试验的产量 （单位：g/盆）

处理	产量 x_{ij}				总和 $x_{i.}$	平均 $\bar{x}_{i.}$
A_1	24	30	28	26	108	27.0
A_2	27	24	21	26	98	24.5
A_3	31	28	25	30	114	28.5
A_4	32	33	33	28	126	31.5
A_5	21	22	16	21	80	20.0
总和					$x_{..}=526$	

这是一个单因素完全随机设计试验，处理数 $k=5$，重复数 $n=4$。各项平方和及自由度计算如下：

矫正数　　$C = \frac{x_{..}^2}{kn} = \frac{526^2}{5 \times 4} = 13833.8$

总平方和 $SS_T=\sum_{i=1}^{k}\sum_{j=1}^{n}x_{ij}^2-C=(24^2+30^2+\cdots+21^2)-13833.8=402.2$

总自由度 $df_T=kn-1=5\times4-1=19$

处理间平方和 $SS_t=\dfrac{1}{n}\sum_{i=1}^{k}x_{i\cdot}^2-C=\dfrac{108^2+98^2+114^2+126^2+80^2}{4}-13833.8=301.2$

处理间自由度 $df_t=k-1=5-1=4$

误差平方和 $SS_e=SS_T-SS_t=402.2-301.2=101.0$

误差自由度 $df_e=df_T-df_t=19-4=15$

SS_t、SS_e 分别除以 df_t、df_e 便得到处理间均方 MS_t 及处理内均方 MS_e：

$$MS_t=\frac{SS_t}{df_t}=\frac{301.2}{4}=75.30$$

$$MS_e=\frac{SS_e}{df_e}=\frac{101.0}{15}=6.73$$

因为方差分析不涉及总均方，所以不必计算总均方。

三、F 检验

方差分析要求各处理的总体方差相等，即 $\sigma_1^2=\sigma_2^2=\cdots=\sigma_k^2=\sigma^2$，那么各处理的样本方差 s_1^2，s_2^2，$\cdots$，s_k^2 都是 σ^2 的无偏估计值，s_i^2（$i=1,2,\cdots,k$）是由试验资料中第 i 个处理的 n 个观测值算得的样本方差。统计学已证明，各 s_i^2 的合并方差 s_e^2 也是 σ^2 的无偏估计值，且估计的精确度更高。很容易推证误差均方 MS_e 就是各处理的样本方差 s_i^2 的合并样本方差 s_e^2。

$$MS_e=\frac{SS_e}{df_e}=\frac{\sum_{i=1}^{k}\sum_{j=1}^{n}(x_{ij}-\overline{x}_{i\cdot})^2}{k(n-1)}=\frac{\sum_{i=1}^{k}SS_i}{k(n-1)}=\frac{SS_1+SS_2+\cdots+SS_k}{df_1+df_2+\cdots+df_k}$$

$$=\frac{df_1s_1^2+df_2s_2^2+\cdots+df_ks_k^2}{df_1+df_2+\cdots+df_k}=s_e^2$$

其中，SS_i、df_i（$i=1,2,\cdots,k$）分别为由试验资料中第 i 个处理的 n 个观测值算得的平方和与自由度。这就是说，误差均方 MS_e 是各处理的样本方差 s_i^2 以自由度为权的加权平均数，是误差方差 σ^2 的无偏估计值。

各处理总体平均数的真实差异体现在处理效应 α_i 的差异上。

$$\frac{1}{k-1}\sum_{i=1}^{k}\alpha_i^2=\frac{1}{k-1}\sum_{i=1}^{k}(\mu_i-\mu)^2$$

称为处理效应方差，它反映了各处理观测值总体平均数 μ_i 的变异程度，记为 σ_α^2，即

$$\sigma_\alpha^2=\frac{1}{k-1}\sum_{i=1}^{k}\alpha_i^2 \tag{5-13}$$

因为各 μ_i 未知，所以无法求得 σ_α^2 的确切值，只能通过试验结果中各处理平均数 $\overline{x}_{i\cdot}$ 与总平均数 $\overline{x}_{\cdot\cdot}$ 的差（$\overline{x}_{i\cdot}-\overline{x}_{\cdot\cdot}$）去估计 α_i，进而用 $\dfrac{1}{k-1}\sum_{i=1}^{k}(\overline{x}_{i\cdot}-\overline{x}_{\cdot\cdot})^2$ 去估计 σ_α^2。然而 $\dfrac{1}{k-1}\sum_{i=1}^{k}(\overline{x}_{i\cdot}-\overline{x}_{\cdot\cdot})^2$ 并非 σ_α^2

的无偏估计值。这是因为处理平均数 $\bar{x}_{i.}$ 与总平均数 $\bar{x}_{..}$ 的差 $(\bar{x}_{i.}-\bar{x}_{..})$ 实际上包含了两部分：一是处理效应 α_i，二是试验误差。统计学已证明 $\dfrac{1}{k-1}\sum\limits_{i=1}^{k}(\bar{x}_{i.}-\bar{x}_{..})^2$ 是 $\sigma_\alpha^2+\dfrac{\sigma^2}{n}$ 的无偏估计值。因而，处理间均方 $MS_t=n\dfrac{1}{k-1}\sum\limits_{i=1}^{k}(\bar{x}_{i.}-\bar{x}_{..})^2$ 是 $n\sigma_\alpha^2+\sigma^2$ 的无偏估计值。

因为 MS_e 是 σ^2 的无偏估计值，MS_t 是 $n\sigma_\alpha^2+\sigma^2$ 的无偏估计值，所以 σ^2 是 MS_e 的数学期望，$n\sigma_\alpha^2+\sigma^2$ 是 MS_t 的数学期望。均方的期望值（expected value）又称为期望均方（expected mean squares），记为 EMS。

当处理效应方差 $\sigma_\alpha^2=0$，即各处理总体平均数 μ_i（$i=1$，2，$\cdots$，k）相同时，处理间均方 MS_t 与误差均方 MS_e 一样，也是误差方差 σ^2 的估计值。方差分析就是通过 MS_t 与 MS_e 的比较来推断 σ_α^2 是否为零，即推断 μ_i 是否相同。统计学已证明，在 $\sigma_\alpha^2=0$ 的条件下 $\dfrac{MS_t}{MS_e}$ 服从自由度 $df_1=k-1$ 与 $df_2=k(n-1)$ 的 F 分布，即

$$\frac{MS_t}{MS_e}\sim F_{(df_1,\,df_2)}$$

附表 4 是专门为检验 MS_t 代表的总体方差是否比 MS_e 代表的总体方差大而设计的。若实际计算的 $F\geqslant F_{0.05(df_1,\,df_2)}$，即实际计算的 F 值出现的概率 $p\leqslant0.05$，则以不低于 95% 的可靠性（即不超过 5% 的风险）推断 MS_t 代表的总体方差大于 MS_e 代表的总体方差，即 $\sigma_\alpha^2\neq0$。这种用 F 出现概率的大小推断一个总体方差是否大于另一个总体方差的方法称为 F 检验（F-test）。显然，这里所进行的 F 检验是一尾检验。

在方差分析中所进行的 F 检验，目的在于推断各处理总体平均数是否有差异，或检验某项变异因素的效应方差是否为零。因此，在计算 F 值时总是以被检验因素的均方作分子，分母项的正确选择由方差分析的数学模型和各项变异原因的期望均方所决定（见本章第四节）。

在单因素完全随机设计试验资料的方差分析中，无效假设 H_0：$\mu_1=\mu_2=\cdots=\mu_k$，备择假设 H_A：各 μ_i 不全相等，或 H_0：$\sigma_\alpha^2=0$，H_A：$\sigma_\alpha^2\neq0$；$F=\dfrac{MS_t}{MS_e}$，也就是要判断 MS_t 代表的总体方差是否大于 MS_e 代表的总体方差。

实际进行 F 检验时，是将根据试验资料计算所得的 F 值与根据 $df_1=df_t$（大均方即分子均方的自由度）、$df_2=df_e$（小均方即分母均方的自由度）查附表 4 所得的临界 F 值 $F_{0.05(df_1,\,df_2)}$、$F_{0.01(df_1,\,df_2)}$ 相比较作出统计推断。

若 $F<F_{0.05(df_1,\,df_2)}$、$p>0.05$，不能否定 H_0：$\mu_1=\mu_2=\cdots=\mu_k$。统计学把这一假设检验结果表述为各处理总体平均数差异不显著，简述为 F 不显著，在 F 的右上方标记"ns"，或不标记符号。

若 $F_{0.05(df_1,\,df_2)}\leqslant F<F_{0.01(df_1,\,df_2)}$、$0.01<p\leqslant0.05$，否定 H_0：$\mu_1=\mu_2=\cdots=\mu_k$，接受 H_A：各 μ_i 不全相等。统计学把这一假设检验结果表述为各处理总体平均数差异显著，简述为 F 显著，在 F 的右上方标记"*"。

若 $F\geqslant F_{0.01(df_1,\,df_2)}$、$p\leqslant0.01$，否定 H_0：$\mu_1=\mu_2=\cdots=\mu_k$，接受 H_A：各 μ_i 不全相等。统计

学把这一假设检验结果表述为各处理总体平均数差异极显著，简述为 F 极显著，在 F 的右上方标记"**"。

对于【例 5-1】，$F = \dfrac{MS_t}{MS_e} = \dfrac{75.30}{6.73} = 11.19^{**}$。根据 $df_1 = df_t = 4$、$df_2 = df_e = 15$ 查附表 4，得临界 F 值 $F_{0.01(4,15)} = 4.89$，因为 $F > F_{0.01(4,15)}$、$p < 0.01$，F 极显著，在 F 的右上方标记"**"，表明施用不同种类氮肥的稻谷平均产量差异极显著。

进行方差分析，通常将变异来源（source of variation）、平方和（SS）、自由度（df）、均方（MS）和 F 归纳成一张方差分析表（analysis of variance table），也可将临界 F 值以表注的方式列入方差分析表中（表 5-3）。

表 5-3　表 5-2 资料方差分析表

变异来源	平方和 SS	自由度 df	均方 MS	F 值
处理间	301.2	4	75.30	11.19^{**}
处理内	101.0	15	6.73	
总变异	402.2	19		

注：$F_{0.01(4,15)} = 4.89$

实际进行方差分析时，只需计算出各项平方和与自由度，各项均方、F 的计算及 F 检验可在方差分析表上进行。

四、多重比较

F 检验显著或极显著，意味着否定无效假设 H_0：$\mu_1 = \mu_2 = \cdots = \mu_k$，接受备择假设 H_A：各 μ_i 不全相等。各 μ_i 不全相等并不是各 μ_i 全不相等，μ_i 与 μ_j（$i, j = 1, 2, \cdots, k$，$i \neq j$）也许有相等的，也就是说经 F 检验显著或极显著，每两个处理总体平均数的差异不一定都显著或极显著，也许有差异不显著的；而且经 F 检验显著或极显著，也未具体指明哪些处理总体平均数两两差异显著或极显著、哪些处理总体平均数两两差异不显著。因而，有必要进一步进行多个处理平均数的两两比较，以推断处理总体平均数两两差异的显著性。统计学上把多个处理平均数的两两比较称为多重比较（multiple comparisons）。

多重比较的方法很多，常用的有最小显著差数法（least significant difference，LSD 法）和最小显著极差法（least significant range，LSR 法），现分别介绍如下。

（一）最小显著差数法

此法的基本步骤是：在 F 检验显著的前提下，先计算出显著水平为 α 的最小显著差数 LSD_α，然后将任意两个处理平均数的差数的绝对值 $|\bar{x}_{i.} - \bar{x}_{j.}|$ 与其比较：若 $|\bar{x}_{i.} - \bar{x}_{j.}| \geq LSD_\alpha$，则两个处理总体平均数 μ_i 与 μ_j 在 α 水平上差异显著；反之，则 μ_i 与 μ_j 在 α 水平上差异不显著。最小显著差数 LSD_α 的计算公式为

$$LSD_\alpha = t_{\alpha(df_e)} s_{\bar{x}_{i.} - \bar{x}_{j.}} \tag{5-14}$$

其中，$t_{\alpha(df_e)}$ 为自由度取 F 检验的误差自由度 df_e、显著水平取 α 的临界 t 值；$s_{\bar{x}_{i.} - \bar{x}_{j.}}$ 为均数差数标准误，计算公式为

$$s_{\bar{x}_{i\cdot}-\bar{x}_{j\cdot}}=\sqrt{\frac{2MS_e}{n}} \tag{5-15}$$

其中，MS_e 为 F 检验的误差均方；n 为各处理的重复数。

从 t 值表（附表 3）中查出 $t_{0.05(df_e)}$ 和 $t_{0.01(df_e)}$，代入式（5-14）得

$$LSD_{0.05}=t_{0.05(df_e)}s_{\bar{x}_{i\cdot}-\bar{x}_{j\cdot}} \tag{5-16}$$

$$LSD_{0.01}=t_{0.01(df_e)}s_{\bar{x}_{i\cdot}-\bar{x}_{j\cdot}}$$

采用 LSD 法进行多重比较，可按如下步骤进行。

（1）计算均数差数标准误 $s_{\bar{x}_{i\cdot}-\bar{x}_{j\cdot}}$，根据误差自由度 df_e 查出 $t_{0.05(df_e)}$ 和 $t_{0.01(df_e)}$，计算最小显著差数 $LSD_{0.05}$ 和 $LSD_{0.01}$。

（2）列出平均数多重比较表，表中各处理按其平均数从大到小自上而下排列，计算并填写两两平均数的差数。

（3）将平均数多重比较表中两两平均数的差数与最小显著差数 $LSD_{0.05}$、$LSD_{0.01}$ 比较，作出统计推断：若差数小于 $LSD_{0.05}$，则相应两个处理总体平均数差异不显著，简述为该差数不显著，在该差数的右上方标记 "ns" 或不标记符号；若差数大于或等于 $LSD_{0.05}$ 而小于 $LSD_{0.01}$，则相应两个处理总体平均数差异显著，简述为该差数显著，在该差数的右上方标记 "*"；若差数大于或等 $LSD_{0.01}$，则相应两个处理总体平均数差异极显著，简述为该差数极显著，在该差数的右上方标记 "**"。

对于【例 5-1】，因为

$$s_{\bar{x}_{i\cdot}-\bar{x}_{j\cdot}}=\sqrt{\frac{2MS_e}{n}}=\sqrt{\frac{2\times6.73}{4}}=1.8344$$

根据 $df_e=15$ 查 t 值表，得 $t_{0.05(15)}=2.131$，$t_{0.01(15)}=2.947$，所以最小显著差数 $LSD_{0.05}$ 与 $LSD_{0.01}$ 为

$$LSD_{0.05}=t_{0.05(df_e)}s_{\bar{x}_{i\cdot}-\bar{x}_{j\cdot}}=2.131\times1.8344=3.91$$

$$LSD_{0.01}=t_{0.01(df_e)}s_{\bar{x}_{i\cdot}-\bar{x}_{j\cdot}}=2.947\times1.8344=5.41$$

各处理平均数，即施用不同种类氮肥的稻谷平均产量的多重比较见表 5-4。

表 5-4　施用不同种类氮肥的稻谷平均产量多重比较表（LSD 法）

处理	平均数 $\bar{x}_{i\cdot}$	$\bar{x}_{i\cdot}-20.0$	$\bar{x}_{i\cdot}-24.5$	$\bar{x}_{i\cdot}-27.0$	$\bar{x}_{i\cdot}-28.5$
A_4	31.5	11.5**	7.0**	4.5*	3.0
A_3	28.5	8.5**	4.0*	1.5	
A_1	27.0	7.0**	2.5		
A_2	24.5	4.5*			
A_5	20.0				

将表 5-4 中的 10 个差数与 $LSD_{0.05}=3.91$、$LSD_{0.01}=5.41$ 比较，作出统计推断：差数 2.5、1.5、3.0 不显著，差数 4.5（A_2 行上）、4.0、4.5（A_4 行上）显著，差数 7.0（A_1 行上）、8.5、7.0（A_4 行上）、11.5 极显著。多重比较结果表明，施用尿素的稻谷平均产量极显著高于对照和施用氨水 2 的稻谷平均产量、显著高于施用氨水 1 的稻谷平均产量；施用碳酸氢铵的稻谷平均产量极显著高于对照的稻谷平均产量、显著高于施用氨水 2 的稻谷平均产量；施

用氨水 1 的稻谷平均产量极显著高于对照的稻谷平均产量；施用氨水 2 的稻谷平均产量显著高于对照的稻谷平均产量；施用尿素与施碳酸氢铵、施用碳酸氢铵与施用氨水 1、施用氨水 1 与施用氨水 2 的稻谷平均产量差异不显著。水稻施用不同种类的氮肥以施用尿素的平均产量最高。

关于 LSD 法有以下几点说明：

（1）LSD 法实质上是 t 检验。它是将 t 检验中根据 $t = \dfrac{\bar{x}_{i\cdot} - \bar{x}_{j\cdot}}{s_{\bar{x}_{i\cdot} - \bar{x}_{j\cdot}}}$ 计算所得的 t 的绝对值 $|t|$ 与临界 t 值 t_α 的比较转为将两两平均数差数的绝对值 $|\bar{x}_{i\cdot} - \bar{x}_{j\cdot}|$ 与最小显著差数 $t_{\alpha(df_e)} s_{\bar{x}_{i\cdot} - \bar{x}_{j\cdot}}$ 的比较作出统计推断。但是，由于 LSD 法是利用 F 检验中的误差自由度 df_e 查临界 t 值 t_α、利用误差均方 MS_e 计算均数差数标准误 $s_{\bar{x}_{i\cdot} - \bar{x}_{j\cdot}}$，因而 LSD 法又不同于每次利用两组数据进行多个平均数两两比较的 t 检验。它解决了 t 检验检验工作量大，无统一的试验误差且试验误差估计值的精确性和检验的灵敏度低这两个问题。但 LSD 法并未解决推断犯 I 型错误的概率大、推断可靠性低的问题。

（2）有人指出，LSD 法适用于各处理与对照比较而处理间不进行比较的比较形式。实际上 Dunnett 法更适合这种比较形式（关于 Dunnett 法，读者可参阅其他有关统计学书籍）。

（3）因为 LSD 法实质上是 t 检验，故有人指出其最适宜的比较形式是：在进行试验设计时就确定只进行特定处理的两两比较，每个处理在两两比较中只比较一次。例如，某试验有 4 个处理，设计时已确定只是处理 1 与处理 2、处理 3 与处理 4 比较，或处理 1 与处理 3、处理 2 与处理 4 比较，或处理 1 与处理 4、处理 2 与处理 3 比较，而其他的处理间不进行比较。因为这种比较形式实际上不涉及多个平均数的极差问题，所以不会增大犯 I 型错误的概率。

综上所述，对于多个处理平均数所有可能的两两比较，LSD 法的优点在于方法简便，避免了一般 t 检验所具有的某些缺点，但是由于没有考虑相互比较的处理平均数依数值大小排列的秩次，故仍有犯 I 型错误概率大、推断可靠性低的问题。为克服此弊病，统计学家提出了最小显著极差法。

（二）最小显著极差法

最小显著极差法的特点是把平均数的差数看成是平均数的极差，根据极差范围内所包含的处理数，即秩次距（number of means）k 的不同而采用不同的检验尺度，以弥补 LSD 法的不足。这些在显著水平 α 上依秩次距 k 的不同而采用的不同的检验尺度叫作最小显著极差，记为 $LSR_{\alpha, k}$。

例如，在表5-4中，差数 11.5 是 31.5 与 20.0 的极差，极差范围内所包含的处理数为 5，即极差 11.5 的秩次距 $k=5$，其显著性由极差 11.5 与秩次距 $k=5$ 的最小显著极差相比较作出推断。

在表5-4中，差数 8.5 是 28.5 与 20.0 的极差，差数 7.0（A_4行上）是 31.5 与 24.5 的极差，极差 8.5、7.0（A_4行上）范围内所包含的处理数是 4，即极差 8.5、7.0（A_4行上）的秩次距 $k=4$，其显著性由极差 8.5、7.0（A_4行上）与秩次距 $k=4$ 的最小显著极差相比较作出推断；差数 7.0（A_1行上）是 27.0 与 20.0 的极差，差数 4.0 是 28.5 与 24.5 的极差，差数 4.5

（A_4行上）是31.5与27.0的极差。极差7.0（A_1行上）、4.0、4.5（A_4行上）范围内所包含的处理数是3，即极差7.0（A_1行上）、4.0、4.5（A_4行上）的秩次距$k=3$，其显著性由极差7.0（A_1行上）、4.0、4.5（A_4行上）与秩次距$k=3$的最小显著极差相比较作出推断。差数4.5（A_2行上）是24.5与20.0的极差，差数2.5是27.0与24.5的极差，差数1.5是28.5与27.0的极差，差数3.0是31.5与28.5的极差。极差4.5（A_2行上）、2.5、1.5、3.0范围内所包含的处理数是2，即极差4.5（A_2行上）、2.5、1.5、3.0的秩次距$k=2$，其显著性由极差4.5（A_2行上）、2.5、1.5、3.0与秩次距$k=2$的最小显著极差相比较作出推断。

一般，有k个平均数相互比较，就有$k-1$种秩次距，即k，$k-1$，…，2，因而须求得$k-1$个最小显著极差$LSR_{\alpha,k}$，$LSR_{\alpha,k-1}$，…，$LSR_{\alpha,2}$，分别作为推断具有相应秩次距的平均数的极差在显著水平α上是否显著的标准。

因为LSR法是一种极差检验法，所以当一个平均数大集合的极差不显著时，其中所包含的各个较小集合的极差也应一概作为不显著。

LSR法弥补了LSD法的不足，但检验的工作量有所增加。常用的LSR法有q法和SSR法两种。

1. q法 此法以统计数q的概率分布为基础，q由式（5-17）计算：

$$q=\frac{\omega}{s_{\bar{x}}} \tag{5-17}$$

其中，ω为极差；$s_{\bar{x}}=\sqrt{\dfrac{MS_e}{n}}$为标准误。$q$分布依赖于误差自由度$df_e$与秩次距$k$。

利用q法进行多重比较时，为了简便起见，不是将根据式（5-17）计算出的q值与临界q值$q_{\alpha(df_e,k)}$比较，而是将极差ω与$q_{\alpha(df_e,k)}s_{\bar{x}}$比较，作出统计推断。$q_{\alpha(df_e,k)}s_{\bar{x}}$称为秩次距为$k$、显著水平为$\alpha$的最小显著极差，记为$LSR_{\alpha,k}$，即

$$LSR_{\alpha,k}=q_{\alpha(df_e,k)}s_{\bar{x}} \tag{5-18}$$

当显著水平$\alpha=0.05$与0.01时，从附表6（q值表）中，根据自由度df_e与秩次距k查出临界q值$q_{0.05(df_e,k)}$与$q_{0.01(df_e,k)}$，代入式（5-18），得

$$LSR_{0.05,k}=q_{0.05(df_e,k)}s_{\bar{x}}$$
$$LSR_{0.01,k}=q_{0.01(df_e,k)}s_{\bar{x}} \tag{5-19}$$

实际采用q法进行多重比较，按如下步骤进行：

（1）计算标准误$s_{\bar{x}}$，根据自由度df_e、秩次距k查出$q_{0.05(df_e,k)}$与$q_{0.01(df_e,k)}$，计算最小显著极差$LSR_{0.05,k}$与$LSR_{0.01,k}$。

（2）列出平均数多重比较表。表中各处理按其平均数从大到小自上而下排列，计算并填写两两平均数的差数（极差）。

（3）将平均数多重比较表中的各极差与相应的最小显著极差$LSR_{0.05,k}$、$LSR_{0.01,k}$比较，作出统计推断。

对于【例5-1】，因为$MS_e=6.73$，故标准误$s_{\bar{x}}$为

$$s_{\bar{x}}=\sqrt{\frac{MS_e}{n}}=\sqrt{\frac{6.73}{4}}=1.2971$$

根据$df_e=15$，秩次距$k=2$、3、4、5查附表6，得$\alpha=0.05$、$\alpha=0.01$的临界q值，乘以

标准误 $s_{\bar{x}}$，计算出各最小显著极差 LSR。q 值与 LSR 值列于表 5-5。

表 5-5　q 值与 LSR 值

df_e	秩次距 k	$q_{0.05}$	$q_{0.01}$	$LSR_{0.05}$	$LSR_{0.01}$
	2	3.01	4.17	3.90	5.41
15	3	3.67	4.84	4.76	6.28
	4	4.08	5.25	5.29	6.81
	5	4.37	5.56	5.67	7.21

各处理平均数，即施用不同种类氮肥的稻谷平均产量的多重比较见表 5-6。

表 5-6　施用不同种类氮肥的稻谷平均产量多重比较表（q 法）

处理	平均数 $\bar{x}_{i.}$	$\bar{x}_{i.}-20.0$	$\bar{x}_{i.}-24.5$	$\bar{x}_{i.}-27.0$	$\bar{x}_{i.}-28.5$
A_4	31.5	11.5**	7.0**	4.5	3.0
A_3	28.5	8.5**	4.0	1.5	
A_1	27.0	7.0**	2.5		
A_2	24.5	4.5*			
A_5	20.0				

将表 5-6 中的极差 4.5（A_2 行上）、2.5、1.5、3.0 与表 5-5 中的最小显著极差 3.90、5.41 比较；将极差 7.0（A_1 行上）、4.0、4.5（A_4 行上）与最小显著极差 4.76、6.28 比较；将极差 8.5、7.0（A_4 行上）与最小显著极差 5.29、6.81 比较；将极差 11.5 与最小显著极差 5.67、7.21 比较，作出推断。检验结果除 A_4 与 A_1 的差数 4.5（A_4 行上）、A_3 与 A_2 的差数 4.0 由采用 LSD 法进行多重比较的差异显著变为差异不显著外，其余检验结果同 LSD 法。

2．SSR 法　SSR（shortest significant range）法是由 Duncan（1955）提出，故又称为 Duncan 法，亦称为新复极差法（new multiple range method）。SSR 法与 q 法的检验步骤相同，唯一不同的是计算最小显著极差时查 SSR 值表（附表 7）而不是查 q 值表。最小显著极差计算公式为

$$LSR_{\alpha,k}=SSR_{\alpha(df_e,k)}s_{\bar{x}} \tag{5-20}$$

其中，$SSR_{\alpha(df_e,k)}$ 是根据显著水平 α、误差自由度 df_e、秩次距 k 查 SSR 值表（附表 7）所得到的临界 SSR 值，$s_{\bar{x}}=\sqrt{\dfrac{MS_e}{n}}$。$\alpha=0.05$、$\alpha=0.01$ 的最小显著极差为

$$\begin{aligned}LSR_{0.05,k}=SSR_{0.05(df_e,k)}s_{\bar{x}}\\LSR_{0.01,k}=SSR_{0.01(df_e,k)}s_{\bar{x}}\end{aligned} \tag{5-21}$$

对于【例 5-1】，已算出 $s_{\bar{x}}=1.2971$，根据 $df_e=15$，秩次距 $k=2$、3、4、5 查附表 7，得 $\alpha=0.05$、$\alpha=0.01$ 的临界 SSR 值，乘以 $s_{\bar{x}}=1.2971$，计算出各最小显著极差 LSR。SSR 值与 LSR 值列于表 5-7。

表 5-7 *SSR* 值与 *LSR* 值

df_e	秩次距 k	$SSR_{0.05}$	$SSR_{0.01}$	$LSR_{0.05}$	$LSR_{0.01}$
	2	3.01	4.17	3.90	5.41
15	3	3.16	4.37	4.10	5.67
	4	3.25	4.50	4.22	5.84
	5	3.31	4.58	4.29	5.94

各处理平均数，即施用不同种类氮肥的稻谷平均产量的多重比较见表 5-8。

表 5-8 施用不同种类氮肥的稻谷平均产量多重比较表（SSR 法）

处理	平均数 $\bar{x}_{i.}$	$\bar{x}_{i.}-20.0$	$\bar{x}_{i.}-24.5$	$\bar{x}_{i.}-27.0$	$\bar{x}_{i.}-28.5$
A_4	31.5	11.5^{**}	7.0^{**}	4.5^{*}	3.0
A_3	28.5	8.5^{**}	4.0	1.5	
A_1	27.0	7.0^{**}	2.5		
A_2	24.5	4.5^{*}			
A_5	20.0				

将表 5-8 中的极差与表 5-7 中相应的最小显著极差比较，作出推断。检验结果，除 A_4 与 A_1 的差数 4.5（A_4 行上）由采用 q 法进行多重比较的差异不显著变为差异显著外，其余检验结果与 q 法相同。

以上介绍的三种多重比较方法，其检验尺度有如下关系：

$$LSD 法 \leqslant SSR 法 \leqslant q 法$$

当秩次距 k=2 时，取等号；秩次距 k≥3 时，取小于号。在多重比较中，LSD 法的尺度最小，q 法尺度最大，SSR 法尺度居中。用上述排列顺序，前面方法检验显著的差数，用后面方法检验未必显著；用后面方法检验显著的差数，用前面方法检验必然显著。一般地讲，一个试验资料究竟采用哪一种多重比较方法，主要应根据否定一个正确的 H_0 和接受一个不正确的 H_0 的相对重要性来决定。如果否定正确的 H_0 是事关重大或后果严重的，或对试验要求严格时，用 q 法较为妥当；如果接受一个不正确的 H_0 是事关重大或后果严重的，则宜用 SSR 法。对于田间试验结果的分析，由于试验误差通常较大，常采用 SSR 法；若 F 检验显著，为了简便，也可采用 LSD 法。

（三）多重比较结果的表示法

各个平均数经多重比较后，应以简明的形式将多重比较结果表示出来，常用的表示方法有标记符号法和标记字母法两种。

1. 标记符号法　此法是根据多重比较结果在平均数多重比较表中各个差数的右上方标记符号 "*ns*"（或不标记符号）表示该差数不显著、标记 "*" 表示该差数显著、标记 "**" 表示该差数极显著，如表 5-4（LSD 法）、表 5-6（q 法）、表 5-8（SSR 法）所示。由于在多重比较表中各个平均数差数构成一个三角形阵列，故标记符号法也称为三角形法。此法的优点是简便直观，缺点是占的篇幅较大。

2. 标记字母法　此法是先将各个平均数由大到小自上而下排列；当显著水平 $\alpha=0.05$

时，在最大平均数后标记小写英文字母 a，并将该平均数与以下各个平均数依次比较，凡与其差异不显著者，标记同一字母 a，直到与其差异显著的平均数标记字母 b 为止；再以标有字母 b 的平均数与上方比它大的各个平均数比较，凡与其差异不显著者，一律再加标字母 b，直至差异显著不加标字母 b 为止；再以标记有字母 b 的最大平均数与下面各个未标记字母的平均数比较，凡与其差异不显著者，继续标记字母 b，直至与其差异显著的平均数标记 c 为止；再以标有字母 c 的平均数与上方比它大的各个平均数比较，凡与其差异不显著者，一律再加标字母 c，直至差异显著不加标字母 c 为止；如此重复下去，直至最小一个平均数被标记某一字母，若该字母是前面未曾标记的新字母，则还须将最小的平均数与上方比它大的各个平均数比较，凡与其差异不显著者，一律再加标该新字母，直至与其差异显著的平均数不加标该新字母为止。这样，各个平均数凡有一个相同字母者，其差异不显著；凡无一相同字母者，其差异显著。

当显著水平 $\alpha=0.01$ 时，用大写英文字母 A、B、C 等表示多重比较结果，标记字母的方法同上。

在利用标记字母法表示多重比较结果时，为了避免差错，常在标记符号法的基础上进行。标记字母法的优点是占的篇幅小，在科技文献中常见。

对于【例 5-1】，根据表 5-8 所表示的采用 SSR 法进行多重比较结果，用字母标记如表 5-9 所示。

表 5-9　表 5-8 多重比较结果的字母标记（SSR 法）

处理	平均数 $\bar{x}_{i\cdot}$	显著性	
		$\alpha=0.05$	$\alpha=0.01$
A_4	31.5	a	A
A_3	28.5	ab	AB
A_1	27.0	b	AB
A_2	24.5	b	BC
A_5	20.0	c	C

在表 5-9 中，先将各处理平均数由大到小自上而下排列。当显著水平 $\alpha=0.05$ 时，在最大平均数 31.5 行上标记字母 a；将平均数 31.5 与下方的平均数 28.5 比较，差数为 3.0，在 $\alpha=0.05$ 水平上不显著，所以在平均数 28.5 行上标记字母 a；再将平均数 31.5 与下方的平均数 27.0 比较，差数为 4.5，在 $\alpha=0.05$ 水平显著，所以在平均数 27.0 行上标记字母 b；然后将标记字母 b 的平均数 27.0 与上方平均数 28.5 比较，差数为 1.5，在 $\alpha=0.05$ 水平上不显著，所以在平均数 28.5 行上加标字母 b；将标记字母 b 的最大平均数 28.5 与平均数 24.5 比较，差数为 4.0，在 $\alpha=0.05$ 水平上不显著，所以在平均数 24.5 行上标记字母 b；再将平均数 28.5 与平均数 20.0 比较，差数为 8.5，在 $\alpha=0.05$ 水平上显著，所以在平均数 20.0 行上标记字母 c；以标记字母 c 的平均数 20.0 向上与平均数 24.5 比较，差数为 4.5，在 $\alpha=0.05$ 水平上显著，所以不在平均数 24.5 行上加标字母 c。到此为止，已把显著水平 $\alpha=0.05$ 的多重比较结果在各处理平均数行上标记了字母（小写英文字母）。

类似地，把显著水平 $\alpha=0.01$ 的多重比较结果在各处理平均数行上标记字母（大写英文字母），结果见表 5-9。

由表 5-9 可知，水稻施用不同种类的氮肥以施用尿素的平均产量最高，极显著高于对照和施用氨水 2 的稻谷平均产量，显著高于施用氨水 1 的稻谷平均产量，但与施用碳酸氢铵的稻谷平均产量差异不显著；施用碳酸氢铵、施用氨水 1 的稻谷平均产量极显著高于对照的稻谷平均产量；施用氨水 2 的稻谷平均产量显著高于对照的稻谷平均产量；施用碳酸氢铵、施用氨水 1、施用氨水 2 的稻谷平均产量差异两两差异不显著。

应当注意，无论采用哪种方法表示多重比较结果，都应注明采用的是哪一种多重比较法。

*五、单一自由度的正交比较

前面所介绍的多重比较法适用于两两处理平均数的比较。在农学、生物学试验研究中，有时需要进行一个处理平均数与多个处理平均数或一组处理平均数与另一组处理平均数的比较。这一类比较可以利用单一自由度的正交比较来进行。下面结合实例说明如何进行单一自由度的正交比较。

【例 5-2】　随机抽测某地元麦及元麦和蚕豆混种、间种 4 种不同种植方式各 5 个田块的作物产量（混、间种者为麦、豆产量合计），抽测结果见表 5-10。其中，A_1 为元麦单种，A_2 为麦豆混种，A_3 为 2 行麦 1 行豆间种，A_4 为 3 行麦 2 行豆间种。

表 5-10　不同种植方式的作物产量　　　（单位：500g/666.7m²）

种植方式	产量 x_{ij}					总和 $x_{i\cdot}$	平均 $\bar{x}_{i\cdot}$
A_1	20	24	22	18	21	105	21.0
A_2	24	23	28	21	24	120	24.0
A_3	30	28	34	32	31	155	31.0
A_4	30	33	31	36	35	165	33.0
总和						$x_{\cdot\cdot}=545$	

这是一个处理数 $k=4$、重复数 $n=5$ 的单因素完全随机设计试验资料，按照上面介绍的方法进行方差分析（具体计算过程略），表 5-11 为表 5-10 资料的方差分析表。

表 5-11　表 5-10 资料的方差分析表

变异来源	SS	df	MS	F
处理间	483.75	3	161.25	28.043**
处理内	92.00	16	5.75	
总变异	575.75	19		

注：$F_{0.01(3,16)}=5.29$

对于【例 5-2】，试验者可能对下述问题比较感兴趣：①单种与混种、间种比较；②混种与间种比较；③2 行麦 1 行豆间种与 3 行麦 2 行豆间种比较。

虽然用前述多重比较方法可以进行 2 行麦 1 行豆间种与 3 行麦 2 行豆间种比较，但是无法进行单种与混种、间种比较，混种与间种比较。如果事先按照一定的原则设计好 $k-1$ 个正交比较，将处理间平方和根据设计要求分解成有意义的各具 1 个自由度的 $k-1$ 个正交比较平方和，然后用 F 检验（此时 $df_1=1$）便可进行上述特殊比较。这就是所谓单一自由度的正交比较（orthogonal contrast of single degree of freedom），也叫单一自由度的独立比较（independent contrast of single degree of freedom）。单一自由度的正交比较有成组比较和趋势比较两种方式，后者涉及回归分析。这里结合【例 5-2】的上述 3 个比较，仅就成组比较予以介绍。

首先将表 5-10 各处理的产量总和 $x_i.$ 抄于表 5-12，然后写出各预定比较的正交系数。

表 5-12　【例 5-2】资料单一自由度正交比较的正交系数与平方和的计算

比较	各处理的产量总和 $x_i.$				D_i	$n\sum C_i^2$	SS_i
	A_1	A_2	A_3	A_4			
	$x_1.=105$	$x_2.=120$	$x_3.=155$	$x_4.=165$			
A_1 与 $A_2+A_3+A_4$	+3	−1	−1	−1	−125	60	260.4167
A_2 与 A_3+A_4	0	+2	−1	−1	−80	30	213.3333
A_3 与 A_4	0	0	+1	−1	−10	10	10.0000
总和							483.7500

表 5-12 中各比较项的正交系数（orthogonal coefficient）C_i 按下述规则确定。

（1）如果比较的两个处理组包含的处理数目相等，则第一个处理组的各处理的系数为 +1，第二个处理组的各处理的系数为 −1，至于哪一个处理组取正号或负号无关紧要。例如，A_3 与 A_4 两个处理组（各包含 1 个处理）比较，A_3 处理的系数为 +1，A_4 处理的系数为 −1。

（2）如果比较的两个处理组包含的处理数目不相等，则第一个处理组的各处理的系数等于第二个处理组的处理数；第二个处理组的各处理的系数等于第一个处理组的处理数，但正、负号相反。例如，A_1 与 $A_2+A_3+A_4$ 的比较，第一个处理组只有 1 个处理，第二个处理组有 3 个处理，故 A_1 处理的系数为 +3，A_2、A_3、A_4 处理的系数为 −1。又如，A_2 与 A_3+A_4 的比较，第一个处理组只有 1 个处理，第二个处理组有 2 个处理，故 A_2 处理的系数为 +2，A_3、A_4 处理的系数为 −1。

（3）把系数约简成最小的整数。例如，2 个处理为一组与 4 个处理为一组比较，依照规则（2）有系数 +4、+4、−2、−2、−2、−2，这些系数应约简成 +2、+2、−1、−1、−1、−1。

（4）有时，一个比较可能是另两个比较因素的互作效应（两个因素互作效应的意义及计算见本章第三节）。此时，这一比较的系数可用另两个比较的相应系数相乘求得。例如，某玉米高产试验，研究玉米品种 B 和种植密度 F 两个因素对产量的影响，玉米品种 B 有 2 个水平 B_1、B_2，种植密度 F 有 2 个水平 F_1、F_2，共有 4 个水平组合（即处理）B_1F_1、B_1F_2、B_2F_1、B_2F_2，其比较如下：

比较	B_1F_1	B_1F_2	B_2F_1	B_2F_2
品种 B_1、B_2 间	−1	−1	+1	+1
密度 F_1、F_2 间	−1	+1	−1	+1
水平组合 BF 间 （品种 B 与密度 F 的互作效应）	+1	−1	−1	+1

表中 B_1 与 B_2、F_1 与 F_2 两个比较的系数是按照规则（1）得到的；水平组合 BF 间的比较是两个比较因素品种 B 与密度 F 的互作效应，其系数由 B_1 与 B_2、F_1 与 F_2 两个比较的系数相乘得来。

各个比较的正交系数确定后，根据式（5-22）计算每一比较的代数和 D_i，

$$D_i = \sum C_i x_{i.} \tag{5-22}$$

其中，C_i 为正交系数；$x_{i.}$ 为第 i 处理的总和。表 5-12 中各个比较的代数和 D_i 计算如下：

$$D_1 = 3 \times 105 - 1 \times 120 - 1 \times 155 - 1 \times 165 = -125$$

$$D_2 = 2 \times 120 - 1 \times 155 - 1 \times 165 = -80$$

$$D_3 = 1 \times 155 - 1 \times 165 = -10$$

再根据式（5-23）计算各个比较的平方和 SS_i

$$SS_i = \frac{D_i^2}{n \sum C_i^2} \tag{5-23}$$

其中，n 为各处理的重复数，本例 $n=5$。对于第一个比较，

$$SS_1 = \frac{(-125)^2}{5 \times [\, 3^2 + (-1)^2 + (-1)^2 + (-1)^2 \,]} = \frac{(-125)^2}{5 \times 12} = 260.4167$$

同样可计算出 $SS_2 = 213.3333$，$SS_3 = 10.0000$。计算结果列入表 5-12 中。

注意，$SS_1 + SS_2 + SS_3 = 483.7500$，正是表 5-11 中处理间平方和 SS_t。也就是说，利用上面的方法已将表 5-11 处理间具 3 个自由度的平方和分解为各具 1 个自由度的 3 个正交比较的平方和。表 5-13 为表 5-10 资料单一自由度正交比较方差分析表。

表 5-13　表 5-10 资料单一自由度正交比较方差分析表

变异来源	df	SS	MS	F
处理间	3	483.7500	161.2500	28.043**
单种与混、间种间	1	260.4167	260.4167	45.290**
混种与间种间	1	213.3333	213.3333	37.101**
2 行麦 1 行豆间种与 3 行麦 2 行豆间种间	1	10.0000	10.0000	1.739
误差	16	92.0000	5.7500	
总变异	19	575.7500		

注：$F_{0.01(3, 16)} = 5.29$；$F_{0.05(1, 16)} = 4.49$，$F_{0.01(1, 16)} = 8.53$。

将表 5-13 中各个比较的均方除以误差均方 MS_e，得到各个比较的 F 值。因为单种与混种、间种间的 $F > F_{0.01(1, 16)} = 8.53$、$p < 0.01$；混种与间种间的 $F > F_{0.01(1, 16)} = 8.53$、$p < 0.01$；2 行麦 1 行豆间种与 3 行麦 2 行豆间种间的 $F < F_{0.01(1, 16)} = 4.49$、$p > 0.05$，表明单种与混种、间种，混种与间种的平均产量差异极显著；2 行麦 1 行豆间种与 3 行麦 2 行豆间种平均产量差异不显著。

正确进行单一自由度正交比较的关键是正确确定比较的内容和比较的正交系数。在具体实施时应注意满足以下 3 个条件。

（1）设有 k 个处理，正交比较的数目最多能安排 $k-1$ 个；若进行单一自由度正交比较，则比较数目必须为 $k-1$，以使每一比较具有且仅具有 1 个自由度。

（2）每一比较的系数之和必须为零，即 $\sum C_i = 0$，以使每一比较都是均衡的。

（3）任意两个比较的相应系数乘积之和必须为零，即 $\sum C_i C_j = 0$，以保证 SS_t 的独立分解。

对于条件（2），只要遵照上述确定比较项系数的 4 条规则即可满足。对于条件（3），主要是在确定比较内容时，若某一处理（或处理组）已经和其余处理（或处理组）作过一次比较，则该处理（或处理组）就不能再参加另外的比较。否则就会破坏 $\sum C_i C_j = 0$ 这一条件。只要同时满足（2）、（3）两个条件，就能保证所实施的比较是正交的，因而也是独立的。若这样的比较有 $k-1$ 个，就是正确地进行了一次单一自由度的正交比较。

单一自由度正交比较的优点在于：①它能进行一些特殊重要的处理比较；处理有多少个自由度，就能进行多少个独立的比较，不过这些比较应在试验设计时就要计划好；②计算简单；③对处理间平方和提供了一个有用的核对方法，即单一自由度正交比较的平方和之和应等于被分解的处理间的平方和。否则，不是计算有误，就是分解并非独立。

在本节中，结合单因素完全随机设计试验资料方差分析的实例，详细介绍了方差分析的基本原理与步骤。方差分析的基本步骤归纳为：①计算各项平方和与自由度；②列出方差分析表，进行 F 检验；③多重比较。

若 F 检验显著或极显著，则还需进行多重比较。常用的多重比较方法有最小显著差数法（LSD 法）和最小显著极差法（LSR 法：包括 q 法和 SSR 法）。表示多重比较结果的方法有标记符号法和标记字母法。LSD 法、LSR 法适用于两两处理平均数的比较。若要进行一个处理平均数与多个处理平均数或一组处理平均数与另一组处理平均数的比较，则应考虑进行单一自由度正交比较。

第二节　单因素完全随机设计试验资料的方差分析

对试验资料进行方差分析，根据试验因素的多少，可分为单因素、两因素和多因素试验资料的方差分析；根据试验设计方法的不同，可分为完全随机设计、随机区组设计、拉丁方设计和裂区设计试验资料的方差分析。单因素完全随机设计试验资料的方差分析是其中最简单的一种。根据各处理重复数是否相等，单因素完全随机设计试验资料的方差分析分为各处理重复数相等和各处理重复数不等两种类别。这两种类别单因素完全随机设计试验资料的方差分析基本步骤相同，但各项平方和与自由度的计算公式、多重比较中标准误的计算公式略有不同。本节各举一例予以说明。

一、各处理重复数相等的单因素完全随机设计试验资料的方差分析

R 脚本　SAS 程序

【例 5-3】　4 个小麦新品系比较试验，重复 6 次，完全随机设计，小区产量见表 5-14。检验不同小麦品系平均产量是否有差异。

表 5-14　4 个不同小麦品系的产量　　　　　　　　　　（单位：kg/小区）

品系	观测值 x_{ij}						总和 $x_{i.}$	平均 $\overline{x}_{i.}$
04-1	12	10	14	16	12	18	82	13.67
04-2	8	10	12	14	12	16	72	12.00
04-3	14	16	13	16	10	15	84	14.00
04-4	16	18	20	16	14	16	100	16.67
总和							$x_{..}=338$	

这是一个各处理重复数相等的单因素完全随机设计试验资料，$k=4$、$n=6$，方差分析如下。

1. 计算各项平方和与自由度

矫正数　　　$C=\dfrac{x_{..}^2}{kn}=\dfrac{338^2}{4\times6}=4760.1667$

总平方和　　$SS_T=\sum\limits_{i=1}^{k}\sum\limits_{j=1}^{n}x_{ij}^2-C=(12^2+10^2+\cdots+16^2)-4760.1667=197.8333$

总自由度　　$df_T=kn-1=4\times6-1=23$

品系间平方和　　$SS_t=\dfrac{1}{n}\sum\limits_{i=1}^{k}x_{i.}^2-C=\dfrac{82^2+72^2+84^2+100^2}{6}-4760.1667=67.1666$

品系间自由度　　$df_t=k-1=4-1=3$

误差平方和　　$SS_e=SS_T-SS_t=197.8333-67.1666=130.6667$

误差自由度　　$df_e=df_T-df_t=23-3=20$

2. 列出方差分析表（表 5-15），进行 F 检验

表 5-15　4 个不同小麦品系产量方差分析表

变异来源	SS	df	MS	F
品系间	67.1666	3	22.3889	3.427[*]
误差	130.6667	20	6.5333	
总变异	197.8333	23		

注：$F_{0.05(3,\,20)}=3.20$，$F_{0.01(3,\,20)}=4.94$

因为品系间的 F 介于 $F_{0.05(3,\,20)}$ 与 $F_{0.01(3,\,20)}$ 之间、$0.01<p<0.05$，表明 4 个小麦品系平均产量差异显著。

3. 多重比较　　下面进行 4 个小麦品系平均产量的多重比较（SSR 法）。因为 $MS_e=6.5333$，$n=6$，所以标准误 $s_{\overline{x}}$ 为

$$s_{\overline{x}}=\sqrt{\dfrac{MS_e}{n}}=\sqrt{\dfrac{6.5333}{6}}=1.0435$$

根据 $df_e=20$，秩次距 $k=2$、3、4 查附表 7，得 $\alpha=0.05$、$\alpha=0.01$ 的各个 SSR 值，乘以 $s_{\overline{x}}=1.0435$，计算各个最小显著极差 LSR。SSR 值与 LSR 值列于表 5-16。

表 5-16　SSR 值与 LSR 值

df_e	秩次距 k	$SSR_{0.05}$	$SSR_{0.01}$	$LSR_{0.05}$	$LSR_{0.01}$
	2	2.95	4.02	3.078	4.195
20	3	3.10	4.22	3.235	4.404
	4	3.18	4.33	3.318	4.518

　　不同小麦品系平均产量的多重比较见表 5-17。多重比较结果表明，小麦品系 04-4 的平均产量极显著高于 04-2，与 04-3、04-1 差异不显著；小麦品系 04-3、04-1、04-2 的平均产量两两差异不显著。4 个小麦新品系以 04-4 的平均产量最高。

表 5-17　不同小麦品系平均产量多重比较表（SSR 法）

品系	平均数 $\bar{x}_{i.}$	显著性	
		0.05	0.01
04-4	16.67	a	A
04-3	14.00	ab	AB
04-1	13.67	ab	AB
04-2	12.00	b	B

二、各处理重复数不等的单因素完全随机设计试验资料的方差分析

　　设处理数为 k，各处理重复数为 n_1，n_2，$\cdots$，n_k，试验观测值总个数为 $N=\sum n_i$，各项平方和与自由度的计算公式如下：

矫正数　　　　$C=\dfrac{x_{..}^2}{N}$

总平方和　　　$SS_T=\displaystyle\sum_{i=1}^{k}\sum_{j=1}^{n_i}x_{ij}^2-C$，总自由度 $df_T=N-1$

$$（5-24）$$

处理间平方和　　$SS_t=\displaystyle\sum_{i=1}^{k}\dfrac{x_{i.}^2}{n_i}-C$，处理间自由度 $df_t=k-1$

误差平方和　　　$SS_e=SS_T-SS_t$，误差自由度 $df_e=df_T-df_t$

　　因为各处理重复数不等，不论采用 LSD 法还是 LSR 法进行处理平均数的多重比较，均用式（5-25）计算出各处理平均数重复数 n_0，代替均数差数标准误 $s_{\bar{x}_{i.}-\bar{x}_{j.}}$ 或标准误 $s_{\bar{x}}$ 计算公式的 n。

$$n_0=\frac{1}{k-1}\left(\sum n_i-\frac{\sum n_i^2}{\sum n_i}\right)$$

$$（5-25）$$

其中，k 为试验的处理数；n_i（$i=1$，2，$\cdots$，k）为第 i 处理的重复数。

　　【例 5-4】　5 个玉米品种的盆栽试验，完全随机设计。对穗长进行测定，测定结果见表 5-18。检验 5 个玉米品种平均穗长是否有差异。

表 5-18　5 个玉米品种的穗长 （单位：cm）

品种	穗长 x_{ij}						重复数 n_i	总和 x_i	平均 $\bar{x}_{i\cdot}$
B_1	21.5	19.5	20.0	22.0	18.0	20.0	6	121.0	20.2
B_2	16.0	18.5	17.0	15.5	20.0	16.0	6	103.0	17.2
B_3	19.0	17.5	20.0	18.0	17.0		5	91.5	18.3
B_4	21.0	18.5	19.0	20.0			4	78.5	19.6
B_5	15.5	18.0	17.0	16.0			4	66.5	16.6
总和							25	$x_{\cdot\cdot}$=460.5	

这是一个各处理重复数不等的单因素完全随机设计试验资料，处理数 $k=5$，方差分析如下所述。

1. 计算各项平方和与自由度

R 脚本　SAS 程序

矫正数　　　　$C=\dfrac{x_{\cdot\cdot}^2}{N}=\dfrac{460.5^2}{25}=8482.41$

总平方和　　　$SS_T=\sum\limits_{i=1}^{k}\sum\limits_{j=1}^{n_i}x_{ij}^2-C=(21.5^2+19.5^2+\cdots+16.0^2)-8482.41=85.34$

总自由度　　　$df_T=N-1=25-1=24$

品种间平方和　$SS_t=\sum\limits_{i=1}^{k}\dfrac{x_{i\cdot}^2}{n_i}-C=\left(\dfrac{121.0^2}{6}+\dfrac{103.0^2}{6}+\cdots+\dfrac{66.5^2}{4}\right)-8482.41=46.502$

品种间自由度　$df_t=k-1=5-1=4$

误差平方和　　$SS_e=SS_T-SS_t=85.34-46.50=38.84$

误差自由度　　$df_e=df_T-df_t=24-4=20$

2. 列出方差分析表（表 5-19），进行 F 检验

表 5-19　5 个玉米品种穗长方差分析表

变异来源	SS	df	MS	F
品种间	46.50	4	11.63	5.99**
品种内（误差）	38.84	20	1.94	
总变异	85.34	24		

注：$F_{0.01(4, 20)}=4.43$

因为品种间的 $F>F_{0.01(4, 20)}$、$p<0.01$，表明 5 个玉米品种平均穗长差异极显著。

3. 多重比较　下面进行 5 个玉米品种平均穗长的多重比较（SSR 法）。因为各处理重复数不等，先由式（5-25）计算平均重复次数 n_0。

$$n_0=\dfrac{1}{k-1}\left(\sum n_i-\dfrac{\sum n_i^2}{\sum n_i}\right)=\dfrac{1}{5-1}\times\left(25-\dfrac{6^2+6^2+5^2+4^2+4^2}{25}\right)=4.96$$

于是，标准误 $s_{\bar{x}}$ 为

$$s_{\bar{x}}=\sqrt{\dfrac{MS_e}{n_0}}=\sqrt{\dfrac{1.94}{4.96}}=0.625$$

根据 $df_e=20$，秩次距 $k=2$、3、4、5 查附表 7，得 $\alpha=0.05$、$\alpha=0.01$ 的 SSR 值，乘以标准误 $s_{\bar{x}}=0.625$，计算出各最小显著极差 LSR。SSR 值与 LSR 值列于表 5-20。

表 5-20　SSR 值与 LSR 值表

df_e	秩次距 k	$SSR_{0.05}$	$SSR_{0.01}$	$LSR_{0.05}$	$LSR_{0.01}$
	2	2.95	4.02	1.844	2.513
20	3	3.10	4.22	1.938	2.638
	4	3.18	4.33	1.988	2.706
	5	3.25	4.40	2.031	2.750

5 个玉米品种平均穗长的多重比较见表 5-21。多重比较结果表明，玉米品种 B_1、B_4 的平均穗长极显著或显著高于品种 B_2、B_5，但与品种 B_3 差异不显著。

表 5-21　5 个玉米品种平均穗长多重比较表（SSR 法）

品种	平均数 $\bar{x}_{i.}$	显著性 0.05	显著性 0.01
B_1	20.2	a	A
B_4	19.6	a	AB
B_3	18.3	ab	ABC
B_2	17.2	b	BC
B_5	16.6	b	C

单因素试验只能解决一个因素各水平之间的比较问题，如品种比较试验，只能比较几个品种的优劣；施氮量试验，只能比较几种施氮量对产量影响的好坏。但影响农作物产量的因素很多，如品种，N、P、K 的施用量，密度，播期等。为了提高农作物的产量，往往要对这些因素同时考察，只有这样才能选择出高产的优良品种和与之配套的栽培技术措施，这就要求进行两因素或多因素试验。下面介绍两因素完全随机设计试验资料的方差分析。

第三节　两因素完全随机设计试验资料的方差分析

两因素试验按水平组合的方式不同，分为交叉分组（cross classification）和系统分组（hierarchical classification）两种类型，因而对两因素试验资料的方差分析亦分为两因素交叉分组试验资料的方差分析和两因素系统分组试验资料的方差分析两种类型，现分别介绍如下。

一、两因素交叉分组完全随机设计试验资料的方差分析

设试验考察 A、B 两个因素，A 因素有 a 个水平，B 因素有 b 个水平。所谓 A、B 两因素交叉分组是指 A 因素每个水平与 B 因素的每个水平交叉搭配形成 ab 个水平组合即处理，试验因素 A、B 在试验中处于同等地位。若采用完全随机设计，则将试验单位完全随机分成 ab 组，每组试验单位随机接受一种处理。这种试验资料以各处理是单个观测值还是有重复观测值再分为两种类别。

（一）两因素交叉分组完全随机设计单个观测值试验资料的方差分析

对于 A、B 两个试验因素的全部 ab 个水平组合，每个水平组合只有一个观测值，全试验共有 ab 个观测值，A 因素的每个水平有 b 个观测值，即有 b 次重复；B 因素的每个水平有 a 个观测值，即有 a 次重复，试验资料的数据模式如表 5-22 所示。

表 5-22 两因素交叉分组完全随机设计单个观测值试验资料的数据模式

A 因素	B 因素						总和 $x_i.$	平均 $\overline{x}_i.$
	B_1	B_2	$\cdots$	B_j	$\cdots$	B_b		
A_1	x_{11}	x_{12}	$\cdots$	x_{1j}	$\cdots$	x_{1b}	$x_1.$	$\overline{x}_1.$
A_2	x_{21}	x_{22}	$\cdots$	x_{2j}	$\cdots$	x_{2b}	$x_2.$	$\overline{x}_2.$
$\vdots$	$\vdots$	$\vdots$		$\vdots$		$\vdots$	$\vdots$	$\vdots$
A_i	x_{i1}	x_{i2}	$\cdots$	x_{ij}	$\cdots$	x_{ib}	$x_i.$	$\overline{x}_i.$
$\vdots$	$\vdots$	$\vdots$		$\vdots$		$\vdots$	$\vdots$	$\vdots$
A_a	x_{a1}	x_{a2}	$\cdots$	x_{aj}	$\cdots$	x_{ab}	$x_a.$	$\overline{x}_a.$
总和 $x_{.j}$	$x_{.1}$	$x_{.2}$	$\cdots$	$x_{.j}$	$\cdots$	$x_{.b}$	$x_{..}$	
平均 $\overline{x}_{.j}$	$\overline{x}_{.1}$	$\overline{x}_{.2}$	$\cdots$	$\overline{x}_{.j}$	$\cdots$	$\overline{x}_{.b}$		$\overline{x}_{..}$

表 5-22 中，

$$x_i.=\sum_{j=1}^b x_{ij}, \quad \overline{x}_i.=\frac{1}{b}\sum_{j=1}^b x_{ij}, \quad x_{.j}=\sum_{i=1}^a x_{ij}, \quad \overline{x}_{.j}=\frac{1}{a}\sum_{i=1}^a x_{ij}$$

$$x_{..}=\sum_{i=1}^a\sum_{j=1}^b x_{ij}, \quad \overline{x}_{..}=\frac{1}{ab}\sum_{i=1}^a\sum_{j=1}^b x_{ij}$$

两因素交叉分组完全随机设计单个观测值试验资料的数学模型为

$$x_{ij}=\mu+\alpha_i+\beta_j+\varepsilon_{ij}（i=1,2,\cdots,a; j=1,2,\cdots,b）\tag{5-26}$$

其中，μ 为试验全部观测值总体平均数；α_i、β_j 分别为 A_i、B_j 的效应：$\alpha_i=\mu_i.-\mu$，$\beta_j=\mu_{.j}-\mu$，$\mu_i.$、$\mu_{.j}$ 分别为 A_i、B_j 总体平均数，且 $\sum\alpha_i=0$，$\sum\beta_j=0$；ε_{ij} 为随机误差，相互独立，且服从 $N(0,\sigma^2)$。

两因素交叉分组完全随机设计单个观测值试验资料共有 ab 个观测值，每个观测值同时受到 A、B 两因素及试验误差的影响，因此全部 ab 个观测值的总变异可以分解为 A 因素水平间变异、B 因素水平间变异及试验误差 3 部分。平方和与自由度的分解式如下：

$$SS_T=SS_A+SS_B+SS_e$$
$$df_T=df_A+df_B+df_e\tag{5-27}$$

各项平方和与自由度的计算公式为

矫正数 $\quad C=\dfrac{x_{..}^2}{ab}$

总平方和　　　　$SS_T = \sum_{i=1}^{a} \sum_{j=1}^{b} x_{ij}^2 - C$

总自由度　　　　$df_T = ab - 1$

A 因素平方和　　$SS_A = \frac{1}{b} \sum_{i=1}^{a} x_{i.}^2 - C$

A 因素自由度　　$df_A = a - 1$　　　　　　　　　　　　　　　（5-28）

B 因素平方和　　$SS_B = \frac{1}{a} \sum_{j=1}^{b} x_{.j}^2 - C$

B 因素自由度　　$df_B = b - 1$

误差平方和　　　$SS_e = SS_T - SS_A - SS_B$

误差自由度　　　$df_e = df_T - df_A - df_B = (a-1)(b-1)$

相应均方为　　　$MS_A = \dfrac{SS_A}{df_A}$，　$MS_B = \dfrac{SS_B}{df_B}$，　$MS_e = \dfrac{SS_e}{df_e}$

【例 5-5】　研究 3 种不同的田间管理措施对草莓产量的影响，选择 6 个不同地块，每个地块分成 3 个小区，随机安排 3 种田间管理措施，所得结果见表 5-23。进行方差分析。

表 5-23　各地块不同管理措施的草莓产量　　　　　（单位：pint/小区）

地块（A）	田间管理措施（B）			总和 $x_{i.}$	平均 $\bar{x}_{i.}$
	B_1（化学控制）	B_2（集成虫害管理）	B_3（改良集成虫害管理）		
A_1	71	73	77	221	73.67
A_2	90	90	92	272	90.67
A_3	59	70	80	209	69.67
A_4	75	80	82	237	79.00
A_5	65	60	67	192	64.00
A_6	82	86	85	253	84.33
总和 $x_{.j}$	442	459	483	$x_{..} = 1384$	
平均 $\bar{x}_{.j}$	73.67	76.50	80.50		

这是一个两因素交叉分组完全随机设计单个观测值试验资料。A 因素（地块）有 6 个水平，即 $a=6$；B 因素（田间管理措施）有 3 个水平，即 $b=3$，共有 $a \times b = 6 \times 3 = 18$ 个观测值。

方差分析如下所述。

R 脚本　　SAS 程序

1. 计算各项平方和与自由度

矫正数　　$C = \dfrac{x_{..}^2}{ab} = \dfrac{1384^2}{6 \times 3} = 106414.2222$

总平方和　　$SS_T = \sum_{i=1}^{a} \sum_{j=1}^{b} x_{ij}^2 - C$

　　　　　　　$= (71^2 + 73^2 + \cdots + 85^2) - 106414.2222 = 1737.7778$

总自由度　　$df_T = ab - 1 = 6 \times 3 - 1 = 17$

A 因素平方和　　$SS_A = \dfrac{1}{b}\sum_{i=1}^{a} x_{i.}^2 - C = \dfrac{221^2 + 272^2 + \cdots + 253^2}{3} - 106414.2222 = 1435.1111$

A 因素自由度　　$df_A = a - 1 = 6 - 1 = 5$

B 因素平方和　　$SS_B = \dfrac{1}{a}\sum_{j=1}^{b} x_{.j}^2 - C = \dfrac{442^2 + 459^2 + 483^2}{6} - 106414.2222 = 141.4445$

B 因素自由度　　$df_B = b - 1 = 3 - 1 = 2$

误差平方和　　$SS_e = SS_T - SS_A - SS_B$

　　　　　　　$= 1737.7778 - 1435.1111 - 141.4445 = 161.2222$

误差自由度　　$df_e = df_T - df_A - df_B = 17 - 5 - 2 = 10$

2. 列出方差分析表（表 5-24），进行 F 检验

表 5-24　表 5-23 资料的方差分析表

变异来源	SS	df	MS	F
A 因素（地块）	1435.1111	5	287.0222	17.80[**]
B 因素（田间管理措施）	141.4445	2	70.7223	4.39[*]
误差	161.2222	10	16.1222	
总变异	1737.7778	17		

注：$F_{0.01(5,10)} = 5.64$；$F_{0.05(2,10)} = 4.10$，$F_{0.01(2,10)} = 7.56$

因为 A 因素的 $F > F_{0.01(5,10)}$、$p < 0.01$，B 因素的 F 介于 $F_{0.05(2,10)}$ 与 $F_{0.01(2,10)}$ 之间、$0.01 < p < 0.05$，表明不同地块草莓平均产量差异极显著，不同田间管理措施草莓平均产量差异显著。

3. 多重比较

（1）不同地块草莓平均产量的多重比较（q 法）。因为 A 因素（地块）每一水平的重复数恰为 B 因素的水平数 b，故 A 因素各水平的标准误 $s_{\bar{x}_{i.}} = \sqrt{\dfrac{MS_e}{b}}$。本例，$b = 3$，$MS_e = 16.1222$，于是，

$$s_{\bar{x}_{i.}} = \sqrt{\dfrac{MS_e}{b}} = \sqrt{\dfrac{16.1222}{3}} = 2.3182$$

根据 $df_e = 10$，秩次距 $k = 2$、3、4、5、6 查附表 6，得 $\alpha = 0.05$、$\alpha = 0.01$ 的临界 q 值，与标准误 $s_{\bar{x}_{i.}} = 2.3182$ 相乘，计算最小显著极差 LSR。q 值与 LSR 值列于表 5-25。

表 5-25　q 值与 LSR 值

df_e	秩次距 k	$q_{0.05}$	$q_{0.01}$	$LSR_{0.05}$	$LSR_{0.01}$
	2	3.15	4.48	7.302	10.386
	3	3.88	5.27	8.995	12.217
10	4	4.33	5.77	10.038	13.376
	5	4.65	6.14	10.780	14.234
	6	4.91	6.43	11.382	14.906

　　各地块草莓平均产量的多重比较见表 5-26。多重比较结果表明，A_2 地块的草莓平均产量极显著高于 A_5、A_3、A_1 地块，显著高于 A_4 地块，与 A_6 地块差异不显著；A_6 地块的草莓平均产量极显著高于 A_5、A_3 地块，显著高于 A_1 地块，与 A_4 地块差异不显著；A_4 地块的草莓平均产量极显著高于 A_5 地块，显著高于 A_3 地块，与 A_1 地块差异不显著；A_1 地块的草莓平均产量显著高于 A_5 地块，与 A_3 地块差异不显著；A_3 地块的草莓平均产量与 A_5 地块差异不显著。

表 5-26　各地块草莓平均产量多重比较表（q 法）

地块	平均数 $\bar{x}_{i.}$	显著性	
		0.05	0.01
A_2	90.67	a	A
A_6	84.33	ab	AB
A_4	79.00	bc	ABC
A_1	73.67	cd	BCD
A_3	69.67	de	CD
A_5	64.00	e	D

　　（2）不同田间管理措施的草莓平均产量的多重比较（q 法）。因为 B 因素（田间管理措施）每一水平的重复数恰为 A 因素的水平数 a，故 B 因素各水平的标准误 $s_{\bar{x}_{.j}}=\sqrt{\dfrac{MS_e}{a}}$。本例 $a=6$，$MS_e=16.1222$，于是，

$$s_{\bar{x}_{.j}}=\sqrt{\frac{MS_e}{a}}=\sqrt{\frac{16.1222}{6}}=1.6392$$

　　根据 $df_e=10$，秩次距 $k=2$、3 查 q 值并与 $s_{\bar{x}_{.j}}$ 相乘，计算最小显著极差 LSR。q 值与 LSR 值列于表 5-27。

表 5-27　q 值与 LSR 值

df_e	秩次距 k	$q_{0.05}$	$q_{0.01}$	$LSR_{0.05}$	$LSR_{0.01}$
10	2	3.15	4.48	5.163	7.344
	3	3.88	5.27	6.360	8.639

　　不同田间管理措施草莓平均产量的多重比较见表 5-28。多重比较结果表明，改良集成虫害管理的草莓平均产量显著高于化学控制，与集成虫害管理差异不显著；集成虫害管理的草莓平均产量与化学控制差异不显著。

表 5-28　不同田间管理措施草莓平均产量多重比较表（q 法）

田间管理措施	平均数 $\bar{x}_{.j}$	显著性	
		0.05	0.01
B_3（改良集成虫害管理）	80.50	a	A
B_2（集成虫害管理）	76.50	ab	A
B_1（化学控制）	73.67	b	A

在进行两因素或多因素试验时，除了研究每一因素对试验指标的影响外，往往更希望研究因素之间的交互作用。例如，通过对 N、P、K 对农作物生长发育的影响有无交互作用的研究，对最终选取有利于农作物生长发育的 N、P、K 最优水平组合是有重要意义的。

前面介绍的两因素单个观测值试验只适用于两个因素无交互作用的情况。若两因素有交互作用，则每个水平组合中只实施在一个试验单位上的试验设计是不正确的或不完善的。这是因为：

（1）在这种情况下，式（5-27）中的 SS_e 与 df_e，实际上是 A、B 两因素交互作用平方和与自由度，$MS_e = SS_e / df_e$ 实际上是两因素交互作用均方，主要反映两因素交互作用所引起的变异。

（2）这时若仍按【例 5-5】所采用的方法进行方差分析，由于误差均方 MS_e 实际上是两因素交互作用均方，有可能掩盖试验因素的显著性，从而增大犯 II 型错误的概率。

（3）由于每个水平组合只有一个观测值，无法估计真正的试验误差，不可能对两因素的交互作用进行研究。

因此，进行两因素或多因素试验时，一般应设置重复，以便估计真正的试验误差，研究因素间的交互作用。

（二）两因素交叉分组完全随机设计有重复观测值试验资料的方差分析

对两因素有重复观测值试验资料的分析，能研究因素的简单效应、主效应和因素间的互作效应。下面结合表 5-29 列出的追肥与不追肥、除草与不除草的玉米平均产量介绍这 3 种效应的意义。

表 5-29　追肥与不追肥、除草与不除草的玉米平均产量　（单位：kg/666.7m²）

	B_1（不除草）	B_2（除草）	$\bar{x}_{i2} - \bar{x}_{i1}$	平均
A_1（不追肥）	$\bar{x}_{11}(\mu_{11})=470$	$\bar{x}_{12}(\mu_{12})=480$	10	$\bar{x}_{1.}(\mu_{1.})=475$
A_2（追肥）	$\bar{x}_{21}(\mu_{21})=472$	$\bar{x}_{22}(\mu_{22})=512$	40	$\bar{x}_{2.}(\mu_{2.})=492$
$\bar{x}_{2j} - \bar{x}_{1j}$	2	32		17
平均	$\bar{x}_{.1}(\mu_{.1})=471$	$\bar{x}_{.2}(\mu_{.2})=496$	25	$\bar{x}_{..}(\mu)=483.5$

注：括号里的各个 μ 为相应总体平均数

1. 简单效应　在甲因素的某一水平上，乙因素两个水平平均数之差称为乙因素在甲因素的某一水平上的简单效应（simple effect）。例如，在表 5-29 中，$\bar{x}_{12} - \bar{x}_{11} = 480 - 470 = 10$ 为 B 因素在 A_1 水平上的简单效应；$\bar{x}_{22} - \bar{x}_{21} = 512 - 472 = 40$ 为 B 因素在 A_2 水平上的简单效应；$\bar{x}_{21} - \bar{x}_{11} = 472 - 470 = 2$ 为 A 因素在 B_1 水平上的简单效应；$\bar{x}_{22} - \bar{x}_{12} = 512 - 480 = 32$ 为 A 因素在 B_2 水平上的简单效应。

简单效应实际上是两个特殊水平组合平均数之差。

2. 主效应　某因素两个水平平均数之差称为该因素的主效应（main effect）。例如，在表 5-29 中，$\bar{x}_{2.} - \bar{x}_{1.} = 492 - 475 = 17$ 为 A 因素的主效应；$\bar{x}_{.2} - \bar{x}_{.1} = 496 - 471 = 25$ 为 B 因素的主效应。

主效应也就是简单效应的平均，表 5-29 中 A 因素的主效应 $=(32+2)/2=17$，B 因素的主效应＝（40＋10）/2＝25。

3．交互作用　　在两因素试验中，一个因素的作用常常受到另一个因素的影响，表现为某一因素在另一因素的不同水平上的简单效应不同，这种现象称为该两因素存在交互作用（interaction）。例如，在表 5-29 中，A 因素的简单效应随着 B 因素水平的不同而不同；B 因素的简单效应随着 A 因素水平的不同而不同，此时 A、B 两因素存在交互作用，A、B 两因素的交互作用记为 $A \times B$。

互作效应（interaction effect）指由于两个试验因素的交互作用而产生的效应。例如，在表 5-29 中，$\bar{x}_{2.} - \bar{x}_{..} = 492 - 483.5 = 8.5$ 为追肥 A_2 的效应；$\bar{x}_{.2} - \bar{x}_{..} = 496 - 483.5 = 12.5$ 为除草 B_2 的效应。

$\bar{x}_{22} - \bar{x}_{..} = 512 - 483.5 = 28.5$ 为追肥 A_2 与除草 B_2 水平组合 A_2B_2 的效应。追肥 A_2 与除草 B_2 水平组合 A_2B_2 的效应是 28.5，不等于追肥 A_2 的效应 8.5 与除草 B_2 的效应 12.5 之和 21。这就是说，同时追肥、除草产生的效应不是追肥、除草单独所产生效应之和，而是另外多增加了 7.5。这个多增加的 7.5 就是追肥 A_2 与除草 B_2 的互作效应。也就是说，追肥 A_2 与除草 B_2 的互作效应等于追肥 A_2 与除草 B_2 水平组合 A_2B_2 的效应减去追肥 A_2 的效应与除草 B_2 的效应，即追肥 A_2 与除草 B_2 的互作效应为

$$（\bar{x}_{22} - \bar{x}_{..}）-（\bar{x}_{2.} - \bar{x}_{..}）-（\bar{x}_{.2} - \bar{x}_{..}）= \bar{x}_{22} - \bar{x}_{2.} - \bar{x}_{.2} + \bar{x}_{..}$$
$$= 512 - 492 - 496 + 483.5 = 7.5$$

表 5-29 中，A 因素有两个水平 A_1、A_2，B 因素有两个水平 B_1、B_2，因为

$$\bar{x}_{22} - \bar{x}_{2.} - \bar{x}_{.2} + \bar{x}_{..} = \bar{x}_{22} - \frac{\bar{x}_{21} + \bar{x}_{22}}{2} - \frac{\bar{x}_{12} + \bar{x}_{22}}{2} + \frac{\bar{x}_{11} + \bar{x}_{12} + \bar{x}_{21} + \bar{x}_{22}}{4}$$

$$= \frac{4\bar{x}_{22} - 2（\bar{x}_{21} + \bar{x}_{22}）- 2（\bar{x}_{12} + \bar{x}_{22}）+ \bar{x}_{11} + \bar{x}_{12} + \bar{x}_{21} + \bar{x}_{22}}{4}$$

$$= \frac{\bar{x}_{11} - \bar{x}_{12} - \bar{x}_{21} + \bar{x}_{22}}{4}$$

所以，在表 5-29 中，追肥 A_2 与除草 B_2 的互作效应也可以由 $\dfrac{\bar{x}_{11} - \bar{x}_{12} - \bar{x}_{21} + \bar{x}_{22}}{4}$ 计算：

$$\frac{\bar{x}_{11} - \bar{x}_{12} - \bar{x}_{21} + \bar{x}_{22}}{4} = \frac{470 - 480 - 472 + 512}{4} = 7.5$$

具有正互作效应的交互作用称为正交互作用；具有负互作效应的交互作用称为负交互作用；互作效应为零则称为无交互作用。无交互作用的因素是相互独立的因素，此时，不论在某一因素哪个水平上，另一因素的简单效应是相同的。

关于无交互作用或负交互作用的直观理解，读者可将表 5-29 中 $\bar{x}_{22}$ 位置上的 512 改为 482 或任一小于 482 的数值后具体计算。

上述的简单效应、主效应、A_2 的效应、B_2 的效应、水平组合 A_2B_2 的效应、A_2 与 B_2 的互作效应均由样本平均数计算得来，是相应总体参数的估计值，即简单效应 $\bar{x}_{21} - \bar{x}_{11}$ 是 $\mu_{21} - \mu_{11}$ 的估计值；A 因素的主效应 $\bar{x}_{2.} - \bar{x}_{1.}$ 是 $\mu_{2.} - \mu_{1.}$ 的估计值；B 因素的主效应 $\bar{x}_{.2} - \bar{x}_{.1}$ 是 $\mu_{.2} - \mu_{.1}$ 的估计值；A_2 的效应 $\bar{x}_{2.} - \bar{x}_{..}$ 是 $\mu_{2.} - \mu$ 的估计值；B_2 的效应 $\bar{x}_{.2} - \bar{x}_{..}$ 是 $\mu_{.2} - \mu$ 的估计值，A_2 与 B_2 水平组合 A_2B_2 的效应 $\bar{x}_{22} - \bar{x}_{..}$ 是 $\mu_{22} - \mu$ 的估计值；A_2 与 B_2 的互作效应 $\bar{x}_{22} - \bar{x}_{2.} - \bar{x}_{.2} + \bar{x}_{..}$ 是 $\mu_{22} - \mu_{2.} - \mu_{.2} + \mu$ 的估计值。

下面介绍两因素交叉分组完全随机设计有重复观测值试验资料的方差分析。

设 A 因素有 a 个水平、B 因素有 b 个水平，交叉分组，共有 ab 个水平组合即处理，每个水平组合重复 n 次，完全随机设计，全试验共有 abn 个观测值，试验资料的数据模式如表 5-30 所示。

表 5-30　两因素交叉分组完全随机设计有重复观测值试验资料的数据模式

A 因素		B 因素				A_i 总和 $x_{i\cdot\cdot}$	A_i 平均 $\bar{x}_{i\cdot\cdot}$
		B_1	B_2	$\cdots$	B_b		
A_1	x_{1jl}	x_{111} x_{112} $\vdots$ x_{11n}	x_{121} x_{122} $\vdots$ x_{12n}	$\cdots$ $\cdots$ $\cdots$	x_{1b1} x_{1b2} $\vdots$ x_{1bn}	$x_{1\cdot\cdot}$	$\bar{x}_{1\cdot\cdot}$
	$x_{1j\cdot}$	$x_{11\cdot}$	$x_{12\cdot}$	$\cdots$	$x_{1b\cdot}$		
	$\bar{x}_{1j\cdot}$	$\bar{x}_{11\cdot}$	$\bar{x}_{12\cdot}$	$\cdots$	$\bar{x}_{1b\cdot}$		
A_2	x_{2jl}	x_{211} x_{212} $\vdots$ x_{21n}	x_{221} x_{222} $\vdots$ x_{22n}	$\cdots$ $\cdots$ $\cdots$	x_{2b1} x_{2b2} $\vdots$ x_{2bn}	$x_{2\cdot\cdot}$	$\bar{x}_{2\cdot\cdot}$
	$x_{2j\cdot}$	$x_{21\cdot}$	$x_{22\cdot}$	$\cdots$	$x_{2b\cdot}$		
	$\bar{x}_{2j\cdot}$	$\bar{x}_{21\cdot}$	$\bar{x}_{22\cdot}$	$\cdots$	$\bar{x}_{2b\cdot}$		
$\vdots$	$\vdots$	$\vdots$	$\vdots$		$\vdots$	$\vdots$	$\vdots$
A_a	x_{ajl}	x_{a11} x_{a12} $\vdots$ x_{a1n}	x_{a21} x_{a22} $\vdots$ x_{a2n}	$\cdots$ $\cdots$ $\cdots$	x_{ab1} x_{ab2} $\vdots$ x_{abn}	$x_{a\cdot\cdot}$	$\bar{x}_{a\cdot\cdot}$
	$x_{aj\cdot}$	$x_{a1\cdot}$	$x_{a2\cdot}$	$\cdots$	$x_{ab\cdot}$		
	$\bar{x}_{aj\cdot}$	$\bar{x}_{a1\cdot}$	$\bar{x}_{a2\cdot}$	$\cdots$	$\bar{x}_{ab\cdot}$		
B_j 总和 $x_{\cdot j\cdot}$		$x_{\cdot1\cdot}$	$x_{\cdot2\cdot}$	$\cdots$	$x_{\cdot b\cdot}$	$x_{\cdots}$	
B_j 平均 $\bar{x}_{\cdot j\cdot}$		$\bar{x}_{\cdot1\cdot}$	$\bar{x}_{\cdot2\cdot}$	$\cdots$	$\bar{x}_{\cdot b\cdot}$		$\bar{x}_{\cdots}$

表 5-30 中，

$$x_{ij\cdot}=\sum_{l=1}^{n}x_{ijl} \qquad \bar{x}_{ij\cdot}=\frac{1}{n}\sum_{l=1}^{n}x_{ijl}$$

$$x_{i\cdot\cdot}=\sum_{j=1}^{b}\sum_{l=1}^{n}x_{ijl} \qquad \bar{x}_{i\cdot\cdot}=\frac{1}{bn}\sum_{j=1}^{b}\sum_{l=1}^{n}x_{ijl}$$

$$x_{\cdot j\cdot}=\sum_{i=1}^{a}\sum_{l=1}^{n}x_{ijl} \qquad \bar{x}_{\cdot j\cdot}=\frac{1}{an}\sum_{j=1}^{b}\sum_{l=1}^{n}x_{ijl}$$

$$x_{...}=\sum_{i=1}^{a}\sum_{j=1}^{b}\sum_{l=1}^{n}x_{ijl} \qquad \bar{x}_{...}=\frac{1}{abn}\sum_{i=1}^{a}\sum_{j=1}^{b}\sum_{l=1}^{n}x_{ijl}$$

A 因素第 i 水平与 B 因素第 j 水平构成的水平组合（处理）A_iB_j 第 l 重复观测值 x_{ijl} 可表示为

$$x_{ijl}=\mu+\tau_{ij}+\varepsilon_{ijl}$$

其中，τ_{ij} 为水平组合 A_iB_j 的效应；ε_{ijl} 为随机误差，$\varepsilon_{ijl}\sim N(0,\sigma^2)$。

τ_{ij} 又可以分解为 A 因素的主效应 α_i、B 因素的主效应 β_j 以及 A 因素与 B 因素的互作效应 $(\alpha\beta)_{ij}$，即

$$\tau_{ij}=\alpha_i+\beta_j+(\alpha\beta)_{ij}$$

其中，α_i 为 A_i 的效应，$\alpha_i=\mu_{i.}-\mu$；β_j 为 B_j 的效应，$\beta_j=\mu_{.j}-\mu$；$(\alpha\beta)_{ij}$ 为 A_i 与 B_j 的互作效应，$(\alpha\beta)_{ij}=\mu_{ij}-\mu_{i.}-\mu_{.j}+\mu$，$\mu_{i.}$、$\mu_{.j}$、$\mu_{ij}$ 分别为 A_i、B_j、A_iB_j 总体平均数，且 $\sum_{i=1}^{a}\alpha_i=0$，$\sum_{j=1}^{b}\beta_j=0$，$\sum_{i=1}^{a}(\alpha\beta)_{ij}=\sum_{j=1}^{b}(\alpha\beta)_{ij}=\sum_{i=1}^{a}\sum_{j=1}^{b}(\alpha\beta)_{ij}=0$。

因此，两因素交叉分组完全随机设计有重复观测值试验资料的数学模型为

$$x_{ijl}=\mu+\alpha_i+\beta_j+(\alpha\beta)_{ij}+\varepsilon_{ijl} \tag{5-29}$$
$$(i=1,2,\cdots,a;\ j=1,2,\cdots,b;\ l=1,2,\cdots,n)$$

因试验资料的总变异可分解为水平组合间变异与水平组合内变异即试验误差两部分，若记 A、B 水平组合的平方和与自由度为 SS_{AB} 与 df_{AB}，则两因素交叉分组完全随机设计有重复观测值试验资料方差分析平方和与自由度的分解式可表示为

$$SS_T=SS_{AB}+SS_e \tag{5-30}$$
$$df_T=df_{AB}+df_e$$

因为 A、B 水平组合间变异可再分解为 A 因素水平间变异、B 因素水平间变异、A 因素与 B 因素交互作用变异三部分，于是 SS_{AB}、df_{AB} 可再分解为

$$SS_{AB}=SS_A+SS_B+SS_{A\times B} \tag{5-31}$$
$$df_{AB}=df_A+df_B+df_{A\times B}$$

其中，$SS_{A\times B}$、$df_{A\times B}$ 为 A 因素与 B 因素交互作用平方和与自由度。

结合式（5-30）、式（5-31）可得两因素交叉分组完全随机设计有重复观测值试验资料方差分析平方和与自由度的分解式如下：

$$SS_T=SS_A+SS_B+SS_{A\times B}+SS_e \tag{5-32}$$
$$df_T=df_A+df_B+df_{A\times B}+df_e$$

各项平方和、自由度及均方的计算公式如下：

矫正数　　$C=\dfrac{x_{...}^2}{abn}$

总平方和及其自由度　　$SS_T=\sum_{i=1}^{a}\sum_{j=1}^{b}\sum_{l=1}^{n}x_{ijl}^2-C,\ df_T=abn-1$

水平组合平方和及其自由度　　$SS_{AB}=\dfrac{1}{n}\sum\limits_{i=1}^{a}\sum\limits_{j=1}^{b}x_{ij.}^2-C$，$df_{AB}=ab-1$

A 因素平方和及其自由度　　$SS_A=\dfrac{1}{bn}\sum\limits_{i=1}^{a}x_{i..}^2-C$，$df_A=a-1$

B 因素平方和及其自由度　　$SS_B=\dfrac{1}{an}\sum\limits_{j=1}^{b}x_{.j.}^2-C$，$df_B=b-1$　　　（5-33）

A 因素与 B 因素互作平方和及其自由度

$SS_{A\times B}=SS_{AB}-SS_A-SS_B$，$df_{A\times B}=df_{AB}-df_A-df_B=(a-1)(b-1)$

误差平方和及其自由度　　$SS_e=SS_T-SS_{AB}$，$df_e=df_T-df_{AB}=ab(n-1)$

相应均方为　　$MS_A=\dfrac{SS_A}{df_A}$，$MS_B=\dfrac{SS_B}{df_B}$，$MS_{A\times B}=\dfrac{SS_{A\times B}}{df_{A\times B}}$，$MS_e=\dfrac{SS_e}{df_e}$

【例 5-6】　为了研究不同的种植密度和商业化肥对大麦产量的影响，将种植密度（A）设置 3 个水平，施用的商业化肥（B）设置 5 个水平，交叉分组，重复 4 次，完全随机设计。小区产量列于表 5-31。试对该资料进行方差分析。

本例 A 因素（种植密度）有 3 个水平，即 $a=3$；B 因素（商业化肥）有 5 个水平，即 $b=5$；共有 $ab=3\times5=15$ 个水平组合；重复数 $n=4$；全试验共有 $abn=3\times5\times4=60$ 个观测值。

表 5-31　不同种植密度和商业化肥大麦试验的小区产量　　（单位：kg/小区）

		B_1	B_2	B_3	B_4	B_5	A_i总和 $x_{i..}$	A_i平均 $\bar{x}_{i..}$
A_1	x_{1jl}	27	26	31	30	25	555	27.75
		29	25	30	30	25		
		26	24	30	31	26		
		26	29	31	30	24		
	$x_{1j.}$	108	104	122	121	100		
	$\bar{x}_{1j.}$	27.00	26.00	30.50	30.25	25.00		
A_2	x_{2jl}	30	28	31	32	28	590	29.50
		30	27	31	34	29		
		28	26	30	33	28		
		29	25	32	32	27		
	$x_{2j.}$	117	106	124	131	112		
	$\bar{x}_{2j.}$	29.25	26.50	31.00	32.75	28.00		
A_3	x_{3jl}	33	33	35	35	30	665	33.25
		33	34	33	34	29		
		34	34	37	33	31		
		32	35	35	35	30		
	$x_{3j.}$	132	136	140	137	120		
	$\bar{x}_{3j.}$	33.00	34.00	35.00	34.25	30.00		
B_j总和 $x_{.j.}$		357	346	386	389	332	$x_{...}=1810$	
B_j平均 $\bar{x}_{.j.}$		29.75	28.83	32.17	32.42	27.67		

R 脚本　　SAS 程序

对表 5-31 资料进行方差分析如下所述。

1. 计算各项平方和与自由度

矫正数 $C=\dfrac{x_{...}^2}{abn}=\dfrac{1810^2}{3\times5\times4}=54601.6667$

总平方和及其自由度

$$SS_T=\sum_{i=1}^{a}\sum_{j=1}^{b}\sum_{l=1}^{n}x_{ijl}^2-C=(27^2+29^2+\cdots+30^2)-54601.6667$$

$$=55230.0000-54601.6667=628.3333$$

$$df_T=abn-1=3\times5\times4-1=59$$

水平组合平方和及其自由度

$$SS_{AB}=\frac{1}{n}\sum_{i=1}^{a}\sum_{j=1}^{b}x_{ij.}^2-C=\frac{108^2+104^2+\cdots+120^2}{4}-54601.6667$$

$$=55175.0000-54601.6667=573.3333$$

$$df_{AB}=ab-1=3\times5-1=14$$

A 因素平方和及其自由度

$$SS_A=\frac{1}{bn}\sum_{i=1}^{a}x_{i..}^2-C=\frac{555^2+590^2+665^2}{5\times4}-54601.6667$$

$$=54917.0000-54601.6667=315.8333$$

$$df_A=a-1=3-1=2$$

B 因素平方和及其自由度

$$SS_B=\frac{1}{an}\sum_{j=1}^{b}x_{.j.}^2-C=\frac{357^2+346^2+\cdots+332^2}{3\times4}-54601.6667$$

$$=54808.8333-54601.6667=207.1666$$

$$df_B=b-1=5-1=4$$

A 因素与 B 因素互作平方和及其自由度

$$SS_{A\times B}=SS_{AB}-SS_A-SS_B=573.3333-315.8333-207.1666=50.3334$$

$$df_{A\times B}=df_{AB}-df_A-df_B=14-2-4=8$$

或　$df_{A\times B}=(a-1)(b-1)=(3-1)\times(5-1)=8$

误差平方和及其自由度

$$SS_e=SS_T-SS_{AB}=628.3333-573.3333=55.0000$$

$$df_e=df_T-df_{AB}=59-14=45$$

或　$df_e=ab(n-1)=3\times5\times(4-1)=45$

2. 列出方差分析表（表 5-32），进行 F 检验

表 5-32　不同种植密度和商业化肥大麦试验资料的方差分析表

变异来源	SS	df	MS	F
种植密度（A）	315.8333	2	157.9167	129.21[**]
商业化肥（B）	207.1666	4	51.7917	42.38[**]

续表

变异来源	SS	df	MS	F
交互作用（$A \times B$）	50.3334	8	6.2917	5.15**
误差	55.0000	45	1.2222	
总变异	628.3333	59		

注：$F_{0.01(2, 45)}=5.110$；$F_{0.01(4, 45)}=3.767$；$F_{0.01(8, 45)}=2.935$

因为 F 值表上未列出 $df_1=2$、4、8，$df_2=45$ 的临界 F 值，可利用 Excel 的函数 F.INV.RT（alpha，df_1，df_2）求得显著水平 $\alpha=0.05$ 和 $\alpha=0.01$，分子自由度 $df_1=2$、4、8，分母自由度 $df_2=45$ 的临界 F 值：

$$\text{F.INV.RT}（0.05, 2, 45）=3.204,\ \text{F.INV.RT}（0.01, 2, 45）=5.110$$
$$\text{F.INV.RT}（0.05, 4, 45）=2.579,\ \text{F.INV.RT}（0.01, 4, 45）=3.767$$
$$\text{F.INV.RT}（0.05, 8, 45）=2.152,\ \text{F.INV.RT}（0.01, 8, 45）=2.935$$

因为种植密度（A）的 $F>F_{0.01(2, 45)}$、$p<0.01$，商业化肥（B）的 $F>F_{0.01(4, 45)}$、$p<0.01$，互作（$A \times B$）的 $F>F_{0.01(8, 45)}$、$p<0.01$，表明种植密度、商业化肥及其互作对大麦的产量均有极显著影响。因此，应进行种植密度各水平平均数、商业化肥各水平平均数、种植密度与商业化肥水平组合平均数的多重比较和简单效应的检验。

3. 多重比较

（1）不同种植密度平均产量的多重比较（q 法）。因为 A 因素各水平的重复数为 bn，故其各水平的平均数标准误 $s_{\bar{x}_A}$ 的计算公式为

$$s_{\bar{x}_A}=\sqrt{\frac{MS_e}{bn}}$$

本例，

$$s_{\bar{x}_A}=\sqrt{\frac{MS_e}{bn}}=\sqrt{\frac{1.2222}{5 \times 4}}=0.2472$$

根据 $df_e=45$，秩次距 $k=2$、3 查附表 6，利用线性插值法求得 $\alpha=0.05$、$\alpha=0.01$ 的 q 值。

例如，计算 $df_e=45$，秩次距 $k=2$，显著水平 $\alpha=0.05$ 的临界 q 值。由附表 6 查得 $q_{0.05(40, 2)}=2.86$，$q_{0.05(60, 2)}=2.83$。根据线性内插法得

$$q_{0.05(45, 2)}=q_{0.05(40, 2)}-5 \times \frac{q_{0.05(40, 2)}-q_{0.05(60, 2)}}{20}=2.86-5 \times \frac{2.86-2.83}{20}=2.8525$$

将求得的 $\alpha=0.05$、$\alpha=0.01$ 的 q 值乘以 $s_{\bar{x}_A}=0.2472$，计算出各 LSR。q 值与 LSR 值列于表 5-33。

表 5-33　q 值与 LSR 值表

df_e	秩次距 k	$q_{0.05}$	$q_{0.01}$	$LSR_{0.05}$	$LSR_{0.01}$
45	2	2.8525	3.8050	0.71	0.94
	3	3.4300	4.3475	0.85	1.07

不同种植密度平均产量的多重比较见表 5-34。多重比较结果表明，种植密度 A_3 的平均产量极显著高于种植密度 A_1、A_2；种植密度 A_2 的平均产量极显著高于种植密度 A_1。

表 5-34　不同种植密度平均数多重比较表（q 法）

种植密度	平均数 $\bar{x}_{i..}$	显著性	
		0.05	0.01
A_3	33.25	a	A
A_2	29.50	b	B
A_1	27.75	c	C

（2）不同商业化肥平均产量的多重比较（q 法）。因 B 因素各水平的重复数为 an，故其各水平的平均数标准误 $s_{\bar{x}_B}$ 的计算公式为

$$s_{\bar{x}_B}=\sqrt{\frac{MS_e}{an}}$$

本例，

$$s_{\bar{x}_B}=\sqrt{\frac{MS_e}{an}}=\sqrt{\frac{1.2222}{3\times 4}}=0.3191$$

根据 $df_e=45$，秩次距 $k=2$、3、4、5 查附表 6，利用线性插值法求得 $\alpha=0.05$、$\alpha=0.01$ 的 q 值。将求得的 q 值乘以 $s_{\bar{x}_B}=0.3191$，计算出各 LSR。q 值与 LSR 值列于表 5-35。

表 5-35　q 值与 LSR 值表

df_e	秩次距 k	$q_{0.05}$	$q_{0.01}$	$LSR_{0.05}$	$LSR_{0.01}$
	2	2.8525	3.8050	0.91	1.21
45	3	3.4300	4.3475	1.09	1.39
	4	3.7775	4.6725	1.21	1.49
	5	4.0250	4.9025	1.28	1.56

不同商业化肥平均产量的多重比较见表 5-36。多重比较结果表明，施用商业化肥 B_4、B_3 的平均产量极显著高于施用商业化肥 B_5、B_2、B_1；施用商业化肥 B_1 的平均产量极显著高于施用商业化肥 B_5，显著高于施用商业化肥 B_2；施用商业化肥 B_2 的平均产量显著高于施用商业化肥 B_5；施用商业化肥 B_4、B_3 的平均产量差异不显著。

表 5-36　不同商业化肥平均产量多重比较表（q 法）

商业化肥	平均数 $\bar{x}_{.j.}$	显著性	
		0.05	0.01
B_4	32.42	a	A
B_3	32.17	a	A
B_1	29.75	b	B
B_2	28.83	c	BC
B_5	27.67	d	C

以上所进行的两项多重比较，实际上是 A、B 两因素主效应的检验。若 A、B 因素交互作用不显著，则可从主效应检验中分别选出 A、B 因素的最优水平相组合，得到最优水平组合；若 A、B 因素交互作用显著，则应进行水平组合平均数的多重比较，选出最优水平组合，

同时进行简单效应的检验。

（3）水平组合平均产量的多重比较。因为水平组合数通常较大（本例 $ab=3\times5=15$），采用 LSR 法进行各水平组合平均数的多重比较时，一是计算量大；二是会出现同样两个水平组合平均数的差数在各水平组合平均数的多重比较和在简单效应检验中由于所用的检验尺度不同，检验结果不同的问题，故一般推荐使用 LSD 法进行各水平组合平均数的多重比较和简单效应检验。

因为水平组合的重复数为 n，故水平组合均数差数标准误 $s_{\bar{x}_{ij}-\bar{x}_{i'j'}}$ 的计算公式为

$$s_{\bar{x}_{ij}-\bar{x}_{i'j'}}=\sqrt{\frac{2MS_e}{n}}$$

本例，

$$s_{\bar{x}_{ij}-\bar{x}_{i'j'}}=\sqrt{\frac{2MS_e}{n}}=\sqrt{\frac{2\times1.2222}{4}}=0.7817$$

根据 $df_e=45$ 查附表 3，得 $t_{0.05(45)}=2.014$，$t_{0.01(45)}=2.690$，乘以 $s_{\bar{x}_{ij}-\bar{x}_{i'j'}}=0.7817$，计算 $\alpha=0.05$ 和 $\alpha=0.01$ 的最小显著差数 $LSD_{0.05}$ 和 $LSD_{0.01}$。

$$LSD_{0.05}=t_{0.05(45)}s_{\bar{x}_{ij}-\bar{x}_{i'j'}}=2.014\times0.7817=1.57$$

$$LSD_{0.01}=t_{0.01(45)}s_{\bar{x}_{ij}-\bar{x}_{i'j'}}=2.690\times0.7817=2.10$$

各水平组合平均数的多重比较见表 5-37。水平组合平均产量的多重比较结果表明，水平组合 A_3B_3 的平均产量最高，它与 A_3B_4、A_3B_2 的平均产量差异不显著，但极显著或显著高于其余各水平组合。由于种植密度与施用的商业化肥间存在互作，最优水平组合不是从主效应检验中分别选出 A、B 因素的最优水平 A_3、B_4 相组合的 A_3B_4，而是 A_3B_3。

表 5-37　各水平组合平均数多重比较表（LSD 法）

水平组合	平均数$\bar{x}_{ij.}$	显著性	
		0.05	0.01
A_3B_3	35.0	a	A
A_3B_4	34.2	ab	AB
A_3B_2	34.0	ab	AB
A_3B_1	33.0	b	ABC
A_2B_4	32.8	b	BC
A_2B_3	31.0	c	CD
A_1B_3	30.5	cd	D
A_1B_4	30.2	cd	D
A_3B_5	30.0	cd	DE
A_2B_1	29.2	de	DE
A_2B_5	28.0	ef	EF
A_1B_1	27.0	fg	FG
A_2B_2	26.5	fgh	FG
A_1B_2	26.0	gh	FG
A_1B_5	25.0	h	G

（4）简单效应的检验。简单效应实际上是两个特定水平组合平均数之差，检验尺度仍为（3）中的 $LSD_{0.05}=1.57$，$LSD_{0.01}=2.10$。B 因素在 A 因素各水平上简单效应的检验见表 5-38（1）～（3），A 因素在 B 因素各水平上简单效应的检验见表 5-39（1）～（5）。

表 5-38（1）　B 因素在 A_1 水平上简单效应的检验

水平组合	平均数 $\overline{x}_{1j.}$	显著性	
		0.05	0.01
A_1B_3	30.5	a	A
A_1B_4	30.2	a	A
A_1B_1	27.0	b	B
A_1B_2	26.0	bc	B
A_1B_5	25.0	c	B

表 5-38（2）　B 因素在 A_2 水平上简单效应的检验

水平组合	平均数 $\overline{x}_{2j.}$	显著性	
		0.05	0.01
A_2B_4	32.8	a	A
A_2B_3	31.0	b	AB
A_2B_1	29.2	c	BC
A_2B_5	28.0	cd	CD
A_2B_2	26.5	d	D

表 5-38（3）　B 因素在 A_3 水平上简单效应的检验

水平组合	平均数 $\overline{x}_{3j.}$	显著性	
		0.05	0.01
A_3B_3	35.0	a	A
A_3B_4	34.2	ab	A
A_3B_2	34.0	ab	A
A_3B_1	33.0	b	A
A_3B_5	30.0	c	B

表 5-39（1）　A 因素在 B_1 水平上简单效应的检验

水平组合	平均数 $\overline{x}_{i1.}$	显著性	
		0.05	0.01
A_3B_1	33.0	a	A
A_2B_1	29.2	b	B
A_1B_1	27.0	c	C

表 5-39（2） A 因素在 B_2 水平上简单效应的检验

水平组合	平均数 $\bar{x}_{i2.}$	显著性	
		0.05	0.01
A_3B_2	34.0	a	A
A_2B_2	26.5	bc	BC
A_1B_2	26.0	c	C

表 5-39（3） A 因素在 B_3 水平上简单效应的检验

水平组合	平均数 $\bar{x}_{i3.}$	显著性	
		0.05	0.01
A_3B_3	35.0	a	A
A_2B_3	31.0	bc	BC
A_1B_3	30.5	c	C

表 5-39（4） A 因素在 B_4 水平上简单效应的检验

水平组合	平均数 $\bar{x}_{i4.}$	显著性	
		0.05	0.01
A_3B_4	34.2	a	A
A_2B_4	32.8	a	A
A_1B_4	30.2	b	B

表 5-39（5） A 因素在 B_5 水平上简单效应的检验

水平组合	平均数 $\bar{x}_{i5.}$	显著性	
		0.05	0.01
A_3B_5	30.0	a	A
A_2B_5	28.0	b	A
A_1B_5	25.0	c	B

B 因素在 A 因素各水平上简单效应的检验，也就是 A 因素某一水平与 B 因素各水平（同 A 异 B）组成的水平组合平均数的多重比较。A 因素在 B 因素各水平上简单效应的检验，也就是 B 因素某一水平与 A 因素各水平（同 B 异 A）组成的水平组合平均数的多重比较。

由表 5-38（1）～（3）可知，当种植密度为 A_1 时，施用商业化肥 B_3、B_4 的平均产量极显著或显著高于施用商业化肥 B_1、B_2、B_5，施用商业化肥 B_1 的平均产量显著高于施用商业化肥 B_5；当种植密度为 A_2 时，施用商业化肥 B_4 的平均产量极显著或显著高于施用商业化肥 B_3、B_1、B_5、B_2，施用商业化肥 B_3 的平均产量极显著或显著高于施用商业化肥 B_1、B_5、B_2，施用商业化肥 B_1 的平均产量极显著高于施用商业化肥 B_2；当种植密度为 A_3 时，施用商业化肥 B_3、B_4、B_2、B_1 的平均产量极显著高于施用商业化肥 B_5，施用商业化肥 B_3 的平均产量显著高于施用商业化肥 B_1。

由表 5-39（1）～（5）可知，无论施用哪种商业化肥，都以种植密度 A_3 的平均产量最高。

综观全试验，以水平组合 A_3B_3 的大麦平均产量最高。

由本例看出，进行有重复的两因素交叉分组完全随机设计试验所获得的信息远比进行两个有重复的单因素完全随机设计试验所获得的信息要多得多。

二、两因素系统分组完全随机设计试验资料的方差分析

在安排多因素试验方案时，先将 A 因素分为 a 个水平，然后在 A 因素的每个水平下将 B 因素分为 b 个水平，再在 B 因素的每个水平下将 C 因素分为 c 个水平……这样得到各因素水平组合的方式称为系统分组或称多层分组，也叫套设计、窝设计。根据系统分组方式安排的多因素试验得到的资料称为系统分组资料。

在农学、生物学试验研究中系统分组资料是常见的。例如土样分析，随机选取若干地块，每地块随机选取若干个样点，每一样点的土样又作了数次分析所获得的资料；又如调查某种果树病害，随机选取若干株，每株随机选取不同部位枝条，每枝条随机选取若干叶片，观察各叶片病斑数所获得的资料等，都属于系统分组资料。

在系统分组中，首先划分水平的因素（如上述的地块、果树）叫一级因素（或一级样本）；然后划分水平的因素（如上述的样点、枝条）叫二级因素（或二级样本，次级样本）；类此，有三级因素（或三级样本）……根据系统分组方式安排的多因素试验方案，二级因素的各水平套在一级因素的每个水平下，它们之间是从属关系，分析侧重于一级因素。

下面介绍二级样本含量相等的两因素系统分组资料的方差分析。

设 A 因素有 a 个水平；A 因素每个水平 A_i 下 B 因素有 b 个水平；B 因素的每个水平 B_{ij} 有 n 个观测值，共有 abn 个观测值，其数据模式如表 5-40 所示。

表 5-40　二级样本含量相等的两因素系统分组试验的资料数据模式

一级因素 A	二级因素 B	观测值 x_{ijl}				二级因素 总和$x_{ij\cdot}$	二级因素 平均$\bar{x}_{ij\cdot}$	一级因素 总和$x_{i\cdot\cdot}$	一级因素 平均$\bar{x}_{i\cdot\cdot}$
	B_{11}	x_{111}	x_{112}	$\cdots$	x_{11n}	$x_{11\cdot}$	$\bar{x}_{11\cdot}$		
A_1	B_{12}	x_{121}	x_{122}	$\cdots$	x_{12n}	$x_{12\cdot}$	$\bar{x}_{12\cdot}$	$x_{1\cdot\cdot}$	$\bar{x}_{1\cdot\cdot}$
	$\vdots$	$\vdots$	$\vdots$		$\vdots$	$\vdots$	$\vdots$		
	B_{1b}	x_{1b1}	x_{1b2}	$\cdots$	x_{1bn}	$x_{1b\cdot}$	$\bar{x}_{1b\cdot}$		
	B_{21}	x_{211}	x_{212}	$\cdots$	x_{21n}	$x_{21\cdot}$	$\bar{x}_{21\cdot}$		
A_2	B_{22}	x_{221}	x_{222}	$\cdots$	x_{22n}	$x_{22\cdot}$	$\bar{x}_{22\cdot}$	$x_{2\cdot\cdot}$	$\bar{x}_{2\cdot\cdot}$
	$\vdots$	$\vdots$	$\vdots$		$\vdots$	$\vdots$	$\vdots$		
	B_{2b}	x_{2b1}	x_{2b2}	$\cdots$	x_{2bn}	$x_{2b\cdot}$	$\bar{x}_{2b\cdot}$		
$\vdots$								$\vdots$	$\vdots$
	B_{a1}	x_{a11}	x_{a12}	$\cdots$	x_{a1n}	$x_{a1\cdot}$	$\bar{x}_{a1\cdot}$		
A_a	B_{a2}	x_{a21}	x_{a22}	$\cdots$	x_{a2n}	$x_{a2\cdot}$	$\bar{x}_{a2\cdot}$	$x_{a\cdot\cdot}$	$\bar{x}_{a\cdot\cdot}$
	$\vdots$	$\vdots$	$\vdots$		$\vdots$	$\vdots$	$\vdots$		
	B_{ab}	x_{ab1}	x_{ab2}	$\cdots$	x_{abn}	$x_{ab\cdot}$	$\bar{x}_{ab\cdot}$		
总和								$x_{\cdots}$	

表 5-40 中，

$$x_{ij.}=\sum_{l=1}^{n}x_{ijl} \qquad \bar{x}_{ij.}=\frac{x_{ij.}}{n}$$

$$x_{i..}=\sum_{j=1}^{b}\sum_{l=1}^{n}x_{ijl} \qquad \bar{x}_{i..}=\frac{x_{i..}}{bn}$$

$$x_{...}=\sum_{i=1}^{a}\sum_{j=1}^{b}\sum_{l=1}^{n}x_{ijl} \qquad \bar{x}_{i...}=\frac{x_{...}}{abn}$$

A 因素第 i 水平内 B 因素第 j 水平构成的水平组合 B_{ij} 第 l 重复观测值 x_{ijl} 可表示为

$$x_{ijl}=\mu+\tau_{ij}+\varepsilon_{ijl}$$

其中，μ 为试验总体平均数；τ_{ij} 为 A 因素第 i 水平内 B 因素第 j 水平的处理效应；ε_{ijl} 为随机误差，相互独立，$\varepsilon_{ijl}\sim N(0,\sigma^2)$。

A 因素内 B 因素的效应称为套效应（nested effect），用 B（A）表示。τ_{ij} 又可分解为 A 因素的主效应 α_i 和 A 因素内 B 因素的套效应 $\beta_{j(i)}$，即

$$\tau_{ij}=\alpha_i+\beta_{j(i)}$$

其中，α_i 为 A_i 的效应，$\alpha_i=\mu_i-\mu$；$\beta_{j(i)}$ 为 A_i 内 B_j 的效应，相互独立，$\beta_{j(i)}\sim N(0,\sigma^2_{B(A)})$。

因此，两因素系统分组资料的数学模型为

$$x_{ijl}=\mu+\alpha_i+\beta_{j(i)}+\varepsilon_{ijl} \tag{5-34}$$

$$(i=1,2,\cdots,a;\ j=1,2,\cdots,b;\ l=1,2,\cdots,n)$$

两因素系统分组资料的数学模型与两因素交叉分组资料不同，其中不包含交互作用项；并且因素 B 的效应 $\beta_{j(i)}$ 随着因素 A 的水平的变化而变化，也就是说，二级因素的同一水平在一级因素不同水平下有不同的效应。因此，须把一级因素不同水平下的二级因素同一水平看作是不同水平。

表 5-40 资料的总变异可分解为 A 因素各水平（A_i）间的变异（一级样本间的变异），A 因素各水平（A_i）内 B 因素各水平（B_{ij}）间的变异（一级样本内二级样本间的变异）和试验误差（B 因素各水平 B_{ij} 重复观测值间的变异）3 部分。对两因素系统分组资料进行方差分析，平方和与自由度的分解式为

$$SS_T=SS_A+SS_{B(A)}+SS_e \tag{5-35}$$
$$df_T=df_A+df_{B(A)}+df_e$$

其中，$SS_{B(A)}$、$df_{B(A)}$ 表示 A 因素内 B 因素的平方和与自由度。

各项平方和及其自由度计算公式如下：

矫正数　　　$C=\dfrac{x^2_{...}}{abn}$

总平方和及其自由度　　$SS_T=\sum_{i=1}^{a}\sum_{j=1}^{b}\sum_{l=1}^{n}x_{ijl}^2-C,\ df_T=abn-1$

处理平方和及其自由度　　$SS_{AB}=\dfrac{1}{n}\sum_{i=1}^{a}\sum_{j=1}^{b}x_{ij.}^2-C,\ df_{AB}=ab-1$　　（5-36）

A 因素平方和及其自由度　　　　$SS_A = \dfrac{1}{bn} \sum\limits_{i=1}^{a} x_{i\cdot\cdot}^2 - C, \ df_A = a-1$

A 因素内 B 因素平方和及其自由度　　　　$SS_{B(A)} = SS_{AB} - SS_A, \ df_{B(A)} = df_{AB} - df_A = a(b-1)$

误差平方和及其自由度　　　　$SS_e = SS_T - SS_{AB}, \ df_e = df_T - df_{AB} = ab(n-1)$

相应均方为　　　　$MS_A = \dfrac{SS_A}{df_A}, \ MS_{B(A)} = \dfrac{SS_{B(A)}}{df_{B(A)}}, \ MS_e = \dfrac{SS_e}{df_e}$

【例 5-7】　随机选取 3 株植物，在每一株内随机选取 2 片叶子，用取样器从每一片叶子上随机选取同样面积的 2 个样品，称取湿重（表 5-41）。检验不同植株及同一植株上的不同叶片平均湿重是否有差异。

表 5-41　不同植株叶片湿重　　　　　　　　　　　　　　（单位：g）

植株 A	叶片 B	湿重 x_{ijl}		$x_{ij\cdot}$	$\bar{x}_{ij\cdot}$	$x_{i\cdot\cdot}$	$\bar{x}_{i\cdot\cdot}$
A_1	B_{11}	12.1	12.1	24.2	12.10	49.8	12.45
	B_{12}	12.8	12.8	25.6	12.80		
A_2	B_{21}	14.4	14.4	28.8	14.40	58.0	14.50
	B_{22}	14.7	14.5	29.2	14.60		
A_3	B_{31}	23.1	23.4	46.5	23.25	103.4	25.85
	B_{32}	28.1	28.8	56.9	28.45		
合计						$x_{\cdots} = 211.2$	

R 脚本　SAS 程序

这是一个二级样本含量相等的两因素系统分组完全随机设计试验资料，A 因素的水平数 $a=3$，A_i 内 B 因素的水平数 $b=2$，B_{ij} 的重复次数 $n=2$，共有 $abn = 3 \times 2 \times 2 = 12$ 个观测值，方差分析如下所述。

1. 计算各项平方和与自由度

矫正数　　$C = \dfrac{x_{\cdots}^2}{abn} = \dfrac{211.2^2}{3 \times 2 \times 2} = 3717.12$

总平方和及其自由度

$$SS_T = \sum_{i=1}^{a} \sum_{j=1}^{b} \sum_{l=1}^{n} x_{ijl}^2 - C$$

$$= (12.1^2 + 12.1^2 + \cdots + 28.8^2) - 3717.12 = 444.66$$

$$df_T = abn - 1 = 3 \times 2 \times 2 - 1 = 11$$

处理平方和及其自由度

$$SS_{AB} = \frac{1}{n} \sum_{i=1}^{a} \sum_{j=1}^{b} x_{ij\cdot}^2 - C = \frac{24.2^2 + 25.6^2 + \cdots + 56.9^2}{2} - 3717.1200 = 444.35$$

$$df_{AB} = ab - 1 = 3 \times 2 - 1 = 5$$

植株间平方和及其自由度

$$SS_A = \frac{1}{bn} \sum_{i=1}^{a} x_{i\cdot\cdot}^2 - C = \frac{49.8^2 + 58.0^2 + 103.4^2}{2 \times 2} - 3717.12 = 416.78$$

$$df_A = a - 1 = 3 - 1 = 2$$

植株内叶片间的平方和及其自由度

$$SS_{B(A)}=SS_{AB}-SS_A=444.35-416.78=27.57$$

$$df_{B(A)}=df_{AB}-df_A=5-2=3 \quad 或 \quad df_{B(A)}=a(b-1)=3\times(2-1)=3$$

误差（叶片内样品间）平方和及其自由度

$$SS_e=SS_T-SS_{AB}=444.66-444.35=0.31$$

$$df_e=df_T-df_{AB}=11-5=6 \quad 或 \quad df_e=ab(n-1)=3\times2\times(2-1)=6$$

2. 列出方差分析表（表 5-42），进行 F 检验

表 5-42　不同植株叶片湿重方差分析表

变异来源	SS	df	MS	F
植株间 A	416.78	2	208.3900	22.68[*]
植株内叶片间 B（A）	27.57	3	9.1900	177.76[**]
误差	0.31	6	0.0517	
总变异	444.66	11		

注：$F_{0.05(2,3)}=9.55$，$F_{0.01(2,3)}=30.82$；$F_{0.01(3,6)}=9.78$。

因为植株间的 F 介于 $F_{0.05(2,3)}$ 与 $F_{0.01(2,3)}$ 之间、$0.05<p<0.01$，植株内叶片间的 $F>F_{0.01(3,6)}$，$p<0.01$，表明不同植株叶片平均湿重差异显著，同一植株不同叶片平均湿重差异极显著。

3. 多重比较　下面进行不同植株叶片平均湿重的多重比较（SSR 法）。因为对一级因素（植株）进行 F 检验是以植株内叶片间均方 $MS_{B(A)}$ 作为分母，植株的重复数为 bn，所以植株的平均数标准误 $s_{\bar{x}_A}$ 为

$$s_{\bar{x}_A}=\sqrt{\frac{MS_{B(A)}}{bn}}=\sqrt{\frac{9.1900}{2\times2}}=1.5158$$

根据 $df_{B(A)}=3$，秩次距 $k=2$、3 查附表 7，得 $\alpha=0.05$、$\alpha=0.01$ 的临界 SSR 值，与标准误 $s_{\bar{x}_A}$ 相乘计算各个 LSR 值。SSR 值与 LSR 值列于表 5-43。

表 5-43　SSR 值与 LSR 值表

$df_{B(A)}$	秩次距 k	$SSR_{0.05}$	$SSR_{0.01}$	$LSR_{0.05}$	$LSR_{0.01}$
3	2	4.50	8.26	6.82	12.52
	3	4.50	8.50	6.82	12.88

不同植株叶片平均湿重的多重比较见表 5-44。多重比较结果表明，植株 A_3 的叶片平均湿重极显著高于植株 A_1，显著高于植株 A_2；植株 A_2 与 A_1 的叶片平均湿重差异不显著。

表 5-44　植株叶片平均湿重多重比较表（SSR 法）

植株	平均 $\bar{x}_{i\cdot}$	显著性 0.05	显著性 0.01
A_3	25.85	a	A
A_2	14.50	b	AB
A_1	12.45	b	B

由于一级因素内二级因素各水平平均数是否有差异不是研究的重点，通常不对一级因素内二级因素各水平平均数进行多重比较。若需要对一级因素内二级因素各水平平均数进行多重比较，则由 $\sqrt{\dfrac{MS_e}{n}}$ 计算标准误 $s_{\bar{x}_{B(A)}}$，根据自由度 df_e 查 SSR 值或 q 值。

*第四节　方差分析模型分类与期望均方

一、处理效应分类

方差分析数学模型中的处理效应，由于处理的性质不同，有固定效应（fixed effect）和随机效应（random effect）之分。

（一）固定效应

进行单因素试验，若 k 个处理具有下述 4 个特性，则称该试验的处理效应为固定效应。

（1）k 个处理是特别指定的，研究的对象只限于这 k 个处理总体。

（2）研究目的在于推断这 k 个处理总体平均数是否相同，假设检验的无效假设为 k 个处理总体平均数相同，即 H_0：$\mu_1=\mu_2=\cdots=\mu_k$。

（3）如果无效假设 H_0 被否定，下一步是进行 k 个处理平均数的多重比较，以区分 k 个处理的优劣。

（4）重复试验时的处理仍为原 k 个处理。

例如，品种比较试验、肥料试验、密度试验等处理效应是固定效应。

（二）随机效应

进行单因素试验，若 k 个处理具有下述 4 个特性，则称该试验的处理效应为随机效应。

（1）k 个处理并非特别指定，而是从更大的总体中随机抽取的 k 个处理，研究的对象不是这 k 个处理总体，而是从中随机抽取这 k 个处理的更大总体。

（2）研究的目的不在于推断 k 个处理总体平均数是否相同，而在于推断从中随机抽取这 k 个处理的更大总体的变异情况，假设检验的无效假设为处理效应方差等于零，即 H_0：$\sigma_\alpha^2=0$。

（3）如果无效假设 H_0 被否定，下一步是估计 σ_α^2。

（4）重复试验时，从更大的总体重新随机抽取处理。

例如，为了研究中国早稻产量变异情况，从大量早稻品种中随机抽取部分品种作为代表进行试验，从试验结果推断中国早稻产量变异情况，处理效应是随机效应。

二、方差分析模型分类

若按处理效应的类别来划分方差分析的模型，单因素试验有固定模型和随机模型；多因素试验有固定模型、随机模型和混合模型。

进行单因素试验，若试验因素处理效应为固定效应，则方差分析的模型称为固定模型

（fixed model）。例如，上述品种比较试验、肥料试验等方差分析的模型均为固定模型。若试验因素处理效应为随机效应，则方差分析的模型称为随机模型（random model）。例如，上述为研究中国早稻产量变异情况试验的方差分析的模型为随机模型。

　　进行多因素试验，若每一个试验因素处理效应均为固定效应，则方差分析的模型称为固定模型。若每一个试验因素处理效应均为随机效应，则方差分析的模型称为随机模型。若各个试验因素处理效应既有固定的也有随机的，则方差分析的模型称为混合模型（mixed model）。例如，进行多年、多点品种区域试验，由于品种效应、地点效应是固定的，年份效应是随机的，所以多年、多点品种区域试验方差分析的模型属混合模型。

　　就试验资料的具体统计分析过程而言，方差分析的这 3 种模型的差别并不太大，但从解释和理论基础而言，它们之间是有很重要的区别的。不论设计试验、解释试验结果，还是最后进行统计推断，都必须了解方差分析这 3 种模型的意义和区别。

三、期望均方

　　由于模型不同，方差分析中各项期望均方的表达式也有所不同，因而 F 检验时分母均方的选择也有所不同。现将不同类型方差分析中各种模型下各项期望均方的表达式分别列于下述各表，以便正确地进行 F 检验，以及当处理效应是随机效应时估计方差分量。

　　为了区分随机模型与固定模型，在单因素试验时，用 σ_α^2 表示随机模型下处理效应方差，用 κ_α^2 表示固定模型下处理效应方差；在两因素试验时，对于 A 因素，随机模型时用 σ_α^2 表示处理效应方差，固定模型时用 κ_α^2 表示处理效应方差，此时，

$$\kappa_\alpha^2 = \frac{1}{a-1}\sum_{i=1}^{a}(\mu_{i\cdot}-\mu)^2 = \frac{1}{a-1}\sum_{i=1}^{a}\alpha_i^2$$

对于 B 因素，随机模型时用 σ_β^2 表示处理效应方差；固定模型时用 κ_β^2 表示处理效应方差，此时，

$$\kappa_\beta^2 = \frac{1}{b-1}\sum_{j=1}^{b}(\mu_{\cdot j}-\mu)^2 = \frac{1}{b-1}\sum_{j=1}^{b}\beta_j^2$$

（一）单因素完全随机设计试验资料方差分析的期望均方

（1）各处理重复数相等的单因素完全随机设计试验资料方差分析的期望均方见表 5-45。

表 5-45　各处理重复数相等的单因素完全随机设计试验资料方差分析的期望均方

变异来源	期望均方	
	固定模型	随机模型
处理间	$n\kappa_\alpha^2 + \sigma^2$	$n\sigma_\alpha^2 + \sigma^2$
处理内	σ^2	σ^2

（2）各处理重复数不等的单因素完全随机设计试验资料方差分析的期望均方见表 5-46。

表 5-46　各处理重复数不等的单因素完全随机设计试验资料方差分析的期望均方

变异来源	期望均方	
	固定模型	随机模型
处理间	$\dfrac{1}{k-1}\displaystyle\sum_{i=1}^{k}n_i\alpha_i^2+\sigma^2$	$n_0\sigma_\alpha^2+\sigma^2$
处理内	σ^2	σ^2

在表 5-46 中，固定模型处理间均方 MS_t 的期望值为 $\dfrac{1}{k-1}\displaystyle\sum_{i=1}^{k}n_i\alpha_i^2+\sigma^2$，是在 $\displaystyle\sum_{i=1}^{k}n_i\alpha_i=0$ 的条件下获得的。若条件为 $\displaystyle\sum_{i=1}^{k}\alpha_i=0$，则 MS_t 的期望值为

$$\frac{1}{k-1}\left[\sum_{i=1}^{k}n_i\alpha_i^2-\frac{\left(\displaystyle\sum_{i=1}^{k}n_i\alpha_i\right)^2}{\displaystyle\sum_{i=1}^{k}n_i}\right]+\sigma^2$$

随机模型 σ_α^2 的系数 n_0 由下式计算

$$n_0=\frac{1}{k-1}\left(\sum_{i=1}^{k}n_i-\frac{\displaystyle\sum_{i=1}^{k}n_i^2}{\displaystyle\sum_{i=1}^{k}n_i}\right) \tag{5-37}$$

单因素试验资料的方差分析，不论是固定还是随机模型，F 值计算的分母都是误差均方 MS_e。

（二）两因素交叉分组完全随机设计试验资料方差分析的期望均方

（1）两因素交叉分组完全随机设计单个观测值试验资料方差分析的期望均方见表 5-47。

表 5-47　两因素交叉分组完全随机设计单个观测值试验资料方差分析的期望均方

变异来源	期望均方		
	固定模型	随机模型	A 固定、B 随机
A	$b\kappa_\alpha^2+\sigma^2$	$b\sigma_\alpha^2+\sigma^2$	$b\kappa_\alpha^2+\sigma^2$
B	$a\kappa_\beta^2+\sigma^2$	$a\sigma_\beta^2+\sigma^2$	$a\sigma_\beta^2+\sigma^2$
误差	σ^2	σ^2	σ^2

表 5-47 指明，对两因素交叉分组完全随机设计单个观测值试验资料的方差分析，不论是固定、随机还是混合模型，F 值计算的分母都是误差均方 MS_e。

（2）两因素交叉分组完全随机设计有重复观测值试验资料方差分析的期望均方见表 5-48。

表 5-48　两因素交叉分组完全随机设计有重复观测值试验资料方差分析的期望均方

变异来源	期望均方		
	固定模型	随机模型	A 随机、B 固定
A	$bn\kappa_\alpha^2+\sigma^2$	$bn\sigma_\alpha^2+n\sigma_{\alpha\times\beta}^2+\sigma^2$	$bn\sigma_\alpha^2+\sigma^2$
B	$an\kappa_\beta^2+\sigma^2$	$an\sigma_\beta^2+n\sigma_{\alpha\times\beta}^2+\sigma^2$	$an\kappa_\beta^2+n\sigma_{\alpha\times\beta}^2+\sigma^2$
$A\times B$	$n\kappa_{\alpha\times\beta}^2+\sigma^2$	$n\sigma_{\alpha\times\beta}^2+\sigma^2$	$n\sigma_{\alpha\times\beta}^2+\sigma^2$
误差	σ^2	σ^2	σ^2

表 5-48 指明，两因素交叉分组完全随机设计 n 次重复试验资料的方差分析，对主效应和交互作用进行 F 检验因模型不同而异。对于固定模型，均用 MS_e 作分母；对于随机模型，检验 H_0：$\sigma_{\alpha\times\beta}^2=0$，用 MS_e 作分母，检验 H_0：$\sigma_\alpha^2=0$、H_0：$\sigma_\beta^2=0$ 都用 $MS_{A\times B}$ 作分母；对于混合模型（A 随机、B 固定），检验 H_0：$\sigma_\alpha^2=0$、H_0：$\sigma_{\alpha\times\beta}^2=0$ 都用 MS_e 作分母，检验 H_0：$\kappa_\beta^2=0$，用 $MS_{A\times B}$ 作分母。A 固定、B 随机，与此类似。

（三）两因素系统分组试验资料方差分析的期望均方

二级样本含量相等的两因素系统分组试验资料方差分析期望均方见表 5-49。

表 5-49　二级样本含量相等的两因素系统分组试验资料方差分析的期望均方

变异来源		期望均方		
		固定模型	随机模型	A 固定、B 随机
一级因素（A）		$bn\kappa_\alpha^2+\sigma^2$	$bn\sigma_\alpha^2+n\sigma_{\beta(\alpha)}^2+\sigma^2$	$bn\kappa_\alpha^2+n\sigma_{\beta(\alpha)}^2+\sigma^2$
一级因素内二级因素 B（A）		$n\kappa_{\beta(\alpha)}^2+\sigma^2$	$n\sigma_{\beta(\alpha)}^2+\sigma^2$	$n\sigma_{\beta(\alpha)}^2+\sigma^2$
误差		σ^2	σ^2	σ^2
F 检验	一级因素	MS_A/MS_e	$MS_A/MS_{B(A)}$	$MS_A/MS_{B(A)}$
	一级因素内二级因素	$MS_{B(A)}/MS_e$	$MS_{B(A)}/MS_e$	$MS_{B(A)}/MS_e$

A 固定、B 随机的 F 检验与随机模型同；A 随机、B 固定的 F 检验与固定模型同。

四、方差分量估计

了解期望均方的组成，不仅有助于正确进行 F 检验，而且有助于正确估计方差分量。方差分量（variance components）是指方差的组成成分。根据试验资料的模型和期望均方的组成，就可估计出所需要的方差分量。

方差分量的估计是指对随机模型的方差分量估计。在研究数量性状的遗传变异时，对一些遗传参数的估计，如重复率、遗传力和性状间的遗传相关的估计都是在随机模型方差分量估计的基础上进行的。

作为练习将【例 5-6】中 3 个种植密度、施用 5 种商业化肥的效应看作是随机的，于是该资料属随机模型。方差分量估计如下所述。

表 5-48 指明：种植密度均方的数学期望 $E[MS_A]=bn\sigma_\alpha^2+n\sigma_{\alpha\times\beta}^2+\sigma^2$，商业化肥均方的数学期望 $E[MS_B]=an\sigma_\beta^2+n\sigma_{\alpha\times\beta}^2+\sigma^2$，种植密度与商业化肥的交互作用均方的数学期望 $E[MS_{A\times B}]=n\sigma_{\alpha\times\beta}^2+\sigma^2$，试验误差均方的数学期望 $E[MS_e]=\sigma^2$。

因而

$$\hat{\sigma}^2=MS_e$$

$$\hat{\sigma}_{\alpha\times\beta}^2=\frac{MS_{A\times B}-MS_e}{n}$$

$$\hat{\sigma}_\alpha^2=\frac{MS_A-MS_{A\times B}}{bn}$$

$$\hat{\sigma}_\beta^2=\frac{MS_B-MS_{A\times B}}{an}$$

将 $n=4$、$a=3$、$b=5$ 及表 5-32 中有关均方代入上面各方差分量估计值计算式得

$$\hat{\sigma}^2=MS_e=1.2222$$

$$\hat{\sigma}_{\alpha\times\beta}^2=\frac{MS_{A\times B}-MS_e}{n}=\frac{6.2917-1.2222}{4}=1.2674$$

$$\hat{\sigma}_\alpha^2=\frac{MS_A-MS_{A\times B}}{bn}=\frac{157.9167-6.2917}{5\times4}=7.5813$$

$$\hat{\sigma}_\beta^2=\frac{MS_B-MS_{A\times B}}{an}=\frac{51.7917-6.2917}{3\times4}=3.7917$$

第五节　数　据　转　换

前面介绍的几种类型试验资料的方差分析，尽管其数学模型的具体表达式有所不同，但以下 3 点却是共同的。

1. 效应的可加性　　进行方差分析的数学模型均为线性可加模型。这个模型明确提出了处理效应与误差是"可加的"，正是由于这一"可加性"，才有了样本平方和的"可加性"，即有了试验观测值总平方和的"可分解性"。如果试验资料不具备这一性质，变量的总变异依据变异原因的分解将失去根据，方差分析不能进行。

2. 分布的正态性　　是指所有试验误差是相互独立的，且都服从 $N(0,\sigma^2)$。只有在这样的条件下才能进行 F 检验。

3. 方差的一致性　　指各个处理总体方差 σ^2 相等。只有这样，才能以各个处理均方的合并均方作为检验各处理差异显著性的共同的误差均方。

上述 3 点是进行方差分析的前提或基本假定。如果在进行方差分析前发现有某些异常的观测值、处理或区组，只要不属于试验处理不同所引起，在不影响分析正确性的条件下应予以删除。但是，有些资料就其性质来说不符合方差分析的基本假定。其中最常见的一种情况是处理平均数和处理均方有一定关系，如二项分布资料，平均数 $\hat{\mu}=n\hat{p}$，均方 $\hat{\sigma}=n\hat{p}(1-\hat{p})$。

对这类资料不能直接进行方差分析，而应考虑采用非参数方法分析或进行适当数据转换（transformation of data）后再作方差分析。这里介绍几种常用的数据转换方法。

1. 平方根转换 平方根转换（square root transformation）适用于各处理内均方与其平均数之间有某种比例关系的资料，尤其适用于总体呈泊松分布的资料（泊松分布资料的平均数与方差相等）。转换的方法是求出原观测值 x 的平方根 $x'=\sqrt{x}$。若原观测值中有 0 或多数观测值小于 10，则把原观测值转换成 $x'=\sqrt{x+1}$，对于稳定均方、使方差符合一致性的作用更加明显。转换也有利于满足效应可加性和正态性的要求。

2. 对数转换 对数转换（logarithmic transformation）适用于各处理观测值的标准差或全距与其平均数大体成比例，或效应为相乘性的资料。转换方法是求出原观测值的常用对数 $x'=\lg x$ 或自然对数 $x'=\ln x$，可以使方差变成比较一致而且使效应由相乘性变成相加性。如果原观测值有 0，则将原观测值转换成 $x'=\lg(x+1)$。

一般而言，对数转换对于削弱大观测值的作用要比平方根转换更强。例如，对观测值 1、10、100 作平方根转换，$x'=\sqrt{x}=1$、3.16、10；作常用对数转换，$x'=\lg x=0$、1、2。

3. 反正弦转换 反正弦转换（arcsine transformation）也称角度转换（angular transformation）。此法适用于如发芽率、感病率、死亡率等服从二项分布的百分数资料。转换的方法是求出每个用小数表示的百分数 p 的平方根的反正弦值，即 $x=\sin^{-1}\sqrt{p}$，转换后的数值是以度为单位十进制的角度。二项分布的特点是其方差与平均数有函数关系。由于这种函数关系，当平均数接近于 0 或 100%时，方差趋向于较小；而平均数处于 50%左右时，方差趋向于较大。把数据变成角度以后，接近于 0 和 100%的数值变异程度变大，因此使方差较为增大，这样有利于满足方差一致性的要求。一般，若服从二项分布的百分数资料的百分数为 30%～70%，因资料的分布接近于正态分布，数据转换与否对分析的影响不大；如果服从二项分布的百分数资料中有小于 30%或大于 70%的百分数，则应对资料中的全部百分数进行反正弦转换。

应当注意的是，在对转换后的数据进行方差分析时，若经 F 检验显著，仍对转换后的数据平均数进行多重比较，但在解释分析最终结果时，应将转换后的数据平均数还原为原来的数量。

【例 5-8】 有 3 个玉米自交系 48-2、S37 和 ES40 在相同条件下保存了 2 年。为了了解其种子的生活力，每个自交系随机选取 100 粒种子在培养箱内作发芽试验，重复 7 次，3 个玉米自交系种子发芽率资料列于表 5-50。对资料进行方差分析。

表 5-50　3 个玉米自交系的种子发芽率 （%）

自交系	发芽率（p）						
48-2	94.3	64.1	47.7	43.6	50.4	80.5	57.8
S37	26.7	9.4	42.1	30.6	40.9	18.6	40.9
ES40	18.0	35.0	20.7	31.6	26.8	11.4	19.7

这是一个服从二项分布的发芽率资料，且有低于 30%和高于 70%的百分数，应先对发芽率资料作反正弦转换，例如，$\sin^{-1}\sqrt{0.943}=76.19$，$\sin^{-1}\sqrt{0.641}=53.19$，转换结果见表 5-51。

表 5-51　表 5-50 资料的反正弦转换值

自交系			$x=\sin^{-1}\sqrt{p}$					总和$x_i.$	平均$\bar{x}_i.$	还原/%
48-2	76.19	53.19	43.68	41.32	45.23	63.79	49.49	372.89	53.27	64.23
S37	31.11	17.85	40.45	33.58	39.76	25.55	39.76	228.06	32.58	29.00
ES40	25.10	36.27	27.06	34.20	31.18	19.73	26.35	199.89	28.56	22.86
总和								$x..=800.84$		

各项平方和与自由度的计算略。表 5-51 资料的方差分析表见表 5-52。

表 5-52　表 5-50 资料的方差分析表

变异来源	SS	df	MS	F
自交系间	2461.8228	2	1230.9114	14.03[**]
误差	1579.4927	18	87.7496	
总变异	4041.3155	20		

注：$F_{0.01(2,18)}=6.01$

因为自交系间的 $F>F_{0.01(2,18)}$、$p<0.01$，表明各自交系种子发芽率反正弦转换值平均数差异极显著。

下面进行各自交系种子发芽率反正弦转换值平均数的多重比较（SSR 法）。因为 $s_{\bar{x}}=\sqrt{\dfrac{87.7496}{7}}=3.54$、$df_e=18$，SSR 值与 LSR 值见表 5-53。

表 5-53　SSR 值与 LSR 值

df_e	秩次距 k	$SSR_{0.05}$	$SSR_{0.01}$	$LSR_{0.05}$	$LSR_{0.01}$
18	2	2.97	4.07	10.51	14.41
	3	3.12	4.27	11.04	15.12

各自交系种子发芽率反正弦转换值平均数的多重比较见表 5-54。

表 5-54　各自交系种子发芽率反正弦转换值平均数多重比较表（SSR 法）

自交系	平均数$\bar{x}_i.$	显著性	
		0.05	0.01
48-2	53.27	a	A
S37	32.58	b	B
ES40	28.56	b	B

对结论作解释时，应将各个平均数还原为发芽率。根据 $p=(\sin x)^2$，表 5-51 中平均数 53.27 还原为 64.23%，平均数 32.58 还原为 29.00%，平均数 28.56 还原为 22.86%。多重比较（表 5-54）结果表明，自交系 48-2 的种子发芽率极显著高于自交系 ES40 和 S37，自交系 S37 与自交系 ES40 的种子发芽率差异不显著。

以上介绍了 3 种数据转换方法。对于一般非连续性的资料，最好在方差分析前先检查各处理平均数与相应处理内均方是否存在相关、各处理均方间的变异是否较大。如果处理平均数与相应处理内均方存在相关，或者处理内均方变异较大，则应考虑对数据进行转换。有时要确定适当的数据转换方法并不容易，可事先在试验数据中选取几个处理平均数为大、中、小的试验数据作转换。能使处理平均数与相应处理内均方的相关最小的转换方法，就是最合适的转换方法。另外，还有一些别的转换方法可以考虑。例如，当各处理标准差与其平均数的平方成比例时，可进行倒数转换（reciprocal transformation）$x'=\frac{1}{x}$；对于呈明显偏态的二项分布百分数资料，进行 $x=(\sin^{-1}\sqrt{p})^{\frac{1}{2}}$ 转换，可使 x 呈良好的正态分布。

习　题

1. 多个处理平均数相互比较为什么不宜用 t 检验法？

2. 什么是方差分析？方差分析的基本假定是什么？方差分析的基本步骤为何？

3. 什么是多重比较？多个平均数相互比较时，LSD 法与一般 t 检验法相比有何优点？还存在什么问题？如何决定选用哪种多重比较法？

4. 单一自由度正交比较的各比较项的系数是按什么规则确定的？

5. 什么是简单效应、主效应、交互效应？为什么说两因素交叉分组单个观测值的试验设计是不完善的试验设计？在多因素试验时，如何选取最优水平组合？

6. 两因素系统分组试验资料的方差分析与两因素交叉分组试验资料的方差分析有何区别？

7. 什么是固定效应、随机效应？什么是方差分析的固定模型、随机模型、混合模型？什么是方差分量？如何估计方差分量？

8. 为什么要作数据转换？常用的数据转换方法有哪几种？各在什么条件下应用？

9. 在相同栽培条件下，3 个玉米品种的小区产量如下表。检验 3 个品种平均产量是否有差异。

3 个玉米品种的小区产量　　　　　　　　　　（单位：kg/小区）

品种	产量 x_{ij}									
川单 18 号	16	12	18	18	13	11	15	10	17	18
川单 22 号	10	13	11	9	16	14	8	15	13	8
川单 9 号	11	8	13	6	7	15	9	12	10	11

10. 为了了解在相同条件下贮藏 2 年的玉米种质资源种子发芽率，在同一实验室内对 6 份玉米种质资源作发芽试验，发芽率资料列于下表。检验 6 份玉米种质资源发芽率是否有差异。（提示：先对全部发芽率作反正弦转换：$x=\sin^{-1}\sqrt{p}$，然后进行方差分析）

6 份玉米种质资源发芽率　　　　　　　　　　　　　（%）

玉米种质资源	发芽率 p							n_i
L02-1	46	35	37	52	40			5
L02-2	70	59	68	72	63	58		6
L02-3	52	48	57	45	67	64	50	7

玉米种质资源	发芽率 p									n_i
L02-4	40	41	30	46	34					5
L02-5	66	64	78	69	72	81	83			7
L02-6	35	41	49	38	52	46	37	39	50	9
合计										39

11. 用 3 种酸液处理某牧草种子，观察其对牧草幼苗生长的影响。试验资料如下表。

3 种酸液处理牧草种子的幼苗干重 （单位：mg）

处理	幼苗干重 x_{ij}				
对照	4.23	4.38	4.10	3.99	4.25
HCl	3.85	3.78	3.91	3.94	3.86
丙酸	3.75	3.65	3.82	3.69	3.73
丁酸	3.66	3.67	3.62	3.54	3.71

（1）进行方差分析（不进行多重比较）。

（2）对下列问题通过单一自由度正交比较给予回答：①酸液处理是否影响牧草幼苗生长？②有机酸的作用是否不同于无机酸？③两种有机酸的作用是否有差异？

12. 为了比较 4 种种植密度（A）和 3 个玉米品种（B）的产量，每个玉米品种分别以 4 种不同密度种植。玉米成熟后，测定其产量，数据如下。检验不同种植密度及不同品种的平均产量是否有差异。

4 种种植密度 3 个玉米品种的产量 （单位：kg/666.67m²）

	A_1	A_2	A_3	A_4
B_1	505	545	590	530
B_2	490	515	535	505
B_3	445	515	510	495

13. 为了从 4 种不同原料和 3 种不同温度中选择使乙醇产量最高的水平组合，设计了两因素试验，每一水平组合重复 4 次，完全随机设计，试验结果如下表所示。

4 种不同原料 3 种不同温度发酵的乙醇产量 （单位：kg）

原料 A	温度 B											
	B_1（30℃）				B_2（35℃）				B_3（40℃）			
A_1	41	49	38	40	19	22	28	24	18	22	26	19
A_2	47	59	50	43	40	31	33	36	15	20	18	14
A_3	48	45	53	57	45	38	47	44	30	33	36	29
A_4	32	29	35	31	53	56	49	59	46	41	38	40

（1）进行方差分析。

（2）作为练习，将 4 种不同原料、3 种不同温度的效应看作是随机的，即该资料为随机模型。估计方差分量。

14. 对 5 个杂交水稻品种的干物质重量进行测定。在每个杂交水稻品种种植小区上随机选取 2 个样点，每个样点随机选取 5 株，测定结果如下，进行方差分析。

5 个杂交水稻品种在其 2 个样点各取 5 株的干物质重量 （单位：g/株）

品种 A	样点 B	干物质重量 x_{ijl}				
A_1	1	7.8	8.9	9.2	11.4	10.5
	2	12.1	10.6	8.7	9.9	10.1
A_2	3	7.4	8.8	8.9	7.8	9.8
	4	6.2	6.6	5.3	7.5	8.1
A_3	5	12.6	10.2	11.4	11.8	12.1
	6	15.2	15.1	12.3	12.5	12.9
A_4	7	5.8	4.7	6.6	7.4	7.9
	8	6.4	6.8	8.1	7.2	7.9
A_5	9	13.8	15.1	13.4	12.6	16.6
	10	11.7	17.2	15.6	15.1	15.8

15. 下表为 4 个小麦品种的黑穗病率数据。检验各品种黑穗病率是否有差异。（提示：先对黑穗病率作反正弦转换 $x = \sin^{-1}\sqrt{p}$，然后进行方差分析）

4 个小麦品种的黑穗病率 （%）

品种	黑穗病率 p				
A_1	4.8	3.8	3.0	5.0	5.7
A_2	2.0	1.9	2.7	3.5	3.2
A_3	9.8	11.2	13.0	10.3	9.2
A_4	16.0	18.8	17.0	14.6	15.8

第六章 方差分析的实际应用

第五章介绍了方差分析的基本原理与步骤，并介绍了完全随机设计试验资料的方差分析。本章将介绍随机区组设计、拉丁方设计、裂区设计试验资料的方差分析，以及多环境试验资料的联合方差分析。

第一节 单因素随机区组设计试验资料的方差分析

设某单因素试验因素 A 有 k 个水平，r 次重复，随机区组设计，共有 kr 个观测值。单因素随机区组设计试验的目的是研究因素 A 各水平的效应，划分区组是为了控制一个方向的土壤差异、提高试验精确性所采用的局部控制手段。对于单因素随机区组设计试验，把区组也当作一个因素，称为区组因素，记为 R，有 r 个水平。于是把单因素随机区组设计试验资料当作是因素 A 有 k 个水平、区组因素 R 有 r 个水平的两因素交叉分组完全随机设计单个观测值试验资料进行方差分析。

一、数学模型与期望均方

在单因素随机区组设计试验资料中，因素 A 第 i 水平在第 j 区组的观测值 x_{ij} 可表示为

$$x_{ij} = \mu + \tau_i + \beta_j + \varepsilon_{ij} \quad (i=1, 2, \cdots, k; j=1, 2, \cdots, r) \tag{6-1}$$

其中，μ 为试验全部观测值总体平均数；τ_i 为因素 A 第 i 水平的效应；β_j 为第 j 区组的效应；ε_{ij} 为随机误差，相互独立且服从 $N(0, \sigma^2)$。

式（6-1）就是单因素随机区组设计试验资料的数学模型。

单因素随机区组设计试验资料的总变异可分解为处理间变异、区组间变异与误差 3 部分，平方和与自由度的分解式为

$$SS_T = SS_t + SS_r + SS_e$$
$$df_T = df_t + df_r + df_e \tag{6-2}$$

其中，SS_T、SS_t、SS_r 和 SS_e 分别为总平方和、处理平方和、区组平方和和误差平方和；df_T、df_t、df_r 和 df_e 分别为总自由度、处理自由度、区组自由度和误差自由度。

单因素随机区组设计试验资料方差分析的模型按处理效应的类别来划分有 3 种，即固定模型、随机模型和混合模型，这 3 种模型的方差分析过程是一样的，但期望均方的构成略有不同（表 6-1）。

表 6-1 单因素随机区组设计试验资料方差分析的期望均方

变异来源	期望均方		
	固定模型 （A、区组均固定）	随机模型 （A、区组均随机）	混合模型 （A 固定、区组随机）
区组间	$k\kappa_\beta^2 + \sigma^2$	$k\sigma_\beta^2 + \sigma^2$	$k\sigma_\beta^2 + \sigma^2$

续表

变异来源	期望均方		
	固定模型 （A、区组均固定）	随机模型 （A、区组均随机）	混合模型 （A 固定、区组随机）
处理间	$r\kappa_\tau^2+\sigma^2$	$r\sigma_\tau^2+\sigma^2$	$r\kappa_\tau^2+\sigma^2$
误差	σ^2	σ^2	σ^2
总变异			

单因素随机区组设计试验因素 A（如品种）的处理效应通常是固定的，区组效应是随机的。

二、分析实例

【例 6-1】　有一水稻品种比较试验，供试品种有 A、B、C、D、E、F 6 个，其中 D 为对照品种，4 次重复，随机区组设计，小区计产面积 $15m^2$，其田间排列和产量（$kg/15m^2$）见图 6-1。对试验结果进行方差分析。

R 脚本　　SAS 程序

A 15.3	B 18.0	C 16.6	D 16.4	E 13.7	F 17.0	区组 I
D 17.3	F 17.6	E 13.6	C 17.8	A 14.9	B 17.6	区组 II
C 17.6	A 16.2	F 18.2	B 18.6	D 17.3	E 13.9	区组 III
B 18.3	D 17.8	A 16.2	E 14.0	F 17.5	C 17.8	区组 IV

土壤肥力梯度方向

图 6-1　水稻品种比较试验的田间排列和产量（$kg/15m^2$）

本例为单因素随机区组设计试验资料，处理数 $k=6$，区组数 $r=4$，方差分析如下所述。

（一）数据整理

首先将试验资料整理成品种、区组两向表（表 6-2）。

表 6-2　品种、区组两向表　　　　　　　　　　　　　（单位：kg）

品种	区组				品种总和 x_i	品种平均 $\bar{x}_i$
	I	II	III	IV		
A	15.3	14.9	16.2	16.2	62.60	15.65
B	18.0	17.6	18.6	18.3	72.50	18.13
C	16.6	17.8	17.6	17.8	69.80	17.45

品种	区组				品种总和 $x_{i\cdot}$	品种平均 $\bar{x}_{i\cdot}$
	Ⅰ	Ⅱ	Ⅲ	Ⅳ		
D（CK）	16.4	17.3	17.3	17.8	68.80	17.20
E	13.7	13.6	13.9	14.0	55.20	13.80
F	17.0	17.6	18.2	17.5	70.30	17.58
区组总和 $x_{\cdot j}$	97.0	98.8	101.8	101.6	$x_{\cdot\cdot}$=399.2	

（二）计算各项平方和与自由度

矫正系数　　　$C = \dfrac{x_{\cdot\cdot}^2}{kr} = \dfrac{399.2^2}{6 \times 4} = 6640.027$

总平方和　　　$SS_T = \displaystyle\sum_{i=1}^{k}\sum_{j=1}^{r} x_{ij}^2 - C$

$\qquad\qquad\quad = (15.3^2 + 18.0^2 + \cdots + 17.5^2) - 6640.027 = 57.053$

总自由度　　　$df_T = kr - 1 = 6 \times 4 - 1 = 23$

区组平方和　　$SS_r = \dfrac{1}{k}\displaystyle\sum_{j=1}^{r} x_{\cdot j}^2 - C$

$\qquad\qquad\quad = \dfrac{97.0^2 + 98.8^2 + 101.8^2 + 101.6^2}{6} - 6640.027 = 2.680$

区组自由度　　$df_r = r - 1 = 4 - 1 = 3$

处理平方和　　$SS_t = \dfrac{1}{r}\displaystyle\sum_{i=1}^{k} x_{i\cdot}^2 - C$

$\qquad\qquad\quad = \dfrac{62.6^2 + 72.5^2 + \cdots + 70.3^2}{4} - 6640.027 = 52.378$

处理自由度　　$df_t = k - 1 = 6 - 1 = 5$

误差平方和　　$SS_e = SS_T - SS_r - SS_t = 57.053 - 2.680 - 52.378 = 1.995$

误差自由度　　$df_e = df_T - df_r - df_t = 23 - 3 - 5 = 15$

　　或　　　　$df_e = (r-1)(k-1) = (4-1) \times (6-1) = 15$

（三）列出方差分析表（表6-3），进行 F 检验

表6-3　方差分析表

变异来源	df	SS	MS	F
区组间	3	2.680	0.893	6.714**
品种间	5	52.378	10.476	78.767**
误差	15	1.995	0.133	
总变异	23	57.053		

注：$F_{0.01(3,15)} = 5.42$；$F_{0.01(5,15)} = 4.56$

因为区组间的 $F > F_{0.01(3,15)}$、$p < 0.01$，品种间的 $F > F_{0.01(5,15)}$、$p < 0.01$，表明各区组平均产量差异极显著，各品种平均产量差异极显著，因而还须进行各品种平均产量的多重比较。一般情况下，对于区组项的变异，只需将它从误差中分离出来，并不一定要作 F 检验，更用不着对区组平均数进行多重比较。需要说明的是，如果经 F 检验区组间的差异显著，说明试验地可能存在土壤差异，这并不意味着试验结果的可靠性差，正好说明由于采用了随机区组设计，进行了局部控制，把区组间的变异从误差中分离了出来，从而降低了试验误差，提高了试验的精确度。

（四）多重比较

1. 各品种与对照品种 D 平均产量的比较　　采用 LSD 法。因为均数差数标准误为

$$s_{\bar{x}_{i.} - \bar{x}_{j.}} = \sqrt{\frac{2MS_e}{r}} = \sqrt{\frac{2 \times 0.133}{4}} = 0.258$$

根据 $df_e = 15$，查附表 3，得 $t_{0.05(15)} = 2.131$，$t_{0.05(15)} = 2.947$，分别乘以均数差数标准误 $s_{\bar{x}_{i.} - \bar{x}_{j.}}$ 得

$$LSD_{0.05} = t_{0.05(15)} s_{\bar{x}_{i.} - \bar{x}_{j.}} = 2.131 \times 0.258 = 0.55$$

$$LSD_{0.01} = t_{0.01(15)} s_{\bar{x}_{i.} - \bar{x}_{j.}} = 2.947 \times 0.258 = 0.76$$

各品种与对照品种 D 平均产量的比较见表 6-4。将表 6-4 中的各个差数的绝对值与 $LSD_{0.05} = 0.55$、$LSD_{0.01} = 0.76$ 比较，作出推断。比较结果采用标记符号法，已标记在表 6-4 中。各品种与对照品种 D 平均产量比较结果表明，品种 B 的平均产量极显著高于对照品种 D；品种 F、C 的平均产量与对照品种 D 差异不显著；品种 A、E 的平均产量极显著低于对照种品种 D。

表 6-4　各品种与对照品种 D 平均产量比较表

品种	平均产量 $\bar{x}_{i.}$ /（kg/15m²）	与对照品种的比较
B	18.13	$+0.93$**
F	17.58	$+0.38$
C	17.45	$+0.25$
D（CK）	17.20	—
A	15.65	-1.55**
E	13.80	-3.40**

2. 各品种平均产量的多重比较　　采用 SSR 法。因为标准误 $s_{\bar{x}_{i.}}$ 为

$$s_{\bar{x}_{i.}} = \sqrt{\frac{MS_e}{r}} = \sqrt{\frac{0.133}{4}} = 0.182$$

根据 $df = 15$，秩次距 $k = 2$、3、4、5、6 查附表 7，得 $\alpha = 0.05$、$\alpha = 0.01$ 的 SSR 值，分别乘以标准误 $s_{\bar{x}_{i.}}$ 计算各个 LSR。SSR 值与 LSR 值列于表 6-5。

表 6-5　SSR 值与 LSR 值

df_e	秩次距 k	$SSR_{0.05}$	$SSR_{0.01}$	$LSR_{0.05}$	$LSR_{0.01}$
	2	3.01	4.17	0.548	0.759
	3	3.16	4.37	0.575	0.795
15	4	3.25	4.50	0.592	0.819
	5	3.31	4.58	0.602	0.834
	6	3.36	4.64	0.612	0.844

各品种平均产量的多重比较结果，见表 6-6。各品种平均产量的多重比较结果表明，水稻品种 *B* 的平均产量最高，极显著高于品种 *D*（CK）、*A*、*E*，显著高于品种 *F*、*C*；品种 *F*、*C*、*D*（CK）的平均产量两两差异不显著，但均极显著高于品种 *A*、*E*；品种 *A* 的平均产量极显著高于品种 *E*。

表 6-6　各品种平均产量多重比较表（SSR 法）

品种	平均产量 $\bar{x}_{i.}$ /（kg/15m²）	显著性	
		0.05	0.01
B	18.13	a	A
F	17.58	b	AB
C	17.45	b	AB
D（CK）	17.20	b	B
A	15.65	c	C
E	13.80	d	D

第二节　两因素随机区组设计试验资料的方差分析

一、数学模型与期望均方

设一试验考察 *A*、*B* 两个因素，*A* 因素有 *a* 个水平，*B* 因素有 *b* 个水平，交叉分组，*r* 次重复，随机区组设计，该试验共有 *abr* 个观测值。在两因素随机区组设计试验资料中，A_iB_j 水平组合在第 *l* 区组的观测值 x_{ijl} 可表示为

$$x_{ijl}=\mu+\tau_{ij}+\gamma_l+\varepsilon_{ijl}\quad(i=1,2,\cdots,a;\ j=1,2,\cdots,b;\ l=1,2,\cdots,r)\quad(6\text{-}3)$$

其中，μ 为试验全部观测值总体平均数；τ_{ij} 为水平组合 A_iB_j 的效应，$\tau_{ij}=\alpha_i+\beta_j+(\alpha\beta)_{ij}$，$\alpha_i$ 为 *A* 因素第 *i* 水平的效应；β_j 为 *B* 因素第 *j* 水平的效应；$(\alpha\beta)_{ij}$ 为 *A* 因素第 *i* 水平与 *B* 因素第 *j* 水平的互作效应；γ_l 为第 *l* 区组的效应；ε_{ijl} 为随机误差，相互独立且服从 $N(0,\sigma^2)$。

式（6-3）就是两因素随机区组设计试验资料的数学模型。

两因素随机区组设计试验资料的总变异可分解为处理（即水平组合）间变异、区组间变异与误差 3 部分；而处理间变异又可再分解为 *A* 因素水平间变异、*B* 因素水平间变异和 *A* 因素与 *B* 因素的互作变异 3 个部分，因此，总平方和与总自由度可先分解为

$$SS_T=SS_t+SS_r+SS_e$$
$$df_T=df_t+df_r+df_e\quad(6\text{-}4)$$

其中，SS_T、SS_t、SS_r 和 SS_e 分别为总平方和、处理平方和、区组平方和和误差平方和；df_T、df_t、df_r 和 df_e 分别为总自由度、处理自由度、区组自由度和误差自由度。

处理平方和 SS_t、处理自由度 df_t 可以再分解为

$$SS_t=SS_A+SS_B+SS_{A\times B}$$
$$df_t=df_A+df_B+df_{A\times B}\quad(6\text{-}5)$$

其中，SS_A、SS_B、$SS_{A\times B}$ 分别为 *A* 因素平方和、*B* 因素平方和、*A* 因素与 *B* 因素互作平方和；df_A、df_B、$df_{A\times B}$ 分别为 *A* 因素自由度、*B* 因素自由度、*A* 因素与 *B* 因素互作自由度。

结合式（6-4）、式（6-5）得两因素随机区组设计试验资料平方和与自由度的分解式如下：

$$SS_T = SS_A + SS_B + SS_{A \times B} + SS_r + SS_e$$
$$df_T = df_A + df_B + df_{A \times B} + df_r + df_e$$

（6-6）

两因素随机区组设计试验资料方差分析的模型按处理效应的类别来划分亦有 3 种，即固定模型、随机模型和混合模型，期望均方见表 6-7。

表 6-7　两因素随机区组设计试验资料方差分析的期望均方

变异来源	期望均方			
	固定模型	随机模型	混合模型	
			A 固定、B 随机	A 随机、B 固定
区组	$ab\kappa_\gamma^2 + \sigma^2$	$ab\sigma_\gamma^2 + \sigma^2$		
A	$br\kappa_\alpha^2 + \sigma^2$	$br\sigma_\alpha^2 + r\sigma_{\alpha\times\beta}^2 + \sigma^2$	$br\kappa_\alpha^2 + r\sigma_{\alpha\times\beta}^2 + \sigma^2$	$br\sigma_\alpha^2 + \sigma^2$
B	$ar\kappa_\beta^2 + \sigma^2$	$ar\sigma_\beta^2 + r\sigma_{\alpha\times\beta}^2 + \sigma^2$	$ar\sigma_\beta^2 + \sigma^2$	$ar\kappa_\beta^2 + r\sigma_{\alpha\times\beta}^2 + \sigma^2$
$A \times B$	$r\kappa_{\alpha\times\beta}^2 + \sigma^2$	$r\sigma_{\alpha\times\beta}^2 + \sigma^2$	$r\sigma_{\alpha\times\beta}^2 + \sigma^2$	$r\sigma_{\alpha\times\beta}^2 + \sigma^2$
误差	σ^2	σ^2	σ^2	σ^2
总变异				

二、分析实例

R 脚本　　SAS 程序

【例 6-2】　玉米品种（A）与施肥量（B）两因素试验，因素 A 有 A_1、A_2、A_3、A_4 4 个水平（$a=4$），因素 B 有 B_1、B_2 2 个水平（$b=2$），共有 $a \times b = 4 \times 2 = 8$ 个水平组合即处理，3 次重复（$r=3$），随机区组设计，小区计产面积 20m²，田间排列和产量（kg/20m²）如图 6-2 所示。对试验结果进行方差分析。

A_3B_2	A_1B_2	A_2B_1	A_4B_1	A_2B_2	A_1B_1	A_3B_1	A_4B_2	区组 Ⅰ
10.0	11.0	19.0	17.0	20.0	12.0	19.0	11.0	
A_2B_2	A_1B_1	A_4B_1	A_1B_2	A_3B_2	A_2B_1	A_4B_2	A_3B_1	区组 Ⅱ
19.0	13.0	16.0	10.0	8.0	16.0	9.0	18.0	
A_4B_1	A_3B_2	A_2B_1	A_3B_1	A_1B_2	A_1B_2	A_2B_2	A_4B_2	区组 Ⅲ
15.0	7.0	12.0	16.0	13.0	13.0	17.0	8.0	

土壤肥力梯度方向 ↓

图 6-2　玉米品种与施肥量随机区组设计试验田间排列和小区产量（kg/20m²）

本例为两因素随机区组设计试验资料，因素 A 的水平数 $a=4$，因素 B 的水平数 $b=2$，区组数 $r=3$，全试验共有 $abr = 4 \times 2 \times 3 = 24$ 个观测值，方差分析如下所述。

（一）数据整理

将试验结果整理成处理和区组两向表（表 6-8）、品种（A）和施肥量（B）两向表（表 6-9）。

表 6-8　处理与区组两向表　　　　　　　　　　（单位：kg）

处理		区组 I	区组 II	区组 III	处理总和 $x_{ij\cdot}$	处理平均 $\bar{x}_{ij\cdot}$
A_1	B_1	12.0	13.0	13.0	38.0	12.67
	B_2	11.0	10.0	13.0	34.0	11.33
A_2	B_1	19.0	16.0	12.0	47.0	15.67
	B_2	20.0	19.0	17.0	56.0	18.67
A_3	B_1	19.0	18.0	16.0	53.0	17.67
	B_2	10.0	8.0	7.0	25.0	8.33
A_4	B_1	17.0	16.0	15.0	48.0	16.00
	B_2	11.0	9.0	8.0	28.0	9.33
区组总和 $x_{\cdot\cdot l}$		119.0	109.0	101.0	$x_{\cdots}=329.0$	

表 6-9　品种与施肥量两向表　　　　　　　　　　（单位：kg）

品种	施肥量 B_1	施肥量 B_2	品种总和 $x_{i\cdots}$	品种平均 $\bar{x}_{i\cdots}$
A_1	38.0	34.0	72.0	12.00
A_2	47.0	56.0	103.0	17.17
A_3	53.0	25.0	78.0	13.00
A_4	48.0	28.0	76.0	12.67
施肥量总和 $x_{\cdot j\cdot}$	186.0	143.0	$x_{\cdots}=329.0$	
施肥量平均 $\bar{x}_{\cdot j\cdot}$	15.50	11.92		

（二）计算各项平方和与自由度

矫正数　　　$C=\dfrac{x_{\cdots}^2}{abr}=\dfrac{329.0^2}{4\times2\times3}=4510.042$

总平方和　　$SS_T=\displaystyle\sum_{i=1}^{a}\sum_{j=1}^{b}\sum_{l=1}^{r}x_{ijl}^2-C$

$\qquad\qquad\quad=(12.0^2+11.0^2+\cdots+8.0^2)-4510.042=362.958$

总自由度　　$df_T=abr-1=4\times2\times3-1=23$

区组平方和　$SS_r=\dfrac{1}{ab}\displaystyle\sum_{l=1}^{r}x_{\cdot\cdot l}^2-C=\dfrac{119.0^2+109.0^2+101.0^2}{4\times2}-4510.042=20.333$

区组自由度　$df_r=r-1=3-1=2$

处理平方和　$SS_t=\dfrac{1}{r}\displaystyle\sum_{i=1}^{a}\sum_{j=1}^{b}x_{ij\cdot}^2-C=\dfrac{38.0^2+34.0^2+\cdots+28.0^2}{3}-4510.042=312.291$

处理自由度　$df_t=ab-1=4\times2-1=7$

A 因素平方和　　$SS_A=\dfrac{1}{br}\sum\limits_{i=1}^{a}x_{i..}^2-C=\dfrac{72.0^2+103.0^2+78.0^2+76.0^2}{2\times3}-4510.042=98.791$

A 因素自由度　　$df_A=a-1=4-1=3$

B 因素平方和　　$SS_B=\dfrac{1}{ar}\sum\limits_{j=1}^{b}x_{.j.}^2-C=\dfrac{186.0^2+143.0^2}{4\times3}-4510.042=77.041$

B 因素自由度　　$df_B=b-1=2-1=1$

$A\times B$ 平方和　　$SS_{A\times B}=SS_t-SS_A-SS_B=312.291-98.791-77.041=136.459$

$A\times B$ 自由度　　$df_{A\times B}=df_t-df_A-df_B=7-3-1=3$

　　　或　　　$df_{A\times B}=(a-1)(b-1)=(4-1)\times(2-1)=3$

误差平方和　　$SS_e=SS_T-SS_r-SS_t=362.958-20.333-312.291=30.334$

误差自由度　　$df_e=df_T-df_r-df_t=23-2-7=14$

　　　或　　　$df_e=(ab-1)(r-1)=(4\times2-1)\times(3-1)=14$

（三）列出方差分析表（表 6-10），进行 F 检验

本试验 A、B 两因素的处理效应为固定效应，区组效应为随机效应，根据表 6-7 所列出的各变异来源期望均方的构成情况，各 F 值的计算都应以误差项 MS_e 作为分母。

表 6-10　表 6-8 资料的方差分析表（A、B 固定，区组随机）

变异来源	df	SS	MS	F
区组	2	20.333	—	—
A	3	98.791	32.930	15.198**
B	1	77.041	77.041	35.557**
$A\times B$	3	136.459	45.486	20.993**
误差	14	30.334	2.167	
总变异	23	362.958		

注：$F_{0.01(3,\,14)}=5.56$；$F_{0.01(1,\,14)}=8.86$。

因为 A 因素的 $F>F_{0.01(3,\,14)}$、$p<0.01$，B 因素的 $F>F_{0.01(1,\,14)}$、$p<0.01$，$A\times B$ 的 $F>F_{0.01(3,\,14)}$、$p<0.01$，表明各品种平均产量差异极显著、不同施肥量平均产量差异极显著，品种与施肥量间的互作极显著，因而还须进行各玉米品种平均产量的多重比较、各施肥量平均产量的多重比较、各水平组合平均产量的多重比较和简单效应的检验。

（四）多重比较

1. 各玉米品种平均产量的多重比较　　采用 SSR 法。标准误 $s_{\bar{x}_{i..}}$ 为

$$s_{\bar{x}_{i..}}=\sqrt{\dfrac{MS_e}{br}}=\sqrt{\dfrac{2.167}{2\times3}}=0.601$$

根据 $df_e=14$，秩次距 $k=2$、3、4，查附表 7，得 $\alpha=0.05$、$\alpha=0.01$ 的 SSR 值，分别乘以标准误 $s_{\bar{x}_{i..}}$，计算各个 LSR。SSR 值与 LSR 值列于表 6-11。

表 6-11　SSR 值与 LSR 值表

df_e	秩次距 k	$SSR_{0.05}$	$SSR_{0.01}$	$LSR_{0.05}$	$LSR_{0.01}$
	2	3.03	4.21	1.821	2.530
14	3	3.18	4.42	1.911	2.656
	4	3.27	4.55	1.965	2.735

各玉米品种平均产量多重比较结果，见表 6-12。各玉米品种平均产量多重比较结果表明，品种 A_2 的平均产量最高，极显著高于品种 A_3、A_4、A_1；品种 A_3、A_4、A_1 平均产量两两差异不显著。

表 6-12　各玉米品种平均产量多重比较表（SSR 法）

品种	平均产量 $\bar{x}_{i..}$ /（kg/15m²）	显著性 0.05	0.01
A_2	17.17	a	A
A_3	13.00	b	B
A_4	12.67	b	B
A_1	12.00	b	B

2. 各施肥量平均产量的多重比较　需要说明的是，当某一试验因素只有两个水平时，可以直接根据 F 检验的结果对该因素两个水平平均数差异是否显著作出推断。本试验施肥量 B 只有两个水平 B_1、B_2，经 F 检验，施肥量 B 的 F 值极显著，即施肥量 B 的两个水平 B_1、B_2 的平均产量差异极显著，施肥量 B_1 的平均产量极显著高于施肥量 B_2。

若试验因素 B 的水平数 $b \geq 3$，且经 F 检验因素 B 的 F 值显著或极显著，则需进行因素 B 各水平平均数的多重比较，标准误 $s_{\bar{x}_{.j.}}$ 的计算公式为

$$s_{\bar{x}_{.j.}} = \sqrt{\frac{MS_e}{ar}}$$

3. 水平组合平均产量的多重比较　因为经 F 检验 A、B 两因素的交互作用极显著，还需进行两因素水平组合平均产量的多重比较。采用 LSD 法。水平组合的均数差数标准误 $s_{\bar{x}_{ij.}-\bar{x}_{i'j'.}}$ 为

$$s_{\bar{x}_{ij.}-\bar{x}_{i'j'.}} = \sqrt{\frac{2MS_e}{r}} = \sqrt{\frac{2\times 2.167}{3}} = 1.202$$

根据 $df_e = 14$，查附表 3，得 $t_{0.05(14)} = 2.145$，$t_{0.01(14)} = 2.977$，乘以 $s_{\bar{x}_{ij.}-\bar{x}_{i'j'.}} = 1.202$，求得

$$LSD_{0.05} = t_{0.05(14)}s_{\bar{x}_{ij.}-\bar{x}_{i'j'.}} = 2.145\times 1.202 = 2.578$$

$$LSD_{0.01} = t_{0.01(14)}s_{\bar{x}_{ij.}-\bar{x}_{i'j'.}} = 2.977\times 1.202 = 3.578$$

各水平组合平均产量的多重比较见表 6-13。各水平组合平均产量的多重比较结果表明，水平组合 A_2B_2 的平均产量最高，极显著高于水平组合 A_1B_1、A_1B_2、A_4B_2 和 A_3B_2，显著高于 A_2B_1；水平组合 A_3B_1 的平均产量极显著高于水平组合 A_1B_1、A_1B_2、A_4B_2、A_3B_2；水平组合 A_4B_1、A_2B_1 的平均产量极显著高于水平组合 A_1B_2、A_4B_2、A_3B_2，显著高于 A_1B_1；水平组合 A_1B_1 的平均产量极显著高于水平组合 A_3B_2，显著高于水平组合 A_4B_2；水平组合 A_1B_2 的平均产量显著

高于水平组合 A_3B_2；其余水平组合平均产量两两差异不显著。

表 6-13　各水平组合平均产量多重比较表（LSD 法）

水平组合	平均产量 $\bar{x}_{ij.}$ /（kg/15m^2）	显著性 0.05	显著性 0.01
A_2B_2	18.67	a	A
A_3B_1	17.67	ab	A
A_4B_1	16.00	b	AB
A_2B_1	15.67	b	AB
A_1B_1	12.67	c	BC
A_1B_2	11.33	cd	CD
A_4B_2	9.33	de	CD
A_3B_2	8.33	e	D

4．简单效应的检验　　简单效应实际上是特定水平组合平均数的差数。检验尺度仍为 $LSD_{0.05}=2.578$，$LSD_{0.01}=3.578$。将表 6-14（1）～（4）和表 6-15（1）～（2）中的各个差数，即简单效应与 $LSD_{0.05}=2.578$、$LSD_{0.01}=3.578$ 比较，作出推断。简单效应的检验结果都用标记符号法表示，检验结果已标记在表 6-14（1）～（4）和表 6-15（1）～（2）中。

（1）B 因素在 A 因素各水平上简单效应的检验，也就是 A 因素某水平与 B 因素各水平（同 A 异 B）组成的水平组合平均数的多重比较。

表 6-14（1）　B 因素在 A_1 水平上简单效应的检验

水平组合	平均产量 $\bar{x}_{1j.}$	$\bar{x}_{1j.}-11.33$
A_1B_1	12.67	1.34
A_1B_2	11.33	

表 6-14（2）　B 因素在 A_2 水平上简单效应的检验

水平组合	平均产量 $\bar{x}_{2j.}$	$\bar{x}_{2j.}-15.67$
A_2B_2	18.67	3.00*
A_2B_1	15.67	

表 6-14（3）　B 因素在 A_3 水平上简单效应的检验

水平组合	平均产量 $\bar{x}_{3j.}$	$\bar{x}_{3j.}-8.33$
A_3B_1	17.67	9.34**
A_3B_2	8.33	

表 6-14（4）　B 因素在 A_4 水平上简单效应的检验

水平组合	平均产量 $\bar{x}_{4j.}$	$\bar{x}_{4j.}-9.33$
A_4B_1	16.00	6.67**
A_4B_2	9.33	

（2）A 因素在 B 因素各水平上简单效应的检验，也就是 B 因素某水平与 A 因素各水平（同 B 异 A）组成的水平组合平均数的多重比较。

表 6-15（1）　A 因素在 B_1 水平上简单效应的检验

品种	平均产量 $\bar{x}_{i1.}$ /（kg/15m^2）	$\bar{x}_{i1.}-12.67$	$\bar{x}_{i1.}-15.67$	$\bar{x}_{i1.}-16.00$
A_3B_1	17.67	5.00**	2.00	0.67
A_4B_1	16.00	3.33*	1.33	
A_2B_1	15.67	3.00*		
A_1B_1	12.67			

表 6-15（2）　A 因素在 B_2 水平上简单效应的检验

品种	平均产量 $\bar{x}_{i2.}$ /（kg/15m²）	$\bar{x}_{i2.}-8.33$	$\bar{x}_{i2.}-9.33$	$\bar{x}_{i2.}-11.33$
A_2B_2	18.67	10.34**	9.34**	7.34**
A_1B_2	11.33	3.00*	2.00	
A_4B_2	9.33	1.00		
A_3B_2	8.33			

简单效应检验结果表明：

当品种为 A_1 时，两种施肥量平均产量差异不显著；当品种为 A_2 时，两种施肥量平均产量差异显著；当品种为 A_3、A_4 时，两种施肥量平均产量差异极显著。

当施肥量为 B_1 时，品种 A_3、A_4、A_2 的平均产量显著或极显著高于品种 A_1，品种 A_3、A_4、A_2 平均产量两两差异不显著；当施肥量为 B_2 时，品种 A_2 的平均产量极显著高于品种 A_1、A_4、A_3，品种 A_1 的平均产量显著高于品种 A_3，品种 A_1 与 A_4、A_4 与 A_3 平均产量差异不显著。

（五）试验结论

参试品种平均产量差异极显著，以品种 A_2 平均产量最高，品种 A_1 平均产量最低；施肥量以 B_1 的平均产量最高，极显著高于 B_2。品种与施肥量交互作用极显著，8 个水平组合以 A_2B_2 表现最优，A_3B_2 表现最差，即品种 A_2 在施肥水平 B_2 下平均产量最高，品种 A_3 在施肥水平 B_2 下平均产量最低。

第三节　单因素拉丁方设计试验资料的方差分析

拉丁方设计具有两向局部控制功能，可以从两个方向消除土壤差异对试验的影响，在总变异的分解上比随机区组设计多一项区组间变异，试验的精确性比随机区组设计高。

一、数学模型与期望均方

设某单因素试验因素 A 有 k 个水平，拉丁方设计，有 k 个行区组和 k 个列区组，共有 k^2 个观测值。在单因素拉丁方设计试验资料中，第 i 行区组、第 j 列区组交叉处的因素 A 第 l 个水平的观测值 x_{ijl} 可表示为

$$x_{ijl}=\mu+\beta_i+\eta_j+\tau_l+\varepsilon_{ijl} \qquad (i、j、l=1，2，\cdots，k) \qquad (6\text{-}7)$$

其中，μ 为试验全部观测值总体平均数；β_i 为第 i 行区组的效应；η_j 为第 j 列区组的效应；τ_l 为因素 A 第 l 水平的效应；ε_{ijl} 为随机误差，相互独立且服从 $N(0，\sigma^2)$。

注意，在拉丁方设计中，第 i 行区组、第 j 列区组交叉处因素 A 的水平已在设计时确定，式（6-7）中 l 不是独立的下标。

式（6-7）就是单因素拉丁方设计试验资料的数学模型。

单因素拉丁方设计试验资料的总变异可分解为处理间变异、行区组间变异、列区组间变异与误差 4 部分，平方和与自由度的分解式为

$$SS_T=SS_t+SS_r+SS_c+SS_e$$
$$df_T=df_t+df_r+df_c+df_e \qquad (6\text{-}8)$$

其中，SS_T、SS_t、SS_r、SS_c和SS_e分别为总平方和、处理平方和、行区组平方和、列区组平方和和误差平方和；df_T、df_t、df_r、df_c和df_e分别为总自由度、处理自由度、行区组自由度、列区组自由度和误差自由度。

单因素拉丁方设计试验资料方差分析的模型按处理效应的类别来划分亦有 3 种，即固定模型、随机模型和混合模型，这 3 种模型的期望均方见表 6-16。

表 6-16　单因素拉丁方设计试验资料方差分析的期望均方

变异来源	期望均方		
	固定模型	随机模型	混合模型（A 固定、区组随机）
行区组	$k\kappa_\beta^2+\sigma^2$	$k\sigma_\beta^2+\sigma^2$	$k\sigma_\beta^2+\sigma^2$
列区组	$k\kappa_\eta^2+\sigma^2$	$k\sigma_\eta^2+\sigma^2$	$k\sigma_\eta^2+\sigma^2$
处理	$k\kappa_\tau^2+\sigma^2$	$k\sigma_\tau^2+\sigma^2$	$k\kappa_\tau^2+\sigma^2$
误差	σ^2	σ^2	σ^2
总变异			

二、分析实例

R 脚本　SAS 程序

【例 6-3】　某冬小麦不同时期施用氮肥的比较试验，设 5 个处理：A 不施氮肥（对照）；B 播种期施氮肥；C 越冬期施氮肥；D 拔节期施氮肥；E 抽穗期施氮肥。采用 5×5 拉丁方设计，小区计产面积 32m²，其田间排列和产量（kg/32m²）见图 6-3。对试验结果进行方差分析。

C	10.1	A	7.9	B	9.8	E	7.1	D	9.6
A	7.0	D	10.0	E	7.0	C	9.7	B	9.1
E	7.6	C	9.7	D	10.0	B	9.3	A	6.8
D	10.5	B	9.6	C	9.8	A	6.6	E	7.9
B	8.9	E	8.9	A	8.6	D	10.6	C	10.1

图 6-3　冬小麦不同时期施用氮肥试验 5×5 拉丁方设计的田间排列和产量

本例为单因素 5×5 拉丁方设计试验资料，处理数 $k=5$，方差分析如下所述。

（一）数据整理

先将产量结果整理成行区组和列区组两向表（表 6-17），然后将表 6-17 的产量按处理整理成处理总和与平均数表（表 6-18）。

表 6-17　行区组和列区组两向表

行区组	列区组					总和 $x_{i.}$
	I	II	III	IV	V	
I	C　10.1	A　7.9	B　9.8	E　7.1	D　9.6	44.5
II	A　7.0	D　10.0	E　7.0	C　9.7	B　9.1	42.8
III	E　7.6	C　9.7	D　10.0	B　9.3	A　6.8	43.4
IV	D　10.5	B　9.6	C　9.8	A　6.6	E　7.9	44.4
V	B　8.9	E　8.9	A　8.6	D　10.6	C　10.1	47.1
总和　$x_{.j}$	44.1	46.1	45.2	43.3	43.5	$x_{..}=222.2$

表 6-18　各处理总和与平均数

处理	总和 x_l	平均 $\bar{x}_l$
A	7.9＋7.0＋6.8＋6.6＋8.6＝36.9	7.38
B	9.8＋9.1＋9.3＋9.6＋8.9＝46.7	9.34
C	10.1＋9.7＋9.7＋9.8＋10.1＝49.4	9.88
D	9.6＋10.0＋10.0＋10.5＋10.6＝50.7	10.14
E	7.1＋7.0＋7.6＋7.9＋8.9＝38.5	7.70

（二）计算各项平方和与自由度

矫正数　　　$C=\dfrac{x_{..}^2}{k^2}=\dfrac{222.2^2}{5^2}=1974.914$

总平方和　　$SS_T=\displaystyle\sum_{i=1}^{k}\sum_{j=1}^{k}x_{ijl}^2-C$

　　　　　　　$=(10.1^2+7.9^2+\cdots+10.1^2)-1974.914=38.766$

总自由度　　$df_T=k^2-1=5^2-1=24$

行区组平方和　　$SS_r=\dfrac{1}{k}\displaystyle\sum_{i=1}^{k}x_{i.}^2-C=\dfrac{44.5^2+42.8^2+\cdots+47.1^2}{5}-1974.914=2.170$

行区组自由度　　$df_r=k-1=5-1=4$

列区组平方和　　$SS_c=\dfrac{1}{k}\displaystyle\sum_{j=1}^{k}x_{.j}^2-C=\dfrac{44.1^2+46.1^2+\cdots+43.5^2}{5}-1974.914=1.126$

列区组自由度　　$df_c=k-1=5-1=4$

处理平方和　　$SS_t=\dfrac{1}{k}\displaystyle\sum_{l=1}^{k}x_l^2-C=\dfrac{36.9^2+46.7^2+\cdots+38.5^2}{5}-1974.914=32.206$

处理自由度　　$df_t=k-1=5-1=4$

误差平方和　　$SS_e=SS_T-SS_r-SS_c-SS_t=38.766-2.170-1.126-32.206=3.264$

误差自由度　　$df_e=df_T-df_r-df_c-df_t=24-4-4-4=12$

或 $df_e=(k-1)(k-2)=(5-1)\times(5-2)=12$

（三）列出方差分析表（表6-19），进行 F 检验

本试验处理效应为固定效应，行区组效应和列区组效应均为随机效应，根据表6-16所列出的各变异来源期望均方的构成情况，各 F 值的计算都应以误差项 MS_e 作为分母。

表6-19 方差分析表

变异来源	df	SS	MS	F
行区组	4	2.170	—	—
列区组	4	1.126	—	—
处理	4	32.206	8.052	29.603**
误差	12	3.264	0.272	
总变异	24	38.766		

注：$F_{0.01(4,12)}=5.41$

因为处理间的 $F>F_{0.01(4,12)}$、$p<0.01$，表明各处理平均产量差异极显著，因而还须进行各处理平均产量的多重比较。

（四）多重比较

1. 不同时期施氮肥与对照平均产量的比较   采用 LSD 法。均数差数标准误 $s_{\bar{x}_i-\bar{x}_j}$ 为

$$s_{\bar{x}_i-\bar{x}_j}=\sqrt{\frac{2MS_e}{k}}=\sqrt{\frac{2\times0.272}{5}}=0.330$$

根据 $df_e=12$，查附表3，得 $t_{0.05(12)}=2.179$，$t_{0.01(12)}=3.055$，于是

$$LSD_{0.05}=t_{0.05(12)}s_{\bar{x}_i-\bar{x}_j}=2.179\times0.330=0.719$$
$$LSD_{0.01}=t_{0.01(12)}s_{\bar{x}_i-\bar{x}_j}=3.055\times0.330=1.008$$

冬小麦不同时期施氮肥与对照平均产量比较见表6-20。冬小麦不同时期施氮肥与对照平均产量比较结果表明，拔节期、越冬期、播种期施氮肥的平均产量极显著高于对照（不施氮肥）；抽穗期施氮肥的平均产量与对照的平均产量差异不显著。

表6-20 不同时期施氮肥与对照平均产量比较表

处理	平均产量 $\bar{x}_l$	与对照比较
D	10.14	+2.76**
C	9.88	+2.50**
B	9.34	+1.96**
E	7.70	+0.32
A（CK）	7.38	—

2. 各处理平均产量的多重比较   采用 SSR 法。标准误 $s_{\bar{x}_l}$ 为

$$s_{\overline{x}_l}=\sqrt{\frac{MS_e}{k}}=\sqrt{\frac{0.272}{5}}=0.233$$

根据 $df_e=12$，秩次距 $k=2$、3、4、5，查附表 7，得 $\alpha=0.05$、$\alpha=0.01$ 的 SSR 值，分别乘以标准误 $s_{\overline{x}_l}$，计算各个 LSR。SSR 值与 LSR 值列于表 6-21。

表 6-21　SSR 值与 LSR 值表

df_e	秩次距 k	$SSR_{0.05}$	$SSR_{0.01}$	$LSR_{0.05}$	$LSR_{0.01}$
12	2	3.08	4.32	0.718	1.007
	3	3.23	4.55	0.753	1.060
	4	3.33	4.68	0.776	1.090
	5	3.36	4.76	0.783	1.109

各处理平均产量多重比较结果，见表 6-22。

表 6-22　各处理平均产量多重比较表（SSR 法）

处理	平均产量 $\overline{x}_l$	显著性	
		0.05	0.01
D	10.14	a	A
C	9.88	ab	A
B	9.34	b	A
E	7.70	c	B
A（CK）	7.38	c	B

各处理平均产量多重比较结果表明，拔节期施氮肥（D）的平均产量极显著高于不施氮肥（A）和抽穗期施氮肥（E），显著高于播种期施氮肥（B），与越冬期施氮肥（C）差异不显著；越冬期施氮肥（C）的平均产量极显著高于不施氮肥（A）和抽穗期施氮肥（E），与播种期施氮肥（B）差异不显著；播种期施氮肥（B）的平均产量极显著高于不施氮肥（A）和抽穗期施氮肥（E）；抽穗期施氮肥（E）的平均产量与不施氮肥（A）差异不显著。该冬小麦宜在拔节期或越冬期施用氮肥。

第四节　两因素裂区设计试验资料的方差分析

一、数学模型与期望均方

两因素裂区设计是将两因素分为主区因素、副区因素后分别进行安排的试验设计方法。在方差分析时，分别估计出主区误差和副区误差，并按主区部分和副区部分进行分析。

设一两因素裂区设计试验，主区因素 A 有 a 个水平，副区因素 B 有 b 个水平，r 次重复，主区按随机区组排列，该试验共有 abr 个观测值。

在两因素裂区设计试验资料中，A_iB_j 水平组合在第 l 区组的观测值 x_{ijl} 可表示为

$$x_{ijl}=\mu+\gamma_l+\alpha_i+(\varepsilon_a)_{il}+\beta_j+(\alpha\beta)_{ij}+(\varepsilon_b)_{ijl} \tag{6-9}$$

$$(i=1,\ 2,\ \cdots,\ a;\ j=1,\ 2,\ \cdots,\ b;\ l=1,\ 2,\ \cdots,\ r)$$

其中，μ 为试验全部观测值总体平均数；α_i 为主区因素 A 第 i 水平的效应；β_j 为副区因素 B 第 j 水平的效应；$(\alpha\beta)_{ij}$ 为 A 因素第 i 水平 α_i 与 B 因素第 j 水平 β_j 的互作效应；γ_l 为第 l 区组的效应；$(\varepsilon_a)_{il}$ 和 $(\varepsilon_b)_{ijl}$ 分别为主区误差和副区误差；两者各相互独立且分别服从 $N(0,\ \sigma_{E_a}^2)$ 和 $N(0,\ \sigma_{E_b}^2)$。

式（6-9）就是两因素裂区设计试验资料的数学模型。

两因素裂区设计试验资料的总变异可分解为区组间变异、主区因素 A 水平间变异、主区误差、副区因素 B 水平间变异、主区因素 A 与副区因素 B 的交互作用变异、副区误差 6 个部分。因此，主区按随机区组排列的两因素裂区设计试验资料的平方和与自由度的分解式为

$$SS_T=SS_A+SS_R+SS_{E_a}+SS_B+SS_{A\times B}+SS_{E_b}$$
$$df_T=df_A+df_R+df_{E_a}+df_B+df_{A\times B}+df_{E_b} \qquad (6\text{-}10)$$

其中，

$$SS_A+SS_B+SS_{A\times B}=SS_t$$
$$df_A+df_B+df_{A\times B}=df_t$$
$$SS_A+SS_R+SS_{E_a}=SS_{AR} \qquad (6\text{-}11)$$
$$df_A+df_R+df_{E_a}=df_{AR}$$

式（6-10）、式（6-11）中 SS_T、SS_A、SS_R、SS_{E_a}、SS_B、$SS_{A\times B}$、SS_{E_b}、SS_t、SS_{AR} 分别为总平方和、主区因素 A 平方和、区组平方和、主区误差平方和、副区因素 B 平方和、主区因素 A 与副区因素 B 交互作用平方和、副区误差平方和、处理（水平组合）平方和、主区总平方和；df_T、df_A、df_R、df_{E_a}、df_B、$df_{A\times B}$、df_{E_b}、df_t、df_{AR} 分别为以上各项平方和相应的自由度。

主区按随机区组排列的两因素裂区设计试验资料方差分析的模型按处理效应的类别来划分亦有 3 种，即固定模型、随机模型和混合模型，期望均方见表 6-23。

表 6-23　主区按随机区组排列的两因素裂区设计试验资料方差分析的期望均方

变异来源		期望均方			
		固定模型	随机模型	A 随机、B 固定	A 固定、B 随机
主区	区组	$ab\kappa_\gamma^2+b\sigma_{E_a}^2+\sigma_{E_b}^2$	$ab\sigma_\gamma^2+b\sigma_{E_a}^2+\sigma_{E_b}^2$		
	主区因素 A	$br\kappa_\alpha^2+b\sigma_{E_a}^2+\sigma_{E_b}^2$	$br\sigma_\alpha^2+r\sigma_{\alpha\times\beta}^2+b\sigma_{E_a}^2+\sigma_{E_b}^2$	$br\sigma_\alpha^2+b\sigma_{E_a}^2+\sigma_{E_b}^2$	$br\sigma_\alpha^2+r\sigma_{\alpha\times\beta}^2+b\sigma_{E_a}^2+\sigma_{E_b}^2$
	主区误差 E_a	$b\sigma_{E_a}^2+\sigma_{E_b}^2$	$b\sigma_{E_a}^2+\sigma_{E_b}^2$	$b\sigma_{E_a}^2+\sigma_{E_b}^2$	$b\sigma_{E_a}^2+\sigma_{E_b}^2$
副区	副区因素 B	$ar\kappa_\beta^2+\sigma_{E_b}^2$	$ar\sigma_\beta^2+r\sigma_{\alpha\times\beta}^2+\sigma_{E_b}^2$	$ar\sigma_\beta^2+r\sigma_{\alpha\times\beta}^2+\sigma_{E_b}^2$	$ar\sigma_\beta^2+\sigma_{E_b}^2$
	$A\times B$	$r\kappa_{\alpha\times\beta}^2+\sigma_{E_b}^2$	$r\sigma_{\alpha\times\beta}^2+\sigma_{E_b}^2$	$r\sigma_{\alpha\times\beta}^2+\sigma_{E_b}^2$	$r\sigma_{\alpha\times\beta}^2+\sigma_{E_b}^2$
	副区误差 E_b	$\sigma_{E_b}^2$	$\sigma_{E_b}^2$	$\sigma_{E_b}^2$	$\sigma_{E_b}^2$
总变异					

表 6-23 指明，当进行主区因素 A 的 F 检验（即检验 H_0：$\kappa_\alpha^2=0$，或 H_0：$\sigma_\alpha^2=0$）时，固定模型和 A 随机、B 固定混合模型的 F 值都是以主区误差均方 MS_{E_a} 为分母；当进行副区因素

B 的 F 检验（即检验 H_0: $\kappa_\beta^2=0$，或 H_0: $\kappa_\beta^2=0$）时，固定模型和 A 固定、B 随机混合模型的 F 值是以副区误差均方 MS_{E_b} 为分母，而随机模型和 A 随机、B 固定混合模型则是以交互作用均方 $MS_{A\times B}$ 作分母；当作交互作用 $A\times B$ 的 F 检验（即检验 H_0: $\kappa_{\alpha\times\beta}^2=0$，或 H_0: $\sigma_{\alpha\times\beta}^2=0$）时，各种模型均以副区误差均方 MS_{E_b} 作分母。

但对于随机模型和 A 固定、B 随机混合模型，作主区因素 A 的 F 检验时，从表 6-23 中找不到现成合适的变异项均方作分母。这个问题通常是将 SS_A 与 SS_{E_b}、$SS_{A\times B}$ 与 SS_{E_a} 分别相加来解决，即

$$MS_1=MS_A+MS_{E_b} \quad 估计 \; br\sigma_\alpha^2 \;（或 \; br\kappa_\alpha^2）+r\sigma_{\alpha\times\beta}^2+b\sigma_{E_a}^2+2\sigma_{E_b}^2$$

$$MS_2=MS_{A\times B}+MS_{E_a} \quad 估计 \; r\sigma_{\alpha\times\beta}^2+b\sigma_{E_a}^2+2\sigma_{E_b}^2$$

于是，由 $F=\dfrac{MS_1}{MS_2}$ 可检验 H_0: $\sigma_\alpha^2=0$，或 H_0: $\kappa_\alpha^2=0$。此 F 值的近似自由度为

$$df_1=\frac{MS_1^2}{\dfrac{MS_A^2}{df_A}+\dfrac{MS_{E_b}^2}{df_{E_b}}}, \quad df_2=\frac{MS_2^2}{\dfrac{MS_{A\times B}^2}{df_{A\times B}}+\dfrac{MS_{E_a}^2}{df_{E_a}}}$$

如果 $A\times B$ 经 F 检验不显著（即 H_0: $\sigma_{\alpha\times\beta}^2=0$ 未被否定），则不需作此近似 F 检验，可直接用主区误差均方作 F 值的分母来检验 H_0: $\sigma_\alpha^2=0$，或 H_0: $\kappa_\alpha^2=0$。

两因素裂区设计的田间试验（如栽培试验）多属于固定模型，因此，主区因素 A、副区因素 B、交互作用 $A\times B$ 的 F 检验的 F 值计算公式为

$$F_A=\frac{MS_A}{MS_{E_a}}, \quad F_B=\frac{MS_B}{MS_{E_b}}, \quad F_{A\times B}=\frac{MS_{A\times B}}{MS_{E_b}}$$

二、分析实例

【例 6-4】 为了探索新培育的 4 个辣椒品种的施肥技术，采用 3 种施肥量［每公顷施用复合化肥 1500、2000、2500（kg）］进行试验。考虑到施肥量因素对小区面积要求较大，品种是重点考察因素，精度要求较高，故采用裂区设计安排此试验。以施肥量为主区因素 A，品种为副区因素 B，副区面积 15m²，试验重复 3 次，主区按随机区组排列。试验指标为产量（kg/15m²）。其田间排列图及试验结果记录见图 6-4。对试验结果进行方差分析。

| A_3B_2 | A_3B_1 | A_3B_4 | A_3B_3 | A_2B_4 | A_2B_2 | A_2B_3 | A_2B_1 | A_1B_3 | A_1B_4 | A_1B_2 | A_1B_1 | 区组 I |
| 35.4 | 26.5 | 39.1 | 42.0 | 41.7 | 44.8 | 48.7 | 27.5 | 55.9 | 52.6 | 43.3 | 39.8 | |

| A_1B_3 | A_1B_1 | A_1B_2 | A_1B_4 | A_3B_2 | A_3B_1 | A_3B_3 | A_3B_4 | A_2B_2 | A_2B_3 | A_2B_1 | A_2B_4 | 区组 II |
| 69.7 | 38.5 | 43.5 | 57.5 | 34.5 | 25.8 | 44.3 | 39.6 | 48.8 | 44.5 | 27.1 | 37.2 | |

| A_2B_4 | A_2B_1 | A_2B_3 | A_2B_2 | A_1B_1 | A_1B_2 | A_1B_4 | A_1B_3 | A_3B_4 | A_3B_2 | A_3B_3 | A_3B_1 | 区组 III |
| 36.5 | 26.8 | 48.6 | 47.6 | 39.1 | 46.5 | 57.7 | 63.8 | 44.3 | 36.3 | 43.6 | 26.3 | |

土壤肥力梯度方向

图 6-4 施肥量与辣椒品种两因素裂区设计试验田间排列图及产量（kg/15m²）

本例为主区按随机区组排列的两因素裂区设计试验资料，主区因素 A 的水平数 $a=3$，副区因素 B 的水平数 $b=4$，处理数 $ab=3\times4=12$，区组数 $r=3$，全试验共有 $abr=3\times4\times3=36$ 个观测值。

裂区试验资料的方差分析方法如下所述。

R 脚本　SAS 程序

（一）数据整理

将图 6-4 中的田间记录数据先按区组和处理整理成两向表（表 6-24）；然后用各处理总和 $x_{ij.}$ 按 A、B 因素整理成两向表（表 6-25）。

表 6-24　处理、区组两向表

处理	区组 I	区组 II	区组 III	处理总和 $x_{ij.}$	处理平均 $\bar{x}_{ij.}$
A_1B_1	39.8	38.5	39.1	117.4	39.13
A_1B_2	43.3	43.5	46.5	133.3	44.43
A_1B_3	55.9	69.7	63.8	189.4	63.13
A_1B_4	52.6	57.5	57.7	167.8	55.93
主区总和 $x_{1\cdot l}$	191.6	209.2	207.1		
A_2B_1	27.5	27.1	26.8	81.4	27.13
A_2B_2	44.8	48.8	47.6	141.2	47.07
A_2B_3	48.7	44.5	48.6	141.8	47.27
A_2B_4	41.7	37.2	36.5	115.4	38.47
主区总和 $x_{2\cdot l}$	162.7	157.6	159.5		
A_3B_1	26.5	25.8	26.3	78.6	26.20
A_3B_2	35.4	34.5	36.3	106.2	35.40
A_3B_3	42.0	44.3	43.6	129.9	43.30
A_3B_4	39.1	39.6	44.3	123.0	41.00
主区总和 $x_{3\cdot l}$	143.0	144.2	150.5		
区组总和 $x_{\cdot\cdot l}$	497.3	511.0	517.1	全试验总和 $x_{...}=1525.4$	

表 6-25　A、B 因素两向表

A 因素	B 因素				总和 $x_{i..}$	平均 $\bar{x}_{i..}$
	B_1	B_2	B_3	B_4		
A_1	117.4	133.3	189.4	167.8	607.9	50.66
A_2	81.4	141.2	141.8	115.4	479.8	39.98
A_3	78.6	106.2	129.9	123.0	437.7	36.48
总和 $x_{\cdot j\cdot}$	277.4	380.7	461.1	406.2	$x_{...}=1525.4$	
平均 $\bar{x}_{\cdot j\cdot}$	30.82	42.30	51.23	45.13		

（二）计算各项平方和与自由度

矫正数 $\quad C=\dfrac{x_{\cdots}^2}{abr}=\dfrac{1525.4^2}{3\times4\times3}=64634.59$

总平方和 $\quad SS_T=\displaystyle\sum_{i=1}^{a}\sum_{j=1}^{b}\sum_{l=1}^{r}x_{ijl}^2-C$

$\qquad\qquad\quad =(39.8^2+43.3^2+\cdots+44.3^2)-64634.59=3885.15$

总自由度 $\quad df_T=abr-1=3\times4\times3-1=35$

1. 主区部分

主区总平方和（主区因素与区组水平组合平方和）

$$SS_{AR}=\frac{1}{b}\sum_{i=1}^{a}\sum_{l=1}^{r}x_{i\cdot l}^2-C=\frac{191.6^2+162.7^2+\cdots+150.5^2}{4}-64634.59=1367.36$$

主区总自由度（主区因素与区组水平组合自由度） $\quad df_{AR}=ar-1=3\times3-1=8$

主区因素 A 平方和 $\quad SS_A=\dfrac{1}{br}\displaystyle\sum_{i=1}^{a}x_{i\cdots}^2-C=\dfrac{607.9^2+479.8^2+437.7^2}{4\times3}-64634.59=1309.72$

主区因素 A 自由度 $\quad df_A=a-1=3-1=2$

区组平方和 $\quad SS_R=\dfrac{1}{ab}\displaystyle\sum_{l=1}^{r}x_{\cdot\cdot l}^2-C=\dfrac{497.3^2+511.0^2+517.1^2}{3\times4}-64634.59=17.14$

区组自由度 $\quad df_R=r-1=3-1=2$

主区误差平方和 $\quad SS_{E_a}=SS_{AR}-SS_A-SS_R=1367.36-1309.72-17.14=40.50$

主区误差自由度 $\quad df_{E_a}=df_{AR}-df_A-df_R=8-2-2=4$

$\qquad$ 或 $\qquad df_{E_a}=(a-1)(r-1)=(3-1)\times(3-1)=4$

2. 副区部分

处理平方和 $\quad SS_t=\dfrac{1}{r}\displaystyle\sum_{i=1}^{a}\sum_{j=1}^{b}x_{ij\cdot}^2-C=\dfrac{117.4^2+133.3^2+\cdots+123.0^2}{3}-64634.59=3708.10$

处理自由度 $\quad df_t=ab-1=3\times4-1=11$

副区因素 B 平方和

$$SS_B=\frac{1}{ar}\sum_{j=1}^{b}x_{\cdot j\cdot}^2-C=\frac{277.4^2+380.7^2+\cdots+406.2^2}{3\times3}-64634.59=1975.95$$

副区因素 B 自由度 $\quad df_B=b-1=4-1=3$

$A\times B$ 平方和 $\quad SS_{A\times B}=SS_t-SS_A-SS_B=3708.10-1309.72-1975.95=422.43$

$A\times B$ 自由度 $\quad df_{A\times B}=df_t-df_A-df_B=11-2-3=6$

$\qquad$ 或 $\qquad df_{A\times B}=(a-1)(b-1)=(3-1)\times(4-1)=6$

副区误差平方和 $\quad SS_{E_b}=SS_T-SS_{AR}-SS_B-SS_{A\times B}$

$\qquad\qquad\qquad =3885.15-1367.36-1975.95-422.43=119.41$

$\qquad$ 或 $\qquad SS_{E_b}=SS_T-SS_t-SS_R-SS_{E_a}$

$\qquad\qquad\qquad =3885.15-3708.10-17.14-40.50=119.41$

副区误差自由度　　$df_{E_b}=df_T-df_{AR}-df_B-df_{A\times B}=35-8-3-6=18$

或　　　　　　　$df_{E_b}=df_T-df_t-df_R-df_{E_a}=35-11-2-4=18$

或　　　　　　　$df_{E_b}=a(b-1)(r-1)=3\times(4-1)\times(3-1)=18$

（三）列出方差分析表（表 6-26），进行 F 检验

表 6-26　方差分析表

变异来源		SS	df	MS	F
主区	区组 R	17.14	2	—	—
	主区因素 A	1309.72	2	654.86	64.65**
	主区误差 E_a	40.50	4	10.13	
副区	副区因素 B	1975.95	3	658.65	99.34**
	$A\times B$	422.43	6	70.40	10.62**
	副区误差 E_b	119.41	18	6.63	
总变异		3885.15	35		

注：$F_{0.01(2,4)}=18.00$；$F_{0.01(3,18)}=5.09$；$F_{0.01(6,18)}=4.01$

因为主区因素 A 的 $F>F_{0.01(2,4)}$、$p<0.01$，副区因素 B 的 $F>F_{0.01(3,18)}$、$p<0.01$，$A\times B$ 的 $F>F_{0.01(6,18)}$、$p<0.01$，表明各施肥量（主区因素 A 的各水平）平均产量差异极显著，不同品种（副区因素 B 的各水平）平均产量差异极显著，A、B 两因素的交互作用极显著，所以还须进一步进行各施肥量平均产量的多重比较、不同品种平均产量的多重比较、各水平组合平均产量的多重比较与简单效应的检验。

（四）多重比较

两因素裂区设计试验资料的方差分析有两个误差——主区误差和副区误差，F 检验时计算主区因素 A 的 F 分母为主区误差均方 MS_{E_a}，计算副区因素 B 的 F 分母为副区误差均方 MS_{E_b}。所以，采用 SSR 法进行主区因素 A 各水平平均数的多重比较时，用主区误差均方 MS_{E_a} 计算平均数标准误，根据主区误差自由度 df_{E_a} 查临界 SSR 值；采用 SSR 法进行副区因素 B 各水平平均数多重比较时，用副区误差均方 MS_{E_b} 计算平均数标准误，根据副区误差自由度 df_{E_b} 查临界 SSR 值；采用 LSD 法进行水平组合平均数多重比较与简单效应的检验时，根据具体情况或者用主区误差均方 MS_{E_a} 与副区误差均方 MS_{E_b} 计算平均数差数标准误，用主区误差均方 MS_{E_a}、副区误差均方 MS_{E_b} 以及根据副区误差自由度 df_{E_b}、主区误差自由度 df_{E_a} 查得的临界 t 值；或者用副区误差均方 MS_{E_b} 计算平均数差数标准误，根据副区误差自由度 df_{E_b} 查临界 t 值。

1. 主区因素 A 各水平平均数的多重比较　　本例为各施肥量平均产量的多重比较，采用 SSR 法。用主区误差均方 MS_{E_a} 计算标准误 $s_{\bar{x}_{i..}}$，计算公式为

$$s_{\bar{x}_{i\cdot\cdot}} = \sqrt{\frac{MS_{E_a}}{br}} \qquad (6\text{-}12)$$

本例，MS_{E_a}=10.13，b=4，r=3，于是 $s_{\bar{x}_{i\cdot\cdot}} = \sqrt{\frac{MS_{E_a}}{br}} = \sqrt{\frac{10.13}{4 \times 3}} = 0.92$。

根据主区误差自由度 df_{E_a}=4，秩次距 k=2、3，查附表 7，得 α=0.05、α=0.01 的 SSR 值，分别乘以标准误 $s_{\bar{x}_{i\cdot\cdot}}$=0.92 计算各个 LSR。SSR 值与 LSR 值列于表 6-27。

表 6-27　SSR 值与 LSR 值表

df_{E_a}	秩次距 k	$SSR_{0.05}$	$SSR_{0.01}$	$LSR_{0.05}$	$LSR_{0.01}$
4	2	3.93	6.51	3.62	5.99
	3	4.00	6.80	3.68	6.26

各施肥量平均产量的多重比较见表 6-28。结果表明，每公顷施肥 1500kg（A_1）的平均产量最高，极显著高于每公顷 2000kg（A_2）、2500kg（A_3）两种施肥量；而 A_2 与 A_3 两种施肥量的平均产量差异不显著。

表 6-28　各施肥量平均产量多重比较表（SSR 法）

施肥量	平均产量 $\bar{x}_{i\cdot\cdot}$ /（kg/15m²）	显著性	
		0.05	0.01
A_1	50.66	a	A
A_2	39.98	b	B
A_3	36.48	b	B

2．副区因素各水平平均数的多重比较　　本例为不同品种平均产量的多重比较，采用 SSR 法。用副区误差均方 MS_{E_b} 计算标准误 $s_{\bar{x}_{\cdot j\cdot}}$，计算公式为

$$s_{\bar{x}_{\cdot j\cdot}} = \sqrt{\frac{MS_{E_b}}{ar}} \qquad (6\text{-}13)$$

本例，MS_{E_b}=6.63，a=3，r=3，于是 $s_{\bar{x}_{\cdot j\cdot}} = \sqrt{\frac{MS_{E_b}}{ar}} = \sqrt{\frac{6.63}{3 \times 3}} = 0.86$。

根据副区误差自由度 df_{E_b}=18，秩次距 k=2、3、4，查附表 7，得 α=0.05、α=0.01 的 SSR 值，分别乘以标准误 $s_{\bar{x}_{\cdot j\cdot}}$ 计算各个 LSR。SSR 值与 LSR 值列于表 6-29。

表 6-29　SSR 值与 LSR 值表

df_{E_b}	秩次距 k	$SSR_{0.05}$	$SSR_{0.01}$	$SSR_{0.05}$	$SSR_{0.01}$
18	2	2.97	4.07	2.55	3.50
	3	3.12	4.27	2.68	3.67
	4	3.21	4.38	2.76	3.77

不同品种平均产量的多重比较见表 6-30。结果表明，品种 B_3 的平均产量最高，极显著高于 B_1、B_2 和 B_4 三个品种。

表 6-30　不同品种平均产量多重比较表（SSR 法）

品种	平均产量 $\bar{x}_{\cdot j \cdot}$ / (kg/15m²)	显著性	
		0.05	0.01
B_3	51.23	a	A
B_4	45.13	b	B
B_2	42.30	c	B
B_1	30.82	d	C

3. 各水平组合平均数的多重比较与简单效应的检验　　采用 LSD 法。平均数差数标准误及临界 t 值的确定分为两种情况。

（1）各水平组合平均数的多重比较与主区因素 A 在副区因素 B 上简单效应的检验［即副区因素 B 某一水平与主区因素各个水平（同 A 异 B）组成的水平组合平均数的多重比较］。用主区误差均方 MS_{E_a}、副区误差均方 MS_{E_b} 计算平均数差数标准误 $s_{\bar{x}_{ij\cdot}-\bar{x}_{i'j'\cdot}}$，计算公式为

$$s_{\bar{x}_{ij\cdot}-\bar{x}_{i'j'\cdot}}=\sqrt{\frac{2[MS_{E_a}+(b-1)MS_{E_b}]}{br}} \qquad (6\text{-}14)$$

用主区误差均方 MS_{E_a}、副区误差均方 MS_{E_b} 以及根据主区误差自由度 df_{E_a}、副区误差自由度 df_{E_b} 查临界 t 值 $t_{\alpha(df_{E_a})}$、$t_{\alpha(df_{E_b})}$，计算临界 t 值 t_α，计算公式为

$$t_\alpha=\frac{MS_{E_a}t_{\alpha(df_{E_a})}+(b-1)MS_{E_b}t_{\alpha(df_{E_b})}}{MS_{E_a}+(b-1)MS_{E_b}} \qquad (6\text{-}15)$$

（2）副区因素 B 在主区因素 A 上简单效应的检验［即主区因素 A 某一水平与副区因素 B 各个水平（同 A 异 B）组成的水平组合平均数的多重比较］。用副区误差均方 MS_{E_b} 计算均数差数标准误 $s_{\bar{x}_{ij\cdot}-\bar{x}_{i'j'\cdot}}$，计算公式为

$$s_{\bar{x}_{ij\cdot}-\bar{x}_{i'j'\cdot}}=\sqrt{\frac{2MS_{E_b}}{r}} \qquad (6\text{-}16)$$

根据副区误差自由度 df_{E_b} 查临界 t 值。

本例从试验的实际意义考虑，只需进行水平组合平均产量的多重比较与主区因素 A 在副区因素 B 上简单效应的检验。

（1）各水平组合平均产量的多重比较。采用 LSD 法。根据式（6-14）式（6-15）计算平均数差数标准误 $s_{\bar{x}_{ij\cdot}-\bar{x}_{i'j'\cdot}}$ 和临界 t 值 $t_{0.05}$、$t_{0.01}$ 如下：

$$s_{\bar{x}_{ij\cdot}-\bar{x}_{i'j'\cdot}}=\sqrt{\frac{2[MS_{E_a}+(b-1)MS_{E_b}]}{br}}=\sqrt{\frac{2\times[10.13+(4-1)\times6.63]}{4\times3}}=2.24$$

$$t_{0.05}=\frac{MS_{E_a}t_{0.05(4)}+(b-1)MS_{E_b}t_{0.05(18)}}{MS_{E_a}+(b-1)MS_{E_b}}=\frac{10.13\times2.776+(4-1)\times6.63\times2.101}{10.13+(4-1)\times6.63}=2.33$$

$$t_{0.01} = \frac{MS_{E_a} t_{0.01(4)} + (b-1) MS_{E_b} t_{0.01(18)}}{MS_{E_a} + (b-1) MS_{E_b}} = \frac{10.13 \times 4.604 + (4-1) \times 6.63 \times 2.878}{10.13 + (4-1) \times 6.63} = 3.46$$

于是，

$$LSD_{0.05} = t_{0.05} s_{\bar{x}_{ij.} - \bar{x}_{i'j'.}} = 2.33 \times 2.24 = 5.22$$
$$LSD_{0.01} = t_{0.01} s_{\bar{x}_{ij.} - \bar{x}_{i'j'.}} = 3.46 \times 2.24 = 7.75$$

各水平组合平均产量的多重比较见表 6-31。结果表明，水平组合 A_1B_3 的平均产量最高，极显著或显著高于其他水平组合的平均产量；其次是水平组合 A_1B_4；平均产量最低的水平组合是 A_2B_1、A_3B_1。本试验最优水平组合为 A_1B_3，即 A_1 施肥量与 B_3 品种相组合可望获得高产。

表 6-31　各水平组合平均产量多重比较表（LSD 法）

水平组合	平均产量 $\bar{x}_{ij.}$ / (kg/15m^2)	显著性	
		0.05	0.01
A_1B_3	63.13	a	A
A_1B_4	55.93	b	A
A_2B_3	47.27	c	B
A_2B_2	47.07	c	B
A_1B_2	44.43	c	BC
A_3B_3	43.30	cd	BC
A_3B_4	41.00	de	BCD
A_1B_1	39.13	e	CD
A_2B_4	38.47	ef	CD
A_3B_2	35.40	f	D
A_2B_1	27.13	g	E
A_3B_1	26.20	g	E

（2）主区因素 A 在副区因素 B 上简单效应的检验［即副区因素 B 某一水平与主区因素 A 各个水平（同 B 异 A）组成的水平组合平均数的多重比较］。采用 LSD 法。$LSD_{0.05}$、$LSD_{0.01}$ 同上。

将表 6-32（1）～（4）中的各个差数与 $LSD_{0.05} = 5.22$、$LSD_{0.01} = 7.75$ 比较，作出推断。检验结果采用标记符号法表示，已标记在表 6-32（1）～（4）中。

表 6-32（1）　A 因素在 B_1 水平上简单效应的检验　　　表 6-32（2）　A 因素在 B_2 水平上简单效应的检验

水平组合	平均产量 $\bar{x}_{i1.}$	$\bar{x}_{i1.} - 26.20$	$\bar{x}_{i1.} - 27.13$	水平组合	平均产量 $\bar{x}_{i2.}$	$\bar{x}_{i2.} - 35.40$	$\bar{x}_{i2.} - 44.43$
A_1B_1	39.13	12.93**	12.00**	A_2B_2	47.07	11.67**	3.64
A_2B_1	27.13	0.93		A_1B_2	44.43	9.03**	
A_3B_1	26.20			A_3B_2	35.40		

表 6-32（3） **A 因素在 B₃ 水平上简单效应的检验**

水平组合	平均产量 $\bar{x}_{i3.}$	$\bar{x}_{i3.} - 43.30$	$\bar{x}_{i3.} - 47.27$
A_1B_3	63.13	19.83**	15.86**
A_2B_3	47.27	3.97	
A_3B_3	43.30		

表 6-32（4） **A 因素在 B₄ 水平上简单效应的检验**

水平组合	平均产量 $\bar{x}_{i4.}$	$\bar{x}_{i4.} - 38.47$	$\bar{x}_{i4.} - 41.00$
A_1B_4	55.93	17.46**	14.93**
A_3B_4	41.00	2.53	
A_2B_4	38.47		

主区因素 A 在副区因素 B 上简单效应的检验结果表明：

对于品种 B_1，施肥量 A_1 的增产效果最好，其平均产量极显著高于 A_3、A_2 两种施肥量；A_3、A_2 两种施肥量的平均产量差异不显著。

对于品种 B_2，A_2、A_1 两种施肥量平均产量差异不显著，它们的平均产量都极显著高于 A_3 施肥量。

品种 B_3、B_4 对施肥量的反映与品种 B_1 相似，都是以施肥量 A_1 为最佳，其平均产量都极显著高于 A_2、A_3 两种施肥量；A_2、A_3 两种施肥量的平均产量差异不显著。

第五节 多环境试验资料的方差分析

作物生产受到复杂自然环境条件的影响，不同生态区（试点）、不同年份环境条件变化较大。因此，农业新技术、作物新品种推广前须在多个试点、多个年份或多个试点多个年份进行试验，以研究作物对环境的反应，这类试验称为作物多环境试验(crop trails under multiple environments)。作物遗传育种研究表明，基因型与环境存在互作，对数量性状的遗传研究和目标个体的筛选鉴定都须进行多环境试验。在同一生态区，连续几年实施同一试验方案，这种试验称为多年试验；一年内按相同试验方案在多个生态区实施，这种试验称为多点试验；连续几年进行同一多点试验，这类试验称为多年多点试验。

作物品种区域试验就是典型的多年多点试验，按统一规范的要求进行试验，对新育成作物品种的丰产性和稳定性等进行评价，为作物品种审定和品种布局提供依据。关于稳定性分析，可参考其他文献。对于多环境试验，如果各个环境的误差方差满足同质性，可以进行联合分析。本节主要介绍随机区组品种区域试验结果的联合方差分析。

一、数学模型与期望均方

设一个品种区域试验，设置了 s 个试点，连续进行 y 年，共有 $y×s$ 个环境，有 v 个品种参与试验，每个环境内品种重复 r 区组次，随机区组设计，则该试验共有 $s×y×v×r$ 个观测值。第 i 个品种在第 j 个年份、第 k 个试点内第 l 区组的观测值为 x_{ijkl}，它的线性模型为

$$x_{ijkl}=\mu+B_{jkl}+Y_j+S_k+(YS)_{jk}+G_i+(GY)_{ij}+(GS)_{ik}+(GYS)_{ijk}+\varepsilon_{ijkl}$$
$$(i=1, 2, \cdots, v; j=1, 2, \cdots, y; k=1, 2, \cdots, s; l=1, 2, \cdots, r)$$

（6-17）

其中，μ 为总体平均数；B_{jkl} 为第 j 年份、第 k 试点内第 l 区组的效应；G_i 为第 i 品种的效应；Y_j 为第 j 年份的效应；S_k 为第 k 试点的效应；$(YS)_{jk}$ 为年份与试点的互作效应；$(GY)_{ij}$ 为品种与年份的互作效应；$(GS)_{ij}$ 为品种与试点的互作效应；$(GYS)_{ijk}$ 为品种与年份、试点的二级互作效应；ε_{ijkl} 为随机误差，相互独立且服从 $N(0, \sigma^2)$。

多年多点试验进行联合方差分析时，基于固定模型、随机模型和混合模型的期望均方列于表 6-33。

表 6-33　多年多点试验的期望均方

变异来源	自由度	固定模型	随机模型	混合模型（年份随机，其他固定）
环境内区组间	$ys(r-1)$			
环境间	$ys-1$			
年份间	$y-1$	$rvs\kappa_Y^2+\sigma^2$	$rvs\sigma_Y^2+rs\sigma_{GY}^2+rv\sigma_{YS}^2+r\sigma_{GYS}^2+\sigma^2$	$rvs\sigma_Y^2+rs\sigma_{GY}^2+rv\sigma_{YS}^2+r\sigma_{GYS}^2+\sigma^2$
试点间	$s-1$	$rvy\kappa_S^2+\sigma^2$	$rvy\sigma_S^2+ry\sigma_{GS}^2+rv\sigma_{YS}^2+r\sigma_{GYS}^2+\sigma^2$	$rsy\kappa_S^2+rv\sigma_{YS}^2+r\sigma_{GYS}^2+\sigma^2$
年份×试点	$(y-1)(s-1)$	$rv\kappa_{YS}^2+\sigma^2$	$rv\sigma_{YS}^2+r\sigma_{GYS}^2+\sigma^2$	$rv\sigma_{YS}^2+r\sigma_{GYS}^2+\sigma^2$
品种间	$v-1$	$rsy\kappa_G^2+\sigma^2$	$rsy\sigma_G^2+rs\sigma_{GY}^2+ry\sigma_{GS}^2+r\sigma_{GYS}^2+\sigma^2$	$rsy\kappa_G^2+rs\sigma_{GY}^2+ry\sigma_{GS}^2+r\sigma_{GYS}^2+\sigma^2$
品种×年份	$(v-1)(y-1)$	$rs\kappa_{GY}^2+\sigma^2$	$rs\sigma_{GY}^2+r\sigma_{GYS}^2+\sigma^2$	$rs\sigma_{GY}^2+r\sigma_{GYS}^2+\sigma^2$
品种×试点	$(v-1)(s-1)$	$ry\kappa_{GS}^2+\sigma^2$	$ry\sigma_{GS}^2+r\sigma_{GYS}^2+\sigma^2$	$ry\kappa_{GS}^2+r\kappa_{GYS}^2+\sigma^2$
品种×年份×试点	$(v-1)(y-1)(s-1)$	$r\kappa_{GYS}^2+\sigma^2$	$r\sigma_{GYS}^2+\sigma^2$	$r\sigma_{GYS}^2+\sigma^2$
试验误差	$ys(v-1)(r-1)$	σ^2	σ^2	σ^2
总变异	$ysvr-1$			

二、分析实例

R 脚本　　
SAS 程序

【例6-5】 设某玉米品种区域试验，连续 2 年（$y=2$）在 4 个试点（$s=4$）共 8 个环境进行。每个环境都按照统一的试验方案执行，供试杂交组合 5 个（$v=5$），以 G_5 为对照，3 次重复（$r=3$），随机区组设计，小区计产面积 20m²，产量结果列于表 6-34。

表 6-34　5 个玉米杂交组合 2 年 4 个试点的产量结果　　（单位：10^3kg/hm²）

年份	杂交组合	试点 S_1 I	S_1 II	S_1 III	S_2 I	S_2 II	S_2 III	S_3 I	S_3 II	S_3 III	S_4 I	S_4 II	S_4 III
Y_1	G_1	8.84	8.29	8.81	9.30	9.53	8.13	8.38	9.39	8.60	10.75	11.75	11.12
	G_2	8.05	9.43	8.43	8.44	7.74	8.42	7.35	6.70	7.35	13.00	12.25	12.10
	G_3	11.17	11.11	10.24	10.38	9.34	8.02	8.38	8.88	8.93	12.33	13.33	13.25
	G_4	7.24	7.87	7.28	9.03	7.39	8.30	9.28	7.85	7.17	12.17	12.00	10.68
	G_5	9.43	8.60	9.83	8.67	8.12	7.93	7.24	7.42	6.42	12.33	11.92	12.14
Y_2	G_1	9.36	9.60	10.33	9.48	9.32	9.18	10.19	9.34	8.38	9.04	8.71	8.63
	G_2	8.63	7.77	8.66	9.16	9.11	9.06	8.52	5.61	7.02	9.42	9.50	8.91
	G_3	11.76	10.92	10.50	9.55	9.78	10.41	9.34	8.09	8.60	9.38	10.00	9.58
	G_4	7.73	7.81	9.25	8.87	8.23	8.34	9.01	7.85	8.43	7.58	8.46	8.22
	G_5	8.22	7.44	7.96	8.44	8.27	7.83	9.09	5.36	6.54	7.46	7.38	6.87

1. 试验误差方差的同质性检验　　各环境的试验资料是单因素随机区组试验资料，可按照单因素随机区组设计试验资料方差分析的方法分别对各环境的试验资料进行分析（见本章第一节），估计各环境的试验误差方差。然后用 Bartlett 法对试验误差方差的同质性进行检验（见第八章第四节），以确定是否可以对整个资料进行联合方差分析。

利用 SAS 的 ANOVA 或 GLM 过程（见附录一）按照单因素随机区组设计试验资料方差分析的方法分别对各环境的试验资料进行分析，计算各变异来源的平方和（表 6-35）。

表 6-35　各环境的各变异来源的平方和

环境（年份和试点的组合）	总变异	区组间	杂交组合间	误差
$Y_1 S_1$	20.4530	0.1346	18.0215	2.2969
$Y_1 S_2$	8.8445	2.7088	2.9562	3.1795
$Y_1 S_3$	12.4864	0.5300	8.5674	3.3889
$Y_1 S_4$	8.7348	0.3970	5.7262	2.6116
$Y_2 S_1$	24.7341	1.0434	21.1106	2.5801
$Y_2 S_2$	6.5662	0.0732	5.6873	0.8057
$Y_2 S_3$	27.2344	10.4641	12.6268	4.1435
$Y_2 S_4$	12.2979	0.3469	11.1796	0.7714
总和	121.3513	15.6980	85.8756	19.7776

根据 Bartlett 法，误差方差同质性检验的计算表见表 6-36。

表 6-36　误差方差同质性检验计算表

环境（年份和试点的组合）	df_i	MS_i	$\lg MS_i$	$df_i \lg MS_i$
$Y_1 S_1$	8	0.2871	-0.5420	-4.3357
$Y_1 S_2$	8	0.3974	-0.4008	-3.2062
$Y_1 S_3$	8	0.4236	-0.3730	-2.9844
$Y_1 S_4$	8	0.3264	-0.4862	-3.8900
$Y_2 S_1$	8	0.3225	-0.4915	-3.9318
$Y_2 S_2$	8	0.1007	-0.9970	-7.9758
$Y_2 S_3$	8	0.5179	-0.2858	-2.2860
$Y_2 S_4$	8	0.0964	-1.0159	-8.1274
总和	64		-4.5922	-36.7372

对于本例，有

$$C = 1 + \frac{1}{3(k-1)}\left(\sum \frac{1}{df_i} - \frac{1}{\sum df_i}\right)$$

$$= 1 + \frac{1}{3\times(8-1)} \times \left(8 \times \frac{1}{8} - \frac{1}{8\times 8}\right) = 1.0469$$

$$MS_p = \frac{\sum df_i MS_i}{\sum df_i} = \frac{19.7776}{64} = 0.3090, \quad \lg MS_p = \lg 0.3090 = -0.5100$$

$$\chi^2 = \frac{2.3026}{C}\left(\lg MS_p \sum df_i - \sum df_i \lg MS_i\right)$$
$$= \frac{2.3026}{1.0469} \times [\ -0.5100 \times 64 - (-36.7372)\ ] = 9.0116$$

上述计算式中，k 为环境数，df_i 为第 i 环境的误差自由度，MS_p 为合并的误差均方。χ^2 统计数服从 $df = k-1 = 8-1 = 7$ 的 χ^2 分布，查附表 8 得 $\chi^2_{0.05(7)} = 14.07$，因为 $\chi^2 = 9.0116 < \chi^2_{0.05(7)} = 14.07$，不能否定无效假设 H_0：$\sigma_1^2 = \sigma_2^2 = \cdots = \sigma_8^2$，可以认为各环境的误差方差是同质的。

2. 联合方差分析　　按照固定模型，用 SAS 的 GLM 过程（附录一），得到方差分析表（表 6-37）。

表 6-37　玉米杂交组合区域试验方差分析表

变异来源	df	SS	MS	F	P>F
环境内区组间	16	15.6980	0.9811	—	—
年份间	1	14.6231	14.6231	47.32**	<0.0001
试点间	3	83.7239	27.9080	90.31**	<0.0001
杂交组合间	4	49.1617	12.2904	39.77**	<0.0001
年份×试点	3	77.0015	25.6672	83.06**	<0.0001
杂交组合×年份	4	6.7395	1.6849	5.45**	0.0008
杂交组合×试点	12	25.2222	2.1019	6.80**	<0.0001
杂交组合×年份×试点	12	4.7522	0.3960	1.28	0.2514
误差	64	19.7776	0.3090		
总变异	119	296.6997			

由表 6-37 可知，年份间、试点间和杂交组合间差异极显著，年份与试点的互作、杂交组合与年份的互作，以及杂交组合与试点的互作都极显著存在，而杂交组合、年份和试点的二级互作不显著。

3. 杂交组合间的多重比较　　因为杂交组合与试点和年份均存在极显著的互作，列出各品种在不同试点和年份下的表现（表 6-38）。

表 6-38　各杂交组合在不同试点和年份的平均产量　　　（单位：10^3kg/hm^2）

杂交组合	试点				年份	
	S_1	S_2	S_3	S_4	Y_1	Y_2
G_3	10.950	9.580	8.703	11.312	10.447	9.826
G_1	9.205	9.157	9.047	10.000	9.408	9.297
G_2	8.495	8.655	7.092	10.863	9.105	8.448
G_4	7.863	8.360	8.265	9.852	8.855	8.315
G_5	8.505	8.210	7.012	9.683	9.133	7.572

在固定模型下，误差均方 $MS_e=0.3090$，杂交组合平均数标准误 $s_{\bar{x}_i}=\sqrt{\dfrac{MS_e}{syr}}=\sqrt{\dfrac{0.3090}{4\times2\times3}}=$
0.1135（10^3kg/hm^2）。采用 SSR 法对杂交组合平均数进行多重比较，根据 $df_e=64$，秩次距为
$k=2$，3，4，5，查附表 7 得，显著水平 $\alpha=0.05$ 和 $\alpha=0.01$ 的临界 SSR 值，分别乘以杂交组
合平均数标准误 $s_{\bar{x}_i}=0.1135$，计算最小显著极差（表 6-39），进而标记各杂交组合平均数进行
多重比较的显著性（表 6-40）。

表 6-39　SSR 值与 LSR 值

df_e	秩次距 k	$SSR_{0.05}$	$SSR_{0.01}$	$LSR_{0.05}$	$LSR_{0.01}$
64	2	2.827	3.755	0.321	0.426
	3	2.977	3.914	0.338	0.444
	4	3.077	4.025	0.349	0.457
	5	3.138	4.114	0.356	0.467

表 6-40　各杂交组合的平均产量及其显著性

杂交组合	平均产量 $\bar{x}_i$ /（10^3kg/hm^2）	显著性 0.05	显著性 0.01
G_3	10.14	a	A
G_1	9.35	b	B
G_2	8.78	c	C
G_4	8.59	cd	C
G_5（CK）	8.35	d	C

由表 6-40 可知，杂交组合 G_3 和 G_1 比对照 G_5 都极显著增产，而 G_2 和 G_4 增产不显著。
结合表 6-39 可以发现，G_3 在不同年份间和不同试点间波动较大，而 G_1 在不同年份间和不同
试点间相对稳定。

习　题

1. 两因素随机区组设计试验资料和单因素随机区组设计试验资料的方差分析法有何异同？

2. 有一青饲玉米比较试验，供试品种为 A、B、C、D 4 个，3 次重复、随机区组设计，小区计
产面积为 20m^2，田间排列和生物学产量（kg/20m^2）如下图所示。对试验结果进行方差分析。

A 300.0	C 220.0	D 215.0	B 260.0	区组Ⅰ
D 210.0	B 277.0	A 308.0	C 225.0	区组Ⅱ
B 265.0	D 218.0	C 227.0	A 310.0	区组Ⅲ

3. 有一苎麻两因素试验，A 因素为品种，有 A_1、A_2 2 个水平，B 因素为短日照，有 $B_1=0$ 天，$B_2=15$
天，$B_3=25$ 天，$B_4=35$ 天，$B_5=45$ 天，$B_6=55$ 天，$B_7=65$ 天 7 个水平；2 次重复、随机区组设计，
得每盆干茎重（kg）于下表。对试验结果进行方差分析。

区组	处理													
	A_1							A_2						
	B_1	B_2	B_3	B_4	B_5	B_6	B_7	B_1	B_2	B_3	B_4	B_5	B_6	B_7
I	8.0	7.6	8.6	7.7	6.8	6.6	6.0	5.2	5.2	4.8	4.6	5.0	3.8	4.0
II	8.4	8.4	8.6	7.3	7.4	6.4	6.2	5.4	5.1	4.0	4.6	4.8	4.4	4.0

4. A、B、C、D、E 5 个棉花品种比较试验，其中 E 为对照品种，采用 5×5 的拉丁方设计，小区计产面积 $100m^2$，其田间排列和皮棉产量（$kg/100m^2$）见下图。对试验结果进行方差分析。

C 10.0	B 8.0	A 6.0	D 5.3	E 8.5
D 4.9	A 6.2	E 8.0	B 7.9	C 9.8
B 7.8	C 10.2	D 4.7	E 8.1	A 6.4
A 6.9	E 8.4	B 8.2	C 11.0	D 4.0
E 8.0	D 4.4	C 10.8	A 6.5	B 8.7

5. 有一玉米种植密度和施肥量试验，裂区设计，以施肥量作主区因素 A，有 A_1、A_2、A_3 3 个水平，密度为副因素 B，有 B_1、B_2、B_3、B_4 4 个水平。主区按随机区组设计排列。其田间排列图及小区产量（kg）见下图。对试验结果进行方差分析。

区组 I

A_1	A_3	A_2
B_2 10.2	B_3 14.3	B_2 12.9
B_1 9.4	B_4 16.4	B_1 14.2
B_3 11.8	B_1 9.2	B_3 14.0
B_4 18.1	B_2 11.5	B_4 15.3

区组 II

A_1	A_2	A_3
B_2 12.8	B_4 15.3	B_1 16.0
B_3 12.4	B_1 11.6	B_3 15.5
B_4 17.4	B_2 11.1	B_4 18.2
B_1 11.0	B_3 14.5	B_2 15.6

区组 III

A_3	A_2	A_1
B_4 17.3	B_3 13.3	B_2 12.2
B_2 14.3	B_1 10.6	B_4 17.8
B_3 16.0	B_4 14.4	B_3 13.4
B_1 14.0	B_2 13.9	B_1 7.1

区组 IV

A_2	A_3	A_1
B_2 15.4	B_3 15.6	B_4 16.4
B_4 16.8	B_2 16.0	B_3 13.4
B_1 12.3	B_1 13.6	B_1 8.6
B_3 14.8	B_4 18.9	B_2 13.4

6. 设某水稻品种区域试验，连续 2 年（$y=2$）在 4 个试点（$s=4$）共 8 个环境进行。每个环境都按照统一的试验方案执行，供试杂交组合 5 个（$v=5$），以 G_1 为对照，3 次重复（$r=3$），随机区组设计，小区计产面积 $33m^2$，产量结果（$kg/33m^2$）见下表。对资料进行联合方差分析。

年份	杂交组合	S_1			S_2			S_3			S_4		
		I	II	III	I	II	III	I	II	III	I	II	III
Y_1	G_1	19.7	31.4	29.6	40.8	29.4	30.2	34.7	29.1	35.1	20.2	30.2	16.0
	G_2	28.6	38.3	43.5	44.4	34.9	33.9	28.8	28.7	21.0	13.2	20.5	9.6
	G_3	20.3	27.5	32.6	44.6	41.4	26.2	29.8	38.4	28.0	24.5	41.6	30.6
	G_4	27.9	40.0	46.1	39.8	39.2	29.1	27.7	27.6	20.4	19.0	18.4	24.6
	G_5	22.3	30.8	31.1	71.5	47.6	55.4	43.0	32.7	32.0	27.6	30.0	22.7
Y_2	G_1	45.5	50.3	60.0	53.9	58.8	47.7	42.1	47.1	30.8	26.6	26.5	32.7
	G_2	47.5	41.1	49.4	63.7	61.1	52.2	38.8	29.4	30.5	21.4	18.7	24.1
	G_3	54.2	52.3	64.5	53.9	59.1	56.4	42.1	40.0	39.8	20.7	26.8	30.4
	G_4	62.2	53.1	74.7	74.2	75.6	67.0	44.3	43.5	47.7	20.7	23.6	30.9
	G_5	47.4	57.8	50.5	51.1	47.3	45.0	53.9	51.8	50.3	32.6	40.0	34.2

*第七章 正 交 设 计

单因素或两因素试验考察的因素少，试验设计、实施与分析都比较简单。但在农学、生物学试验研究中，常常需要同时考察 3 个或 3 个以上的试验因素，若进行全面试验，由于水平组合数多，试验的规模大，往往因受人力、物力、财力、试验地等试验条件的限制而难以实施。希望寻求一种既可以考查较多的试验因素，又不需要进行规模庞大的试验的设计方法。正交设计就是这样一种设计方法。

第一节 正交设计原理和方法

正交设计（orthogonal design）是利用正交表安排多因素试验方案、分析试验结果的一种设计方法。它从多因素试验的全部水平组合中挑选部分有代表性的水平组合进行试验，通过对这部分水平组合试验结果的分析了解全面试验的情况，找出最优水平组合。

例如，研究氮、磷、钾肥施用量对某品种小麦产量的影响，氮肥施用量 A 有 3 个水平：A_1、A_2、A_3；磷肥施用量 B 有 3 个水平：B_1、B_2、B_3；钾肥施用量 C 有 3 个水平：C_1、C_2、C_3。这是一个 3 因素每个因素 3 水平的试验，简记为 3^3 试验，全部水平组合有 $3^3=27$ 个。如果对全部 27 水平组合都进行试验，即进行全面试验，可以分析各个因素的主效应、简单效应、交互作用，选出最优水平组合，这是全面试验的优点。但全面试验包含的水平组合数多，常常难以实施。

若试验的主要目的是寻求最优水平组合，则可利用正交设计来安排试验方案。正交设计的基本特点是，用部分试验来代替全面试验，通过对部分试验结果的分析，了解全面试验的情况。正因为正交试验是用部分试验来代替全面试验，它不可能像全面试验那样对各个因素的主效应、简单效应、交互作用一一分析；且当试验因素之间存在交互作用时，有可能出现试验因素与交互作用混杂。虽然正交设计有这些不足，但它能通过部分试验找到最优水平组合，因而仍受科技工作者青睐。

例如，对于上述 3^3 试验，若不考虑试验因素之间的交互作用，利用正交表 $L_9(3^4)$ 安排的试验方案仅包含 9 个水平组合，能反映试验方案包含 27 个水平组合的全面试验的情况，找出氮、磷、钾肥施用量的最优水平组合。

一、正交设计原理

对于上述 3^3 试验，全面试验方案包含 3 个因素的全部 27 水平组合，试验方案如表 7-1 所示。这 27 水平组合就是 3 维因子空间中一个立方体上的 27 个点，如图 7-1 所示。这 27 个点均匀分布在立方体上：每个平面上有 9 个点，每两个平面的交线上有 3 个点。

表 7-1 3^3 试验的全面试验方案

		C_1	C_2	C_3
	B_1	$A_1B_1C_1$	$A_1B_1C_2$	$A_1B_1C_3$
A_1	B_2	$A_1B_2C_1$	$A_1B_2C_2$	$A_1B_2C_3$
	B_3	$A_1B_3C_1$	$A_1B_3C_2$	$A_1B_3C_3$
	B_1	$A_2B_1C_1$	$A_2B_1C_2$	$A_2B_1C_3$
A_2	B_2	$A_2B_2C_1$	$A_2B_2C_2$	$A_2B_2C_3$
	B_3	$A_2B_3C_1$	$A_2B_3C_2$	$A_2B_3C_3$
	B_1	$A_3B_1C_1$	$A_3B_1C_2$	$A_3B_1C_3$
A_3	B_2	$A_3B_2C_1$	$A_3B_2C_2$	$A_3B_2C_3$
	B_3	$A_3B_3C_1$	$A_3B_3C_2$	$A_3B_3C_3$

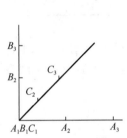 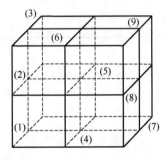

图 7-1 3 因素每个因素 3 水平正交试验点的均衡分布图

3 因素每个因素 3 水平的全面试验水平组合数为 $3^3=27$，4 因素每个因素 3 水平的全面试验水平组合数为 $3^4=81$，5 因素每个因素 3 水平的全面试验水平组合数为 $3^5=243$。正交设计就是从全面试验点（水平组合）中挑选出有代表性的部分试验点（水平组合）进行试验。图 7-1 中带括号的 9 个试验点，就是利用正交表 $L_9(3^4)$ 从 27 个试验点中挑选出来的 9 个试验点，即

（1）$A_1B_1C_1$　　　（2）$A_1B_2C_2$　　　（3）$A_1B_3C_3$

（4）$A_2B_1C_2$　　　（5）$A_2B_2C_3$　　　（6）$A_2B_3C_1$

（7）$A_3B_1C_3$　　　（8）$A_3B_2C_1$　　　（9）$A_3B_3C_2$

选择的 9 个试验点，仅是全面试验 27 个试验点的 1/3。从图 7-1 中可以看到，9 个试验点在立方体中分布是均衡的：在立方体的每个平面上有 3 个试验点，每两个平面的交线上有 1 个试验点。9 个试验点均衡地分布于整个立方体内，有很强的代表性，能够比较全面地反映 27 个全面试验点的基本情况。

二、正交表及其特性和类别

（一）正交表

正交设计安排试验方案、分析试验结果都要利用正交表（orthogonal table）。表 7-2 是正交表 $L_8(2^7)$，其中"L"表示这是一张正交表；L 右下角的数字"8"表示该正交表有 8 个横行，用这张正交表安排的试验方案包含 8 个处理（水平组合）；括号内的底数"2"表示因素

的水平数，括号内 2 的指数"7"表示该正交表有 7 列，最多可以安排 7 个因素。也就是说，用正交表 $L_8(2^7)$ 安排试验方案包含 8 个处理，最多可以安排 7 个 2 水平因素。

表 7-2　$L_8(2^7)$ 正交表

处理	列号						
	1	2	3	4	5	6	7
1	1	1	1	1	1	1	1
2	1	1	1	2	2	2	2
3	1	2	2	1	1	2	2
4	1	2	2	2	2	1	1
5	2	1	2	1	2	1	2
6	2	1	2	2	1	2	1
7	2	2	1	1	2	2	1
8	2	2	1	2	1	1	2

常用的正交表已由数学工作者制定出来，供进行正交设计时选用。2 水平正交表除 $L_8(2^7)$ 外，还有 $L_4(2^3)$、$L_{12}(2^{11})$ 等；3 水平正交表有 $L_9(3^4)$、$L_{27}(3^{13})$ 等（详见附表 10 及有关参考书）。

（二）正交表的特性

任何一张正交表都有以下两个特性。

（1）任意一列中不同数字出现的次数相同。例如，正交表 $L_8(2^7)$ 的任意一列中不同数字只有 1 和 2，它们各出现 4 次；正交表 $L_9(3^4)$ 的任意一列中不同数字只有 1、2、3，它们各出现 3 次。

（2）任意两列同一横行所组成的数字对出现的次数相同。例如，正交表 $L_8(2^7)$ 的任意两列同一横行所组成的数字对（1，1）、（1，2）、（2，1）、（2，2）各出现两次；正交表 $L_9(3^4)$ 的任意两列同一横行所组成的数字对（1，1）、（1，2）、（1，3）、（2，1）、（2，2）、（2，3）、（3，1）、（3，2）、（3，3）各出现 1 次，即每个因素的一个水平与另一因素的各个水平搭配次数相同，表明正交表任意两列各个数字之间的搭配是均匀的。

根据以上两个特性，用正交表安排的试验方案，具有均衡分散和整齐可比的特点。所谓均衡分散是指用正交表挑选出来的各因素水平组合在各因素全部水平组合中的分布是均匀的。如图 7-1 所示。整齐可比是指每一个因素的各水平间具有可比性。因为正交表中每一因素的任一水平下都均衡地包含着另外因素的各个水平，当比较某因素的不同水平时，其他因素的效应都彼此抵消。例如，在 A、B、C 3 个因素中，A 因素的 3 个水平 A_1、A_2、A_3 条件下各有 B、C 的 3 个不同水平，即

$$A_1 \quad \begin{matrix} B_1C_1 \\ B_2C_2 \\ B_3C_3 \end{matrix} \qquad A_2 \quad \begin{matrix} B_1C_2 \\ B_2C_3 \\ B_3C_1 \end{matrix} \qquad A_3 \quad \begin{matrix} B_1C_3 \\ B_2C_1 \\ B_3C_2 \end{matrix}$$

在这 9 个水平组合中，A 因素各水平下包括了 B、C 因素的 3 个水平，虽然搭配方式不同，但 B、C 皆处于同等地位，当比较 A 因素的不同水平时，B 因素不同水平的效应相互抵

消，C 因素不同水平的效应也相互抵消。所以 A 因素 3 个水平间具有可比性。同样，B、C 因素 3 个水平间亦具有可比性。

（三）正交表的类别

1. 相同水平正交表 各列中出现的最大数字相同的正交表称为相同水平正交表。例如，$L_4(2^3)$、$L_8(2^7)$、$L_{12}(2^{11})$ 等各列中最大数字为 2，称为两水平正交表；$L_9(3^4)$、$L_{27}(3^{13})$ 等各列中最大数字为 3，称为 3 水平正交表。

2. 混合水平正交表 各列中出现的最大数字不完全相同的正交表称为混合水平正交表。例如，$L_8(4 \times 2^4)$ 中有 1 列最大数字为 4，有 4 列最大数字为 2，是混合水平正交表。用正交表 $L_8(4 \times 2^4)$ 安排试验方案包含 8 个处理，最多可以安排 1 个 4 水平因素和 4 个 2 水平因素。又如，$L_{16}(4^4 \times 2^3)$，$L_{16}(4 \times 2^{12})$ 等都是混合水平正交表。

三、正交设计方法

下面结合实际例子介绍正交设计方法。

【例 7-1】 为了研究 3 种生长素（Ⅰ、Ⅱ、Ⅲ）在 3 种不同光照（自然光、自然光加人工光照、人工光照）下对 3 个小麦品种（早熟、中熟、晚熟）产量的影响，采用正交设计安排试验方案。

利用正交设计安排试验方案一般有以下 4 个步骤。

（一）挑选因素水平列出因素水平表

影响试验结果的因素很多，不可能把所有影响因素通过一次试验都予以研究，只能根据试验目的和经验，挑选几个对试验指标影响较大、有较大经济意义而又了解不够清楚的因素来研究。同时还应根据专业知识和经验，确定各因素适宜的水平，列出因素水平表。**【例 7-1】** 的因素水平表如表 7-3 所示。

表 7-3 生长素、光照、小麦品种 3 因素试验因素水平表

水平	因素		
	生长素 A	光照 B	品种 C
1	Ⅰ（A_1）	自然光（B_1）	早熟（C_1）
2	Ⅱ（A_2）	自然光加人工光照（B_2）	中熟（C_2）
3	Ⅲ（A_3）	人工光照（B_3）	晚熟（C_3）

注意，在因素水平表中，以数量级别划分水平的因素的各水平最好不要全按由小到大或全按由大到小排列，以免在试验方案中出现无实际意义的水平组合。

（二）选用合适的正交表

选定了因素及其水平后，根据因素、水平及需要考察的交互作用的多少选择合适的正交表。选用正交表的原则是：既要能安排下试验的全部因素（包括需要考察的交互作用），又要使部分水平组合数（处理数）尽可能地少。一般情况下，试验因素的水平数应等于正交表记号中括号内的底数。因素的个数（包括需要考察的交互作用），选用相同水平正交表时，应不大于正交表记号中括号内的指数；选用混合水平正交表时，应不大于正交表记号中括号内的指数之和。各因素及交互作用的自由度之和应小于所选正交表的总自由度，使正交表安排因素及交互作用后留有空列，以估计试验误差。若各因素及交互作用的自由度之和等于所选正交表的总自由度，即正交表安排因素及交互作用后未留有空列，可采用有重复正交试验来估计试验误差。

此例有 3 个 3 水平因素,若不考察因素之间的交互作用,则各因素自由度之和为因素个数×（水平数−1）=3×（3−1）=6，小于正交表 $L_9(3^4)$ 的总自由度为 9−1=8，故可以选用正交表 $L_9(3^4)$ 来安排试验方案；若要考察因素之间的交互作用,则应选用正交表 $L_{27}(3^{13})$ 来安排试验方案，此时所安排的试验方案实际上是全面试验方案。

（三）表头设计

所谓表头设计，就是把试验因素和要考察的因素之间的交互作用分别安排在正交表表头的适当列上。在不考察因素之间的交互作用时，各因素可随机安排在各列上；若要考察因素之间的交互作用，就应按该正交表的交互作用列表安排各个因素以及要考察的因素之间的交互作用。此例不考察因素之间的交互作用，可将生长素（A）、光照（B）和品种（C）3 个因素依次安排在正交表 $L_9(3^4)$ 的第 1、2、3 列上，第 4 列为空列，表头设计见表 7-4。

表 7-4　表头设计

列号	1	2	3	4
因素	A	B	C	空

（四）列出试验方案

把正交表中安排因素的各列（不包含欲考察的交互作用列）中的每个数字依次换成该因素的实际水平，就得到一个正交试验方案。表 7-5 就是【例 7-1】的正交试验方案。

表 7-5　正交试验方案

处理	因素		
	A 1 列	B 2 列	C 3 列
1	生长素 I（1）	自然光（1）	早熟（1）
2	生长素 I（1）	自然光加人工光照（2）	中熟（2）
3	生长素 I（1）	人工光照（3）	晚熟（3）
4	生长素 II（2）	自然光（1）	中熟（2）
5	生长素 II（2）	自然光加人工光照（2）	晚熟（3）
6	生长素 II（2）	人工光照（3）	早熟（1）
7	生长素 III（3）	自然光（1）	晚熟（3）
8	生长素 III（3）	自然光加人工光照（2）	早熟（1）
9	生长素 III（3）	人工光照（3）	中熟（2）

根据表 7-5，处理 1 是 $A_1B_1C_1$，即生长素 I 、自然光、早熟品种；处理 2 是 $A_1B_2C_2$，即

生长素Ⅰ、自然光加人工光照、中熟品种……处理9是 $A_3B_3C_2$，即生长素Ⅲ、人工光照、中熟品种。

第二节　正交设计试验资料的方差分析

根据正交试验方案进行试验，若各处理都只有一个观测值，则称为单个观测值正交试验资料；若各处理都有两个或两个以上观测值，则称为有重复观测值正交试验资料。下面分别介绍单个观测值和有重复观测正交试验资料的方差分析。

一、单个观测值正交试验资料的方差分析

【例7-2】　对【例7-1】用正交表 $L_9(3^4)$ 安排试验方案后，各处理只进行一次试验，试验结果列于表7-6。对试验结果进行方差分析。

R 脚本　　SAS 程序

表 7-6　正交试验结果计算表

处理	因素			产量（ x_l ）/（kg/666.7m² ）
	A	B	C	
	1 列	2 列	3 列	
1	1	1	1	299.0（ x_1 ）
2	1	2	2	259.0（ x_2 ）
3	1	3	3	376.5（ x_3 ）
4	2	1	2	261.5（ x_4 ）
5	2	2	3	249.0（ x_5 ）
6	2	3	1	364.0（ x_6 ）
7	3	1	3	261.5（ x_7 ）
8	3	2	1	196.5（ x_8 ）
9	3	3	2	326.5（ x_9 ）
T_{i1}	934.5	822.0	859.5	
T_{i2}	874.5	704.5	847.0	
T_{i3}	784.5	1067.0	887.0	2593.5（ $T.$ ）
$\bar{x}_{i1}$	311.5	274.0	286.5	
$\bar{x}_{i2}$	291.5	234.8	282.3	
$\bar{x}_{i3}$	261.5	355.7	295.7	

该试验的9个观测值总变异由 A 因素水平间变异、B 因素水平间变异、C 因素水平间变异及误差4部分组成，进行方差分析时平方和与自由度的分解式为

$$SS_T = SS_A + SS_B + SS_C + SS_e$$
$$df_T = df_A + df_B + df_C + df_e$$

（7-1）

试验处理数记为 n；A、B、C 因素的水平数记为 a、b、c；A、B、C 因素各水平重复数记为 r_a、r_b、r_c。本例，$n=9$、$a=b=c=3$、$r_a=r_b=r_c=3$。

表 7-6 中，T_{ij}（$i=A$、B、C；$j=1$、2、3）为 i 因素第 j 水平试验指标（产量）之和，例如，

A 因素第 1 水平试验指标之和　　　$T_{A_1}=x_1+x_2+x_3=299.0+259.0+376.5=934.5$

A 因素第 2 水平试验指标之和　　　$T_{A_2}=x_4+x_5+x_6=261.5+249.0+364.0=874.5$

A 因素第 3 水平试验指标之和　　　$T_{A_3}=x_7+x_8+x_9=261.5+196.5+326.5=784.5$

B 因素第 1 水平试验指标之和　　　$T_{B_1}=x_1+x_4+x_7=299.0+261.5+261.5=822.0$

B 因素第 2 水平试验指标之和　　　$T_{B_2}=x_2+x_5+x_8=259.0+249.0+196.5=704.5$

B 因素第 3 水平试验指标之和　　　$T_{B_3}=x_3+x_6+x_9=376.5+364.0+326.5=1067.0$

C 因素第 1 水平试验指标之和　　　$T_{C_1}=x_1+x_6+x_8=299.0+364.0+196.5=859.5$

C 因素第 2 水平试验指标之和　　　$T_{C_2}=x_2+x_4+x_9=259.0+261.5+326.5=847.0$

C 因素第 3 水平试验指标之和　　　$T_{C_3}=x_3+x_5+x_7=376.5+249.0+261.5=887.0$

$T.$ 为 9 个处理的试验指标（产量）之和，$T.=x_1+x_2+\cdots+x_9=299.0+259.0+\cdots+326.5=2593.5$。

$\bar{x}_{ij}$（$i=A$、B、C；$j=1$、2、3）为 i 因素第 j 水平试验指标的平均数，例如，

A 因素第 1 水平试验指标的平均数　　　$\bar{x}_{A_1}=\dfrac{T_{A_1}}{r_a}=\dfrac{934.5}{3}=311.5$

A 因素第 2 水平试验指标的平均数　　　$\bar{x}_{A_2}=\dfrac{T_{A_2}}{r_a}=\dfrac{874.5}{3}=291.5$

A 因素第 3 水平试验指标的平均数　　　$\bar{x}_{A_3}=\dfrac{T_{A_3}}{r_a}=\dfrac{784.5}{3}=261.5$

同样可求得 B、C 因素各水平试验指标的平均数 $\bar{x}_{B_1}$、$\bar{x}_{B_2}$、$\bar{x}_{B_3}$、$\bar{x}_{C_1}$、$\bar{x}_{C_2}$、$\bar{x}_{C_3}$。

1. 计算各项平方和与自由度

矫正数　　　$C=\dfrac{T.^2}{n}=\dfrac{2593.5^2}{9}=747360.25$

总平方和　　　$SS_T=\sum\limits_{i=1}^{n}x_i^2-C$

$\qquad\qquad\qquad =（299.0^2+259.0^2+\cdots+326.5^2）-747360.25=27350.00$

总自由度　　　$df_T=n-1=9-1=8$

A 因素平方和　　　$SS_A=\dfrac{1}{r_a}\sum\limits_{j=1}^{a}T_{Aj}^2-C=\dfrac{934.5^2+847.5^2+784.5^2}{3}-747360.25=3800.00$

A 因素自由度　　　$df_A=a-1=3-1=2$

B 因素平方和　　　$SS_B=\dfrac{1}{r_b}\sum\limits_{j=1}^{b}T_{Bj}^2-C=\dfrac{822.0+704.5^2+1067.0^2}{3}-747360.25=22804.17$

B 因素自由度　　　$df_B=b-1=3-1=2$

C 因素平方和　$SS_C = \dfrac{1}{r_c}\sum\limits_{j=1}^{c} T_{Cj}^2 - C = \dfrac{859.5^2 + 847.0^2 + 887.0^2}{3} - 747360.25 = 279.17$

C 因素自由度　$df_C = c - 1 = 3 - 1 = 2$

误差平方和　$SS_e = SS_T - SS_A - SS_B - SS_C$

　　　　　　$= 27350 - 3800 - 22804.17 - 279.17 = 466.66$

误差自由度　$df_e = df_T - df_A - df_B - df_C = 8 - 2 - 2 - 2 = 2$

2. 列出方差分析表（表 7-7），进行 F 检验

表 7-7　方差分析表

变异来源	SS	df	MS	F
生长素（A）	3800.00	2	1900.00	8.14
光照（B）	22804.17	2	11402.09	48.87*
品种（C）	279.17	2	139.59	<1
误差	466.66	2	233.33	
总变异	27350.00	8		

注：$F_{0.05(2,2)} = 19.00$，$F_{0.01(2,2)} = 99.00$

因为光照（B）的 F 介于 $F_{0.05(2,2)}$ 与 $F_{0.01(2,2)}$ 之间、$0.01 < p < 0.05$，生长素（A）的 F 及品种（C）的 $F < F_{0.05(2,2)}$、$p > 0.05$，表明光照（B）各水平间的平均产量差异显著，而生长素（A）、品种（C）各水平间差异不显著。

3. 多重比较　　下面进行光照（B）各水平平均数的多重比较，采用 SSR 法。本例选用相同水平正交表 $L_9(3^4)$ 安排的试验方案，A、B、C 因素各水平重复数相同，即 $r_a = r_b = r_c = 3$，它们的平均数标准误相同，即 $s_{\bar{x}_A} = s_{\bar{x}_B} = s_{\bar{x}_C}$。平均数标准误 $s_{\bar{x}_A}$、$s_{\bar{x}_B}$、$s_{\bar{x}_C}$ 的计算公式为

$$s_{\bar{x}_A} = s_{\bar{x}_B} = s_{\bar{x}_C} = \sqrt{\dfrac{MS_e}{3}} \qquad (7\text{-}2)$$

所以光照（B）各水平的均数标准误 $s_{\bar{x}_B}$ 为

$$s_{\bar{x}_B} = \sqrt{\dfrac{MS_e}{3}} = \sqrt{\dfrac{233.33}{3}} = 8.82$$

根据 $df_e = 2$，秩次距 $k = 2$、3，查附表 6，得 $\alpha = 0.05$、$\alpha = 0.01$ 的各个 SSR 值，乘以 $s_{\bar{x}_B}$，计算各个最小显著极差 LSR。SSR 值与 LSR 值列于表 7-8。

表 7-8　SSR 值与 LSR 值

df_e	秩次距 k	$SSR_{0.05}$	$SSR_{0.01}$	$LSR_{0.05}$	$LSR_{0.01}$
2	2	6.09	14	53.71	123.48
	3	6.09	14	53.71	123.48

光照（B）各水平平均数的多重比较见表 7-9。结果表明，人工光照（B_3）小麦的平均产量显著高于自然光加人工光照（B_2）、自然光（B_1），自然光加人工光照（B_2）与自然光（B_1）

小麦的平均产量差异不显著。光照（B）的最优水平为人工光照（B_3）。

表 7-9　光照（B）各水平小麦平均产量多重比较表（SSR 法）

光照	平均数 $\bar{x}_{Bj}$/(kg/666.7m²)	显著性	
		0.05	0.01
B_3	355.7	a	A
B_1	274.0	b	A
B_2	234.8	b	A

　　由于生长素（A）、品种（C）各水平平均产量差异不显著，不必对生长素（A）、品种（C）各水平平均产量进行多重比较。此时，可从表 7-6 中选择平均数大的水平 A_1、C_3 与 B_3 组合成最优水平组合 $A_1B_3C_3$。所得到的最优水平组合 $A_1B_3C_3$ 在试验方案中，即处理 3。处理 3 小麦的平均产量是 9 个处理的最高者，也就是说生长素Ⅰ、人工光照、晚熟小麦品种相组合可望获得高产。

　　注意，若选用混合水平正交表安排的试验，各因素水平的重复数不完全相同，它们的平均数标准误应分别计算。下面举一例说明。

　　【例 7-3】　有一早稻 3 因素试验，A 因素为品种，有 A_1、A_2、A_3、A_4 4 个水平；B 因素为栽培密度，有 B_1、B_2 2 个水平；C 因素为施氮量，有 C_1、C_2 2 个水平；因素水平表见表 7-10。

R 脚本　　SAS 程序

选用正交表 $L_8(4\times2^4)$ 安排试验方案，A、B、C 3 个因素依次安排在 $L_8(4\times2^4)$ 的 1、2、5 列上。试验方案及 8 个处理的产量（kg/小区，小区计产面积 $33.3m^2$）见表 7-11。对试验资料进行方差分析。

表 7-10　早稻品种、密度、施氮量 3 因素试验因素水平表

水平	因素		
	品种 A	密度 B	施氮量 C
1	A_1	B_1	C_1
2	A_2	B_2	C_2
3	A_3		
4	A_4		

表 7-11　早稻品种、密度、施氮量 3 因素正交试验方案及结果计算表

处理	因素			产量（x_t）/（kg/小区）
	A	B	C	
	1 列	2 列	5 列	
1	A_1（1）	B_1（1）	C_1（1）	17（x_1）
2	A_1（1）	B_2（2）	C_2（2）	19（x_2）
3	A_2（2）	B_1（1）	C_2（2）	26（x_3）
4	A_2（2）	B_2（2）	C_1（1）	25（x_4）
5	A_3（3）	B_1（1）	C_2（2）	16（x_5）

续表

处理	因素			产量（x_l）/（kg/小区）
	A	B	C	
	1 列	2 列	5 列	
6	A_3（3）	B_2（2）	C_1（1）	14（x_6）
7	A_4（4）	B_1（1）	C_1（1）	24（x_7）
8	A_4（4）	B_2（2）	C_2（2）	28（x_8）
T_{i1}	36	83	80	169（$T.$）
T_{i2}	51	86	89	
T_{i3}	30			
T_{i4}	52			
$\bar{x}_{i1}$	18.00	20.75	20.00	
$\bar{x}_{i2}$	25.50	21.50	22.25	
$\bar{x}_{i3}$	15.00			
$\bar{x}_{i4}$	26.00			

本例，处理数 $n=8$；A、B、C 3 个因素的水平数 $a=4$，$b=c=2$；3 个因素各水平的重复次数 $r_a=2$，$r_b=r_c=4$。试验观测值的总变异由因素 A、B、C 水平间变异和误差 4 部分组成，进行方差分析时平方和与自由度的分解式为

$$SS_T=SS_A+SS_B+SS_C+SS_e$$
$$df_T=df_A+df_B+df_C+df_e \tag{7-3}$$

表 7-11 中，T_{ij}（$i=A$、B、C；对于 A 因素 $j=1$、2、3、4，对于 B、C 因素，$j=1$、2）为 i 因素第 j 水平试验指标之和，$T.$ 为 8 个处理的试验指标之和。计算方法同【例 7-1】，例如，

A 因素第 1 水平试验指标之和　　$T_{A_1}=x_1+x_2=17+19=36$

A 因素第 2 水平试验指标之和　　$T_{A_2}=x_3+x_4=26+25=51$

A 因素第 3 水平试验指标之和　　$T_{A_3}=x_5+x_6=16+14=30$

A 因素第 4 水平试验指标之和　　$T_{A_4}=x_7+x_8=24+28=52$

B 因素第 1 水平试验指标之和　　$T_{B_1}=x_1+x_3+x_5+x_7=17+26+16+24=83$

B 因素第 2 水平试验指标之和　　$T_{B_2}=x_2+x_4+x_6+x_8=19+25+14+28=86$

同样可求得 C 因素各水平试验指标之和 T_{C_1}、T_{C_2}。

$$T.=x_1+x_2+\cdots+x_8=17+19+\cdots+28=169$$

$\bar{x}_{ij}$ 为 i 因素第 j 水平试验指标的平均数，例如，

A 因素第 1 水平的平均数　　$\bar{x}_{A_1}=\dfrac{T_{A_1}}{r_a}=36/2=18.00$

A 因素第 2 水平的平均数　　$\bar{x}_{A_2}=\dfrac{T_{A_2}}{r_a}=51/2=25.50$

A 因素第 3 水平的平均数 $\quad \overline{x}_{A_3} = \dfrac{T_{A_3}}{r_a} = 30/2 = 15.00$

A 因素第 4 水平的平均数 $\quad \overline{x}_{A_4} = \dfrac{T_{A_4}}{r_a} = 52/2 = 26.00$

B 因素第 1 水平的平均数 $\quad \overline{x}_{B_1} = \dfrac{T_{B_1}}{r_b} = 83/4 = 20.75$

B 因素第 2 水平的平均数 $\quad \overline{x}_{B_2} = \dfrac{T_{B_2}}{r_b} = 86/4 = 21.50$

同样可求得 C 因素各水平试验指标的平均数 $\overline{x}_{C_1}$、$\overline{x}_{C_2}$。

1. 计算各项平方和与自由度

矫正数 $\quad C = \dfrac{T_\cdot^2}{n} = \dfrac{169^2}{8} = 3570.125$

总平方和 $\quad SS_T = \sum\limits_{i=1}^{8} x_i^2 - C = (17^2 + 19^2 + \cdots + 28^2) - 3570.125 = 192.875$

总自由度 $\quad df_T = n - 1 = 8 - 1 = 7$

A 因素平方和 $\quad SS_A = \dfrac{1}{r_a}\sum\limits_{j=1}^{a} T_{Aj}^2 - C = \dfrac{36^2 + 51^2 + 30^2 + 52^2}{2} - 3570.125 = 180.375$

A 因素自由度 $\quad df_A = a - 1 = 4 - 1 = 3$

B 因素平方和 $\quad SS_B = \dfrac{1}{r_b}\sum\limits_{j=1}^{b} T_{Bj}^2 - C = \dfrac{83^2 + 86^2}{4} - 3570.125 = 1.125$

B 因素自由度 $\quad df_B = b - 1 = 2 - 1 = 1$

C 因素平方和 $\quad SS_C = \dfrac{1}{r_c}\sum\limits_{j=1}^{c} T_{Cj}^2 - C = \dfrac{80^2 + 89^2}{4} - 3570.125 = 10.125$

C 因素自由度 $\quad df_C = c - 1 = 2 - 1 = 1$

误差平方和 $\quad SS_e = SS_T - SS_A - SS_B - SS_C$
$\qquad\qquad = 192.875 - 180.375 - 1.125 - 10.125 = 1.250$

误差自由度 $\quad df_e = df_T - df_A - df_B - df_C = 7 - 3 - 1 - 1 = 2$

2. 列出方差分析表（表 7-12），进行 F 检验

表 7-12　方差分析表

变异来源	SS	df	MS	F
品种（A）	180.375	3	60.125	96.20[*]
密度（B）	1.125	1	1.125	1.80
施氮量（C）	10.125	1	10.125	16.20
误差	1.250	2	0.625	
总变异	192.875	7		

注：$F_{0.05(3,2)} = 19.16$，$F_{0.01(3,2)} = 99.17$；$F_{0.05(1,2)} = 18.51$

因为品种（A）的 F 介于 $F_{0.05(3,2)}$ 与 $F_{0.01(3,2)}$ 之间、$0.01<p<0.05$，密度（B）的 F 及施氮量（C）的 $F<F_{0.05(1,2)}$、$p>0.05$，表明品种（A）各水平平均产量差异显著；密度（B）、施氮量（C）各水平平均产量差异不显著。

3. 多重比较　　下面进行品种（A）各水平平均数的多重比较，采用 SSR 法。品种（A）各水平的平均数标准误 $s_{\bar{x}_{Aj}}$ 为

$$s_{\bar{x}_{Aj}}=\sqrt{\frac{MS_e}{r_a}}=\sqrt{\frac{0.625}{2}}=0.559 \tag{7-4}$$

根据 $df_e=2$，秩次距 $k=2$、3、4，由附表 7 查得 $\alpha=0.05$ 的 SSR 值均为 6.09；$\alpha=0.01$ 的 SSR 值均为 14.0，乘以平均数标准误 $s_{\bar{x}_{Aj}}=0.559$ 得

$$LSR_{0.05(2,2)}=LSR_{0.05(2,3)}=LSR_{0.05(2,4)}=6.09\times0.559=3.40$$
$$LSR_{0.01(2,2)}=LSR_{0.01(2,3)}=LSR_{0.01(2,4)}=14.0\times0.559=7.83$$

品种（A）各水平平均数的多重比较见表 7-13。结果表明，早稻品种 A_4 的平均产量极显著高于早稻品种 A_3、A_1，与早稻品种 A_2 差异不显著；早稻品种 A_2 的平均产量极显著或显著高于早稻品种 A_3、A_1；早稻品种 A_3 的平均产量与早稻品种 A_1 差异不显著。最优水平为早稻品种 A_4。

表 7-13　不同早稻品种平均产量多重比较表（SSR 法）

品种	平均数 $\bar{x}_{Aj}$ / (kg/33.3m^2)	显著性	
		0.05	0.01
A_4	26.0	a	A
A_2	25.5	a	AB
A_1	18.0	b	BC
A_3	15.0	b	C

因为密度（B）、施氮量（C）对产量的影响不显著，所以不必对密度（B）、施氮量（C）各水平平均数进行多重比较。此时，可从表 7-9 中选择平均数大的水平 B_2、C_2 与 A_4 组合成最优水平组合 $A_4B_2C_2$。所得到的最优水平组合 $A_4B_2C_2$ 在试验方案中，即处理 8。处理 8 的平均产量是 8 个处理的最高者，也就是说早稻品种 A_4、密度 B_2、施氮量 C_2 相组合可望获得高产。

上述单个观测值正交试验资料的方差分析，其误差是由"空列"来估计的。然而"空列"并不"空"，实际上是被未考察的试验因素之间的交互作用所占据。这种误差既包含试验误差，也包含试验因素之间的交互作用，称为模型误差。如果试验因素之间不存在交互作用，将模型误差作为试验误差是可行的；如果试验因素之间存在交互作用，将模型误差作为试验误差会夸大试验误差，有可能掩盖考察因素的显著性。这时，试验误差应通过对处理设置重复来估计，正交试验最好能有 2 次或 2 次以上的重复。正交试验的重复，根据试验单位差异情况可采用完全随机设计、随机区组设计或拉丁方设计。

二、有重复观测值正交试验资料的方差分析

【例 7-4】　　【例 7-1】试验重复 2 次，随机区组设计。9 个处理在两个区组的产量见

R 脚本　　SAS 程序

表 7-14。对试验资料进行方差分析。

表 7-14　生长素、光照、小麦品种正交试验方案及结果计算表

处理	因素			产量 x_{ij} /（kg/666.7m²）		总和 $x_{i\cdot}$	平均 $\bar{x}_{i\cdot}$
	A	B	C	区组 I	区组 II		
	1 列	2 列	3 列				
1	生长素 I（1）	自然光（1）	早熟（1）	299.0	276.5	575.5	287.75
2	生长素 I（1）	自然光加人工光照（2）	中熟（2）	259.0	239.0	498.0	249.00
3	生长素 I（1）	人工光照（3）	晚熟（3）	376.5	371.5	748.0	374.00
4	生长素 II（2）	自然光（1）	中熟（2）	261.5	269.0	530.5	265.25
5	生长素 II（2）	自然光加人工光照（2）	晚熟（3）	249.0	269.0	518.0	259.00
6	生长素 II（2）	人工光照（3）	早熟（1）	364.0	359.0	723.0	361.50
7	生长素 III（3）	自然光（1）	晚熟（3）	261.5	169.0	430.5	215.25
8	生长素 III（3）	自然光加人工光照（2）	早熟（1）	196.5	149.0	345.5	172.75
9	生长素 III（3）	人工光照（3）	中熟（2）	326.5	304.0	630.5	315.25
T_{i1}	1821.5	1536.5	1644.0				
T_{i2}	1771.5	1361.5	1659.0	$x_{\cdot1}$= 2593.5	$x_{\cdot2}$= 2406.0	$x_{\cdot\cdot}$= 4999.5	
T_{i3}	1406.5	2101.5	1696.5				
$\bar{x}_{i1}$	303.58	256.08	274.00				
$\bar{x}_{i2}$	295.25	226.92	276.50				
$\bar{x}_{i3}$	234.42	350.25	282.75				

　　试验的重复数（区组数）记为 r。n、a、b、c、r_a、r_b、r_c 的意义同上。此例 n=9、r=2、a=b=c=3、r_a=r_b=r_c=3。

　　对于有重复且重复采用随机区组设计的正交试验，总变异可以划分为处理间变异、区组间变异和误差 3 部分；处理间变异可进一步划分为 A 因素、B 因素、C 因素水平间变异与模型误差 4 部分。此时，平方和与自由度的分解式为

$$SS_T = SS_t + SS_R + SS_{e2}$$
$$df_T = df_t + df_R + df_{e2}$$

而

$$SS_t = SS_A + SS_B + SS_C + SS_{e1}$$
$$df_t = df_A + df_B + df_C + df_{e1}$$

　　于是对有重复且重复采用随机区组设计的正交试验结果进行方差分析时，平方和与自由度的分解式为

$$SS_T = SS_A + SS_B + SS_C + SS_R + SS_{e1} + SS_{e2}$$
$$df_T = df_A + df_B + df_C + df_R + df_{e1} + df_{e2} \tag{7-5}$$

其中，SS_R 为区组平方和；SS_{e1} 为模型误差平方和；SS_{e2} 为试验误差平方和；SS_t 为处理平

方和；df_R、df_{e1}、df_{e2}、df_t 为相应自由度。

1. 计算各项平方和与自由度

矫正数 $\qquad C = \dfrac{T_{\cdots}^2}{nr} = \dfrac{4999.5^2}{9 \times 2} = 1388611.100$

总平方和 $\qquad SS_T = \sum\limits_{i=1}^{n} \sum\limits_{j=1}^{r} x_{ij}^2 - C$

$\qquad\qquad\qquad = (299.0^2 + 259.0^2 + \cdots + 304.0^2) - 1388611.100 = 74465.650$

总自由度 $\qquad df_T = rn - 1 = 2 \times 9 - 1 = 17$

区组平方和 $\qquad SS_R = \dfrac{1}{n} \sum\limits_{j=1}^{r} x_{\cdot j}^2 - C = \dfrac{2593.5^2 + 2406.0^2}{9} - 1388611.100 = 1953.150$

区组自由度 $\qquad df_R = r - 1 = 2 - 1 = 1$

处理平方和 $\qquad SS_t = \dfrac{1}{r} \sum\limits_{i=1}^{n} x_{i\cdot}^2 - C$

$\qquad\qquad\qquad = \dfrac{575.5^2 + 498.0^2 + \cdots + 630.5^2}{2} - 1388611.100 = 68100.025$

处理自由度 $\qquad df_t = n - 1 = 9 - 1 = 8$

A 因素平方和 $\qquad SS_A = \dfrac{1}{r_a r} \sum\limits_{l=1}^{a} x_{Al}^2 - C$

$\qquad\qquad\qquad = \dfrac{1821.5^2 + 1771.5^2 + 1406.5^2}{3 \times 2} - 1388611.100 = 17108.358$

A 因素自由度 $\qquad df_A = a - 1 = 3 - 1 = 2$

B 因素平方和 $\qquad SS_B = \dfrac{1}{r_b r} \sum\limits_{l=1}^{b} x_{Bl}^2 - C$

$\qquad\qquad\qquad = \dfrac{1536.5^2 + 1361.5^2 + 2101.5^2}{3 \times 2} - 1388611.100 = 49858.358$

B 因素自由度 $\qquad df_B = b - 1 = 3 - 1 = 2$

C 因素平方和 $\qquad SS_C = \dfrac{1}{r_c r} \sum\limits_{l=1}^{c} x_{Cl}^2 - C$

$\qquad\qquad\qquad = \dfrac{1644.0^2 + 1659.0^2 + 1696.5^2}{3 \times 2} - 1388611.100 = 243.775$

C 因素自由度 $\qquad df_C = c - 1 = 3 - 1 = 2$

模型误差平方和 $\qquad SS_{e1} = SS_t - SS_A - SS_B - SS_C$

$\qquad\qquad\qquad = 68100.025 - 17108.358 - 49858.358 - 243.775 = 889.534$

模型误差自由度 $\qquad df_{e1} = df_t - df_A - df_B - df_C = 8 - 2 - 2 - 2 = 2$

试验误差平方和 $\qquad SS_{e2} = SS_T - SS_R - SS_t$

$\qquad\qquad\qquad = 74465.650 - 1953.150 - 68100.025 = 4412.475$

试验误差自由度 $\qquad df_{e2} = df_T - df_R - df_t = 17 - 1 - 8 = 8$

2．列出方差分析表（表 7-15），进行 F 检验

表 7-15　随机区组设计有重复观测值正交试验资料方差分析表

变异来源	SS	df	MS	F
区组	1953.150	1	1953.150	—
A	17108.358	2	8554.179	16.134**
B	49858.358	2	24929.179	47.018**
C	243.775	2	121.888	<1
模型误差（$e1$）	889.534	2	444.767	<1
试验误差（$e2$）	4412.475	8	551.559	
合并误差	5302.009	10	530.201	
总变异	74465.650	17		

注：$F_{0.01(2,10)}=7.56$，$F_{0.05(2,10)}=4.10$；$F_{0.05(2,8)}=4.46$

　　首先对模型误差方差 σ_{e1}^2 是否大于试验误差方差 σ_{e2}^2 作假设检验。无效假设 $H_0:\sigma_{e1}^2=\sigma_{e2}^2$，备择假设 $H_A:\sigma_{e1}^2>\sigma_{e2}^2$，进行一尾 F 检验，$F=MS_{e1}/MS_{e2}$。

　　若经 F 检验模型误差方差 σ_{e1}^2 与试验误差方差 σ_{e2}^2 差异不显著，可以认为 $\sigma_{e1}^2=\sigma_{e2}^2$，可将 MS_{e1} 与 MS_{e2} 的平方和与自由度分别合并，计算出合并误差均方，用合并误差均方进行 F 检验与多重比较，以提高分析的精确度。若经 F 检验模型误差方差 σ_{e1}^2 显著大于试验误差方差 σ_{e2}^2，说明试验因素之间交互作用显著，此时只能用试验误差均方 MS_{e2} 进行 F 检验与多重比较。

　　本例，$F=MS_{e1}/MS_{e2}<1$，此时不用查临界 F 值即可判断 $p>0.05$，表明模型误差方差 σ_{e1}^2 与试验误差方差 σ_{e2}^2 差异不显著，可以认为 $\sigma_{e1}^2=\sigma_{e2}^2$，可将 MS_{e1} 与 MS_{e2} 的平方和与自由度分别合并，计算出合并误差均方，用合并误差均方进行 F 检验与多重比较。

　　因为生长素（A）及光照（B）的 $F>F_{0.01(2,10)}$、$p<0.01$，品种（C）的 $F<F_{0.05(2,10)}$、$p>0.05$，表明生长素（A）、光照（B）各水平间的平均产量差异极显著；品种（C）各水平间差异不显著。因而还须进行生长素（A）、光照（B）各水平平均数的多重比较。

　　3．多重比较　　有重复观测值正交试验资料 F 检验显著后的多重比较分两种情况。

　　（1）若模型误差方差 σ_{e1}^2 显著大于试验误差方差 σ_{e2}^2，说明试验因素之间交互作用显著，各因素所在列有可能出现交互作用的混杂。此时各试验因素水平之间的差异已不能真正反映因素的主效应，因而进行各因素水平平均数的多重比较无多大实际意义，但应进行各处理平均数的多重比较，以寻求最佳处理，即最优水平组合。进行各处理平均数多重比较时选用试验误差均方 MS_{e2}。模型误差方差 σ_{e1}^2 显著大于试验误差方差 σ_{e2}^2，还应进一步试验，以分析因素之间的交互作用。

　　（2）若模型误差方差 σ_{e1}^2 与试验误差方差 σ_{e2}^2 差异不显著，说明试验因素之间交互作用不显著，各因素所在列有可能未出现交互作用的混杂。此时各因素水平平均数的差异能反映因素的主效应，因而进行各因素水平平均数的多重比较有实际意义，并从各因素水平平均数的多重比较中选出各因素的最优水平相组合，得到最优水平组合。进行各因素水平平均数的多重比较时，用合并误差均方 $MS_e=(SS_{e1}+SS_{e2})/(df_{e1}+df_{e2})$。此时不必进行各处理平均数的多

重比较。

本例模型误差方差 σ_{e1}^2 与试验误差方差 σ_{e2}^2 差异不显著，可以认为 σ_{e1}^2 与 σ_{e2}^2 相同，说明试验因素之间交互作用不显著，且用合并误差均方进行 F 检验，生长素（A）、光照（B）各水平间的平均产量差异极显著。下面对生长素（A）、光照（B）各水平平均产量进行多重比较。

（1）因素 A、B 各水平平均数的多重比较。采用 SSR 法。因为标准误 $s_{\bar{x}_A}$、$s_{\bar{x}_B}$ 为

$$s_{\bar{x}_A}=s_{\bar{x}_B}=\sqrt{\frac{MS_e}{r_a r}}=\sqrt{\frac{MS_e}{r_b r}}=\sqrt{\frac{530.201}{3\times 2}}=9.40$$

根据 $df_e=10$，秩次距 $k=2$、3，查附表 7，得 $\alpha=0.05$、$\alpha=0.01$ 的各个 SSR 值，乘以标准误 $s_{\bar{x}_A}=s_{\bar{x}_B}=9.40$，计算各个最小显著极差 LSR。SSR 值与 LSR 值列于表 7-16。

表 7-16　SSR 值与 LSR 值表

df_e	秩次距 k	$SSR_{0.05}$	$SSR_{0.01}$	$LSR_{0.05}$	$LSR_{0.01}$
10	2	3.15	4.48	29.61	42.11
	3	3.30	4.73	31.02	44.46

因素 A、B 各水平平均数的多重比较见表 7-17、表 7-18。结果表明，A_1、A_2 的平均产量极显著高于 A_3 的平均产量，A_1、A_2 的平均产量差异不显著；B_3 的平均产量极显著高于 B_2、B_1 的平均产量，B_1、B_2 的平均产量差异不显著。A、B 因素的最优水平为 A_1、B_3。品种 C 对小麦产量的影响不显著，最优水平可选平均产量高的 C_3，于是最优水平组合为 $A_1B_3C_3$。所得到的最优水平组合 $A_1B_3C_3$ 在试验方案中，即处理 3。处理 3 小麦的平均产量是 9 个处理的最高者，也就是说生长素 I、人工光照、晚熟小麦品种相组合可望获得高产。

表 7-17　A 因素各水平平均数多重比较表

A 因素	平均数 $\bar{x}_{Al}/$ (kg/666.7m²)	显著性 0.05	显著性 0.01
A_1	303.58	a	A
A_2	295.25	a	A
A_3	234.42	b	B

表 7-18　B 因素各水平平均数的多重比较表

B 因素	平均数 $\bar{x}_{Al}/$ (kg/666.7m²)	显著性 0.05	显著性 0.01
B_3	350.25	a	A
B_1	256.08	b	B
B_2	226.92	b	B

本例模型误差方差 σ_{e1}^2 与试验误差方差 σ_{e2}^2 差异不显著，不必进行各处理平均数的多重比较。为了让读者了解各处理平均数多重比较的方法，下面对各处理平均数进行多重比较。

（2）各处理平均数的多重比较。采用 LSD 法。因为

$$s_{\bar{x}_{i.}-\bar{x}_{j.}}=\sqrt{\frac{2MS_e}{r}}=\sqrt{\frac{2\times 530.201}{2}}=23.026$$

根据 $df_e=10$，查附表 3，得 $t_{0.05(10)}=2.228$，$t_{0.01(10)}=3.169$，于是 LSD 值为

$$LSD_{0.05}=t_{0.05(10)}s_{\bar{x}_{i.}-\bar{x}_{j.}}=2.228\times 23.026=51.30$$

$$LSD_{0.01}=t_{0.01(10)}s_{\bar{x}_{i.}-\bar{x}_{j.}}=3.169\times 23.026=72.97$$

各处理平均数多重比较见表 7-19。各处理平均数多重比较结果表明，处理 3 的平均产量除与处理 6 的平均产量差异不显著外，显著或极显著高于其余 7 个处理的平均产量，最优水平组合为处理 3，即 $A_1B_3C_3$。

表 7-19　各处理平均数多重比较表

处理	平均数 $\bar{x}_{i.}$ / （kg/666.7m²）	显著性	
		0.05	0.01
3	374.00	a	A
6	361.50	ab	A
9	315.25	bc	AB
1	287.75	cd	BC
4	265.25	cde	BC
5	259.00	de	BC
2	249.00	de	BC
7	215.25	ef	CD
8	172.75	f	D

第三节　因素间有交互作用的正交设计与试验资料分析

既考察因素主效应又考察因素之间交互作用的正交设计，除表头设计和结果分析与前面介绍的略有不同外，其他基本相同。

【例 7-5】　某抗生素发酵培养基配方试验，考察的 3 个因素 A、B、C 为组成培养基的 3 种成分，各有 2 个水平，除考察 3 个因素 A、B、C 的主效应外，还考察因素 A 与 B、B 与 C 的交互作用 $A×B$、$B×C$。安排一个正交试验方案并对试验结果进行分析。

（一）选用正交表，作表头设计

R 脚本　　SAS 程序

由于本试验需要考察 3 个两水平因素和 2 个交互作用，各项自由度之和为 $3×(2-1)+2×(2-1)×(2-1)=5$，因此可选用正交表 $L_8(2^7)$ 来安排试验方案。此时须利用 $L_8(2^7)$ 二列间交互作用列表（表 7-20）安排各因素和交互作用作表头设计。

表 7-20　$L_8(2^7)$ 二列间交互作用列表

列号	1	2	3	4	5	6	7
1	（1）	3	2	5	4	7	6
2		（2）	1	6	7	4	5
3			（3）	7	6	5	4
4				（4）	1	2	3
5					（5）	3	2
6						（6）	1

如果将 A 因素放在第 1 列，B 因素放在第 2 列，查表 7-20，第 1 列（A 因素所在列，即表 7-20 的第 1 行）与第 2 列（B 因素所在列，即表 7-20 的第 2 列）交叉处的数字是 3，意思是指第 1 列与第 2 列的交互作用列是第 3 列，于是将 A 与 B 的交互作用 $A \times B$ 放在第 3 列。这样第 3 列不能再安排其他因素，以免出现交互作用"混杂"。然后将 C 因素放在第 4 列，查表 7-20，第 2 列（B 因素所在列，即表 7-20 的第 2 行）与第 4 列（C 因素所在列，即表 7-20 的第 4 直列）交叉处的数字是 6，意思是指第 2 列与第 4 列的交互作用列是第 6 列，于是将 B 与 C 的交互作用 $B \times C$ 放在第 6 列，余下列为空列，表头设计见表 7-21。

表 7-21 表头设计

列号	1	2	3	4	5	6	7
因素	A	B	$A \times B$	C	空	$B \times C$	空

（二）列出试验方案

根据表头设计，把正交表中安排 A、B、C 因素的各列（不包含交互作用列和空列）中的数字"1""2"换成各因素的具体水平即得试验方案，见表 7-22。

表 7-22 试验方案表

处理	因素		
	A（1）	B（2）	C（3）
1	A_1（1）	B_1（1）	C_1（1）
2	A_1（1）	B_1（1）	C_2（2）
3	A_1（1）	B_2（2）	C_1（1）
4	A_1（1）	B_2（2）	C_2（2）
5	A_2（2）	B_1（1）	C_1（1）
6	A_2（2）	B_1（1）	C_2（2）
7	A_2（2）	B_2（2）	C_1（1）
8	A_2（2）	B_2（2）	C_2（2）

（三）试验资料的方差分析

按表 7-22 所列试验方案进行试验，试验结果见表 7-23。

表 7-23 有交互作用正交试验结果计算表

处理	因素					x_i /%[①]
	A	B	$A \times B$	C	$B \times C$	
1	1	1	1	1	1	55（x_1）
2	1	1	1	2	2	38（x_2）
3	1	2	2	1	2	97（x_3）

处理	因素					x_i /%[①]
	A	B	$A \times B$	C	$B \times C$	
4	1	2	2	2	1	89（x_4）
5	2	1	2	1	1	122（x_5）
6	2	1	2	2	2	124（x_6）
7	2	2	1	1	2	79（x_7）
8	2	2	1	2	1	61（x_8）
T_{i1}	279	339	233	353	327	665（$T.$）
T_{i2}	386	326	432	312	338	
$\bar{x}_{i1}$	69.75	84.75		88.25		
$\bar{x}_{i2}$	96.50	81.50		78.00		

① 以对照为 100 计

表 7-23 中，T_{ij}、$\bar{x}_{ij}$（$i=A$、B、$A \times B$、C、$B \times C$，$j=1$、2），$T.$计算方法同前。n、a、b、c、r_a、r_b、r_c 的意义同前，此例 $n=8$，$a=b=c=2$，$r_a=r_b=r_c=4$。

此例为单个观测值正交试验，总变异划分为 A 因素、B 因素、C 因素水平间变异、交互作用 $A \times B$ 、$B \times C$ 变异与误差 6 部分，平方和与自由度分解式为

$$SS_T = SS_A + SS_B + SS_C + SS_{A \times B} + SS_{B \times C} + SS_e$$
$$df_T = df_A + df_B + df_C + df_{A \times B} + df_{B \times C} + df_e$$

（7-6）

1. 计算各项平方和与自由度

矫正数　　$C = \dfrac{T.^2}{n} = \dfrac{665^2}{8} = 55278.125$

总平方和　　$SS_T = \sum_{i=1}^{n} x_i^2 - C$

$\qquad\qquad\qquad = (55^2 + 38^2 + \cdots + 61^2) - 55278.125 = 6742.875$

总自由度　　$df_T = n - 1 = 8 - 1 = 7$

A 因素平方和　　$SS_A = \dfrac{1}{r_a} \sum_{j=1}^{a} T_{Aj}^2 - C = \dfrac{279^2 + 386^2}{4} - 55278.125 = 1431.125$

A 因素自由度　　$df_A = a - 1 = 2 - 1 = 1$

B 因素平方和　　$SS_B = \dfrac{1}{r_b} \sum_{j=1}^{b} T_{Bj}^2 - C = \dfrac{339^2 + 326^2}{4} - 55278.125 = 21.125$

B 因素自由度　　$df_B = b - 1 = 2 - 1 = 1$

C 因素平方和　　$SS_C = \dfrac{1}{r_c} \sum_{j=1}^{c} T_{Cj}^2 - C = \dfrac{353^2 + 312^2}{4} - 55278.125 = 210.125$

C 因素自由度　　$df_C = c - 1 = 2 - 1 = 1$

$A \times B$ 平方和 $\quad SS_{A \times B} = \dfrac{1}{r_{a \times b}} \sum\limits_{j=1}^{a \times b} T_{A \times B,\ j}^2 - C = \dfrac{233^2 + 432^2}{4} - 55278.125 = 4950.125$

（$a \times b$、$r_{a \times b}$ 为交互作用 $A \times B$ 所在列的水平数与各水平的重复数）

$A \times B$ 自由度 $\quad df_{A \times B} = (a-1)(b-1) = (2-1) \times (2-1) = 1$

$B \times C$ 平方和 $\quad SS_{B \times C} = \dfrac{1}{r_{b \times c}} \sum\limits_{j=1}^{b \times c} T_{B \times C,j}^2 - C = \dfrac{327^2 + 338^2}{4} - 55278.125 = 15.125$

（$b \times c$、$r_{b \times c}$ 为交互作用 $B \times C$ 所在列的水平数与各水平的重复数）

$B \times C$ 自由度 $\quad df_{B \times C} = (b-1)(c-1) = (2-1) \times (2-1) = 1$

误差平方和 $\quad SS_e = SS_T - SS_A - SS_B - SS_C - SS_{A \times B} - SS_{B \times C}$

$\qquad = 6742.875 - 1431.125 - 21.125 - 210.125 - 4950.125 - 15.125$

$\qquad = 115.250$

误差自由度 $\quad df_e = df_T - df_A - df_B - df_C - df_{A \times B} - df_{B \times C}$

$\qquad = 7-1-1-1-1-1 = 2$

2. 列出方差分析表（表 7-24），进行 F 检验

表 7-24　方差分析表

变异来源	SS	df	MS	F
A	1431.125	1	1431.125	24.84*
B	21.125	1	21.125	<1
C	210.125	1	210.125	3.65
$A \times B$	4950.125	1	4950.125	85.90*
$B \times C$	15.125	1	12.125	<1
误差	115.250	2	57.625	
总变异	6742.875	7		

注：$F_{0.05(1,2)} = 18.51$，$F_{0.01(1,2)} = 98.49$

因为 A 因素及 $A \times B$ 的 F 介于 $F_{0.05(1,2)}$ 与 $F_{0.05(1,2)}$ 之间、$0.01 < p < 0.05$，B、C 因素及 $B \times C$ 的 $F < F_{0.05(1,2)}$、$p > 0.05$，表明 A 因素各水平间的平均数差异显著，B、C 因素各水平间的平均数差异不显著，交互作用 $A \times B$ 显著，交互作用 $B \times C$ 不显著。因为交互作用 $A \times B$ 显著，须对 A 因素与 B 因素的水平组合平均数进行多重比较，以选出 A 因素与 B 因素的最优水平组合。

3. 多重比较　　下面进行 A 因素与 B 因素各水平组合平均数的多重比较，采用 SSR 法。先计算出 A 因素与 B 因素各水平组合的平均数。

A_1B_1 水平组合的平均数 $\quad \bar{x}_{11} = (55+38)/2 = 46.5$

A_1B_2 水平组合的平均数 $\quad \bar{x}_{12} = (97+89)/2 = 93.0$

A_2B_1 水平组合的平均数 $\quad \bar{x}_{21} = (122+124)/2 = 123.0$

A_2B_2 水平组合的平均数 $\quad \bar{x}_{22} = (79+61)/2 = 70.0$

因为 A 因素与 B 因素水平组合的平均数标准误 $s_{\bar{x}_{ij}}=\sqrt{\dfrac{MS_e}{2}}=\sqrt{\dfrac{57.625}{2}}=5.37$，根据 $df_e=2$，秩次距 $k=2$、3、4，查附表 7，$\alpha=0.05$ 的 SSR 值分别均为 6.09、$\alpha=0.01$ 的 SSR 值均为 14.0，乘以标准误 $s_{\bar{x}_{ij}}=5.37$ 得

$$LSR_{0.05(2,2)}=LSR_{0.05(2,3)}=LSR_{0.05(2,4)}=32.70$$
$$LSR_{0.01(2,2)}=LSR_{0.01(2,3)}=LSR_{0.01(2,4)}=75.18$$

A 因素与 B 因素各水平组合平均数的多重比较见表 7-25。结果表明，A_2B_1 的平均数极显著高于 A_1B_1、显著高于 A_2B_2；A_1B_2 的平均数显著高于 A_1B_1，其余各水平组合平均数两两差异不显著。最优水平组合为 A_2B_1（此为未合并误差的多重比较结果）。

表 7-25　A 因素与 B 因素各水平组合平均数多重比较表

水平组合	平均数 $\bar{x}_{ij}$ / %	显著性		显著性	
		0.05	0.01	0.05	0.01
A_2B_1	123.00	a	A	（a）	（A）
A_1B_2	93.00	ab	AB	（b）	（B）
A_2B_2	70.00	bc	AB	（c）	（BC）
A_1B_1	46.50	c	B	（d）	（C）

注：括号内为合并误差的多重比较结果

从以上分析可知，A 因素取 A_2，B 因素取 B_1，若 C 因素取 C_1，则本次试验的最优水平组合为 $A_2B_1C_1$。

注意，此例因 $df_e=2$，F 检验与多重比较的灵敏度低。为了提高检验的灵敏度，可将 $F<1$ 的 SS_B、df_B，$SS_{B\times C}$、$df_{B\times C}$ 合并到 SS_e、df_e 中，得合并的误差均方，再用合并误差均方进行 F 检验（表 7-26）与多重比较（表 7-25）。

表 7-26　合并误差方差分析表

变异来源	SS	df	MS	F
A	1431.125	1	1431.125	37.79**
C	210.125	1	210.125	5.55
$A\times B$	4950.125	1	4950.125	130.70**
合并误差	151.500	4	37.875	
总变异	6742.875	7		

注：$F_{0.05(1,4)}=7.71$，$F_{0.01(1,4)}=21.20$

因为 A 因素及 $A\times B$ 的 $F>F_{0.01(1,4)}$、$p<0.01$，C 因素的 $F<F_{0.05(1,4)}$、$p>0.05$，表明 A 因素各水平间的平均数差异极显著，交互作用 $A\times B$ 极显著，C 因素各水平间的平均数差异不显著。

此时 A 因素与 B 因素水平组合的平均数标准误 $s_{\bar{x}_{ij}}=\sqrt{\dfrac{MS_e}{2}}=\sqrt{\dfrac{37.875}{2}}=4.35$，根据 $df_e=2$，秩

次距 k＝2、3、4，查附表7，得 α＝0.05、α＝0.01 的各个 SSR 值，乘以标准误 $s_{\bar{x}_{ij}}$＝4.35 计算各个最小显著极差 LSR。SSR 值与 LSR 值列于表 7-27。

表 7-27　SSR 值与 LSR 值

df_e	秩次距 k	$SSR_{0.05}$	$SSR_{0.01}$	$LSR_{0.05}$	$LSR_{0.01}$
	2	3.93	6.51	17.10	28.32
4	3	4.01	6.80	17.44	29.58
	4	4.02	6.90	17.49	30.02

利用合并误差均方进行的多重比较结果列于表 7-25 的括号内。结果表明，A_2B_1 的平均数极显著高于 A_1B_1、A_2B_2、A_1B_2；A_1B_1、A_2B_2、A_1B_2 的平均数两两差异显著或极显著。A_2B_1 为最优水平组合。显然合并误差的多重比较的灵敏度高于未合并误差的多重比较。

习　题

1. 什么叫正交设计？正交表有何特性？
2. 简述用正交设计安排试验方案的步骤。
3. 某水稻栽培试验选择了 3 个水稻优良品种（A）：'二九矮'、'高二矮'、'窄叶青'，3 种密度（B）：15、20、25（万苗/666.7m²）；3 种施氮量（C）：3、5、8（kg/666.7m²）。

（1）列出因素水平表。

（2）如果把因素 A、B、C 放在正交表 $L_9(3^4)$ 的第1、2、3列上，列出试验方案。

（3）9 个处理的产量依次为 340.0，422.5，439.0，360.0，492.5，439.0，392.0，363.5，462.5（kg/666.7m²）。对试验结果进行方差分析，确定最优水平组合。

4. 水稻模式化栽培试验，秧龄 A、密度 B、施氮量 C、灭虫次数 D、4 因素分别有 2 个水平，正交设计，试验方案及结果列于下表。对试验结果进行方差分析，确定最优水平组合。

处理	因素				产量 x_l / (kg/666.7m²)
	秧龄 A/天 1列	密度 B/（万苗/666.7m²）2列	施氮量 C/（kg/666.7m²）4列	灭虫次数 D/次 7列	
1	30（1）	15（1）	5.0（1）	2（1）	300.0
2	30（1）	15（1）	7.5（2）	3（2）	320.0
3	30（1）	20（2）	5.0（1）	3（2）	307.5
4	30（1）	20（2）	7.5（2）	2（1）	305.0
5	40（2）	15（1）	5.0（1）	3（2）	340.0
6	40（2）	15（1）	7.5（2）	2（1）	375.0
7	40（2）	20（2）	5.0（1）	2（1）	345.0
8	40（2）	20（2）	7.5（2）	3（2）	355.0

5. 有一水稻栽培正交试验，因素水平如下：

因素水平表

水平	因素			
	品种 A	秧龄 B/天	密度 C/（万苗/666.7m²）	施肥量 D/（kg/666.7m²）
1	九州1号	30	18	5
2	改良新品种	40	23	7

（1）如果把因素 A、B、C、D 放在正交表 $L_8(2^7)$ 的第1、2、4、7列上，列出试验方案。

（2）8个处理的产量依次为 250，380，220，260，380，520，320，400（kg/666.7m²）。对试验结果进行方差分析，确定最优水平组合。

6. 为了探讨花生锈病药剂防治的效果，进行了药剂种类 A、浓度 B、剂量 C 3因素试验，各有3个水平，选用正交表 $L_9(3^4)$ 安排试验方案。试验重复2次，随机区组设计。正交试验方案及试验结果（产量 kg/小区，小区面积 133.3m²）列于下表。对试验结果进行方差分析。

正交试验方案及结果表

处理	因素			产量 x_{ij}/（kg/小区）	
	A	B	C	区组 I	区组 II
	1列	2列	3列		
1	百菌清（1）	高（1）	80（1）	28.0	28.5
2	百菌清（1）	中（2）	100（2）	35.0	34.8
3	百菌清（1）	低（3）	120（3）	32.2	32.5
4	敌锈灵（2）	高（1）	100（2）	33.0	33.2
5	敌锈灵（2）	中（2）	120（3）	27.4	27.0
6	敌锈灵（2）	低（3）	80（1）	31.8	32.0
7	波尔多（3）	高（1）	120（3）	34.2	34.5
8	波尔多（3）	中（2）	80（1）	22.5	23.0
9	波尔多（3）	低（3）	100（2）	29.4	30.0

第八章 χ^2 检验

前面各章介绍了计量资料的统计分析方法——u 检验、t 检验、方差分析。在农学、生物学试验研究中，除了分析计量资料以外，还常常需要分析由质量性状利用统计次数法得来的次数资料。对于次数资料，除采用第四章介绍的二项分布正态近似法分析由具有两个属性类别的质量性状利用统计次数法得来的次数资料进而计算出的百分率资料外，直接对次数资料进行统计分析的 χ^2 检验（chi-squared test）也被广泛采用。本章介绍对次数资料进行适合性检验和独立性检验的 χ^2 检验。

第一节 统 计 数 χ^2

一、统计数 χ^2 的意义

为了便于理解，现结合一实际例子说明统计数 χ^2 的意义。在遗传学研究中，经常要检验杂交后代的分离比例是否符合孟德尔遗传定律或其他规律。大家知道，豌豆的红花和白花是受一对等位基因控制的一对相对性状，红花豌豆与白花豌豆杂交 F_2 的理论比例为红：白 = 3：1。孟德尔（1865）在红花豌豆与白花豌豆杂交 F_2 群体中随机调查了 929 株，其中 705 株为红花，224 株为白花。这一结果是否符合3：1的理论比例？从理论上讲，若符合理论比例红：白 = 3：1，929 株中的红花株数应为 929×3/4=696.75 株；白花株数应为 929×1/4=232.25株。但是，实际获得的是红：白=705：224=3.147：1。可见两花色性状的实际观察次数与理论次数都有差异，各相差 8.25 株。产生这种差异有两种可能：一种可能是红花植株与白花植株的比例不符合 3：1；另一种可能是红花植株与白花植株的比例符合 3：1，实际出现的 705：224 是抽样误差造成的。要回答这个问题，首先需要确定一个统计数用以表示实际观察次数与理论次数偏离的程度；然后判断这一偏离程度是否属于抽样误差，即进行假设检验。

为了表示实际观察次数与理论次数偏离的程度，最简单的办法是求出实际观察次数与理论次数的差数。记实际观察次数为 O、理论次数为 E，若 O 与 E 差数的绝对值小，则实际观察次数与理论次数偏离程度小；若 O 与 E 差数的绝对值大，则实际观察次数与理论次数偏离程度大。将上述结果列入表 8-1。

表 8-1　红花豌豆和白花豌豆杂交 F_2 花色分离的实际观察次数与理论次数

花色	实际观察次数（O）	理论次数（E）	$O-E$	$(O-E)^2/E$
红色	705（O_1）	696.75（E_1）	+8.25	0.098
白色	224（O_2）	232.25（E_2）	−8.25	0.293
总和	929	929	0	0.391

由表 8-1 看出，两种花色的差数 O_1-E_1、O_2-E_2 之和等于 0，即 $\sum(O-E)=0$。因此，$\sum(O-E)$ 不能用来表示两种花色的实际观察次数与理论次数偏离程度的大小。为解决 O_1-E_1、O_2-E_2 正负相消的问题，先将 O_1-E_1、O_2-E_2 平方，然后再求和，即计算 $\sum(O-E)^2$。$\sum(O-E)^2$ 数值的大小可用来表示两种花色的实际观察次数与理论次数的偏离程度的大小，$\sum(O-E)^2$ 小表示两者偏离程度小，$\sum(O-E)^2$ 大表示两者偏离程度大。但是，用 $\sum(O-E)^2$ 来表示实际观察次数与理论次数的偏离程度还存在一个问题，即各类别的理论次数可能不同。例如，上述两种花色的实际观察次数与理论次数的差数的绝对值都是 8.25，$(O-E)^2$ 都是 68.0625，显然二者不能相提并论，因为红花是相对于理论次数 696.75 相差 8.25，白花是相对于理论次数 232.25 相差 8.25。如果把各类别的 $(O-E)^2$ 除以相应的理论次数，即 $\dfrac{(O-E)^2}{E}$，就可以消除由于各类别理论次数不同的影响，然后再相加，将这样计算得来的统计数记为 χ^2，即

$$\chi^2=\sum_{i=1}^{k}\frac{(O_i-E_i)^2}{E_i} \tag{8-1}$$

其中，k 为类别数；O_i 与 E_i 分别为第 i 类别的实际观察次数与理论次数。

这就是说，χ^2 是表示实际观察次数与理论次数偏离程度的一个统计数，χ^2 小，表示实际观察次数与理论次数偏离程度小；$\chi^2=0$，表示二者完全吻合；χ^2 大，表示二者偏离程度大。

对于上述豌豆花色的调查结果（表 8-1），可计算得

$$\chi^2=\sum_{i=1}^{k}\frac{(O_i-E_i)^2}{E_i}=\frac{(705-696.75)^2}{696.75}+\frac{(224-232.25)^2}{232.25}=0.391$$

表明实际观察次数与理论次数的偏离程度小。

二、χ^2 的连续性矫正

统计学家 Pearson（1899）发现，对于间断型次数资料由式（8-1）定义的 χ^2，即 $\sum_{i=1}^{k}\dfrac{(O_i-E_i)^2}{E_i}$ 近似地服从自由度为 $df=k-1$ 的连续型随机变量 χ^2 分布。由间断型次数资料按式（8-1）算得的 χ^2 值均有偏大的趋势，尤其是当 $df=1$ 时，偏差较大。统计学家 Yates（1934）提出对 χ^2 进行连续性矫正。矫正方法是，先将各类别实际观察次数与理论次数的差数的绝对值分别减去 0.5，然后再计算。矫正后的 χ^2 记为 χ_C^2，即

$$\chi_C^2=\sum_{i=1}^{k}\frac{(|O_i-E_i|-0.5)^2}{E_i} \tag{8-2}$$

当 $df\geqslant 2$ 时，式（8-1）计算的 χ^2 值与连续型随机变量 χ^2 值相差较小，这时，可不作连续性矫正，但要求各属性类别的理论次数不小于 5。如果某一属性类别的理论次数小于 5，则应把该类别与其相邻的一个属性类别或几个属性类别合并，直到合并属性类别后的理论次

数大于 5 为止。

第二节 适合性检验

一、适合性检验的意义

根据属性类别的次数资料判断属性类别分配是否符合已知属性类别分配理论或学说的假设检验称为适合性检验（test for goodness of fit）。进行适合性检验，无效假设 H_0：属性类别分配符合已知属性类别分配的理论或学说；备择假设 H_A：属性类别分配不符合已知属性类别分配的理论或学说。在无效假设成立的条件下，按已知属性类别分配的理论或学说计算各属性类别的理论次数。因所计算得的各个属性类别理论次数之和应等于各个属性类别实际观察次数之和，即独立的理论次数的个数等于属性类别数减 1。也就是说，适合性检验的自由度等于属性类别数减 1。若属性类别数为 k，则适合性检验的自由度为 $k-1$。然后根据式（8-1）或（8-2）计算出 χ^2 或 χ_C^2。将所计算得的 χ^2 或 χ_C^2 值与根据自由度 $k-1$ 查附表 8 所得的临界 χ^2 值 $\chi_{0.05}^2$、$\chi_{0.01}^2$ 比较，作出统计推断。

若 χ^2（或 χ_C^2）$< \chi_{0.05}^2$，$p > 0.05$，不能否定无效假设 H_0。统计学把这一假设检验结果表述为属性类别分配与已知属性类别分配的理论或学说差异不显著，可以认为属性类别分配符合已知属性类别分配的理论或学说。

若 $\chi_{0.05}^2 \leqslant \chi^2$（或 χ_C^2）$< \chi_{0.01}^2$，$0.01 < p \leqslant 0.05$，否定无效假设 H_0，接受备择假设 H_A。统计学把这一假设检验结果表述为属性类别分配与已知属性类别分配的理论或学说差异显著，或属性类别分配显著不符合已知属性类别分配的理论或学说。

若 χ^2（或 χ_C^2）$\geqslant \chi_{0.01}^2$，$p \leqslant 0.01$，否定无效假设 H_0，接受备择假设 H_A。统计学把这一假设检验结果表述为属性类别分配与已知属性类别分配的理论或学说差异极显著，或属性类别分配极显著不符合已知属性类别分配的理论或学说。

二、适合性检验的方法

下面结合实际例子介绍适合性检验的具体步骤。

【例 8-1】 紫花大豆与白花大豆杂交 F_1 全为紫花，F_2 出现分离，在 F_2 中共观察 1650 株，其中紫花 1260 株，白花 390 株。问紫花大豆与白花大豆杂交 F_2 分离是否符合孟德尔遗传分离定律的 3∶1 比例？

本例是一个适合性检验的问题，属性类别数 $k=2$，自由度 $df=k-1=2-1=1$，须进行连续性矫正，利用式（8-2）计算 χ_C^2 值。检验步骤如下所述。

1. 提出假设 H_0：紫花大豆与白花大豆杂交 F_2 分离符合孟德尔遗传分离定律的 3∶1 比例；H_A：紫花大豆与白花大豆杂交 F_2 分离不符合孟德尔遗传分离定律的 3∶1 比例。

2. 计算理论次数 在无效假设成立的条件下计算理论次数，即根据理论比例 3∶1 计算理论次数。

紫花理论次数 $E_1 = 1650 \times 3/4 = 1237.5$

白花理论次数 $E_2 = 1650 \times 1/4 = 412.5$ 　或　 $E_2 = 1650 - 1237.5 = 412.5$

将紫花大豆与白花大豆杂交 F_2 花色分离的实际观察次数与理论次数列入表 8-2。

表 8-2　紫花大豆和白花大豆杂交 F_2 花色分离的实际观察次数与理论次数

花色	实际观察次数（O）	理论次数（E）
紫花	1260（O_1）	1237.5（E_1）
白花	390（O_2）	412.5（E_2）
总和	1650	1650

3. 计算 χ_C^2　将实际观察次数 O_1、O_2 与理论次数 E_1、E_2 代入式（8-2），得

$$\chi_C^2 = \sum_{i=1}^{k} \frac{(|O_i - E_i| - 0.5)^2}{E_i} = \frac{(|1260 - 1237.5| - 0.5)^2}{1237.5} + \frac{(|390 - 412.5| - 0.5)^2}{412.5} = 1.564$$

4. 统计推断　根据 $df = 1$，查附表 8，得 $\chi_{0.05(1)}^2 = 3.84$，因为计算所得的 $\chi_C^2 < \chi_{0.05(1)}^2$、$p > 0.05$，不能否定 H_0。可以认为紫花大豆与白花大豆杂交 F_2 分离符合孟德尔遗传分离定律的 3∶1 比例，即大豆紫花与白花这一相对性状在 F_2 的分离比例符合一对等位基因的遗传规律。

【例 8-2】　两对等位基因控制的两对相对性状遗传，如果两对等位基因完全显性且无连锁，则 F_2 的 4 种表现型分配在理论上应有 9∶3∶3∶1 的比例。有一水稻遗传试验，以秆尖有色非糯品种与秆尖无色糯性品种杂交，其 F_2 的观察结果为秆尖有色非糯 491 株（O_1），秆尖有色糯稻 76 株（O_2），秆尖无色非糯 90 株（O_3），秆尖无色糯稻 86 株（O_4）。检验水稻秆尖有色非糯品种与秆尖无色糯性品种杂交 F_2 的 4 种表现型分配是否符合 9∶3∶3∶1 的理论比例。

本例是一个适合性检验的问题，由于属性类别数 $k = 4$，自由度 $df = k - 1 = 4 - 1 = 3 > 1$，不必进行连续性矫正，利用式（8-1）计算 χ^2。检验步骤如下所述。

1. 提出假设　H_0：水稻秆尖有色非糯品种与秆尖无色糯性品种杂交 F_2 的 4 种表现型分配符合 9∶3∶3∶1 的理论比例；H_A：水稻秆尖有色非糯品种与秆尖无色糯性品种杂交 F_2 的 4 种表现型分配不符合 9∶3∶3∶1 的理论比例。

2. 计算理论次数　在无效假设成立的条件下计算理论次数，即根据 9∶3∶3∶1 的理论比例计算理论次数。

秆尖有色非糯的理论次数　$E_1 = 743 \times 9/16 = 417.94$

秆尖有色糯稻的理论次数　$E_2 = 743 \times 3/16 = 139.31$

秆尖无色非糯的理论次数　$E_3 = 743 \times 3/16 = 139.31$

秆尖无色糯稻的理论次数　$E_4 = 743 \times 1/16 = 46.44$

或　$E_4 = 743 - 417.94 - 139.31 - 139.31 = 46.44$

R 脚本　　SAS 程序

2. 计算 χ^2　将实际观察次数 O_1、O_2、O_3、O_4 与理论次数 E_1、E_2、E_3、E_4 代入式（8-1），得

$$\chi^2 = \sum \frac{(O-E)^2}{E}$$

$$= \frac{(491-417.94)^2}{417.94} + \frac{(76-139.31)^2}{139.31} + \frac{(90-139.31)^2}{139.31} + \frac{(86-46.44)^2}{46.44} = 92.696$$

4. 统计推断 根据 $df=3$，查附表 8，得 $\chi^2_{0.01(3)}=11.34$，因为计算所得的 $\chi^2 > \chi^2_{0.01(3)}$、$p < 0.01$，否定 H_0，接受 H_A，表明该水稻稃尖有色非糯品种与稃尖无色糯性品种杂交 F_2 的 4 种表现型分配与 $9:3:3:1$ 的理论比例差异极显著，该两对等位基因并非完全显性、无连锁。

当属性类别数大于 2 时，可根据简化公式（8-3）计算 χ^2。

$$\chi^2 = \frac{1}{T.} \sum \frac{O_i^2}{p_i} - T. \tag{8-3}$$

其中，O_i 为第 i 组的实际观察次数；p_i 为第 i 组的理论比例；$T.$ 为总观察次数，$T. = \sum O_i$。

对于【例 8-2】，利用式（8-3）计算 χ^2，得

$$\chi^2 = \frac{1}{T.} \sum \frac{O_i^2}{p_i} - T.$$

$$= \frac{1}{743} \times \left(\frac{491^2}{\frac{9}{16}} + \frac{76^2}{\frac{3}{16}} + \frac{90^2}{\frac{3}{16}} + \frac{86^2}{\frac{1}{16}} \right) - 743 = 92.706$$

利用式（8-3）计算的 χ^2 与利用式（8-1）计算的 χ^2 因舍入误差略有不同。利用式（8-3）计算 χ^2 不需计算理论次数，且舍入误差小。

*三、资料分布类型的适合性检验

适合性检验还可用来判断实际观测得来的资料是否服从某种理论分布。进行资料分布类型的适合性检验要利用资料的次数分布表，并假定该资料服从某种理论分布计算各组的理论次数，当某组的理论次数小于 5 时，须将该组与相邻组合并，直至合并组的理论次数大于 5 为止。

【例 8-3】 根据 100 株湘菊梨的单株产量资料检验湘菊梨单株产量是否服从正态分布。

1. 提出假设 H_0：湘菊梨单株产量服从正态分布；H_A：湘菊梨单株产量不服从正态分布。

2. 将资料（原始数据略）整理成次数分布表 100 株湘菊梨单株产量次数分布表（表 8-3），组距为 3.0kg，组限、组中值、各组的次数列于表 8-3 的第（1）、（2）、（3）列。利用次数分布表、采用加权法计算出平均数 $\bar{x}=60.92$kg，标准差 $s=5.7052$kg。

表 8-3　湘菊梨单株产量服从正态分布的适合性检验表

（1）组限	（2）组中值	（3）实际次数 f	（4）$l-\bar{x}$	（5）$u=\dfrac{l-\bar{x}}{s}$	（6）累积概率 $F(u)$	（7）各组概率 p	（8）理论次数 E
47～	48.5	3 ⎫ 9	−13.92	−2.44	0.0073	0.0208　2.08 ⎫ 7.50	
50～	51.5	6 ⎭	−10.92	−1.91	0.0281	0.0542　5.42 ⎭	
53～	54.5	10	−7.92	−1.39	0.0823	0.1126	11.26
56～	57.5	18	−4.92	−0.86	0.1949	0.1720	17.20
59～	60.5	21	−1.92	−0.34	0.3669	0.2084	20.84
62～	63.5	17	1.08	0.19	0.5753	0.1889	18.89
65～	66.5	14	4.08	0.72	0.7642	0.1283	13.83
68～	69.5	7 ⎫ 11	7.08	1.24	0.8925	0.0691　6.91 ⎫ 9.65	
71～	72.5	4 ⎭	10.08	1.77	0.9616	0.0274　2.74 ⎭	
＜74			13.08	2.29	0.9890		
总和		100					99.17

3. 计算标准正态离差　先计算各组下限 l 与平均数 $\bar{x}=60.92$ 之差，列于表 8-3 的第（4）列；然后计算标准正态离差 $u=\dfrac{l-\bar{x}}{s}$，列于表 8-3 的（5）列，例如，第一组

$$u=\frac{l-\bar{x}}{s}=\frac{47-60.92}{5.7052}=-2.44$$

4. 求各组的累积概率 $F(u)$　假定 H_0：湘菊梨单株产量服从正态分布成立，依 u 值查标准正态分布表（附表 1）得各组的累积概率 $F(u)$，列入表 8-3 的第（6）列。例如，第一组 $P(u\leqslant-2.44)=0.0073$，第二组 $P(u\leqslant-1.91)=0.0281$。注意，为了计算最后一组（71～）的概率，必须查得＜74 的累积概率。

5. 计算各组概率 p　由下一组的累积概率减去本组的累积概率计算各组概率。例如，第一组（47～）理论概率 $=0.0281-0.0073=0.0208$，第二组（50～）理论概率 $=0.0823-0.0281=0.0542$，…，第九组（71～）理论概率 $=0.9890-0.9616=0.0274$，结果列于表 8-3 的第（7）列。

6. 计算各组的理论次数　以总次数 $n=100$ 乘以各组概率 p 便得各组的理论次数，列入表 8-3 的第（8）列。第一组的理论次数为 2.08＜5，将第一组的实际次数与理论次数分别与相邻的第二组的实际次数与理论次数合并，合并后的理论次数为 7.50＞5；第九组的理论次数为 2.74＜5，将第九组的实际次数与理论次数分别与相邻的第八组的实际次数与理论次数合并，合并后的理论次数为 9.65＞5。并组后的组数为 7 组。

7. 求 χ^2 值　根据表 8-3 并组后的实际次数和理论次数计算 χ^2 值

$$\chi^2=\sum\frac{(f-E)^2}{E}$$
$$=\frac{(9-7.50)^2}{7.50}+\frac{(10-11.26)^2}{11.26}+\cdots+\frac{(11-9.65)^2}{9.65}=0.86$$

8. 确定自由度　本例，并组后的组数 $k=7$，因为理论次数由平均数、标准差与总次数决定，用去了 3 个自由度，故湘菊梨单株产量服从正态分布的适合性检验自由度

$df = k - 3 = 7 - 3 = 4$。

9. 统计推断 根据 $df = 4$，查附表 8，得 $\chi^2_{0.05(4)} = 9.49$，因为计算所得的 $\chi^2 < \chi^2_{0.05(4)}$、$p > 0.05$，不能否定 H_0，可以认为湘菊梨单株产量服从正态分布。

第三节 独立性检验

一、独立性检验的意义

根据次数资料还可以分析某一质量性状各属性类别的构成比与某一因素是否有关。例如，研究玉米果穗是否发病这一质量性状两个属性类别的构成比与种子是否灭菌这一因素是否有关，如果玉米果穗是否发病这一质量性状两个属性类别的构成比与种子是否灭菌这一因素无关，表明种子灭菌处理对防止果穗发病无效；反之，如果玉米果穗是否发病这一质量性状两个属性类别的构成比与种子是否灭菌这一因素有关，表明种子灭菌处理对防止果穗发病有效。根据某质量性状的各个属性类别与某一因素的各个水平利用统计次数法得来的次数资料判断某质量性状的各个属性类别的构成比与某因素是否有关的假设检验称为独立性检验（test for independence）。

独立性检验与适合性检验是两种不同的检验方法，除研究目的不同外，还有以下区别。

（1）适合性检验的次数资料是按某一质量性状的属性类别，如花色、表现型等归组。独立性检验的次数资料是按某一质量性状的属性类别与某一因素的水平进行归组。根据某一质量性状的属性类别数与某一因素的水平数构成 2 行 2 列、2 行 c 列、r 行 2 列和 r 行 c 列的列联表（contingency table），简记为 2×2、$2 \times c$、$r \times 2$、$r \times c$ 列联表。如果将因素的各水平作为横标目、质量性状的各属性类别作为纵标目，列联表的行数为因素的水平数、列数为质量性状的属性类别数；如果将质量性状的各属性类别作为横标目、因素的各水平作为纵标目，列联表的行数为质量性状的属性类别数、列数为因素的水平数。

（2）适合性检验按已知属性类别分配理论或学说计算理论次数。独立性检验在计算理论次数时没有现成的理论或学说可供利用，理论次数是在假设某质量性状各属性类别的构成比与某一因素无关的条件下计算的。

（3）适合性检验的自由度 $df = k - 1$。$r \times c$ 列联表独立性检验的自由度 $df = (r-1) \times (c-1)$。这是因为进行 $r \times c$ 列联表的独立性检验时，共有 rc 个理论次数，但受到以下条件的约束：①rc 个理论次数之和等于 rc 个实际次数之和。②r 个横行中的每一横行理论次数之和等于该行实际次数之和。由于 r 个横行实际次数之和再求和应等于 rc 个实际次数之和，因而独立的行约束条件只有 $r-1$ 个。③与行约束条件类似，独立的列约束条件有 $c-1$ 个。因而在进行 $r \times c$ 列联表的独立性检验时，自由度 $df = (rc-1) - (r-1) - (c-1) = (r-1)(c-1)$，即 $r \times c$ 列联表独立性检验的自由度 $df = (r-1)(c-1)$。

二、独立性检验的方法

下面结合实例分别介绍 2×2，$r \times 2$，$r \times c$ 列联表独立性检验的具体步骤。

（一）2×2 列联表的独立性检验

2×2 列联表的一般形式如表 8-4 所示，2×2 列联表独立性检验的自由度 $df = (c-1)(r-1) = (2-1) \times (2-1) = 1$，进行 χ^2 检验时，需作连续性矫正，应计算 χ^2_c 值。

表 8-4　2×2 列联表的一般形式

	1	2	行总和 $T_i.$
1	O_{11}（E_{11}）	O_{12}（E_{12}）	$T_1.=O_{11}+O_{12}$
2	O_{21}（E_{21}）	O_{22}（E_{22}）	$T_2.=O_{21}+O_{22}$
列总和 $T_{.j}$	$T_{.1}=O_{11}+O_{21}$	$T_{.2}=O_{12}+O_{22}$	$T_{..}=O_{11}+O_{12}+O_{21}+O_{22}$

注：O_{ij} 为实际观察次数；E_{ij} 为理论次数（$i,j=1,2$）

【例 8-4】　为防治小麦散黑穗病，播种前用某种药剂对小麦种子进行灭菌处理，以未经灭菌处理的小麦种子为对照。观察结果为：种子灭菌的 76 株中有 26 株发病，50 株未发病；种子未灭菌的 384 株中有 184 株发病，200 株未发病。分析种子灭菌对防止小麦散黑穗病是否有效。

将因素的各水平作为横标目，将质量性状的各属性类别作为纵标目，行数为因素的水平数 2，列数为质量性状的属性类别数 2。2×2 列联表见表 8-5。

表 8-5　防止小麦散黑穗病的观察结果

处理项目	发病穗数	未发病穗数	行总和 $T_i.$
种子灭菌	26（34.7）	50（41.3）	76
种子未灭菌	184（175.3）	200（208.7）	384
列总和 $T_{.j}$	210	250	$T_{..}=460$

这是一个 2×2 列联表独立性检验问题，$df=1$，应进行连续性矫正，计算 χ_C^2。

1．提出假设　H_0：小麦散黑穗病发病率与种子是否灭菌无关，即种子灭菌对防止小麦散黑穗病无效；H_A：小麦散黑穗病发病率与种子是否灭菌有关，即种子灭菌对防止小麦散黑穗病有效。

2．计算理论次数　在无效假设成立的条件下，计算各个理论次数，并填入各个观察次数后的括号中（表 8-5）。假设小麦散黑穗病发病率与种子是否灭菌无关，即种子灭菌对防止小麦散黑穗病无效，也就是说种子灭菌与未灭菌的小麦散黑穗病发病率相同，依此计算出各个理论次数如下：

种子灭菌的理论发病穗数　　$E_{11}=76\times210/460=34.7$
种子灭菌的理论未发病穗数　$E_{12}=76\times250/460=41.3$
　　　　或　$E_{12}=76-34.7=41.3$
种子未灭菌的理论发病穗数　$E_{21}=384\times210/460=175.3$
　　　　或　$E_{21}=210-34.7=175.3$
种子未灭菌的理论未发病穗数　$E_{22}=384\times250/460=208.7$
　　　　或　$E_{22}=250-41.3=208.7$

3．计算 χ_C^2　将表 8-5 中的实际次数、理论次数代入式（8-2），得

$$\chi_C^2=\sum\frac{(|O-E|-0.5)^2}{E}$$
$$=\frac{(|26-34.7|-0.5)^2}{34.7}+\frac{(|50-41.3|-0.5)^2}{41.3}+\frac{(|184-175.3|-0.5)^2}{175.3}+\frac{(|200-208.7|-0.5)^2}{208.7}$$
$$=4.27$$

4．统计推断　根据 $df=1$，查附表 8，得 $\chi_{0.05(1)}^2=3.84$，$\chi_{0.01(1)}^2=6.63$，因为计算所得的

χ_C^2 介于 $\chi_{0.05(1)}^2$ 和 $\chi_{0.01(1)}^2$ 之间，$0.01<p<0.05$，否定 H_0，接受 H_A。表明小麦散黑穗病发病率与种子是否灭菌有关，即种子灭菌对防止小麦散黑穗病有效。

进行 2×2 列联表独立性检验时，还可根据简化公式计算 χ_C^2：

$$\chi_C^2=\frac{\left(|O_{11}O_{22}-O_{12}O_{21}|-\dfrac{T_{..}}{2}\right)^2 T_{..}}{T_{.1}T_{.2}T_{1.}T_{2.}} \tag{8-4}$$

利用式（8-4）计算 χ_C^2，不需要先计算理论次数，直接利用实际观察次数 O_{ij}，列、行总和 $T_{.1}$、$T_{.2}$、$T_{1.}$、$T_{2.}$ 和全部实际观察次数总和 $T_{..}$ 计算，计算工作量小，累计舍入误差也小。

对于【例 8-4】，利用式（8-4）计算 χ_C^2，得

$$\chi_C^2=\frac{\left(|O_{11}O_{22}-O_{12}O_{21}|-\dfrac{T_{..}}{2}\right)^2 T_{..}}{T_{.1}T_{.2}T_{1.}T_{2.}}=\frac{\left(|26\times200-50\times184|-\dfrac{460^2}{2}\right)^2\times460}{210\times250\times76\times384}=4.27$$

所得结果与前面计算的结果相同。

（二）$r\times2$ 列联表的独立性检验

$r\times2$ 列联表的一般形式如表 8-6 所示。$r\times2$ 列联表独立性检验的自由度 $df=(r-1)(2-1)=r-1$，因为 $r\geq3$，$df>1$，进行 χ^2 检验不需作连续性矫正。

表 8-6　$r\times2$ 联列表一般形式

	1	2	行总和 T_i.
1	O_{11}（E_{11}）	O_{12}（E_{12}）	T_1.
2	O_{21}（E_{21}）	O_{22}（E_{22}）	T_2.
⋮	⋮	⋮	⋮
r	O_{r1}（E_{r1}）	O_{r2}（E_{r2}）	T_r.
列总和 $T_{.j}$	$T_{.1}$	$T_{.2}$	$T_{..}$

注：O_{ij} 为实际观察次数；E_{ij} 为理论次数（$i=1,2,\cdots,r$；$j=1,2$）

【例 8-5】　检测甲、乙、丙 3 种农药对烟蚜的毒杀效果。用甲农药处理 187 头烟蚜，其中 37 头死亡，150 头未死亡；用乙农药处理 149 头烟蚜，其中 49 头死亡，100 头未死亡；用丙农药处理 80 头烟蚜，其中 23 头死亡，57 头未死亡。分析这 3 种农药对烟蚜的毒杀效果是否相同。

将因素的各水平作为横标目，将质量性状的各属性类别作为纵标目，行数为因素的水平数 3，列数为质量性状的属性类别数 2。3×2 列联表见表 8-7。

R 脚本

SAS 程序

表 8-7　3 种农药毒杀烟蚜的死亡情况

农药种类	属性类别		行总和 T_i.
	死亡数	未死亡数	
甲	37（49.00）	150（138.00）	187
乙	49（39.04）	100（109.96）	149
丙	23（20.96）	57（59.04）	80
列总和 $T_{.j}$	109	307	$T_{..}=416$

这是一个 3×2 列联表独立性检验问题，$df = 2$，不必进行连续性矫正。

1. 提出假设 H_0：烟蚜死亡率与农药种类无关，即 3 种农药对烟蚜的毒杀效果相同；H_A：烟蚜死亡率与农药种类有关，即 3 种农药对烟蚜的毒杀效果不相同。

2. 计算理论次数   假设烟蚜死亡率与农药种类无关，即 3 种农药对烟蚜的毒杀效果相同，计算各个理论次数，并填入各观察次数后的括号中（表 8-7），计算理论次数的方法与 2×2 列联表类似。

$$E_{11} = 187 \times 109 / 416 = 49.00 \qquad E_{21} = 149 \times 109 / 416 = 39.04$$

$E_{31} = 80 \times 109 / 416 = 20.96$ 或 $E_{31} = 109 - 49.00 - 39.04 = 20.96$

$$E_{12} = 187 \times 307 / 416 = 138.00 \qquad E_{22} = 149 \times 307 / 416 = 109.96$$

$E_{32} = 80 \times 307 / 416 = 59.04$ 或 $E_{32} = 307 - 138.00 - 109.96 = 59.04$

3. 计算 χ^2 值   将表 8-7 中的实际次数、理论次数代入式（8-1），得

$$\chi^2 = \sum \frac{(O-E)^2}{E} = \frac{(37-49.00)^2}{49.00} + \frac{(150-138.00)^2}{138.00} + \cdots + \frac{(57-59.04)^2}{59.04} = 7.69$$

4. 统计推断   根据 $df = 2$，查附表 8，得 $\chi^2_{0.05(2)} = 5.99$、$\chi^2_{0.01(2)} = 9.21$，因为计算所得的 χ^2 介于 $\chi^2_{0.05(2)}$ 与 $\chi^2_{0.01(2)}$ 之间、$0.01 < p < 0.05$，否定 H_0，接受 H_A。表明烟蚜死亡率与农药种类显著有关，即 3 种农药对烟蚜的毒杀效果差异显著。生产上对烟蚜的防治可用毒杀效果较好的乙农药。

进行 $r \times 2$ 列联表独立检验时，也可直接根据简化公式（8-5）计算 χ^2 值。

$$\chi^2 = \frac{T_{..}^2}{T_{.1} T_{.2}} \left(\sum \frac{O_{i1}^2}{T_{i.}} - \frac{T_{.1}^2}{T_{..}} \right) \qquad (8\text{-}5)$$

对于【例 8-5】，利用式（8-5）计算 χ^2 值得

$$\chi^2 = \frac{T_{..}^2}{T_{.1} T_{.2}} \left(\sum \frac{O_{i1}^2}{T_{i.}} - \frac{T_{.1}^2}{T_{..}} \right) = \frac{416^2}{109 \times 307} \times \left[\left(\frac{37^2}{187} + \frac{49^2}{149} + \frac{23^2}{80} \right) - \frac{109^2}{416} \right] = 7.69$$

计算结果与利用式（8-1）计算的结果相同。

（三）$r \times c$ 列联表的独立性检验

$r \times c$ 列联表的一般形式见表 8-8。$r \times c$ 列联表独立性检验的自由度 $df = (r-1)(c-1)$，因为 r、$c \geq 3$，$df > 1$，进行 χ^2 检验不需作连续性矫正。

表 8-8 $r \times c$ 列联表的一般形式

	1	2	$\cdots$	c	行总和 $T_{i.}$
1	O_{11}	O_{12}	$\cdots$	O_{1c}	$T_{1.}$
2	O_{21}	O_{22}	$\cdots$	O_{2c}	$T_{2.}$
$\vdots$	$\vdots$	$\vdots$		$\vdots$	$\vdots$
r	O_{r1}	O_{r2}	$\cdots$	O_{rc}	$T_{r.}$
列总和 $T_{.j}$	$T_{.1}$	$T_{.2}$	$\cdots$	$T_{.c}$	$T_{..}$

注：O_{ij} 为实际观察次数（$i = 1, 2, \cdots, r$；$j = 1, 2, \cdots, c$）

【例 8-6】   观察不同种植密度下某玉米单交种每株穗数的空秆株、一穗株、双穗和三穗

穗株分布情况，结果见表 8-9。检验穗数分布与种植密度是否有关。

R 脚本　SAS 程序

表 8-9　不同种植密度下玉米每株穗数分布的观察结果

密度/（千株/666.7m²）	属性类别			行总和 $T_{i.}$
	空秆株	一穗株	双穗和三穗株	
2	12	224	76	312
4	60	548	39	647
6	246	659	28	933
8	416	765	47	1228
列总和 $T_{.j}$	734	2196	190	$T_{..}=3120$

这是一个 4×3 列联表独立性检验问题，$df=(4-1)\times(3-1)=6$，不必进行连续性矫正。

1．提出假设　　H_0：玉米空秆株、一穗株、双穗和三穗株的构成比与种植密度无关；H_A：玉米空秆株、一穗株、双穗和三穗株的构成比与种植密度有关。

2．计算 χ^2 值　　$r \times c$ 列联表各个理论次数的计算方法与上述 2×2、2×c 列联表独立性检验类似。为了计算方便，可不计算理论次数，直接根据简化公式（8-6）计算 χ^2 值。

$$\chi^2 = T_{..}\left(\sum \frac{O_{ij}^2}{T_{i.}.T_{.j}} - 1 \right) \tag{8-6}$$

对于【例 8-6】，利用式（8-6）计算 χ^2 值，得

$$\chi^2 = T_{..}\left(\sum \frac{O_{ij}^2}{T_{i.}.T_{.j}} - 1 \right) = 3120 \times \left(\frac{12^2}{312\times734} + \frac{60^2}{647\times734} + \cdots + \frac{47^2}{1228\times190} - 1 \right) = 392.63$$

3．统计推断　　根据 $df=6$，查附表 8，得 $\chi^2_{0.01(6)}=16.81$，因为计算所得的 $\chi^2 > \chi^2_{0.01(6)}$、$p<0.01$，否定 H_0，接受 H_A。表明玉米空秆株、一穗株、双穗和三穗株的构成比与种植密度极显著有关，即玉米不同种植密度的空秆株、一穗株、双穗和三穗株的穗数的构成比极显著不相同。因此，在玉米生产中必须根据玉米株型通过密度试验确定合理的种植密度。

*第四节　方差同质性检验

方差的同质性是方差分析的前提或基本假定之一。在对试验资料进行方差分析之前，应先检验各处理的误差方差是否具有同质性。方差同质性检验（test for homogeneity of variance）也称为方差一致性检验或齐性检验。下面介绍由 Bartlett（1937）提出的用于方差同质性检验的 Bartlett 法。

设某试验资料有 k 个处理（$k \geqslant 3$）；n_i 为第 i 处理的重复数；s_i^2 为第 i 处理的误差均方，

$s_i^2 = \dfrac{\sum\limits_{j=1}^{n_i}(x_{ij}-\overline{x}_{i.})^2}{n_i-1}$；$df_i$ 为第 i 处理的误差自由度，$df_i=n_i-1$；s_p^2 为处理误差均方 s_i^2 以自由度

为权的加权平均数，即合并误差均方，$s_p^2=\dfrac{\sum\limits_{i=1}^{k}df_is_i^2}{\sum\limits_{i=1}^{k}df_i}$；$N$ 为试验资料观测值总个数，$N=\sum\limits_{i=1}^{k}n_i$；

df_e 为误差自由度，$df_e=N-k=\sum\limits_{i=1}^{k}df_i$。

利用 Bartlett 法进行方差同质性检验的基本步骤如下。

1. 提出假设　　H_0：$\sigma_1^2=\sigma_2^2=\cdots=\sigma_k^2$；$H_A$：$\sigma_1^2$，$\sigma_2^2$，$\cdots$，$\sigma_k^2$ 不全相等。

2. 计算 χ_C^2　　χ_C^2 服从自由度为 $k-1$ 的 χ^2 分布，计算公式为

$$\chi_C^2=\frac{1}{C}\left[2.3026\times\left(df_e\lg s_p^2-\sum_{i=1}^{k}df_i\lg s_i^2\right)\right] \tag{8-7}$$

其中，C 为矫正数，$C=1+\dfrac{1}{3(k-1)}\left(\sum\dfrac{1}{df_i}-\dfrac{1}{df_e}\right)$。

如果 k 个处理的重复数相等，均为 n，则式（8-7）可简化为

$$\chi_C^2=\frac{1}{C}\left[2.3026\times k(n-1)\left(\lg s_p^2-\frac{1}{k}\sum_{i=1}^{k}\lg s_i^2\right)\right] \tag{8-8}$$

其中，

$$s_p^2=\frac{1}{k}\sum_{i=1}^{k}s_i^2，\quad C=1+\frac{k+1}{3k(n-1)} \tag{8-9}$$

χ_C^2 的自由度仍为 $k-1$。

3. 统计推断　　根据 $df=k-1$，查附表 8，得 $\alpha=0.05$ 的临界 χ^2 值 $\chi_{0.05(k-1)}^2$。若 $\chi_C^2<\chi_{0.05(k-1)}^2$、$p>0.05$，表明各处理的误差方差差异不显著，可以认为各处理的误差方差具有同质性；若 $\chi_C^2\geqslant\chi_{0.05(k-1)}^2$、$p\leqslant0.05$，表明各处理的误差方差差异显著，各处理的误差方差不具有同质性。

【例 8-7】　某试验有 4 个处理，重复数分别为 8、7、7、6，处理误差均方分别为 5.290、4.583、6.684、7.012。利用 Bartlett 法检验 4 个处理内误差方差是否具有同质性。

检验步骤如下所述。

1. 提出假设　　H_0：$\sigma_1^2=\sigma_2^2=\sigma_3^2=\sigma_4^2$；$H_A$：$\sigma_1^2$，$\sigma_2^2$，$\sigma_3^2$，$\sigma_4^2$ 不全相等。

2. 计算 χ_C^2　　χ_C^2 计算表见表 8-10。

表 8-10　方差同质性检验 χ_C^2 计算表

处理	s_i^2	$df_i=n_i-1$	$df_is_i^2$	$\lg s_i^2$	$df_i\lg s_i^2$
1	5.290	7	37.030	0.7235	5.0645
2	4.583	6	27.498	0.6611	3.9666
3	6.684	6	40.104	0.8250	4.9500
4	7.012	5	35.060	0.8458	4.2290
总和		24	139.692		18.2101

因为

$$s_p^2 = \frac{\sum_{i=1}^{k} df_i s_i^2}{\sum_{i=1}^{k} df_i} = \frac{139.692}{24} = 5.8205 , \quad \lg s_p^2 = \lg 5.8205 = 0.7650$$

$$C = 1 + \frac{1}{3(k-1)}\left(\sum \frac{1}{df_i} - \frac{1}{df_e}\right) = 1 + \frac{1}{3 \times (4-1)}\left(\frac{1}{7} + \frac{1}{6} + \frac{1}{6} + \frac{1}{5} - \frac{1}{24}\right) = 1.0705$$

利用式（8-7）计算 χ_C^2，得

$$\chi_C^2 = \frac{1}{1.0705} \times [2.3026 \times (24 \times 0.7650 - 18.2101)] = 0.322$$

3. 统计推断　根据 $df = k-1 = 4-1 = 3$，查附表 8，得 $\chi_{0.05(3)}^2 = 7.81$，因为 $\chi^2 < \chi_{0.05(3)}^2$、$p > 0.05$，表明 4 个处理误差方差差异不显著，可以认为 4 个处理误差方差具有同质性。

【例 8-8】　水稻施用不同种类氮肥盆栽试验，设 5 个处理（$k=5$），4 次重复（$n=4$），完全随机设计。稻谷产量（g/盆）列于下表。利用 Bartlett 法检验 5 个处理内误差方差是否具有同质性。

表 8-11　水稻施用不同种类氮肥盆栽试验的产量　（单位：g/盆）

处理	产量 x_{ij}			
A_1	24	30	28	26
A_2	27	24	21	26
A_3	31	28	25	30
A_4	32	33	33	28
A_5	21	22	16	21

检验步骤如下所述。

1. 提出假设　H_0: $\sigma_1^2 = \sigma_2^2 = \cdots = \sigma_5^2$；$H_A$: σ_1^2，σ_2^2，$\cdots$，σ_5^2 不全相等。

2. 计算 χ_C^2　χ_C^2 计算表见表 8-12。

表 8-12　方差同质性检验 χ_C^2 计算表

处理	s_i^2	$\lg s_i^2$
1	6.6667	0.8239
2	7.0000	0.8451
3	7.0000	0.8451
4	5.6667	0.7533
5	7.3333	0.8653
总和	33.6667	4.1327

因为

$$s_p^2 = \frac{1}{k}\sum_{i=1}^{k} s_i^2 = \frac{33.6667}{5} = 6.7333 , \quad \lg s_p^2 = \lg 6.7333 = 0.8282$$

$$C=1+\frac{k+1}{3k(n-1)}=1+\frac{5+1}{3\times5\times(4-1)}=1.1333$$

利用式（8-8）计算 χ_C^2，得

$$\chi_C^2=\frac{1}{C}\left[2.3026\times k(n-1)\left(\lg s_p^2-\frac{1}{k}\sum_{i=1}^k\lg s_i^2\right)\right]$$

$$=\frac{1}{1.1333}\times\left[2.3026\times5\times(4-1)\times\left(0.8282-\frac{1}{5}\times4.1327\right)\right]=0.051$$

3. 统计推断　　根据 $df=k-1=5-1=4$，查附表 8，得 $\chi_{0.05(4)}^2=9.49$，因为 $\chi_C^2<\chi_{0.05(4)}^2$、$p>0.05$，表明 5 个处理误差方差差异不显著，可以认为 5 个处理误差方差具有同质性。

习　题

1. χ^2 检验与 u 检验、t 检验、F 检验在应用上有什么区别？

2. 什么是适合性检验和独立性检验？它们有何区别？

3. 在什么情况下进行 χ^2 检验需作连续性矫正？如何矫正？

4. 以绿子叶大豆和黄子叶大豆杂交，在 F_2 得黄子叶苗 762 株，绿子叶苗 38 株。问绿子叶大豆和黄子叶大豆杂交 F_2 分离是否符合 15：1 的理论比例？

5. 对紫茉莉花色进行遗传研究，以红花亲本（RR）和白花亲本（rr）杂交，F_1（Rr）的花色不是红色，而是粉红色。F_2 群体有 3 种表现型，共观察 833 株，其中红花 196 株，粉红花 419 株，白花 218 株。问红花亲本和白花亲本杂交 F_2 的 3 种表现型分配是否符合 1：2：1 的理论比例？

6. 有一大麦杂交组合，在 F_2 芒性状表现型有钩芒、长芒和短芒 3 种，观察统计得其株数依次为 361、111、176。问大麦杂交组合 F_2 的 3 种芒性状表现型分配是否符合 9：3：4 的理论比例？

7. 种子紫色甜质的玉米与种子白色粉质的玉米杂交，在 F_2 得到 4 种表现型：紫色粉质 921 粒，紫色甜质 312 粒，白色粉质 279 粒，白色甜质 104 粒。问种子紫色甜质的玉米与种子白色粉质的玉米杂交 F_2 的 4 种表现型分配是否符合 9：3：3：1 的理论比例（即这两对相对性状是否是独立遗传）？

8. 某仓库调查不同品种苹果的耐贮情况，随机抽取'国光'苹果 400 个，其中完好的 372 个，腐烂 28 个；随机抽取'红星'苹果 356 个，其中完好的 324 个，腐烂 32 个。检验这两种苹果耐贮性是否有差异。

品种	耐贮性		总和
	完好	腐烂	
'国光'苹果	372	28	400
'红星'苹果	324	32	356
总和	696	60	756

9. 研究 1418 个小麦品种的原产地和抗寒能力的关系，得结果于下表。分析小麦品种抗寒性与原产地是否有关。

原产地	抗寒性			总和
	极强	强	中和弱	
河北	190	241	107	538
山东	37	213	239	489
山西	79	157	155	391
总和	306	611	501	1418

10. 研究 5 个玉米品种感染锈病的情况，其健株和病株调查结果如下表所示。分析玉米锈病感染率是否与品种有关。

	品种					总和
	A	B	C	D	E	
健株数	502	452	470	380	496	2300
病株数	69	56	69	296	60	550
总和	571	508	539	676	556	2850

11. 水稻秧苗不同生育期与水稻蓟马产卵与否的观察结果列于下表。检验水稻蓟马产卵与否与水稻秧苗生育期是否有关。

	生育期					总和
	二叶期	三叶期	四叶期	五叶期	六叶期	
无卵	179	163	103	73	95	613
有卵	21	37	97	77	55	287
总和	200	200	200	150	150	900

12. 某试验有 5 个处理，重复数为 8、8、7、6、5，处理内误差均方为 8.094、6.543、7.572、9.815、5.176。检验 5 个处理内误差方差是否具有同质性。

13. 以 γ 射线处理 '2419' 小麦种子，分对照、3 万伦琴、8 万伦琴 3 个处理（处理数 $k=3$ ）。处理后贮藏 2 个月，再分析 100g 样品中的维生素 B_1 含量（mg），每处理皆分析 10 次（重复数 $n=10$ ），试验结果如下表。检验这 3 个处理内误差方差是否具有同质性。

处理	维生素 B_1 含量/（mg/100g）									
对照	3.45	2.16	2.22	2.93	1.39	4.05	3.62	3.79	1.05	1.42
3 万伦琴	8.49	0.26	3.87	4.57	5.18	11.15	5.6	4.31	5.43	2.04
8 万伦琴	1.52	3.04	5.27	11.77	7.67	11.36	8.97	4.35	3.33	1.27

第九章　直线回归与相关分析

前面介绍的单个样本平均数或百分率的假设检验、两个样本平均数或百分率的假设检验、方差分析等统计分析方法每一次分析都只涉及一个变量（试验指标），如产量、果穗重、千粒重、出籽率、发病率等，未对变量之间的关系进行研究。但变量之间常常是相互影响、彼此相关的，例如，产量与施肥量有关，病虫害发生时期与温度有关，小麦单位面积产量与单位面积穗数、每穗粒数、千粒重有关，等等。因而常常需要研究两个或多个变量之间的关系。

变量之间的关系有两类，一类是变量之间存在着完全确定性的关系，可以用精确的数学表达式表示。例如，长方体的体积（V）与长（a）、宽（b）、高（h）的关系可以表达为 $V=abh$。它们之间的关系是确定性的，只要知道了其中 3 个变量的数值就可以精确地计算出另一个变量的数值。这类变量之间的关系称为函数关系。另一类是变量之间不存在完全的确定性关系，不能用精确的数学表达式表示，例如，产量与施肥量的关系，病虫害发生时期与温度的关系，小麦单位面积产量与单位面积穗数、每穗粒数、千粒重的关系等。这些变量之间都存在着十分密切的关系，但由于随机误差的影响，不能由一个或几个变量的数值精确地求出另一个变量的数值。这样的变量在生物界中是大量存在的，统计学把这类变量称为相关变量（related variable）。

相关变量之间的关系分为两种，一种是因果关系（causality），即一个变量的变化受另一个或几个变量的影响。例如，病虫害发生时期受温度的影响，温度是原因，病虫害发生时期是结果；又如，小麦单位面积产量受单位面积穗数、每穗粒数、千粒重的影响，单位面积穗数、每穗粒数、千粒重是原因，小麦单位面积产量是结果。另一种是平行关系（association），即两个变量相互影响，互为因果。例如，小麦每穗粒数与千粒重，株高与穗长相互影响、互为因果。

统计学用回归分析（regression analysis）研究呈因果关系的相关变量之间的关系。表示原因的变量称为自变量（independent variable），表示结果的变量称为依变量（dependent variable）。研究"一因一果"，即一个自变量与一个依变量的回归分析称为一元回归分析；研究"多因一果"，即多个自变量与一个依变量的回归分析称为多元回归分析。一元回归分析又分为直线回归分析与曲线回归分析两种；多元回归分析又分为多元线性回归分析与多元非线性回归分析两种。回归分析的任务是揭示出呈因果关系的相关变量之间的联系形式，建立它们之间的回归方程，利用所建立的回归方程进行预测、预报或控制。

统计学用相关分析（correlation analysis）研究呈平行关系的相关变量之间的关系。对两个变量之间的直线关系进行相关分析称为直线相关分析（也称为简单相关分析）。对多个变量进行相关分析时，研究一个变量与多个变量之间的线性相关称为复相关分析；研究其余变量保持不变的条件下两个变量之间的直线相关称为偏相关分析。在相关分析中，不区分自变量和依变量。相关分析只研究两个变量之间直线相关的程度和性质或一个变量与多个变量之间线性相关的程度，不能进行预测、预报或控制，这是相关分析与回归分析的主要区别。

本章介绍直线回归分析、直线相关分析和可直线化的曲线回归分析。

第一节　直线回归分析

对于两个相关变量 x 与 y，通过试验或调查获得 n 对观测值（x_1, y_1），（x_2, y_2），…，（x_n, y_n）。为了直观地反映相关变量 x 与 y 的关系，可将每对观测值在直角坐标平面上描点，作出散点图（scatter diagram），见图 9-1。

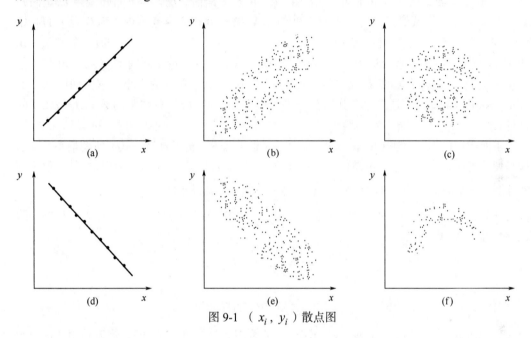

图 9-1 （x_i, y_i）散点图

从散点图可以看出：①两个变量之间关系的类型是直线还是曲线。图 9-1（a）、（d）指明 x 与 y 之间是完全直线关系，这种情况在生物界不多见；图 9-1（b）、（e）指明 x 与 y 之间可能存在直线关系，这种情况在生物界较常见；图 9-1（f）指明 x 与 y 之间可能存在曲线关系，这种情况在生物界也较常见；图 9-1（c）指明 x 与 y 无关。②呈直线关系的两个变量相关的程度（是相关密切还是不密切）和性质（是正相关还是负相关）。③是否有异常观测值。

散点图直观地、定性地表示了两个相关变量之间的关系。为了揭示相关变量之间内在关系的特性，还必须根据实际观测值将相关变量之间的内在关系定量地表达出来。

一、直线回归方程的建立

如果呈因果关系的两个变量 x 与 y 之间是直线关系，根据自变量 x 和依变量 y 的 n 对实际观测值所描出的散点图，如图 9-1（b）或（e）所示。由于依变量 y 的实际观测值总是带有随机误差，因而实际观测值 y_i 可表示为

$$y_i = \beta_0 + \beta_1 x_i + \varepsilon_i \qquad (i=1, 2, \cdots, n) \qquad (9\text{-}1)$$

其中，自变量 x 为可以观测的一般变量（或为可以观测的随机变量）；依变量 y 为可以观测的随机变量，随 x 而变，受随机误差影响；β_0 为总体回归截距（regression intercept）；β_1 为总体

回归系数（regression coefficient）；ε_i 为相互独立且服从 $N(0, \sigma^2)$ 的随机变量。式（9-1）就是直线回归的数学模型。根据实际观测值对 β_0、β_1 以及方差 σ^2 作出估计。

在 x、y 直角坐标平面上可以作出无数条直线，回归直线是指所有直线中最接近散点图全部散点的直线。设直线回归方程（straight-line regression equation）为

$$\hat{y} = b_0 + b_1 x \tag{9-2}$$

其中，b_0 为样本回归截距；b_1 为样本回归系数，分别是应用最小二乘法求出的总体回归截距 β_0 和总体回归系数 β_1 的最小二乘估计值，也是无偏估计值。样本回归截距 b_0 是回归直线与 y 轴交点的纵坐标，当 $x=0$ 时，$\hat{y}=b_0$。如果 $x=0$ 在研究范围内，则 b_0 是 y 的起始值。样本回归系数 b_1 是回归直线的斜率，表示 x 改变一个单位，y 平均改变的数量。b_1 的正、负反映了 x 影响 y 的性质：$b_1 > 0$ 表示依变量 y 与自变量 x 同向增减，$b_1 < 0$ 表示依变量 y 与自变量 x 异向增减；b_1 的绝对值大小反映了 x 影响 y 的大小。$\hat{y}$ 为回归估计值（regression estimate），是当 x 在其研究范围内取某一个值时，y 总体平均数（$\beta_0 + \beta_1 x$）的估计值。

下面应用最小二乘法（least-square method）推导出 b_0、b_1 的计算公式。所谓最小二乘法就是使偏差平方和最小来求解总体参数估计值的方法，也就是说，b_0、b_1 应使回归估计值 $\hat{y}$ 与实际观测值 y 的偏差平方和 $Q = \sum(y-\hat{y})^2 = \sum(y-b_0-b_1 x)^2$ 最小。

Q 是关于 b_0、b_1 的二元函数。根据微积分学中求极值点的方法，令 Q 对 b_0、b_1 的一阶偏导数等于 0，即

$$\frac{\partial Q}{\partial b_0} = -2\sum(y-b_0-b_1 x) = 0$$

$$\frac{\partial Q}{\partial b_1} = -2\sum(y-b_0-b_1 x)x = 0$$

整理后得到关于 b_0、b_1 的二元一次联立方程组，称为 b_0、b_1 的正规方程组（normal equation）

$$\begin{cases} b_0 n + b_1 \sum x = \sum y \\ b_0 \sum x + b_1 \sum x^2 = \sum xy \end{cases}$$

解正规方程组，得

$$b_1 = \frac{\sum xy - \frac{1}{n}\left(\sum x\right)\left(\sum y\right)}{\sum x^2 - \frac{1}{n}\left(\sum x\right)^2} = \frac{\sum(x-\bar{x})(y-\bar{y})}{\sum(x-\bar{x})^2} = \frac{SP_{xy}}{SS_x} \tag{9-3}$$

$$b_0 = \bar{y} - b_1 \bar{x} \tag{9-4}$$

式（9-3）中的分子是自变量 x 的离均差与依变量 y 的离均差的乘积和 $\sum(x-\bar{x})(y-\bar{y})$，简称乘积和（sum of products），记为 SP_{xy}；分母是自变量 x 的离均差平方和 $\sum(x-\bar{x})^2$，记为 SS_x。

如果将式（9-4）代入式（9-2），得到 y 对 x 的中心化形式的直线回归方程

$$\hat{y} = \bar{y} - b_1\bar{x} + b_1 x = \bar{y} + b_1(x-\bar{x}) \tag{9-5}$$

【例 9-1】 某地 1991～1999 年 3 月下旬至 4 月中旬平均温度累积值（x，单位：旬·℃）

和一代三化螟蛾盛发期（y，以 5 月 10 日为 0）的资料如表 9-1 所示。建立一代三化螟蛾盛发期 y 与 3 月下旬至 4 月中旬平均温度累积值 x 的直线回归方程。

表 9-1　3 月下旬至 4 月中旬平均温度累积值 x 与一代三化螟蛾盛发期 y 资料

年份	1991	1992	1993	1994	1995	1996	1997	1998	1999
积温 x	35.5	34.1	31.7	40.3	36.8	40.2	31.7	39.2	44.2
盛发期 y	12	16	9	2	7	3	13	9	−1

1. 作散点图　　以 3 月下旬至 4 月中旬平均温度累积值 x 为横坐标，一代三化螟蛾盛发期 y 为纵坐标作散点图（图 9-2）。由图 9-2 看到它们之间存在异向增减的直线关系，随 3 月下旬至 4 月中旬平均温度累积值的增大，一代三化螟蛾盛发期提前。

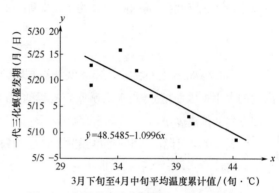

图 9-2　旬平均温度累计值和一代三化螟蛾盛发期的关系

2. 计算回归系数 b_1，回归截距 b_0，建立直线回归方程　　首先根据实际观测值计算出一级数据：

$$n=9$$

$$\sum x=35.5+34.1+\cdots+44.2=333.70$$

$$\sum y=12+16+\cdots+(-1)=70.00$$

$$\sum x^2=35.5^2+34.1^2+\cdots+44.2^2=12517.49$$

$$\sum y^2=12^2+16^2+\cdots+(-1)^2=794.00$$

$$\sum xy=35.5\times12+34.1\times16+\cdots+44.2\times(-1)=2436.40$$

R 脚本　　SAS 程序

由一级数据计算出二级数据：

$$\bar{x}=\frac{\sum x}{n}=\frac{333.70}{9}=37.0778$$

$$\bar{y}=\frac{\sum y}{n}=\frac{70.00}{9}=7.7778$$

$$SS_x=\sum x^2-\frac{1}{n}\left(\sum x\right)^2=12517.49-\frac{333.70^2}{9}=144.6356$$

$$SS_y=\sum y^2-\frac{1}{n}\left(\sum y\right)^2=794.00-\frac{70.00^2}{9}=249.5556$$

$$SP_{xy}=\sum xy-\frac{1}{n}\left(\sum x\right)\left(\sum y\right)=2436.40-\frac{333.70\times70.00}{9}=-159.0444$$

进而计算出

$$b_1=\frac{SP_{xy}}{SS_x}=\frac{-159.0444}{144.6356}=-1.0996\ \left[\text{天}/\left(\text{旬}\cdot℃\right)\right]$$

$$b_0 = \bar{y} - b_1\bar{x} = 7.7778 - (-1.0996) \times 37.0778 = 48.5485 \ （\text{天}）$$

于是，表9-2资料的直线回归方程为

$$\hat{y} = 48.5485 - 1.0996x$$

3. 直线回归方程的离回归标准误 偏差平方和 $\sum(y-\hat{y})^2$ 的大小表示了实测点偏离回归直线的程度，因而偏差平方和又称为离回归平方和。统计学已证明，在直线回归分析中离回归平方和的自由度为 $n-2$，于是可求得离回归均方为 $\dfrac{\sum(y-\hat{y})^2}{n-2}$。离回归均方是模型（9-1）中方差 σ^2 的估计值。离回归均方的平方根称为离回归标准误，记为 s_{yx}，即

$$s_{yx} = \sqrt{\frac{\sum(y-\hat{y})^2}{n-2}} \tag{9-6}$$

离回归标准误 s_{yx} 的大小表示了实测点与回归直线，即实际观测值 y 与回归估计值 $\hat{y}$ 偏离度的大小。因而把 s_{yx} 用来表示回归方程的偏离度：s_{yx} 大，回归方程偏离度大；s_{yx} 小，回归方程的偏离度小。

用式（9-6）计算离回归标准误时，需要把每一个 x_i 的回归估计值 $\hat{y}_i$ 计算出来，计算麻烦，且累计舍入误差大。可以证明

$$\sum(y-\hat{y})^2 = SS_y - \frac{SP_{xy}^2}{SS_x} \tag{9-7}$$

利用式（9-7）先计算出 $\sum(y-\hat{y})^2$，然后再代入式（9-6）计算 s_{yx} 就简便多了。对于**【例9-1】**，

$$\sum(y-\hat{y})^2 = SS_y - \frac{SP_{xy}^2}{SS_x} = 249.5556 - \frac{(-159.0444)^2}{144.6356} = 74.6670$$

所以

$$s_{yx} = \sqrt{\frac{\sum(y-\hat{y})^2}{n-2}} = \sqrt{\frac{74.6670}{9-2}} = 3.2600 \ （\text{天}）$$

即直线回归方程 $\hat{y} = 48.5485 - 1.0996x$ 的离回归标准误 s_{yx} 为3.2660天。

二、直线回归的假设检验

若依变量 y 与自变量 x 之间并不存在直线关系，但由 n 对观测值（x_i，y_i）也可以根据上面介绍的方法求得一个直线回归方程 $\hat{y} = b_0 + b_1x$。显然，这样的直线回归方程所表达的依变量 y 与自变量 x 之间的直线关系是不真实的。如何判断直线回归方程所表达的依变量 y 与自变量 x 之间的直线关系的真实性呢？这取决于依变量 y 与自变量 x 之间是否存在直线关系，也就是说须对直线回归进行假设检验。直线回归假设检验的方法有 F 检验和 t 检验两种，现分别介绍如下。

（一）直线回归关系的假设检验——F 检验

1. 依变量 y 的总平方和与自由度的分解 （$y-\bar{y}$）可表示为（$\hat{y}-\bar{y}$）与（$y-\hat{y}$）之和（图9-3），即（$y-\bar{y}$）=（$\hat{y}-\bar{y}$）+（$y-\hat{y}$）。

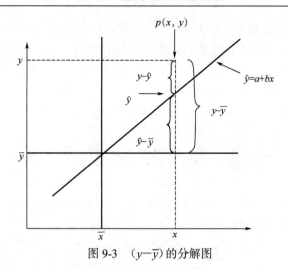

图 9-3　$(y-\bar{y})$ 的分解图

将上式两端平方，然后对 n 个实测点求和，

$$\sum(y-\bar{y})^2=\sum\left[(\hat{y}-\bar{y})+(y-\hat{y})\right]^2$$
$$=\sum(\hat{y}-\bar{y})^2+2\sum(\hat{y}-\bar{y})(y-\hat{y})+\sum(y-\hat{y})^2$$

由于 $\hat{y}=b_0+b_1x=\bar{y}+b_1(x-\bar{x})$，所以 $(\hat{y}-\bar{y})=b_1(x-\bar{x})$，于是，

$$\sum(\hat{y}-\bar{y})(y-\hat{y})=\sum b_1(x-\bar{x})(y-\hat{y})$$
$$=\sum b_1(x-\bar{x})[(y-\bar{y})-b_1(x-\bar{x})]$$
$$=b_1\sum(x-\bar{x})(y-\bar{y})-b_1^2\sum(x-\bar{x})^2$$
$$=b_1 SP_{xy}-b_1^2 SS_x$$
$$=\frac{SP_{xy}}{SS_x}SP_{xy}-\left(\frac{SP_{xy}}{SS_x}\right)^2 SS_x=0$$

所以

$$\sum(y-\bar{y})^2=\sum(\hat{y}-\bar{y})^2+\sum(y-\hat{y})^2 \tag{9-8}$$

$\sum(y-\bar{y})^2$ 表示 y 的总变异程度，称为 y 的总平方和，记为 SS_y；$\sum(\hat{y}-\bar{y})^2$ 表示 y 与 x 之间存在直线关系所引起的 y 的变异程度，称为回归平方和，记为 SS_R；$\sum(y-\hat{y})^2$ 表示除 y 与 x 之间存在直线关系以外的原因（包括随机误差）所引起的 y 的变异程度，称为离回归平方和或剩余平方和，记为 SS_r。于是，式（9-8）可表示为

$$SS_y=SS_R+SS_r \tag{9-9}$$

式（9-9）指明，y 的总平方和分解为回归平方和与离回归平方和两部分。与此相对应，y 的总自由度 df_y 也分为解为回归自由度 df_R 与离回归自由度 df_r 两部分，即

$$df_y=df_R+df_r \tag{9-10}$$

在直线回归分析中，回归自由度等于自变量的个数，即 $df_R=1$；y 的总自由度 $df_y=n-1$，离回归自由度 $df_r=n-2$。于是

$$离回归均方 \ MS_r=\frac{SS_r}{df_r}，\quad 回归均方 \ MS_R=\frac{SS_R}{df_R}$$

2. F 检验 若依变量 y 与自变量 x 之间不存在直线关系，则总体回归系数 $\beta_1=0$，若依变量 y 与自变量 x 之间存在直线关系，则总体回归系数 $\beta_1\neq0$。所以，对依变量 y 与自变量 x 之间是否存在直线关系的假设检验（也就是进行直线回归关系假设检验），其无效假设 $H_0:\beta_1=0$，备择假设 $H_A:\beta_1\neq0$。在无效假设 $H_0:\beta_1=0$ 成立的条件下，回归均方与离回归均方的比值服从 $df_1=1$ 和 $df_2=n-2$ 的 F 分布，所以可以用统计数 F，

$$F=\frac{MS_R}{MS_r}=\frac{\frac{SS_R}{df_R}}{\frac{SS_r}{df_r}}=\frac{SS_R}{\frac{SS_r}{n-2}}, \quad df_1=1, \quad df_2=n-2 \tag{9-11}$$

进行 F 检验，对依变量 y 与自变量 x 之间是否存在直线关系作出推断。

还可利用下述公式计算回归平方和：

$$SS_R=\sum(\hat{y}-\bar{y})^2=\sum[b_1(x-\bar{x})]^2$$
$$=b_1^2\sum(x-\bar{x})^2=b_1^2SS_x=b_1SP_{xy} \tag{9-12}$$
$$=\frac{SP_{xy}}{SS_x}SP_{xy}=\frac{SP_{xy}^2}{SS_x} \tag{9-13}$$

利用式（9-13）计算回归平方和 SS_R 的舍入误差最小；式（9-12）便于推广到多元线性回归分析。根据式（9-9），可得到离回归平方和计算公式为

$$SS_r=SS_y-SS_R=SS_y-\frac{SP_{xy}^2}{SS_x}$$

对于【例 9-1】，$SS_y=249.5556$，$SP_{xy}=-159.0444$，$SS_x=144.6356$。

$$SS_R=\frac{SP_{xy}^2}{SS_x}=\frac{(-159.0444)^2}{144.6356}=174.8886$$
$$SS_r=SS_y-SS_R=249.5556-174.8886=74.6670$$
$$df_R=1, \quad df_r=n-2=9-2=7$$

于是，

$$F=\frac{MS_R}{MS_r}=\frac{SS_R}{\frac{SS_r}{n-2}}=\frac{174.8886}{\frac{74.6670}{7}}=16.40$$

根据 $df_1=df_R=1$、$df_2=df_r=7$ 查附表 4，得临界 F 值 $F_{0.01(1,7)}=12.25$，因为 $F>F_{0.01(1,7)}$、$p<0.01$，否定 $H_0:\beta_1=0$，接受 $H_A:\beta_1\neq0$，表明一代三化螟蛾盛发期 y 对积温 x 的回归系数极显著，即一代三化螟蛾盛发期 y 与积温 x 之间存在极显著的直线关系。

（二）回归系数假设检验——t 检验

回归系数假设检验的检验对象是样本回归系数 b_1，目的是对总体回归系数 β_1 是否为 0 作出推断，也就是对依变量 y 与自变量 x 之间是否存在直线关系作出推断。无效假设和备择假设仍为无效假设 $H_0:\beta_1=0$，备择假设 $H_A:\beta_1\neq0$。

t 检验的计算公式为

$$t=\frac{b_1}{s_{b_1}}, \quad df=n-2 \tag{9-14}$$

其中，s_{b_1} 为回归系数标准误，计算公式为

$$s_{b_1} = \frac{s_{yx}}{\sqrt{SS_x}} \qquad (9\text{-}15)$$

对于【例 9-1】，已计算得 $b_1 = -1.0996$，$SS_x = 144.6356$，$s_{yx} = 3.2600$，故

$$s_{b_1} = \frac{s_{yx}}{\sqrt{SS_x}} = \frac{3.2600}{\sqrt{144.6356}} = 0.2715$$

$$t = \frac{b_1}{s_{b_1}} = \frac{-1.0996}{0.2715} = -4.05$$

根据 $df = n-2 = 9-2 = 7$ 查附表 3，得临界 t 值 $t_{0.01(7)} = 3.50$，因为 $|t| = 4.05 > t_{0.01(7)}$、$p < 0.01$，否定 $H_0 : \beta_1 = 0$，接受 $H_A : \beta_1 \neq 0$，表明一代三化螟蛾盛发期 y 对积温 x 的回归系数极显著，即一代三化螟蛾盛发期 y 与积温 x 之间存在极显著的直线关系。

t 检验的结果与 F 检验的结果一致。在直线回归分析中，这两种检验方法是等价的，可任选一种进行直线回归假设检验。

样本回归系数 $b_1 = -1.0996$ 的实际意义是：3 月下旬至 4 月中旬平均温度累积值每提高 1 旬·℃，一代三化螟蛾盛发期将平均提早 1.0996 天。由于 $x = 0$ 不在研究范围内，没必要讨论回归截距 $b_0 = 48.5485$ 的实际意义。

需要指出的是，只有当依变量 y 与自变量 x 之间存在显著或极显著的直线关系时，样本回归系数 b_1 才具有实际意义，才能利用所建立的直线回归方程进行预测或控制。而且在利用所建立的回归方程进行预测或控制时，一般只适用于原来研究的范围，不能随意把范围扩大。因为在研究范围内两变量间可能是直线关系，这并不能保证研究范围外两变量仍然是直线关系。若需要扩大预测或控制的范围，则要有充分的理论依据或进一步的实验依据。也就是说，利用经检验显著或极显著的直线回归方程进行预测或控制，一般只能"内插"，不要轻易"外延"。

*三、直线回归的区间估计

进行直线回归分析，除了用样本回归截距 b_0 估计总体回归截距 β_0，用样本回归系数 b_1 估计总体回归系数 β_1，用 $\hat{y}$ 估计某一 x 值对应的 y 总体的平均数 $\beta_0 + \beta_1 x$ 外；还可以对总体回归截距 β_0、总体回归系数 β_1，某一 x 值对应的 y 总体的平均数 $\beta_0 + \beta_1 x$ 和单个观测值 y 作出区间估计，即求出它们在一定置信度下的置信区间（表 9-2）。

表 9-2　总体回归截距 β_0、总体回归系数 β_1、y 总体平均数 $\beta_0 + \beta_1 x$ 和单个观测值 y 置信度为 $1-\alpha$ 的置信区间

	标准误	置信度为 $1-\alpha$ 的置信区间
回归截距 β_0	$s_{b_0} = s_{yx}\sqrt{\dfrac{1}{n} + \dfrac{\bar{x}^2}{SS_x}}$	$[b_0 - t_{\alpha(n-2)}s_{b_0}, b_0 + t_{\alpha(n-2)}s_{b_0}]$
回归系数 β_1	$s_{b_1} = s_{yx}\sqrt{\dfrac{1}{SS_x}}$	$[b_1 - t_{\alpha(n-2)}s_{b_1}, b_1 + t_{\alpha(n-2)}s_{b_1}]$

续表

	标准误	置信度为 $1-\alpha$ 的置信区间
y 总体平均数 $\beta_0+\beta_1 x$	$s_{\hat{y}}=s_{yx}\sqrt{\dfrac{1}{n}+\dfrac{(x-\overline{x})^2}{SS_x}}$	$[\hat{y}-t_{\alpha(n-2)}s_{\hat{y}},\ \hat{y}+t_{\alpha(n-2)}s_{\hat{y}}]$
单个观测值 y	$s_y=s_{yx}\sqrt{1+\dfrac{1}{n}+\dfrac{(x-\overline{x})^2}{SS_x}}$	$[\hat{y}-t_{\alpha(n-2)}s_y,\ \hat{y}+t_{\alpha(n-2)}s_y]$

【例 9-2】　根据【例 9-1】所进行的直线回归分析，估计：①当 3 月下旬至 4 月中旬的积温为 40 旬·℃时，一代三化螟蛾平均盛发期在何时（置信度为 95%）；②某年 3 月下旬至 4 月中旬的积温为 40 旬·℃时，该年的一代三化螟蛾盛发期在何时（置信度为 95%）。

①是对 $x=40$ 的 y 总体平均数 $\beta_0+\beta_1 x$ 作出置信度为 95% 的区间估计；②是对 $x=40$ 的单个观测值 y 作出置信度为 95% 的区间估计。

依据直线回归方程 $\hat{y}=48.5485-1.0996x$，计算当 $x=40$ 时的 $\hat{y}$

$$\hat{y}=48.5485-1.0996\times40=4.56$$

因为标准误

$$s_{\hat{y}}=s_{yx}\sqrt{\frac{1}{n}+\frac{(x-\overline{x})^2}{SS_x}}=3.2600\times\sqrt{\frac{1}{9}+\frac{(40-37.0778)^2}{144.6356}}=1.35$$

$$s_y=s_{yx}\sqrt{1+\frac{1}{n}+\frac{(x-\overline{x})^2}{SS_x}}=3.2600\times\sqrt{1+\frac{1}{9}+\frac{(40-37.0778)^2}{144.6356}}=3.53$$

所以：

（1）$x=40$ 的 y 总体平均数 $\beta_0+\beta_1 x$ 置信度为 95% 的置信区间为

$$\hat{y}-t_{0.05(7)}s_{\hat{y}}\leqslant\beta_0+\beta_1 x\leqslant\hat{y}+t_{0.05(7)}s_{\hat{y}}$$

将 $\hat{y}=4.56$、$s_{\hat{y}}=1.35$、$t_{0.05(7)}=2.36$ 代入，得

$$4.56-2.36\times1.35\leqslant\beta_0+\beta_1 x\leqslant4.56+2.36\times1.35$$

$$1.37\leqslant\beta_0+\beta_1 x\leqslant7.75$$

即当 3 月下旬至 4 月中旬的积温为 40 旬·℃时，一代三化螟蛾平均盛发期置信度为 95% 的置信区间为 [1.37, 7.75]。也就是说，当 3 月下旬至 4 月中旬的积温为 40 旬·℃时，有 95% 的把握估计一代三化螟蛾平均盛发期在 5 月 12～18 日。

（2）$x=40$ 的单个观测值 y 置信度为 95% 的置信区间为

$$\hat{y}-t_{0.05(7)}s_y\leqslant y\leqslant\hat{y}+t_{0.05(7)}s_y$$

将 $\hat{y}=4.56$、$s_y=3.53$、$t_{0.05(7)}=2.36$ 代入，得

$$4.56-2.36\times3.53\leqslant y\leqslant4.56+2.36\times3.53$$

$$-3.77\leqslant y\leqslant12.89$$

即当某年 3 月下旬至 4 月中旬的积温为 40 旬·℃时，该年的一代三化螟蛾盛发期置信度为 95% 的置信区间为 [-3.77，12.89]。也就是说，当 3 月下旬至 4 月中旬的积温为 40 旬·℃时，有 95% 的把握估计一代三化螟蛾盛发期在 5 月 6～23 日。

类似地可求出 x 取其他值时 y 总体平均数 $\beta_0+\beta_1 x$ 和单个观测值 y 的置信度为 95% 的置信区间，列于表 9-3。

表 9-3　一代三化螟蛾盛发期 95%置信区间

x_i	$\hat{y}_i$	y 总体平均数 $\beta_0+\beta_1 x$ 的 95%置信区间		单个观测值 y 的 95%置信区间	
		置信下限	置信上限	置信下限	置信上限
30	15.56	10.34	20.78	6.26	24.86
32	13.36	9.21	17.51	4.60	22.12
34	11.16	7.93	14.39	2.81	19.51
36	8.96	6.29	11.63	0.79	17.13
38	6.76	4.12	9.40	−1.38	14.90
40	4.56	1.37	7.75	−3.77	12.89
42	2.37	−1.69	6.43	−6.34	11.08
44	0.17	−4.95	5.29	−9.08	9.42
46	−2.03	−8.31	4.25	−11.97	7.91

从标准误 $s_{\hat{y}}$ 和 s_y 的计算公式看到，x 越接近 $\bar{x}$，标准误 $s_{\hat{y}}$ 和 s_y 越小，置信区间的置信距也越小，预测越精确。

第二节　直线相关分析

进行直线相关分析的基本任务是：根据两个相关变量 x、y 的实际观测值计算表示 x 与 y 直线相关程度和性质的统计数——相关系数 r，并进行假设检验。

一、决定系数和相关系数

本章第一节已经证明了等式 $SS_y=SS_R+SS_r$。从这个等式不难看到，y 与 x 直线回归效果的好坏取决于回归平方和 SS_R 与离回归平方和 SS_r 的大小，或者说取决于回归平方和 SS_R 与 y 的总平方和 SS_y 的比值的大小。这个比值越大，y 对 x 的直线回归效果就越好；反之，这个比值越小，y 对 x 的直线回归效果就越差。比值 $\dfrac{SS_R}{SS_y}$ 称为 x 对 y 的决定系数（coefficient of determination），记为 r^2，即

$$r^2=\frac{SS_R}{SS_y} \tag{9-16}$$

决定系数的大小表示直线回归方程拟合度的高低，或者说表示直线回归方程预测的可靠程度的高低。显然 $0\leqslant r^2\leqslant 1$。通常在给出 y 与 x 的直线回归方程时，也给出决定系数 r^2。

因为

$$r^2=\frac{SS_R}{SS_y}=\frac{SP_{xy}^2}{SS_x SS_y}=\frac{SP_{xy}}{SS_x}\frac{SP_{xy}}{SS_y}=b_{yx}b_{xy}$$

其中，$\dfrac{SP_{xy}}{SS_x}$ 是以 y 为依变量、x 为自变量的回归系数 b_{yx}，即 $b_{yx}=\dfrac{SP_{xy}}{SS_x}$ 是 y 对 x 的回归系数；

若把 x 作为依变量、y 作为自变量，则 $b_{xy} = \dfrac{SP_{xy}}{SS_y}$ 是 x 对 y 的回归系数。所以决定系数 r^2 等于 y 对 x 的回归系数 $b_{yx} = \dfrac{SP_{xy}}{SS_x}$ 与 x 对 y 的回归系数 $b_{xy} = \dfrac{SP_{xy}}{SS_y}$ 的乘积。这就是说，决定系数 r^2 还表示 x 为自变量、y 为依变量和 y 为自变量、x 为依变量的两个互为因果关系的相关变量 x 与 y 直线相关的程度。但决定系数介于 0 和 1 之间，不能表示两个互为因果关系的相关变量 x 与 y 之间直线相关的性质——是同向增减或是异向增减。若求 r^2 的平方根 r，且取 r 的正、负号与乘积和 SP_{xy} 的正、负号一致，即与 b_{xy}、b_{yx} 的正、负号一致。这样求出的 r^2 的平方根 r 其绝对值的大小表示相关变量 x 与 y 的直线相关的程度，其正、负号表示相关变量 x 与 y 直线相关的性质，称之为相关变量 x 与 y 的相关系数（correlation coefficient）。也就是说，相关变量 x 与 y 的相关系数 r 是表示相关变量 x 与 y 的直线相关的程度和性质的统计数，计算公式为

$$r = \frac{SP_{xy}}{\sqrt{SS_x SS_y}} \tag{9-17}$$

$$= \frac{\sum xy - \dfrac{(\sum x)(\sum y)}{n}}{\sqrt{\left[\sum x^2 - \dfrac{(\sum x)^2}{n}\right]\left[\sum y^2 - \dfrac{(\sum y)^2}{n}\right]}} \tag{9-18}$$

显然 $-1 \leqslant r \leqslant 1$。当 $r < 0$ 时，相关变量 x 与 y 异向增减，叫作 x 与 y 负相关；当 $r > 0$ 时，相关变量 x 与 y 同向增减，叫作 x 与 y 正相关。

【例 9-3】　根据【例 9-1】的资料，计算 3 月下旬至 4 月中旬积温 x 对一代三化螟蛾盛发期 y 的决定系数 r^2 和 3 月下旬至 4 月中旬积温 x 与一代三化螟蛾盛发期 y 的相关系数 r。

已经计算得 $SS_y = 249.5556$、$SS_x = 144.6356$、$SP_{xy} = -159.0444$，代入式（9-16），得 3 月下旬至 4 月中旬积温 x 对一代三化螟盛发期 y 的决定系数 r^2 为

$$r^2 = \frac{SP_{xy}^2}{SS_x SS_y} = \frac{(-159.0444)^2}{144.6356 \times 249.5556} = 0.7007$$

即一代三化螟盛发期 y 与 3 月下旬至 4 月中旬积温 x 的直线回归方程的拟合度为 70.07%，或者说该直线回归方程预测的可靠程度为 70.07%。注意，决定系数 r^2 在直线回归关系显著或极显著时才有意义，应在直线回归关系显著或极显著时才计算。

由式（9-17）计算 3 月下旬至 4 月中旬积温 x 与一代三化螟蛾盛发期 y 的相关系数 r 得

$$r = \frac{SP_{xy}}{\sqrt{SS_x SS_y}} = \frac{-159.0444}{\sqrt{144.6356 \times 249.5556}} = -0.8371$$

二、相关系数的假设检验

上述根据实际观测值计算的 r 是样本相关系数，它是双变量正态总体的总体相关系数 ρ 的估计值。样本相关系数 r 是否来自总体相关系数 $\rho \neq 0$ 的双变量正态总体，还须对相关系数进行假设检验。此时无效假设为 $H_0: \rho = 0$，备择假设为 $H_A: \rho \neq 0$。与直线回归关系假设检

验一样，可采用 F 检验与 t 检验对相关系数进行假设检验。

F 检验的计算公式为

$$F=\frac{r^2}{(1-r^2)/(n-2)}, \ df_1=1, \ df_2=n-2 \tag{9-19}$$

t 检验的计算公式为

$$t=\frac{r}{s_r}, \ df=n-2 \tag{9-20}$$

其中，$s_r=\sqrt{\dfrac{1-r^2}{n-2}}$，称为相关系数标准误。

统计学家已根据相关系数假设检验——t 检验的计算公式计算出了临界 r 值并编制成表。所以可以直接采用查表法对相关系数进行假设检验。具体步骤是，先根据自由度 $n-2$ 从附表 9 查临界 r 值：$r_{0.05(n-2)}$、$r_{0.01(n-2)}$，然后将 $|r|$ 与 $r_{0.05(n-2)}$、$r_{0.01(n-2)}$ 比较，作出统计推断：

若 $|r|<r_{0.05(n-2)}$、$p>0.05$，不能否定 $H_0: \rho=0$，表明变量 x 与 y 的相关系数不显著，即变量 x 与 y 的直线关系不显著。

若 $r_{0.05(n-2)} \leqslant |r|<r_{0.01(n-2)}$、$0.01<p \leqslant 0.05$，否定 $H_0: \rho=0$，接受 $H_A: \rho \neq 0$，表明变量 x 与 y 的相关系数显著，即变量 x 与 y 的直线关系显著。

若 $|r| \geqslant r_{0.01(n-2)}$、$p \leqslant 0.01$，否定 $H_0: \rho=0$，接受 $H_A: \rho \neq 0$，表明变量 x 与 y 的相关系数极显著，即变量 x 与 y 的直线关系极显著。

当计算的样本相关系数 r 较多时，常在 r 的右上方标记"ns"（或不标记符号）表示统计推断结果为相关系数不显著；在 r 的右上方标记"$*$"表示统计推断结果为相关系数显著；在 r 的右上方标记"$**$"表示统计推断结果为相关系数极显著。

对于【例 9-3】，根据 $df=n-2=9-2=7$，查附表 9，得临界 r 值 $r_{0.05(7)}=0.666$，$r_{0.01(7)}=0.798$，因为 $|r|=0.8371>r_{0.01(7)}$，$p<0.01$，表明 3 月下旬至 4 月中旬积温 x 与一代三化螟蛾盛发期 y 的相关系数极显著，即 3 月下旬至 4 月中旬积温 x 与一代三化螟蛾盛发期 y 的直线关系极显著。由于 $r=-0.8371<0$，所以确切地说，3 月下旬至 4 月中旬积温 x 与一代三化螟蛾盛发期 y 极显著负相关，积温越高，一代三化螟蛾的盛发期越早。

三、直线回归分析与直线相关分析的关系

直线回归分析与直线相关分析关系十分密切。事实上，它们的研究对象都是呈直线关系的两个相关变量。直线回归分析将两个相关变量区分为自变量和依变量，侧重于寻求它们之间的联系形式——建立直线回归方程；直线相关分析不区分自变量和依变量，侧重于揭示它们之间的联系程度和性质——计算出相关系数。两种分析所进行的假设检验都是回答 y 与 x 之间是否存在直线关系，二者的检验是等价的，即相关系数显著，回归系数亦显著；相关系数不显著，回归系数亦不显著。由于利用查表法对相关系数进行假设检验十分简便，因此在实际进行直线回归分析时，可用相关系数假设检验代替直线回归关系假设检验，即可先计算出相关系数 r 并进行假设检验，若检验结果相关系数不显著，则用不着建立直线回归方程；若相关系数显著，再计算回归系数 b_1、回归截距 b_0，建立直线回归方程，此时所建立的直线回归方程代表的直线关系是真实的，可用来进行预测和控制。

四、直线回归分析与相关分析的注意事项

直线回归分析与相关分析在农学、生物学试验研究中应用广泛，但在实际工作中常被误用或作出错误的解释。为了正确应用直线回归分析与相关分析，应注意以下事项。

（1）依据农学、生物学知识判断变量之间是否确实存在相关。直线回归分析与相关分析毕竟是处理变量间关系的数学方法，在将这些方法应用于农学、生物学试验研究时要考虑到研究对象的客观实际情况。例如，变量间是否确实存在直线相关以及在什么条件下存在直线相关，求出的直线回归方程是否有实际意义，某性状作为自变量还是依变量，等等，都必须依据农学、生物学知识来决定，并且还要到农学、生物学实践中去检验。如果不以一定的农学、生物学依据为前提，把毫不相干的数据随意凑到一块作直线回归分析或相关分析，显然是错误的。

（2）其余变量尽量保持一致。由于自然界各种事物相互影响、相互制约，一个变量的变化通常会受到许多其他变量的影响，因此，在研究两个相关变量间关系时，要求其余变量应保持在同一水平，否则，直线回归分析和相关分析可能会导致完全虚假的结果。例如，小麦穗粒数与粒重之间的关系，如果穗粒重固定，穗粒数与粒重呈负相关，但当穗粒重在变化时，穗粒数与粒重未必呈负相关。

（3）观测值要尽可能地多。在进行直线回归与相关分析时，两个相关变量成对观测值应尽可能多一些，这样可提高分析的精确性，至少要有 5 对观测值。同时自变量 x 的取值范围要尽可能大一些，这样才容易发现两个变量间的真实关系。

（4）外推要谨慎。直线回归方程是在 x 的一定取值范围内对两个相关变量 y 与 x 之间直线关系的表达，超出这个范围，两个相关变量 y 与 x 之间的关系类型可能会发生改变，所以利用直线回归方程进行预测必须限制在自变量 x 的取值范围以内，外推要谨慎，否则会得出错误的结果。

（5）正确理解直线回归或相关显著与否的含义。相关系数不显著并不意味着相关变量 x 与 y 之间没有关系，只能说明相关变量 x 与 y 的直线关系不显著；相关系数或回归系数显著并不意味着相关变量 x 与 y 的关系必定为直线，因为并不排除有能够更好地描述它们关系的曲线回归方程的存在。

（6）用一个显著的回归方程进行预测并不一定就具有重要意义。例如，相关变量 x 与 y 的相关系数 $r=0.5$，在 $df=24$ 时，$r_{0.01(24)}=0.496$，$r>r_{0.01(24)}$，$p<0.01$，表明相关变量 x 与 y 的直线关系极显著。而决定系数 $r^2=0.25$，说明 x 变量或 y 变量的总变异能够通过 y 变量或 x 变量以直线回归关系来估计的比重只占 25%，其余的 75% 的变异无法借助直线回归来估计，所建立的直线回归方程的拟合度为 25%，拟合度低，或者说用所建立的直线回归方程进行预测其可靠程度为 25%，预测的可靠程度低。

*第三节　可直线化的曲线回归分析

一、曲线回归分析的意义

在农学、生物学试验研究中发现，大多数双变量之间的关系不是直线关系而是曲线关系。

如产量与施氮量，产量与密度，光合作用效率与光照强度，害虫死亡率与药剂浓度，等等。虽然在 x 的某一区间上，y 与 x 有可能是直线关系，但就 x 可能取值的整个范围而言，y 与 x 通常不是直线关系。因而在农学、生物学试验研究中常常要进行曲线回归分析（curvilinear regression analysis）。

曲线回归分析的基本任务是通过两个相关变量 y 与 x 的实际观测值建立曲线回归方程，以揭示相关变量 y 与 x 的曲线联系形式。曲线回归分析最困难和首要的工作是确定相关变量 y 与 x 的曲线关系的类型。通常通过以下两个途径来确定。

1. 根据专业知识判断　例如，单细胞生物生长初期数量常按指数函数增长，生长后期单细胞生物生长受到抑制，则生长曲线会变为"S"形；生态学上种群增长的情况也类似，此时常用 Logistic 曲线进行拟合。反映死亡率与药物剂量之间关系的曲线也呈"S"形，但常用概率对数曲线描述。酶促反应动力学中的米氏方程是一种双曲线。植物叶层中的光强度分布常用指数函数描述。这些公式或者来源于某种理论推导，或者是一种经验公式。

2. 利用散点图判断　如果不能根据专业知识判断变量间的曲线关系类型，则利用散点图来判断。方法是把 n 对实际观测值 (x_i, y_i) 在直角坐标平面上描点，作出散点图，观察实测点的分布趋势，选用与实测点分布趋势最接近的某一已知函数曲线来拟合实测点。

可用来表示双变量曲线关系的曲线函数种类很多，其中许多曲线函数可以通过变量转换转化为直线函数——称之为曲线函数的直线化。也就是说，通过变量转换可把曲线回归转化为直线回归。

利用可直线化的曲线函数进行曲线回归分析的基本步骤是：第一步，将 y 和（或）x 进行变量转换，将曲线函数直线化；第二步，对新变量进行直线回归分析——建立直线回归方程，进行假设检验；第三步，将新变量还原为原变量，由新变量的直线回归方程得到原变量的曲线回归方程。

二、曲线函数的直线化

下面介绍几种常用的能直线化的曲线函数及其图形与直线化方法。

1. 双曲线函数（图 9-4）　$\dfrac{1}{y} = b_0 + \dfrac{b_1}{x}$　（$b_0 > 0$）

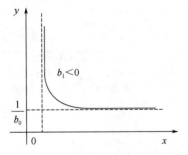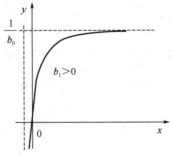

图 9-4　双曲线函数 $\dfrac{1}{y} = b_0 + \dfrac{b_1}{x}$ 的图形（虚线为渐近线）

令 $y' = \dfrac{1}{y}$，$x' = \dfrac{1}{x}$，则将双曲线函数直线化为 $y' = b_0 + b_1 x'$。

2. 幂函数（图 9-5）　$y = b_0 x^{b_1}$　（$b_0 > 0$）

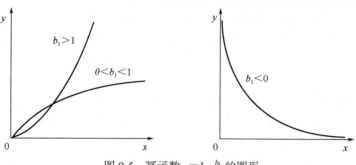

图 9-5　幂函数 $y=b_0x^{b_1}$ 的图形

对幂函数 $y=b_0x^{b_1}$ 两端求自然对数，得 $\ln y=\ln b_0+b_1\ln x$，令 $y'=\ln y$，$b_0'=\ln b_0$，$x'=\ln x$，则将幂函数直线化为 $y'=b_0'+b_1x'$。

3. 指数函数（图 9-6）　　　$y=b_0e^{b_1x}$（$b_0>0$）

对指数函数 $y=b_0e^{b_1x}$ 两端求自然对数，得 $\ln y=\ln b_0+b_1x$，令 $y'=\ln y$，$b_0'=\ln b_0$，则将指数函数 $y=b_0e^{b_1x}$ 直线化为 $y'=b_0'+b_1x$。

4. 对数函数（图 9-7）　　　$y=b_0+b_1\lg x$

令 $x'=\lg x$，则将对数函数 $y=b_0+b_1\lg x$ 直线化为 $y=b_0+b_1x'$。

5. Logistic 生长曲线函数（图 9-8）　　　$y=\dfrac{k}{1+b_0e^{-b_1x}}$（$k$、$b_0$、$b_1$ 均>0）

将 Logistic 生长曲线函数两端取倒数，得

$$\frac{k}{y}=1+b_0e^{-b_1x}，\quad \frac{k-y}{y}=b_0e^{-b_1x}$$

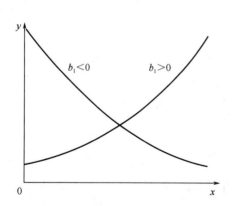

图 9-6　指数函数 $y=b_0e^{b_1x}$（$b_0>0$）的图形

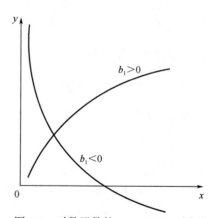

图 9-7　对数函数的 $y=b_0+b_1\lg x$ 图形

对 $\dfrac{k-y}{y}=b_0e^{-b_1x}$ 两端取自然对数，得

$$\ln\frac{k-y}{y}=\ln b_0-b_1x$$

令 $y'=\ln\dfrac{k-y}{y}$，$b_0'=\ln b_0$，$b_1'=-b_1$，则将 $y=\dfrac{k}{1+b_0e^{-b_1x}}$ 直线化为 $y'=b_0'+b_1'x$。

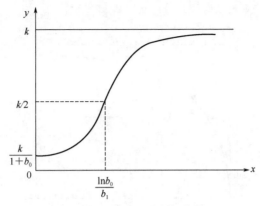

图 9-8　Logistic 生长曲线

其中，k 为极限生长量（上界），通常选取满足条件 $x_2 = \dfrac{x_1 + x_3}{2}$（即 x_1、x_2、x_3 为等间隔）的 3 对实际观测值（x_1，y_1）、（x_2，y_2）、（x_3，y_3）求 k 的估计值，计算公式如下：

$$k = \frac{y_2^2(y_1 + y_3) - 2y_1 y_2 y_3}{y_2^2 - y_1 y_3} \qquad (9\text{-}21)$$

【例 9-4】 测定细砂土中毛细管水的上升高度（y，cm）和经历时数（x，h），测定结果列于表 9-4。进行回归分析。

R 脚本　SAS 程序

表 9-4　毛细管水的上升高度和经历时数测定结果

经历时数（x）	上升高度（y）	$x' = \dfrac{1}{x}$	$y' = \dfrac{1}{y}$	$\hat{y}$
12	21	0.08333	0.04762	21.33295
24	34	0.04167	0.02941	31.93060
48	42	0.02083	0.02381	42.48276
96	48	0.01042	0.02083	50.89193
144	53	0.006944	0.01887	54.48705
192	57	0.005208	0.01754	56.48205
240	60	0.004167	0.01667	57.75075

1. 根据实际观测值在直角坐标平面上作散点图，选定曲线类型　图 9-9 中实测点的分布趋势比较接近双曲线函数图形，因而选用双曲线函数 $\dfrac{1}{y} = b_0 + \dfrac{b_1}{x}$ 来拟合实测点。令 $y' = \dfrac{1}{y}$、$x' = \dfrac{1}{x}$，则将双曲线函数直线化为 $y' = b_0 + b_1 x'$。

2. 对 y'、x' 进行直线回归分析　根据表 9-4 所列结果计算，得 $\bar{x}' = 0.02465$，$\bar{y}' = 0.02496$，$SS_{x'} = 0.005059$，$SS_{y'} = 0.000710$，$SP_{x'y'} = 0.001889$。

x' 与 y' 的相关系数为

$$r_{x'y'} = \frac{SP_{x'y'}}{\sqrt{SS_{x'} SS_{y'}}} = \frac{0.001889}{\sqrt{0.005059 \times 0.000710}} = 0.9967$$

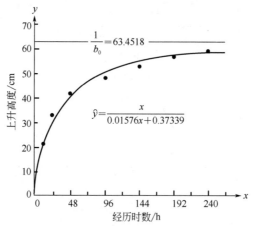

图 9-9　细砂土毛细管水的上升高度和经历时数的关系

根据 $df=n-2=7-2=5$ 查附表 9，得临界 r 值 $r_{0.01(5)}=0.874$，因为 $r_{x'y'}>r_{0.01(5)}$、$p<0.01$，表明 y' 与 x' 直线关系极显著，可进一步建立 y' 与 x' 的直线回归方程。因为

$$b_1=\frac{SP_{x'y'}}{SS_{x'}}=\frac{0.001889}{0.005059}=0.37339$$

$$b_0=\overline{y}'-b_1\overline{x}'=0.02496-0.37339\times0.02465=0.01576$$

所以 y' 与 x' 的直线回归方程为

$$\hat{y}'=0.01576+0.37339x'$$

3. 将变量 x'、y' 还原为 x、y　　将 $x'=\dfrac{1}{x}$、$y'=\dfrac{1}{y}$ 代入 $\hat{y}'=0.01576+0.37339x'$ 得 y 与 x 的双曲线回归方程 $\dfrac{1}{\hat{y}}=0.01576+\dfrac{0.37339}{x}$，即

$$\hat{y}=\frac{x}{0.01576x+0.37339}$$

4. 曲线回归方程的拟合度　　曲线回归方程拟合的好坏，即所配曲线与实测点拟合的好坏，取决于离回归平方和 $\sum(y-\hat{y})^2$ 与 y 的平方和 $\sum(y-\overline{y})^2$ 的比例大小。若这个比例小，说明所配曲线与实测点拟合程度高，反之则低。1 与这个比值之差叫作曲线回归方程的相关指数（correlation index），记为 R^2，即

$$R^2=1-\frac{\sum(y-\hat{y})^2}{\sum(y-\overline{y})^2} \tag{9-22}$$

相关指数 R^2 的大小表示曲线回归方程拟合度的高低，或者说表示曲线回归方程预测可靠程度的高低。

本例，$\sum(y-\overline{y})^2=1148$。为了计算 $\sum(y-\hat{y})^2$，须先将各个 x 代入 y 与 x 的双曲线回归方程式（9-22）计算出各个 $\hat{y}$，计算结果列于表 9-4，进而计算出 $\sum(y-\hat{y})^2=20.52831$，于是

$$R^2=1-\frac{\sum(y-\hat{y})^2}{\sum(y-\overline{y})^2}=1-\frac{20.52831}{1148}=0.9821$$

表明用 y 与 x 的双曲线回归方程来拟合实测点，拟合度为 98.21%，拟合度高，或者说该双曲线回归方程预测可靠程度为 98.21%，预测可靠程度高。

若对于两个相关变量 y 与 x 的 n 对实际观测值，根据散点图实测点的分布趋势，可用几条相近的曲线进行拟合，同时建立了几个曲线回归方程。此时可根据农学、生物学知识和相关指数 R^2 的大小，选择既符合农学、生物学规律，拟合度又高的曲线回归方程来表示这两个相关变量 y 与 x 之间的曲线关系。

习　题

1. 如何进行直线回归分析？回归截距 b_0、回归系数 b_1 与回归估计值 $\hat{y}$ 的意义是什么？

2. 决定系数 r^2 的意义是什么？如何计算？

3. 如何进行直线相关分析？相关系数 r 的意义是什么？如何计算？

4. 直线回归分析与相关分析有何区别与联系？

5. 如何确定两个变量间的曲线函数类型？可直线化的曲线回归分析的基本步骤是什么？

6. 相关指数 R^2 的意义是什么？如何计算？

7. 研究某种有机氯农药的用量与施用于小麦后在籽粒中的残留量的关系，测定结果列于下表，进行直线回归分析与相关分析。

有机氯农药用量 $x/$ (kg/666.7m^2)	0.5	1.0	1.5	2.0	2.5
籽粒中的残留量 $y/$ (10^{-1}mg/kg)	0.7	1.1	1.4	1.8	2.0

8. 下表为不同浓度鱼藤酮和菊蚜死亡率资料，进行直线回归分析。（提示：先对 y 作反正弦转换，即 $y'=\sin^{-1}\sqrt{y}$，再对 y' 与 x 进行直线回归分析）

鱼藤酮浓度 $x/$ (mg/L)	2.6	3.2	3.8	4.4	5.1	6.4	7.7	9.5
菊蚜死亡率 $y/$%	12	25	33	43	53	68	84	90

9. 甘薯薯块在生长过程中的鲜重与呼吸强度资料列于下表，进行回归分析。（提示：选用指数函数 $y=b_0x^{b_1}$ 拟合）

甘薯鲜重 $x/$g	10	38	80	125	200	310	445	480
呼吸强度 $y/$ [CO_2 mg/ (100g FW·h)]	92	32	21	12	10	7	7	6

*第十章　多元线性回归与相关分析

　　直线回归分析与曲线回归分析属于研究一个自变量与一个依变量的回归分析，即一元回归分析。直线相关分析研究两个相关变量之间的直线关系，也就是说，一元回归分析和直线相关分析仅研究两个相关变量之间的关系。但在农学、生物学试验研究中，常常要研究多个相关变量之间的关系。例如，研究作物单位面积产量与单位面积穗数、每穗粒数、千粒重的关系；研究害虫发生量与温度、湿度、雨量的关系等。研究多个自变量与一个依变量的回归分析称为多元回归分析，其中最基本、最常用的是多元线性回归分析（multiple linear regression analysis）。许多多元非线性回归（non-linear regression）可以转化为多元线性回归来解决。对多个变量进行相关分析时，研究一个变量与多个变量之间的线性相关称为复相关分析（multiple correlation analysis）；研究其余变量保持不变的条件下两个变量之间的直线相关称为偏相关分析（partial correlation analysis）。本章介绍多元线性回归分析、复相关分析和偏相关分析。

第一节　多元线性回归分析

　　多元线性回归分析包括建立多元线性回归方程、多元线性回归的假设检验、建立最优多元线性回归方程等内容。

一、多元线性回归方程的建立

（一）多元线性回归的数学模型

设依变量 y 与自变量 x_1，x_2，$\cdots$，x_m 有 n 组实际观测值

y	x_1	x_2	$\cdots$	x_m
y_1	x_{11}	x_{21}	$\cdots$	x_{m1}
y_2	x_{12}	x_{22}	$\cdots$	x_{m2}
$\vdots$	$\vdots$	$\vdots$		$\vdots$
y_n	x_{1n}	x_{2n}	$\cdots$	x_{mn}

　　假定依变量 y 与自变量 x_1，x_2，$\cdots$，x_m 之间存在线性关系，实际观测值 x_j 可以表示为

$$y_j = \beta_0 + \beta_{1j}x_{1j} + \beta_2 x_{2j} + \cdots + \beta_m x_{mj} + \varepsilon_j \quad (j=1, 2, \cdots, n) \tag{10-1}$$

其中，自变量 x_1，x_2，$\cdots$，x_m 为可以观测的一般变量（或为可以观测的随机变量）；依变量 y 为可以观测的随机变量，随 x_1，x_2，$\cdots$，x_m 而变，受随机误差影响；β_0 为总体回归常数项；β_i（$i=1, 2, \cdots, m$）为依变量 y 对自变量 x_i 的总体偏回归系数；ε_j 为相互独立且服从 $N(0, \sigma^2)$ 的随机变量。

式（10-1）就是多元线性回归的数学模型。根据依变量 y 与自变量 x_1，x_2，$\cdots$，x_m 的 n 组实际观测值对 β_0，β_1，β_2，$\cdots$，β_m 及方差 σ^2 作出估计。

（二）建立多元线性回归方程

设依变量 y 与自变量 x_1，x_2，$\cdots$，x_m 的 m 元线性回归方程为

$$\hat{y}=b_0+b_1x_1+b_2x_2+\cdots+b_mx_m$$

其中，b_0，b_1，b_2，$\cdots$，b_m 为根据最小二乘法求得的 β_0，β_1，β_2，$\cdots$，β_m 的估计值，即 b_0，b_1，b_2，$\cdots$，b_m 应使实际观测值 y 与回归估计值 $\hat{y}$ 的偏差平方和 $Q=\sum\limits_{j=1}^{n}(y_j-\hat{y}_j)^2$ 最小。Q 是关于 b_0，b_1，b_2，$\cdots$，b_m 的 $m+1$ 元函数，

$$Q=\sum_{j=1}^{n}(y_j-\hat{y}_j)^2=\sum_{j=1}^{n}(y_j-b_0-b_1x_{1j}-b_2x_{2j}-\cdots-b_mx_{mj})^2$$

根据多元函数求极值点的方法，令 Q 对 b_0，b_1，b_2，$\cdots$，b_m 的偏导数为 0，

$$\frac{\partial Q}{\partial b_0}=-2\sum_{j=1}^{n}(y_j-b_0-b_1x_{1j}-b_2x_{2j}-\cdots-b_mx_{mj})^2=0$$

$$\frac{\partial Q}{\partial b_i}=-2\sum_{j=1}^{n}x_{ij}(y_j-b_0-b_1x_{1j}-b_2x_{2j}-\cdots-b_mx_{mj})^2=0$$

$$(i=1,~2,~\cdots,~m)$$

经整理得

$$\begin{cases} nb_0 \quad +\left(\sum x_1\right)b_1 \quad +\left(\sum x_2\right)b_2 \quad +\cdots+\left(\sum x_m\right)\ b_m=\sum y \\ \left(\sum x_1\right)b_0+\left(\sum x_1^2\right)b_1 \quad +\left(\sum x_1x_2\right)b_2 \quad +\cdots+\left(\sum x_1x_m\right)b_m=\sum x_1y \\ \left(\sum x_2\right)b_0+\left(\sum x_2x_1\right)b_1 +\left(\sum x_2^2\right)b_2 \quad +\cdots+\left(\sum x_2x_m\right)b_m=\sum x_2y \\ \quad\vdots \qquad\qquad \vdots \qquad\qquad \vdots \qquad\qquad\qquad \vdots \qquad\quad \vdots \\ \left(\sum x_m\right)b_0+\left(\sum x_mx_1\right)b_1 +\left(\sum x_mx_2\right)b_2+\cdots+\left(\sum x_m^2\right)\ b_m=\sum x_my \end{cases} \quad (10\text{-}2)$$

由方程组（10-2）中的第一个方程可得

$$b_0=\bar{y}-b_1\bar{x}_1-b_2\bar{x}_2-\cdots-b_m\bar{x}_m \qquad (10\text{-}3)$$

即

$$b_0=\bar{y}-\sum_{i=1}^{m}b_i\bar{x}_i$$

其中，$\bar{y}=\dfrac{1}{n}\sum\limits_{j=1}^{n}y_i$，$\bar{x}_i=\dfrac{1}{n}\sum\limits_{j=1}^{n}x_{ij}$。

若记

$$SS_i=\sum_{j=1}^{n}(x_{ij}-\bar{x}_i)^2,~~SS_y=\sum_{j=1}^{n}(y_j-\bar{y})^2$$

$$SP_{ik}=\sum_{j=1}^{n}(x_{ij}-\bar{x}_i)(x_{kj}-\bar{x}_k)=SP_{ki},~~SP_{iy}=\sum_{j=1}^{n}(x_{ij}-\bar{x}_i)(y_j-\bar{y})$$

$$(i,~k=1,~2,~\cdots,~m;~i\neq k)$$

并将 $b_0 = \bar{y} - b_1\bar{x}_1 - b_2\bar{x}_2 - \cdots - b_m\bar{x}_m$ 分别代入方程组（10-2）中的后 m 个方程，经整理可得到关于 b_1，b_2，$\cdots$，b_m 的正规方程组为

$$\begin{cases} SS_1b_1 + SP_{12}b_2 + \cdots + SP_{1m}b_m = SP_{1y} \\ SP_{21}b_1 + SS_2b_2 + \cdots + SP_{2m}b_m = SP_{2y} \\ \vdots \qquad\quad \vdots \qquad\qquad \vdots \qquad\quad \vdots \\ SP_{m1}b_1 + SP_{m2}b_2 + \cdots + SS_mb_m = SP_{my} \end{cases} \tag{10-4}$$

解正规方程组（10-4），得 b_1，b_2，$\cdots$，b_m。于是，得到依变量 y 与自变量 x_1，x_2，$\cdots$，x_m 的 m 元线性回归方程

$$\hat{y} = b_0 + b_1x_1 + b_2x_2 + \cdots + b_mx_m \tag{10-5}$$

依变量 y 与自变量 x_1，x_2，$\cdots$，x_m 的 m 元线性回归方程的图形为 $m+1$ 维空间的一个平面，称为回归平面（regression plane）。b_0 称为样本回归常数项（regression constant），是总体回归常数项 β_0 的最小二乘估计值也是无偏估计值。当 $x_1 = x_2 = \cdots = x_m = 0$ 时，$\hat{y} = b_0$。如果 $x_1 = x_2 = \cdots = x_m = 0$ 在研究范围内，则 b_0 表示 y 的起始值。b_i（$i = 1$，2，$\cdots$，m）称为依变量 y 对自变量 x_i 的样本偏回归系数（partial regression coefficient），是总体偏回归系数 β_i 的最小二乘估计值也是无偏估计值，表示当其余 $m-1$ 个自变量都固定不变时，自变量 x_i 每改变一个单位，依变量 y 平均改变的数量，确切地说，当 $b_i > 0$ 时，自变量 x_i 每增加一个单位，依变量 y 平均增加 b_i 个单位；当 $b_i < 0$ 时，自变量 x_i 每增加一个单位，依变量 y 平均减少 $|b_i|$ 个单位。也就是说，样本偏回归系数 b_i 表示了自变量 x_i 对依变量 y 影响的程度与性质：b_i 的绝对值大小表示了自变量 x_i 对依变量 y 影响的程度；b_i 的正、负表示了自变量 x_i 对依变量 y 影响的性质，$b_i > 0$ 表示依变量 y 与自变量 x_i 同向增减，$b_i < 0$ 表示依变量 y 与自变量 x_i 异向增减。

若将 $b_0 = \bar{y} - b_1\bar{x}_1 - b_2\bar{x}_2 - \cdots - b_m\bar{x}_m$ 代入式（10-5），则得

$$\hat{y} = \bar{y} + b_1(x_1 - \bar{x}_1) + b_2(x_2 - \bar{x}_2) + \cdots + b_m(x_m - \bar{x}_m) \tag{10-6}$$

式（10-6）为依变量 y 对自变量 x_1，x_2，$\cdots$，x_m 的中心化形式的 m 元线性回归方程。

对于正规方程组（10-4），记

$$\boldsymbol{A} = \begin{bmatrix} SS_1 & SP_{12} & \cdots & SP_{1m} \\ SP_{21} & SS_2 & \cdots & SP_{2m} \\ \vdots & \vdots & & \vdots \\ SP_{m1} & SP_{m2} & \cdots & SS_m \end{bmatrix}, \quad \boldsymbol{b} = \begin{bmatrix} b_1 \\ b_2 \\ \vdots \\ b_m \end{bmatrix}, \quad \boldsymbol{B} = \begin{bmatrix} SP_{1y} \\ SP_{2y} \\ \vdots \\ SP_{my} \end{bmatrix}$$

则正规方程组（10-4）可用矩阵形式表示为

$$\begin{bmatrix} SS_1 & SP_{12} & \cdots & SP_{1m} \\ SP_{21} & SS_2 & \cdots & SP_{2m} \\ \vdots & \vdots & & \vdots \\ SP_{m1} & SP_{m2} & \cdots & SS_m \end{bmatrix} \begin{bmatrix} b_1 \\ b_2 \\ \vdots \\ b_m \end{bmatrix} = \begin{bmatrix} SP_{1y} \\ SP_{2y} \\ \vdots \\ SP_{my} \end{bmatrix} \tag{10-7}$$

即

$$\boldsymbol{Ab} = \boldsymbol{B} \tag{10-8}$$

其中，$\boldsymbol{A}$ 为正规方程组的系数矩阵；$\boldsymbol{b}$ 为偏回归系数矩阵（列向量）；$\boldsymbol{B}$ 为常数项矩阵（列向量）。

设系数矩阵 $\boldsymbol{A}$ 的逆矩阵为 $\boldsymbol{C}$，即 $\boldsymbol{C} = \boldsymbol{A}^{-1}$，于是

$$C=A^{-1}=\begin{bmatrix} SS_1 & SP_{12} & \cdots & SP_{1m} \\ SP_{21} & SS_2 & \cdots & SP_{2m} \\ \vdots & \vdots & & \vdots \\ SP_{m1} & SP_{m2} & \cdots & SS_m \end{bmatrix}^{-1} = \begin{bmatrix} c_{11} & c_{12} & \cdots & c_{1m} \\ c_{21} & c_{22} & \cdots & c_{2m} \\ \vdots & \vdots & & \vdots \\ c_{m1} & c_{m2} & \cdots & c_{mm} \end{bmatrix}$$

C 矩阵的元素记为 c_{ik}（i、$k=1$，2，$\cdots$，m），称为高斯乘数（Gauss multiplier）。求系数矩阵 A 的逆矩阵 A^{-1} 的方法有多种，请参阅线性代数教材，这里不赘述。

对于矩阵方程（10-8）求解，

$$b=A^{-1}B=CB$$

即

$$\begin{bmatrix} b_1 \\ b_2 \\ \vdots \\ b_m \end{bmatrix} = \begin{bmatrix} c_{11} & c_{12} & \cdots & c_{1m} \\ c_{21} & c_{22} & \cdots & c_{2m} \\ \vdots & \vdots & & \vdots \\ c_{m1} & c_{m2} & \cdots & c_{mm} \end{bmatrix} \begin{bmatrix} SP_{1y} \\ SP_{2y} \\ \vdots \\ SP_{my} \end{bmatrix} \qquad (10\text{-}9)$$

$$b_i = c_{i1}SP_{1y} + c_{i2}SP_{2y} + \cdots + c_{im}SP_{my} = \sum_{k=1}^{m} c_{ik}SP_{ky} \qquad (i=1,\ 2,\ \cdots,\ m) \qquad (10\text{-}10)$$

而

$$b_0 = \bar{y} - b_1\bar{x}_1 - b_2\bar{x}_2 - \cdots - b_m\bar{x}_m$$

【例 10-1】 测定小麦品种'川农 16'在 20 个试验点的穗数（x_1，万 /666.7m^2）、每穗粒数（x_2）、千粒重（x_3, g）、株高（x_4, cm）和产量（y, kg/666.7m^2），结果列于表 10-1。建立产量 y 的最优线性回归方程。

R 脚本　　　SAS 程序

表 10-1　小麦品种'川农 16'的穗数、每穗粒数、千粒重、株高和产量测定数据

试验点	穗数 x_1	每穗粒数 x_2	千粒重 x_3	株高 x_4	产量 y
1	30.8	33.0	50.0	90	520.8
2	23.6	33.6	28.0	64	195.0
3	31.5	34.0	36.6	82	424.0
4	19.8	32.0	36.0	70	213.5
5	27.7	26.0	47.2	74	403.3
6	27.7	39.0	41.8	83	461.7
7	16.2	43.7	44.1	83	248.0
8	31.2	33.7	47.5	80	410.0
9	23.9	34.0	45.3	75	378.3
10	30.3	38.9	36.5	78	400.8
11	35.0	32.5	36.0	90	395.0
12	33.3	37.2	35.9	85	400.0
13	27.0	32.8	35.4	70	267.5
14	25.2	36.2	42.9	70	361.3
15	23.6	34.0	33.5	82	233.8
16	21.3	32.9	38.6	80	210.0
17	21.1	42.0	23.1	81	168.3
18	19.6	50.0	40.3	77	400.0
19	21.6	45.1	39.3	80	319.4
20	32.3	25.6	39.8	71	376.2

首先计算得

$$\bar{x}_1 = 26.1350, \quad \bar{x}_2 = 35.8100, \quad \bar{x}_3 = 38.8900, \quad \bar{x}_4 = 78.2500, \quad \bar{y} = 339.3450$$

$$SS_1 = 536.6855, \quad SS_2 = 680.5780, \quad SS_3 = 808.2180,$$

$$SS_4 = 901.7500, \quad SS_y = 189437.6895$$

$$SP_{12} = -308.2670, \quad SP_{13} = 105.8770, \quad SP_{14} = 208.8250,$$

$$SP_{23} = -115.4180, \quad SP_{24} = 188.6500, \quad SP_{34} = 168.8500,$$

$$SP_{1y} = 6710.3885, \quad SP_{2y} = -919.4490, \quad SP_{3y} = 8295.1490, \quad SP_{4y} = 5406.3750$$

然后，将上述有关数据代入式（10-4），得到关于偏回归系数 b_1、b_2、b_3、b_4 的正规方程组：

$$\begin{cases} 536.6855b_1 - 308.2670b_2 + 105.8770b_3 + 208.8250b_4 = 6710.3885 \\ -308.2670b_1 + 680.5780b_2 - 115.4180b_3 + 188.6500b_4 = -919.4490 \\ 105.8770b_1 - 115.4180b_2 + 808.2180b_3 + 168.8500b_4 = 8295.1490 \\ 208.8250b_1 + 188.6500b_2 + 168.8500b_3 + 901.7500b_4 = 5406.3750 \end{cases}$$

采用矩阵解法求偏回归系数 b_1、b_2、b_3、b_4 的解。

$$A = \begin{bmatrix} 536.6855 & -308.2670 & 105.8770 & 208.8250 \\ -308.2670 & 680.5780 & -115.4180 & 188.6500 \\ 105.8770 & -115.4180 & 808.2180 & 168.8500 \\ 208.8250 & 188.6500 & 168.8500 & 901.7500 \end{bmatrix}, \quad b = \begin{bmatrix} b_1 \\ b_2 \\ b_3 \\ b_4 \end{bmatrix}, \quad B = \begin{bmatrix} 6710.3885 \\ -919.4490 \\ 8295.1490 \\ 5406.3750 \end{bmatrix}$$

$$C = A^{-1} = \begin{bmatrix} SS_1 & SP_{12} & \cdots & SP_{1m} \\ SP_{21} & SS_2 & \cdots & SP_{2m} \\ \vdots & \vdots & & \vdots \\ SP_{m1} & SP_{m2} & \cdots & SS_m \end{bmatrix}^{-1}$$

$$= \begin{bmatrix} 536.6855 & -308.2670 & 105.8770 & 208.8250 \\ -308.2670 & 680.5780 & -115.4180 & 188.6500 \\ 105.8770 & -115.4180 & 808.2180 & 168.8500 \\ 208.8250 & 188.6500 & 168.8500 & 901.7500 \end{bmatrix}^{-1}$$

$$= \begin{bmatrix} 0.003392 & 0.001880 & 0.000073 & -0.001193 \\ 0.001880 & 0.002676 & 0.000358 & -0.001062 \\ 0.000073 & 0.000358 & 808.2180 & -0.000345 \\ -0.001193 & -0.001062 & -0.000345 & 0.001672 \end{bmatrix}$$

根据式（10-9），b_1、b_2、b_3、b_4 的解为

$$\begin{bmatrix} b_1 \\ b_2 \\ b_3 \\ b_4 \end{bmatrix} = \begin{bmatrix} 0.003392 & 0.001880 & 0.000073 & -0.001193 \\ 0.001880 & 0.002676 & 0.000358 & -0.001062 \\ 0.000073 & 0.000358 & 808.2180 & -0.000345 \\ -0.001193 & -0.001062 & -0.000345 & 0.001672 \end{bmatrix} \begin{bmatrix} 6710.3885 \\ -919.4490 \\ 8295.1490 \\ 5406.3750 \end{bmatrix}$$

$$= \begin{bmatrix} 15.1888 \\ 7.3832 \\ 9.5022 \\ -0.8514 \end{bmatrix}$$

而
$$b_0 = \bar{y} - b_1\bar{x}_1 - b_2\bar{x}_2 - b_3\bar{x}_3 - b_4\bar{x}_4$$
$$= 339.3450 - 15.1888 \times 26.1350 - 7.3832 \times 35.8100$$
$$- 9.5022 \times 38.8900 - (-0.8514) \times 78.2500$$
$$= -624.9252$$

于是，产量 y 与穗数 x_1、每穗粒数 x_2、千粒重 x_3、株高 x_4 的四元线性回归方程为
$$\hat{y} = -624.9252 + 15.1888x_1 + 7.3832x_2 + 9.5022x_3 - 0.8514x_4$$

（三）多元线性回归方程的离回归标准误

以上根据最小二乘法使偏差平方和 $\sum(y-\hat{y})^2$ 最小求得 β_0，β_1，β_2，$\cdots$，β_m 的估计值 b_0，b_1，b_2，$\cdots$，b_m，建立了多元线性回归方程。偏差平方和 $\sum(y-\hat{y})^2$ 的大小表示了回归平面与实测点的偏离程度，因而偏差平方和又称为离回归平方和。统计学已证明，在 m 元线性回归分析中，离回归平方和的自由度为 $n-m-1$。于是可求得离回归均方为 $\sqrt{\dfrac{\sum(y-\hat{y})^2}{n-m-1}}$，它是模型（10-1）中 σ^2 的估计值。离回归均方的平方根称为离回归标准误，记为 $s_{y\cdot12\cdots m}$（或简记为 s_r），即

$$s_{y\cdot12\cdots m} = s_r = \sqrt{\frac{\sum(y-\hat{y})^2}{n-m-1}} \tag{10-11}$$

离回归标准误 $s_{y\cdot12\cdots m}$ 的大小表示了回归平面与实测点的偏离程度，即回归估计值 $\hat{y}$ 与实测值 y 偏离的程度，因而把 $s_{y\cdot12\cdots m}$ 用来表示回归方程的偏离度：$s_{y\cdot12\cdots m}$ 大，回归方程偏离度大；$s_{y\cdot12\cdots m}$ 小，回归方程偏离度小。

利用公式 $\sum(y-\hat{y})^2$ 计算离回归平方和，因为先须计算出各个回归预测值 $\hat{y}$，计算量大，下面将介绍计算离回归平方和的简便公式。

二、多元线性回归的假设检验

（一）多元线性回归关系的假设检验

在根据依变量与多个自变量的实际观测值建立多元线性回归方程时，依变量与多个自变量之间存在线性关系只是一种假定。尽管这种假定常常不是没有根据的，但是在建立了多元线性回归方程之后，还必须对依变量与多个自变量之间存在线性关系的假定进行假设检验，也就是对多元线性回归关系进行假设检验。

与直线回归分析一样，在多元线性回归分析中，依变量 y 的总平方和 SS_y 可以分解为回归平方和 SS_R 与离回归平方和 SS_r 两部分，即
$$SS_y = SS_R + SS_r \tag{10-12}$$
依变量 y 的总自由度 df_y 也可以分解为回归自由度 df_R 与离回归自由度 df_r 两部分，即
$$df_y = df_R + df_r \tag{10-13}$$
式（10-12）、式（10-13）合称为多元线性回归的平方和与自由度的分解式。

在式（10-12）中，$SS_y=\sum(y-\bar{y})^2$ 反映了依变量 y 的总变异；$SS_R=\sum(\hat{y}-\bar{y})^2$ 反映了依变量与多个自变量之间存在线性关系所引起的变异；$SS_r=\sum(y-\hat{y})^2$ 反映了除依变量与多个自变量之间存在线性关系以外的其他因素（包括随机误差）所引起的变异。

式（10-12）中各项平方和的计算公式如下：

$$SS_y=\sum y^2-\frac{\left(\sum y\right)^2}{n}$$

$$SS_R=b_1SP_{1y}+b_2SP_{2y}+\cdots+b_mSP_{my}=\sum_{i=1}^{m}b_iSP_{iy}\qquad（10\text{-}14）$$

$$SS_r=SS_y-SS_R$$

式（10-13）中各项自由度的计算公式如下：

$$df_y=n-1$$

$$df_R=m$$

$$df_r=df_y-df_R=n-m-1$$

在上述计算公式中，m 为自变量的个数；n 为实际观测值的组数。

在计算出 SS_R、df_R 与 SS_r、df_r 之后，就可以计算出回归均方 MS_R 与离回归均方 MS_r：

$$MS_R=\frac{SS_R}{df_R}，\quad MS_r=\frac{SS_r}{df_r}$$

检验依变量 y 与自变量 x_1，x_2，$\cdots$，x_m 之间是否存在线性关系，就是检验各自变量的总体偏回归系数 β_i（$i=1$，2，$\cdots$，m）是否全为 0，假设检验的无效假设与备择假设为

$H_0: \beta_1=\beta_2=\cdots=\beta_m$；$H_A: \beta_1$，$\beta_2$，$\cdots$，$\beta_m$ 不全为 0。

在 H_0 成立条件下，用回归均方除以离回归均方构建统计数 F 对多元线性回归方程进行假设检验，推断依变量 y 与自变量 x_1，x_2，$\cdots$，x_m 之间是否存在线性关系。

$$F=\frac{MS_R}{MS_r}\qquad（10\text{-}15）$$

统计数 F 服从 $df_1=df_R$，$df_2=df_r$ 的 F 分布。

【例10-2】 对【例10-1】所建立的四元线性回归方程进行假设检验。

无效假设与备择假设为 $H_0: \beta_1=\beta_2=\beta_3=\beta_4=0$；$H_A: \beta_1$，$\beta_2$，$\beta_3$，$\beta_4$ 不全为 0

因为　$SS_y=189437.6895$

$\qquad SP_{1y}=6710.3885$，$SP_{2y}=-919.4490$，$SP_{3y}=8295.1490$，$SP_{4y}=5406.3750$

$\qquad\quad b_1=15.1888$，$b_2=7.3832$，$b_3=9.5022$，$b_4=-0.8514$

所以　$SS_R=b_1SP_{1y}+b_2SP_{2y}+b_3SP_{3y}+b_4SP_{4y}$

$\qquad\quad=15.1888\times6710.3885+7.3832\times(-919.4490)+9.5022\times8295.1490$

$\qquad\qquad+(-0.8514)\times5406.3750$

$\qquad\quad=169353.4501$

$\qquad SS_r=SS_y-SS_R=189437.6895-169353.4501=20084.2394$

而　　　　　　　　　　　　　　　$df_y=n-1=20-1=19$

$$df_R=m=4$$

$$df_r=n-m-1=20-4-1=15$$

列出四元线性回归关系方差分析表（表10-2），进行 F 检验。

表 10-2　四元线性回归方差分析表

变异来源	df	SS	MS	F
回归	4	169353.4501	42338.3625	31.62**
离回归	15	20084.2394	1338.9493	
总变异	19	25996.9334		

注：$F_{0.01(4, 15)} = 4.89$

因为 $F > F_{0.01(4,15)}$、$p < 0.01$，否定 $H_0: \beta_1 = \beta_2 = \beta_3 = \beta_4 = 0$，接受 β_1，β_2，β_3，β_4 不全为 0。表明产量 y 与穗数 x_1、每穗粒数 x_2、千粒重 x_3、株高 x_4 的四元线性回归关系极显著。可依据该四元线性回归方程由穗数 x_1、每穗粒数 x_2、千粒重 x_3、株高 x_4 来预测或控制产量 y。进行这种预测或控制一般应限定在该回归方程的自变量取值范围内，本例应限定 x_1 在区间 [16.2，35.0] 内取值、x_2 在区间 [25.6，50.0] 内取值、x_3 在区间 [23.1，50.0] 内取值、x_4 在区间 [64，90] 内取值。

（二）偏回归系数的假设检验

如果经多元线性回归关系的假设检验否定 $H_0: \beta_1 = \beta_2 = \cdots = \beta_m$，接受 $H_A: \beta_1$，β_2，$\cdots$，β_m 不全为 0，表明依变量 y 与自变量 x_1，x_2，$\cdots$，x_m 之间存在显著或极显著的线性关系。但 β_1，β_2，$\cdots$，β_m 不全为 0 并不就是 β_1，β_2，$\cdots$，β_m 全不为 0，在 β_i（$i = 1$，2，$\cdots$，m）中也许有等于 0 的。因此，当依变量 y 与自变量 x_1，x_2，$\cdots$，x_m 之间存在显著或极显著的线性关系时，还必须逐一对每个偏回归系数进行假设检验，发现并剔除偏回归系数不显著的自变量。对每个偏回归系数进行假设检验，检验对象是样本偏回归系数 b_i，目的是对总体偏回归系数 β_i 是否为 0 作出推断。

对偏回归系数 β_i 进行假设检验有两种等价的方法——t 检验和 F 检验，可任选其一。无论采用 t 检验或 F 检验，无效假设与备择假设均为

$$H_0: \beta_i = 0; \quad H_A: \beta_i \neq 0 \quad (i = 1，2，\cdots，m)$$

1. t 检验　　对偏回归系数 β_i 进行 t 检验时，统计数 t_i 的计算公式为

$$t_i = \frac{b_i}{s_{b_i}} \quad (i = 1，2，\cdots，m) \tag{10-16}$$

统计数 t_i 服从自由度 $df = n - m - 1$ 的 t 分布。其中，$s_{b_i} = s_r \sqrt{c_{ii}}$ 为偏回归系数标准误，c_{ii} 为 $C = A^{-1}$ 的主对角线元素。

【例 10-3】　采用 t 检验对【例 10-1】的偏回归系数进行假设检验。

无效假设与备择假设设为 $H_0: \beta_i = 0$；$H_A: \beta_i \neq 0$（$i = 1$，2，3，4）

先计算【例 10-1】所建立的四元回归方程的离回归标准误 s_r。在【例 10-2】中已算出

$$SS_r = 20084.2394，因而 s_r = \sqrt{\frac{20084.2394}{20-4-1}} = 36.5917（\text{kg}）。$$

又因为 $c_{11} = 0.003392$，$c_{22} = 0.002676$，$c_{33} = 0.001351$，$c_{44} = 0.001672$

所以

$$s_{b_1} = s_r \sqrt{c_{11}} = 36.5917 \times \sqrt{0.003392} = 2.1311$$

$$s_{b_2} = s_r \sqrt{c_{22}} = 36.5917 \times \sqrt{0.002676} = 1.8929$$

$$s_{b_3}=s_r\sqrt{c_{33}}=36.5917\times\sqrt{0.001351}=1.3450$$

$$s_{b_4}=s_r\sqrt{c_{44}}=36.5917\times\sqrt{0.001672}=1.4962$$

于是，

$$t_1=\frac{b_1}{s_{b_1}}=\frac{15.1888}{2.1311}=7.127$$

$$t_2=\frac{b_2}{s_{b_2}}=\frac{7.3832}{1.8929}=3.900$$

$$t_3=\frac{b_3}{s_{b_3}}=\frac{9.5022}{1.3450}=7.065$$

$$t_4=\frac{b_4}{s_{b_4}}=\frac{-0.8514}{1.4962}=-0.569$$

根据 $df=n-m-1=20-4-1=15$，查附表 3，得临界 t 值 $t_{0.05(15)}=2.131$，$t_{0.01(15)}=2.947$。因为 $t_1>t_{0.01(15)}$、$p<0.01$，否定 $H_0:\beta_1=0$，接受 $H_A:\beta_1\neq0$，表明 y 对 x_1 的偏回归系数极显著，意味着当穗粒数 x_2、千粒重 x_3 和株高 x_4 固定不变时，产量 y 与穗数 x_1 之间存在极显著的线性关系；因为 $t_2>t_{0.01(15)}$、$p<0.01$，否定 $H_0:\beta_2=0$，接受 $H_A:\beta_2\neq0$，表明 y 对 x_2 的偏回归系数极显著，意味着当穗数 x_1、千粒重 x_3 和株高 x_4 固定不变时，产量 y 与穗粒数 x_2 之间存在极显著的线性关系；因为 $t_3>t_{0.01(15)}$、$p<0.01$，否定 $H_0:\beta_3=0$，接受 $H_A:\beta_3\neq0$，表明 y 对 x_3 的偏回归系数极显著，意味着当穗数 x_1、穗粒数 x_2 和株高 x_4 固定不变时，产量 y 与千粒重 x_3 之间存在极显著的线性关系；因为 $|t_4|<t_{0.05(15)}$、$p>0.05$，不能否定 $H_0:\beta_4=0$，表明 y 对 x_4 的偏回归系数不显著，意味着当穗数 x_1、穗粒数 x_2 和千粒重 x_3 固定不变时，产量 y 与株高 x_4 之间不存在线性关系。

2. F 检验 设 SS_R 为 m 元线性回归分析的回归平方和，SS_R' 为去掉一个自变量 x_i 后 $m-1$ 元线性回归分析的回归平方和，它们之差 SS_R-SS_R' 为去掉自变量 x_i 之后回归平方和减少的量，称为依变量 y 对自变量 x_i 的偏回归平方和，记为 SS_{b_i}，即

$$SS_{b_i}=SS_R-SS_R'$$

可以证明

$$SS_{b_i}=\frac{b_i^2}{c_{ii}}\qquad(i=1,2,\cdots,m)\tag{10-17}$$

注意，在一般情况下，依变量 y 对各个自变量 x_i 的偏回归平方和 SS_{b_i} 之和不等于回归平方和 SS_R，即 $SS_R\neq\sum_{i=1}^m SS_{b_i}$。这是因为 m 个自变量之间往往存在着不同程度的相关，使得各自变量对依变量的作用相互影响。只有当 m 个自变量相互独立时，才有 $SS_R=\sum_{i=1}^m SS_{b_i}$。

依变量 y 对自变量 x_i 的偏回归平方和 SS_{b_i} 的自由度（记为 df_{b_i}）为 1，即 $df_{b_i}=1$。依变量 y 对自变量 x_i 的偏回归均方 MS_{b_i} 为

$$MS_{b_i}=\frac{SS_{b_i}}{df_{b_i}}=SS_{b_i}=\frac{b_i^2}{c_{ii}}\qquad(i=1,2,\cdots,m)\tag{10-18}$$

利用统计数 F 对各偏回归系数进行假设检验。

$$F_i = \frac{MS_{b_i}}{MS_r} \quad (i = 1, 2, \cdots, m) \tag{10-19}$$

此时，统计数 F_i 服从 $df_1 = 1$，$df_2 = n - m - 1$ 的 F 分布。

可以将上述 F 检验列成方差分析表的形式。

【例 10-4】 采用 F 检验法对【例 10-1】的偏回归系数进行假设检验。

无效假设与备择假设与 t 检验相同。先计算依变量 y 对自变量 x_1、x_2、x_3、x_4 的偏回归平方和，

$$SS_{b_1} = \frac{b_1^2}{c_{11}} = \frac{15.1888^2}{0.003392} = 68012.8672, \quad SS_{b_2} = \frac{b_2^2}{c_{22}} = \frac{7.3832^2}{0.002676} = 20370.5689$$

$$SS_{b_3} = \frac{b_3^2}{c_{33}} = \frac{9.5022^2}{0.001351} = 66833.3122, \quad SS_{b_4} = \frac{b_4^2}{c_{44}} = \frac{(-0.8514)^2}{0.001672} = 433.5418$$

而 $df_{b_1} = df_{b_2} = df_{b_3} = df_{b_4} = 1$，已计算得 $SS_r = 20084.2394$，$df_r = 15$，于是，列出方差分析表（表 10-3），进行偏回归系数假设检验。

表 10-3 偏回归方差分析表

变异来源	df	SS	MS	F
对 x_1 的偏回归	1	68012.8672	68012.8672	50.796**
对 x_2 的偏回归	1	20370.5689	20370.5689	15.214**
对 x_3 的偏回归	1	66833.3122	66833.3122	49.915**
对 x_4 的偏回归	1	433.5418	433.5418	0.324
离回归	15	20084.2394	133.9493	

注：$F_{0.05(1,15)} = 4.54$，$F_{0.01(1,15)} = 8.68$

因为 F_1、F_2、F_3 都大于 $F_{0.01(1,15)}$、$p < 0.01$，表明 y 对 x_1、x_2、x_3 的偏回归系数均极显著；因为 $F_4 < F_{0.05(1,15)}$、$p > 0.05$，表明 y 对 x_4 的偏回归系数不显著。

三、剔除偏回归系数不显著的自变量

如果经偏回归系数假设检验有一个或几个偏回归系数不显著，说明相应的自变量在多元线性回归方程中是不重要的，可将偏回归系数不显著的自变量从多元线性回归方程中剔除，使多元线性回归方程仅包含偏回归系数显著的自变量。剔除偏回归系数不显著的自变量的过程称为自变量的统计选择，仅包含偏回归系数显著的自变量的多元线性回归方程称为最优多元线性回归方程（the best multiple linear regression equation）。

由于自变量之间常常存在相关，当 m 元线性回归方程中偏回归系数不显著的自变量有几个时，一次只能剔除 1 个偏回归系数不显著的自变量。被剔除的自变量的偏回归系数，应是所有不显著的偏回归系数中的 F 值（或 $|t|$ 值或偏回归平方和）最小者。当剔除了这个偏回归系数不显著的自变量后，其余的偏回归系数原来不显著的可能变为显著，原来显著的可能变为不显著。因此，为了获得最优回归方程，剔除偏回归系数不显著的自变量要一步一步做下去，直至最后一个偏回归系数不显著的自变量被剔除、所有留在回归方程中的自变量的偏回归系数皆显著为止。这种求最优多元线性回归方程的方法叫反向淘汰法。

用反向淘汰法求最优多元线性回归方程的具体步骤如下。

第一步，根据依变量 y 与自变量 x_1，x_2，$\cdots$，x_m 的 n 组实际观测进行 m 元线性回归分析。若依变量对各个自变量的偏回归系数皆显著，则所得回归方程就是最优多元线性回归方程。若不显著的偏回归系数只有一个，则剔除该偏回归系数相应的自变量；若不显著的偏回归系数不止一个，则剔除偏回归平方和最小的那个自变量，设剔除的自变量为 x_p，进入第二步分析。

第二步，将 m 元线性回归分析中的 $\boldsymbol{A}$ 矩阵中的第 p 行和第 p 列划去，把 $\boldsymbol{b}$ 矩阵（列向量）中的偏回归系数 b_p 划去，把 $\boldsymbol{B}$ 矩阵（列向量）中的第 p 行划去，进行（$m-1$）元线性回归分析。若依变量对各个自变量的偏回归系数皆显著，则所得回归方程就是最优多元线性回归方程。若不显著的偏回归系数只有一个，则剔除该偏回归系数相应的自变量；若不显著的偏回归系数不止一个，则剔除偏回归平方和最小的那个自变量，设剔除的自变量为 x_q，进入第三步分析。

第三步，在 $m-1$ 元线性回归分析中的 $\boldsymbol{A}$ 矩阵中再划去第 q 行和第 q 列，在 $\boldsymbol{b}$ 矩阵（列向量）中再划去偏回归系数 b_q，在 $\boldsymbol{B}$ 矩阵（列向量）中再划去第 q 行，进行（$m-2$）元线性回归分析。其余过程同第二步。

如此反复进行，直至所有留下的自变量的偏回归系数都显著为止，即得最优多元线性回归方程。

【例 10-5】 用反向淘汰法对【例 10-1】资料建立最优线性回归方程。

由【例 10-4】可知 y 对 x_4 的偏回归系数不显著，所以首先剔除 x_4，进行三元线性回归分析。将 $\boldsymbol{A}$ 矩阵中的第 4 行和第 4 列划去，把 $\boldsymbol{b}$ 矩阵（列向量）中的偏回归系数 b_4 划去，把 $\boldsymbol{B}$ 矩阵（列向量）中的第 4 行划去，关于偏回归系数 b_1、b_2、b_3 的正规方程组为

$$\begin{cases} 536.6855b_1 - 308.2670b_2 + 105.8770b_3 = 6710.3885 \\ -308.2670b_1 + 680.5780b_2 - 115.4180b_3 = -919.4490 \\ 105.8770b_1 - 115.4180b_2 + 808.2180b_3 = 8295.1490 \end{cases}$$

采用矩阵解法求偏回归系数 b_1、b_2、b_3 的解。

$$\boldsymbol{A} = \begin{bmatrix} 536.6855 & -308.2670 & 105.8770 \\ -308.2670 & 680.5780 & -115.4180 \\ 105.8770 & -115.4180 & 808.2180 \end{bmatrix}, \quad \boldsymbol{b} = \begin{bmatrix} b_1 \\ b_2 \\ b_3 \end{bmatrix}, \quad \boldsymbol{B} = \begin{bmatrix} 6710.3885 \\ -919.4490 \\ 8295.1490 \end{bmatrix}$$

$$\boldsymbol{C} = \boldsymbol{A}^{-1} = \begin{bmatrix} 536.6855 & -308.2670 & 105.8770 \\ -308.2670 & 680.5780 & -115.4180 \\ 105.8770 & -115.4180 & 808.2180 \end{bmatrix}^{-1}$$

$$= \begin{bmatrix} 0.00254185 & 0.00112203 & -0.00017275 \\ 0.00112203 & 0.00200110 & 0.00013878 \\ -0.00017275 & 0.00013878 & 0.00127974 \end{bmatrix}$$

根据式（10-9），b_1、b_2、b_3 的解为

$$\begin{bmatrix} b_1 \\ b_2 \\ b_3 \end{bmatrix} = \begin{bmatrix} 0.00254185 & 0.00112203 & -0.00017275 \\ 0.00112203 & 0.00200110 & 0.00013878 \\ -0.00017275 & 0.00013878 & 0.00127974 \end{bmatrix} \begin{bmatrix} 6710.3885 \\ -919.4490 \\ 8295.1490 \end{bmatrix}$$

$$= \begin{bmatrix} 14.5922 \\ 6.8406 \\ 9.3288 \end{bmatrix}$$

于是，

$$SS_R = b_1 SP_{1y} + b_2 SP_{2y} + b_3 SP_{3y} + b_4 SP_{4y}$$
$$= 14.5922 \times 6710.3885 + 6.8406 \times (-919.4490) + 9.3288 \times 8295.1490$$
$$= 169013.3345$$

$$SS_r = SS_y - SS_R = 189437.6895 - 169013.3345 = 20424.3550$$

$$SS_{b_1} = \frac{b_1^2}{c_{11}} = \frac{14.5922^2}{0.00254185} = 83770.6005$$

$$SS_{b_2} = \frac{b_2^2}{c_{22}} = \frac{6.8406^2}{0.00200110} = 23384.0430$$

$$SS_{b_3} = \frac{b_3^2}{c_{33}} = \frac{9.3288^2}{0.00127974} = 68003.2737$$

而 $df_y = n - 1 = 20 - 1 = 19$，$df_R = m = 3$，$df_r = n - m - 1 = 20 - 3 - 1 = 16$

三元线性回归方差分析表，见表 10-4。

表 10-4　三元线性回归方差分析表

变异来源	df	SS	MS	F
回归	3	169013.3345	56337.7782	44.13**
对 x_1 的偏回归	1	83770.6005	83770.6005	65.62**
对 x_2 的偏回归	1	23383.0430	23383.0430	18.32**
对 x_3 的偏回归	1	68003.2737	68003.2737	53.27**
离回归	16	20424.3550	1276.5222	

注：$F_{0.01(3, 16)} = 5.29$；$F_{0.01(1, 16)} = 8.53$

因为 $F > F_{0.01(3, 16)}$，$p < 0.01$，表明依变量 y 与自变量 x_1、x_2、x_3 之间存在极显著的线性关系；因为 F_1、F_2、F_3 均大于 $F_{0.01(1, 16)}$，$p < 0.01$，表明 y 对 x_1、x_2、x_3 的偏回归系数均极显著，所得的三元线性回归方程就是最优多元线性回归方程。由本步所计算的 b_1、b_2、b_3，以及

$$b_0 = \bar{y} - b_1 \bar{x}_1 - b_2 \bar{x}_2 - b_3 \bar{x}_3$$
$$= 339.3450 - 14.5922 \times 26.1350 - 6.8406 \times 35.8100 - 9.3288 \times 38.8900$$
$$= -649.7794$$

于是，得到表 10-4 资料的最优线性回归方程为

$$\hat{y} = -649.7794 + 14.5922 x_1 + 6.8406 x_2 + 9.3288 x_3$$

对于小麦品种'川农 16'，$b_1 = 14.5922$ 的实际意义是：当每穗粒数 x_2 和千粒重 x_3 固定时，穗数 x_1 每增加 1 万/666.7m²，产量 y 将平均增加 14.5922kg/666.7m²；$b_2 = 6.8406$ 的实际意义是：当穗数 x_1 和千粒重 x_3 固定时，每穗粒数 x_2 每增加 1 粒，产量 y 将平均增加 6.8406kg/666.7m²；$b_3 = 9.3288$ 的实际意义是：当穗数 x_1 和每穗粒数 x_2 固定时，千粒重 x_3 每增加 1g，产量 y 将平均增加 9.3288kg/666.7m²。因为 $x_1 = x_2 = x_3 = 0$ 不在研究范围内，所以不必讨论 $b_0 = -649.7794$ 的实际意义。

最优线性回归方程的离回归标准误为

$$s_r = \sqrt{\frac{SS_r}{n-m-1}} = \sqrt{\frac{20424.3350}{20-3-1}} = 35.7285 \, \text{kg}/666.7\text{m}^2$$

注意，这里的 m 是 3 而不是一开始的 4，同时也请注意各步中回归与离回归自由度的变化。

需要说明的是，由于计算量大，实际分析中须借助于计算机和统计软件来寻找最优多元线性回归方程。

第二节　复相关分析

一、复相关系数的意义及计算

研究一个变量与多个变量的线性相关分析称为复相关分析。从相关分析角度来说，复相关中的变量没有依变量与自变量之分，但在实际应用中，复相关分析经常与多元线性回归分析联系在一起。复相关分析一般指依变量 y 与 m 个自变量 x_1, x_2, $\cdots$, x_m 的线性相关分析。

在多元线性回归分析中，m 个自变量对依变量的回归平方和 SS_R 占依变量 y 的总平方和 SS_y 的比例越大，则表明依变量 y 与 m 个自变量的线性关系越密切。SS_R 与 SS_y 之比称为 y 与 x_1, x_2, $\cdots$, x_m 的复相关指数，简称相关指数，记为 R^2，即

$$R^2 = \frac{SS_R}{SS_y} \tag{10-20}$$

相关指数 R^2 表示多元线性回归方程的拟合度，或者说表示多元线性回归方程预测的可靠程度，显然 $0 \leqslant R^2 \leqslant 1$。

相关指数 R^2 的平方根称为依变量 y 与 m 个自变量 x_1, x_2, $\cdots$, x_m 的复相关系数（multiple correlation coefficient），即

$$R = \sqrt{\frac{SS_R}{SS_y}} \tag{10-21}$$

复相关系数 R 表示 y 与 x_1, x_2, $\cdots$, x_m 的线性关系的密切程度。由于 $\hat{y}$ 包含了 x_1, x_2, $\cdots$, x_m 的影响，因此，y 与 x_1, x_2, $\cdots$, x_m 的复相关系数也就是 y 与 $\hat{y}$ 的直线相关系数，即

$$R = r_{y\hat{y}} \tag{10-22}$$

显然，复相关系数的取值范围为 $0 \leqslant R \leqslant 1$。

二、复相关系数的假设检验

复相关系数的假设检验也就是对 y 与 x_1, x_2, $\cdots$, x_m 的线性关系的假设检验，因此，复相关系数的假设检验与相应的多元线性回归关系的假设检验是等价的。复相关系数的假设检验有两种方法——F 检验与查表法。

1. F 检验　　设 ρ 为 y 与 x_1, x_2, $\cdots$, x_m 的总体复相关系数，F 检验的无效假设与备择假设为 H_0：$\rho=0$；H_A：$\rho \neq 0$。

由统计数 F 进行复相关系数的假设检验，

$$F = \frac{R^2/m}{(1-R^2)/(n-m-1)} \tag{10-23}$$

统计数 F 服从 $df_1 = m$，$df_2 = n - m - 1$ 的 F 分布。

因为 $R^2 = \dfrac{SS_R}{SS_y}$，代入式（10-23）得

$$F = \frac{SS_R / m}{SS_r / (n - m - 1)} = \frac{MS_R}{MS_r}$$

说明利用式（10-23）计算的 F 实际上就是多元线性回归关系假设检验——F 检验计算的 F。也就是说，复相关系数的假设检验与多元线性回归关系的假设检验是等价的。

2．查表法　　复相关系数的假设检验可用简便的查表法进行。具体步骤是，根据 $df = n - m - 1$ 和变量的总个数 $M = m + 1$，查附表 9，得临界 R 值 $R_{0.05(df, M)}$、$R_{0.01(df, M)}$，将 R 与 $R_{0.05(df, M)}$、$R_{0.01(df, M)}$ 比较，作出统计推断。

若 $R < R_{0.05(df, M)}$、$p > 0.05$，不能否定 $H_0: \rho = 0$。表明 y 与 x_1，x_2，$\cdots$，x_m 的复相关系数不显著，即 y 与 x_1，x_1，$\cdots$，x_m 之间的线性关系不显著。

若 $R_{0.05(df, M)} \leqslant R < R_{0.01(df, M)}$、$0.01 < p \leqslant 0.05$，否定 $H_0: \rho = 0$，接受 $H_A: \rho \neq 0$。表明为 y 与 x_1，x_2，$\cdots$，x_m 的复相关系数显著，即 y 与 x_1，x_2，$\cdots$，x_m 之间存在显著的线性关系。

若 $R \geqslant R_{0.01(df, M)}$、$p \leqslant 0.01$，否定 $H_0: \rho = 0$，接受 $H_A: \rho \neq 0$。表明 y 与 x_1，x_2，$\cdots$，x_m 的复相关系数极显著，即 y 与 x_1，x_2，$\cdots$，x_m 之间存在极显著的线性关系。

【例 10-6】　　根据【例 10-1】的有关数据，计算产量 y 与穗数 x_1、每穗粒数 x_2、千粒重 x_3 和株高 x_4 的复相关系数，并对其进行假设检验。

已计算得 $SS_y = 189437.6895$、$SS_R = 169353.4501$，由式（10-20）计算相关指数 R^2，得

$$R^2 = \frac{SS_R}{SS_y} = \frac{169353.4501}{189437.6895} = 0.8940$$

表明四元线性回归方程的拟合度为 89.40%，或者说所建立的二元线性回归方程预测的可靠程度为 89.40%。

根据式（10-21）计算复相关系数 R，得

$$R = \sqrt{\frac{SS_R}{SS_y}} = \sqrt{\frac{169353.4501}{189437.6895}} = 0.9455$$

下面进行复相关系数的假设检验，若用 F 检验，由式（10-23），得

$$F = \frac{R^2 / m}{(1 - R^2) / (n - m - 1)} = \frac{0.9455^2 / 4}{(1 - 0.9455^2) / (20 - 4 - 1)} = 31.62$$

根据 $df_1 = 4$、$df_2 = 15$，查附表 4，得临界 F 值 $F_{0.01(4, 15)} = 4.89$，因为 $F > F_{0.01(4, 15)}$、$p < 0.01$，表明 y 与 x_1、x_2、x_3、x_4 的复相关系数极显著，即 y 与 x_1，x_2，x_3，x_4 之间存在极显著的线性关系。

若用查表法，则根据 $df = n - m - 1 = 20 - 4 - 1 = 15$ 与 $M = m + 1 = 4 + 1 = 5$，查附表 9，得临界 R 值 $R_{0.01(15, 5)} = 0.752$，因为 $R > R_{0.01(15, 5)}$、$p < 0.01$，表明 y 与 x_1、x_2、x_3、x_4 的复相关系数极显著，即 y 与 x_1、x_2、x_3、x_4 之间存在极显著的线性关系。查表法的检验结果与 F 检验的检验结果相同。

受篇幅所限，附表 9 仅列出了 $M = 3$、4、5 的临界 R 值。若 $M > 5$，则采用 F 检验或根据多元线性回归关系假设检验的结果推断复相关系数的显著性。

第三节　偏相关分析

多个相关变量之间的关系是较为复杂的，其中任何两个变量之间常常存在不同程度的直线相关，但是这种相关又包含有其他变量的影响。此时，直线相关分析并不能真实反映两个相关变量之间的关系，只有消除了其他变量的影响之后，研究两个变量之间的相关，才能真实反映这两个变量之间直线相关的程度与性质。偏相关分析就是在研究多个相关变量之间的关系时，其他变量固定不变研究其中两个变量直线相关程度与性质的统计分析方法。

一、偏相关系数的意义及计算

（一）偏相关系数的意义

在多个相关变量中，其他变量固定不变，所研究的两个变量之间的直线相关称为偏相关（partial correlation）。用来表示两个相关变量偏相关的程度与性质的统计数是偏相关系数（partial correlation coefficient）。在偏相关分析中，根据被固定的变量个数将偏相关系数分级，偏相关系数的级数等于被固定的变量的个数。

当研究 2 个相关变量 x_1 与 x_2 的关系时，用直线相关系数 r_{12} 表示 x_1 与 x_2 直线相关的程度与性质。此时固定的变量个数为 0，所以直线相关系数 r_{12} 又称为零级偏相关系数。

当研究 3 个相关变量 x_1、x_2、x_3 两两之间的关系时，须将其中的 1 个变量固定不变，研究另外两个变量之间的关系，即此时只有一级偏相关系数才能真实反映两个相关变量之间直线相关的程度与性质。3 个相关变量 x_1、x_2、x_3 的一级偏相关系数共有 3 个，记为 $r_{12\cdot3}$、$r_{13\cdot2}$、$r_{23\cdot1}$。

当研究 4 个相关变量 x_1、x_2、x_3、x_4 两两之间的关系时，须将其中的 2 个变量固定不变，研究另外两个变量之间的关系，即此时只有二级偏相关系数才能真实反映两个相关变量之间直线相关的程度与性质。4 个相关变量 x_1、x_2、x_3、x_4 的二级偏相关系数共有 $C_4^2=6$ 个，记为 $r_{12\cdot34}$、$r_{13\cdot24}$、$r_{14\cdot23}$、$r_{23\cdot14}$、$r_{24\cdot13}$、$r_{34\cdot12}$。

一般，当研究 M 个相关变量 x_1, x_2, $\cdots$, x_M 两两之间的关系时，须将其中的 $M-2$ 个变量固定不变，研究另外两个变量的关系，即此时只有 $M-2$ 级偏相关系数才能真实反映这两个相关变量之间直线相关的程度与性质。M 个相关变量 x_1, x_2, $\cdots$, x_M 的 $M-2$ 级偏相关系数共有 $C_M^2=\dfrac{M(M-2)}{2}$ 个。x_i 与 x_j 的 $M-2$ 级偏相关系数记为 $r_{ij\cdot}$（i, $j=1$, 2, $\cdots$, M; $i\neq j$）。

偏相关系数 $r_{ij\cdot}$ 的取值范围为 $[-1, 1]$，即 $-1\leqslant r_{ij\cdot}\leqslant1$。

在实际研究工作中，对多个相关变量进行偏相关分析时，偏相关系数一定是指该多个相关变量的最高级偏相关系数，在叙述时通常略去偏相关系数的级。例如，对 M 个相关变量进行偏相关分析，偏相关系数一定是指 $M-2$ 级偏相关系数 $r_{ij\cdot}$（i, $j=1$, 2, $\cdots$, M; $i\neq j$），换句话说，这时所说的偏相关系数就是指 $M-2$ 级偏相关系数。

（二）偏相关系数的计算

1. 一级偏相关系数的计算　　设 3 个相关变量 x_1，x_2，x_3 有 n 组实际观测值

x_1	x_2	x_3
x_{11}	x_{21}	x_{31}
x_{12}	x_{22}	x_{32}
$\vdots$	$\vdots$	$\vdots$
x_{1n}	x_{2n}	x_{3n}

一级偏相关系数可由零级偏相关系数即直线相关系数计算，计算公式为

$$r_{12 \cdot 3} = \frac{r_{12} - r_{13} r_{23}}{\sqrt{(1 - r_{13}^2)(1 - r_{23}^2)}}$$

$$r_{13 \cdot 2} = \frac{r_{13} - r_{12} r_{32}}{\sqrt{(1 - r_{12}^2)(1 - r_{32}^2)}} \tag{10-24}$$

$$r_{23 \cdot 1} = \frac{r_{23} - r_{21} r_{31}}{\sqrt{(1 - r_{21}^2)(1 - r_{31}^2)}}$$

2. 二级偏相关系数的计算　　设 4 个相关变量 x_1，x_2，x_3，x_4 有 n 组实际观测值

x_1	x_2	x_3	x_4
x_{11}	x_{21}	x_{31}	x_{41}
x_{12}	x_{22}	x_{32}	x_{42}
$\vdots$	$\vdots$	$\vdots$	$\vdots$
x_{1n}	x_{2n}	x_{3n}	x_{4n}

二级偏相关系数可由一级偏相关系数计算，计算公式为

$$r_{12 \cdot 34} = \frac{r_{12 \cdot 3} - r_{14 \cdot 3} r_{24 \cdot 3}}{\sqrt{(1 - r_{14 \cdot 3}^2)(1 - r_{24 \cdot 3}^2)}} \qquad r_{13 \cdot 24} = \frac{r_{13 \cdot 2} - r_{14 \cdot 2} r_{34 \cdot 2}}{\sqrt{(1 - r_{14 \cdot 2}^2)(1 - r_{34 \cdot 2}^2)}}$$

$$r_{14 \cdot 23} = \frac{r_{14 \cdot 2} - r_{13 \cdot 2} r_{43 \cdot 2}}{\sqrt{(1 - r_{13 \cdot 2}^2)(1 - r_{43 \cdot 2}^2)}} \qquad r_{23 \cdot 14} = \frac{r_{23 \cdot 1} - r_{24 \cdot 1} r_{34 \cdot 1}}{\sqrt{(1 - r_{24 \cdot 1}^2)(1 - r_{34 \cdot 1}^2)}} \tag{10-25}$$

$$r_{24 \cdot 13} = \frac{r_{24 \cdot 1} - r_{23 \cdot 1} r_{43 \cdot 1}}{\sqrt{(1 - r_{23 \cdot 1}^2)(1 - r_{43 \cdot 1}^2)}} \qquad r_{34 \cdot 12} = \frac{r_{34 \cdot 1} - r_{32 \cdot 1} r_{42 \cdot 1}}{\sqrt{(1 - r_{32 \cdot 1}^2)(1 - r_{42 \cdot 1}^2)}}$$

3. $M-2$ 级偏相关系数的计算　　设 M 个相关变量 x_1，x_2，$\cdots$，x_M 有 n 组实际观测值

x_1	x_2	$\cdots$	x_M
x_{11}	x_{21}	$\cdots$	x_{M1}
x_{12}	x_{22}	$\cdots$	x_{M2}
$\vdots$	$\vdots$		$\vdots$
x_{1n}	x_{2n}	$\cdots$	x_{Mn}

$M-2$ 级偏相关系数 $r_{ij\cdot}$ 的计算方法如下。首先计算直线相关系数 r_{ij}

$$r_{ij} = \frac{SP_{ij}}{\sqrt{SS_i SS_j}} \qquad (i, j = 1, 2, \cdots, M; \ i \neq j) \qquad (10\text{-}26)$$

其中，$SP_{ij} = \sum (x_i - \bar{x}_i)(x_j - \bar{x}_j)$，$SS_i = \sum (x_i - \bar{x}_i)^2$，$SS_j = \sum (x_j - \bar{x}_j)^2$。由直线相关系数 r_{ij} 组成相关系数矩阵 $\boldsymbol{R}$。

$$\boldsymbol{R} = \begin{bmatrix} 1 & r_{12} & \cdots & r_{1M} \\ r_{21} & 1 & \cdots & r_{2M} \\ \vdots & \vdots & & \vdots \\ r_{M1} & r_{M2} & \cdots & 1 \end{bmatrix} \qquad (10\text{-}27)$$

然后求相关系数矩阵 $\boldsymbol{R}$ 的逆矩阵 $\boldsymbol{C}$。

$$\boldsymbol{C} = \boldsymbol{R}^{-1} = \begin{bmatrix} c_{11} & c_{12} & \cdots & c_{1M} \\ c_{21} & c_{22} & \cdots & c_{2M} \\ \vdots & \vdots & & \vdots \\ c_{M1} & c_{M2} & \cdots & c_{MM} \end{bmatrix} \qquad (10\text{-}28)$$

则相关变量 x_i 与 x_j 的 $M-2$ 级偏相关系数 $r_{ij\cdot}$ 的计算公式为

$$r_{ij\cdot} = \frac{-c_{ij}}{\sqrt{c_{ii} c_{jj}}} \qquad (i, j = 1, 2, \cdots, M; \ i \neq j) \qquad (10\text{-}29)$$

二、偏相关系数的假设检验

偏相关系数的假设检验也就是其他变量固定不变所研究的两个变量之间的直线关系的假设检验。偏相关系数的假设检验有两种方法——t 检验与查表法。

（一）t 检验

设相关变量 x_i 与 x_j 的总体偏相关系数为 $\rho_{ij\cdot}$，对偏相关系数进行假设检验的无效假设与备择假设为 $H_0 : \rho_{ij\cdot} = 0$；$H_A : \rho_{ij\cdot} \neq 0$。

统计数 t 的计算公式为

$$t = \frac{r_{ij\cdot}}{s_{r_{ij\cdot}}} \qquad (10\text{-}30)$$

统计数 t 服从 $df = n - M$ 的 t 分布。其中，$s_{r_{ij\cdot}}$ 为偏相关系数标准误，计算公式为

$$s_{r_{ij\cdot}} = \sqrt{\frac{1 - r_{ij\cdot}^2}{n - M}} \qquad (10\text{-}31)$$

（二）查表法

根据 $df = n - M$，变量总个数 2，查附表 9，得 $r_{0.05(df)}$、$r_{0.01(df)}$，将偏相关系数 $r_{ij\cdot}$ 的绝对值 $|r_{ij\cdot}|$ 与 $r_{0.05(df)}$、$r_{0.01(df)}$ 比较，作出统计推断。

若 $|r_{ij\cdot}| < r_{0.05(df)}$、$p > 0.05$，不能否定 $H_0 : \rho_{ij\cdot} = 0$，表明相关变量 x_i 与 x_j 偏相关系数不显著，即当另外的 $M-2$ 个变量固定不变时，两个相关变量 x_i 与 x_j 之间的直线关系不显著。

若 $r_{0.05(df)} \leqslant |r_{ij\cdot}| < r_{0.01(df)}$、$0.01 < p \leqslant 0.05$，否定 $H_0 : \rho_{ij\cdot} = 0$，接受 $\rho_{ij\cdot} \neq 0$，表明相关变

量 x_i 与 x_j 偏相关系数显著，即当另外的 $M-2$ 个变量固定不变时，两个相关变量 x_i 与 x_j 之间存在显著的直线关系。

若 $|r_{ij.}| \geqslant r_{0.01(df)}$、$p \leqslant 0.01$，否定 $H_0: \rho_{ij.} = 0$，接受 $H_A: \rho_{ij.} \neq 0$，表明相关变量 x_i 与 x_j 偏相关系数极显著，即当另外的 $M-2$ 个变量固定不变时，两个相关变量 x_i 与 x_j 之间存在极显著的直线关系。

【例 10-7】 根据【例 10-1】的有关数据，计算偏相关系数 $r_{y1.}$、$r_{y2.}$、$r_{y3.}$ 和 $r_{y4.}$，并对其进行假设检验。

首先，根据【例 10-1】的有关数据，计算直线相关系数 r_{12}、r_{13}、r_{14}、r_{1y}、r_{23}、r_{24}、r_{2y}、r_{34}、r_{3y} 和 r_{4y}，构建相关系数矩阵 $\boldsymbol{R}$。

$$\boldsymbol{R} = \begin{bmatrix} 1 & r_{12} & r_{13} & r_{14} & r_{1y} \\ r_{21} & 1 & r_{23} & r_{24} & r_{2y} \\ r_{31} & r_{32} & 1 & r_{34} & r_{3y} \\ r_{41} & r_{42} & r_{43} & 1 & r_{4y} \\ r_{y1} & r_{y2} & r_{y3} & r_{y4} & 1 \end{bmatrix} = \begin{bmatrix} 1 & -0.5101 & 0.1608 & 0.3002 & 0.6655 \\ -0.5101 & 1 & -0.1556 & 0.2408 & -0.0810 \\ 0.1608 & -0.1556 & 1 & 0.1978 & 0.6704 \\ 0.3002 & 0.2408 & 0.1978 & 1 & 0.4137 \\ 0.6655 & -0.0810 & 0.6704 & 0.4137 & 1 \end{bmatrix}$$

然后求相关系数矩阵 $\boldsymbol{R}$ 的逆矩阵 $\boldsymbol{C}$。

$$\boldsymbol{C} = \begin{bmatrix} 8.0144 & 4.5223 & 4.8014 & -1.2765 & -7.6581 \\ 4.5223 & 3.6725 & 2.8641 & -1.0763 & -4.1869 \\ -4.8014 & 2.8641 & 4.7398 & -0.6371 & -5.8773 \\ -1.2765 & -1.0763 & -0.6371 & 1.5399 & 0.5524 \\ -7.6581 & -4.1869 & -5.8773 & 0.5524 & 9.4689 \end{bmatrix}$$

根据式（10-29），求各个偏相关系数。

$$r_{y1.} = \frac{-c_{y1}}{\sqrt{c_{yy}c_{11}}} = \frac{-(-7.6581)}{\sqrt{9.4689 \times 8.0144}} = 0.8791$$

$$r_{y2.} = \frac{-c_{y2}}{\sqrt{c_{yy}c_{22}}} = \frac{-(-4.1869)}{\sqrt{9.4689 \times 3.6725}} = 0.7100$$

R 脚本　　SAS 程序

$$r_{y3.} = \frac{-c_{y3}}{\sqrt{c_{yy}c_{33}}} = \frac{-(-5.8773)}{\sqrt{9.4689 \times 4.7398}} = 0.8773$$

$$r_{y4.} = \frac{-c_{y4}}{\sqrt{c_{yy}c_{44}}} = \frac{-0.5524}{\sqrt{9.4689 \times 1.5399}} = -0.1447$$

采用 t 检验法，因为

$$t_{y1} = \frac{r_{y1.}}{\sqrt{\dfrac{1-r_{y1.}^2}{n-M}}} = \frac{0.8791}{\sqrt{\dfrac{1-0.8791^2}{20-5}}} = 7.143$$

$$t_{y2} = \frac{r_{y2.}}{\sqrt{\dfrac{1-r_{y2.}^2}{n-M}}} = \frac{0.7100}{\sqrt{\dfrac{1-0.7100^2}{20-5}}} = 3.905$$

$$t_{y3} = \frac{r_{y3.}}{\sqrt{\dfrac{1-r_{y3.}^2}{n-M}}} = \frac{0.8773}{\sqrt{\dfrac{1-0.8773^2}{20-5}}} = 7.080$$

$$t_{y4} = \frac{r_{y4.}}{\sqrt{\dfrac{1-r_{y4.}^2}{n-M}}} = \frac{-0.1447}{\sqrt{\dfrac{1-(-0.1447)^2}{20-5}}} = -0.566$$

根据 $df=n-M=20-5=15$，查附表 3，得临界 t 值 $t_{0.05(15)}=2.131$，$t_{0.01(15)}=2.947$。因为 t_{y1}、t_{y2}、t_{y3} 均大于 $t_{0.01(15)}$，$p<0.01$，而 $|t_{y4}|<t_{0.05(15)}$，$p>0.05$，所以产量 y 与穗数 x_1、每穗粒数 x_2、千粒重 x_3 的偏相关系数都极显著，产量 y 与株高 x_4 的偏相关系数不显著。

若用查表法，则根据 $df=n-M=20-5=15$、变量总个数 2 查附表 9，得 $r_{0.05(15)}=0.482$，$r_{0.01(15)}=0.606$，因为 $r_{y1.}=0.8791$、$r_{y2.}=0.7100$、$r_{y3.}=0.8773$ 均大于 $r_{0.01(15)}$，$p<0.01$，而 $|r_{y4.}|=0.1447<r_{0.05(15)}$，$p>0.05$，所以产量 y 与穗数 x_1、每穗粒数 x_2、千粒重 x_3 的偏相关系数都极显著，产量 y 与株高 x_4 的偏相关系数不显著。查表法检验结果与 t 检验结果一致。

在【例 10-7】中，产量 y 与每穗粒数 x_2 的直线相关系数为 $r_{y2}=-0.0810$，经检验产量 y 与每穗粒数 x_2 的直线相关系数不显著 [$r_{0.05(18)}=0.444$]；但产量 y 与每穗粒数 x_2 的偏相关系数为 $r_{y2.}=0.7100$，经检验产量 y 与每穗粒数 x_2 的偏相关系数极显著。对多个相关变量进行相关分析，两个相关变量的偏相关系数与直线相关系数在数值上可以相差很大，有时甚至连正、负号都可能相反，原因在于多个相关变量之间的相关性。对多个相关变量进行相关分析只有偏相关系数才真实反映两个相关变量之间直线相关的程度与性质，直线相关系数则可能由于其他变量的影响，反映的两个相关变量之间的关系是非真实的关系。因此，对多个相关变量进行相关分析，应进行偏相关分析。

习　题

1. 如何建立多元线性回归方程？

2. 如何进行多元线性回归的假设检验？偏回归系数有何实际意义？

3. 什么是最优多元线性回归方程？如何建立最优多元线性回归方程？

4. 什么是相关指数？有何意义？

5. 什么是复相关系数？如何进行复相关系数的假设检验？

6. 什么是偏相关系数？如何进行偏相关系数的假设检验？偏相关分析与直线相关分析有何区别？

7. 测定 12 个试验点迟熟杂交粳稻的穗数（x_1，万/666.7m²），每穗粒数（ x_2 ）和稻谷产量（ y，kg/666.7m²）。结果见下表。

穗数 x_1	每穗粒数 x_2	产量 y
17.2	152.4	625
17.8	150.7	535
16.2	146.6	470
18.9	134.4	600
16.7	147.8	560
16.1	141.2	510

续表

穗数 x_1	每穗粒数 x_2	产量 y
15.9	170.2	655
20.1	149.0	625
17.1	184.5	680
16.8	172.3	610
17.5	124.5	415
18.6	136.1	610

（1）进行二元线性回归分析。

（2）计算复相关系数 $R_{y \cdot 12}$ 和偏相关系数 $r_{y1 \cdot 2}$、$r_{y2 \cdot 1}$、$r_{12 \cdot y}$，并进行假设检验。

第十一章 协方差分析

第一节 协方差与协方差分析

一、协方差的意义

根据两个相关变量 x 与 y 的 n 对观测值 (x_i, y_i)，$i=1$，2，$\cdots$，n，可计算出 x 的均方 MS_x、y 的均方 MS_y，

$$MS_x = \frac{1}{n-1}\sum_{i=1}^{n}(x_i-\overline{x})^2, \quad MS_y = \frac{1}{n-1}\sum_{i=1}^{n}(y_i-\overline{y})^2$$

MS_x 的数学期望是 x 的方差 σ_x^2，即 $E[MS_x]=\sigma_x^2$；MS_y 的数学期望是 y 的方差 σ_y^2，即 $E[MS_y]=\sigma_y^2$。

此外，还可以计算出 x 与 y 的离均差乘积的平均数（以自由度 $n-1$ 作除数），简称均积，记为 MP_{xy}，即

$$MP_{xy}=\frac{1}{n-1}\sum_{i=1}^{n}(x_i-\overline{x})(y_i-\overline{y})=\frac{1}{n-1}\left[\sum_{i=1}^{n}x_iy_i-\frac{1}{n}\left(\sum_{i=1}^{n}x_i\right)\left(\sum_{i=1}^{n}y_i\right)\right] \quad （11-1）$$

MP_{xy} 相应的总体参数称为协方差（covariance），记为 $cov(x, y)$ 或 σ_{xy}。MP_{xy} 的数学期望是协方差 $cov(x, y)$，即 $E[MP_{xy}]=cov(x, y)$。

方差是表示单个变量变异程度的总体参数。方差大，表示该变量的变异程度大；方差小，表示该变量的变异程度小。协方差是表示两个相关变量相互影响程度和性质的总体参数。协方差绝对值的大小表示两个相关变量相互影响程度的大小。协方差的绝对值大，表示两个相关变量相互影响的程度大；协方差的绝对值小，表示两个相关变量相互影响的程度小。协方差的正、负号表示两个相关变量相互影响的性质。协方差为正，两个相关变量同向增减；协方差为负，两个相关变量异向增减。

利用总体标准差 σ_x、σ_y 和协方差 $cov(x, y)$ 可以计算出两个相关变量 x 与 y 的总体相关系数 ρ，

$$\rho = \frac{cov(x, y)}{\sigma_x\sigma_y} \quad （11-2）$$

二、协方差分析的意义与功用

对于不受别的变量线性影响的试验资料，总变异仅为自身变异，即处理和随机误差所引起的变异。例如，单因素完全随机设计试验资料，如果不受别的变量线性影响，总变异仅为自身变异，可以用方差分析法进行分析。对于受别的变量影响的试验资料，其总变异除包含自身变异外，还包含由于别的变量线性影响所引起的变异，在这种情况下，应先判断别的变量对试验资料的线性影响是否显著。如果别的变量对试验资料的线性影响显著，则应排除别

的变量对试验资料的线性影响才能得到正确的结论。这时须采用本章介绍的协方差分析法（analysis of covariance，ANOCOV）进行分析。

协方差分析有两个功用。

（1）对提高试验结果的正确性进行统计控制。前面关于田间试验的章节中曾反复指出，要提高试验结果的正确性，必须严格控制试验条件的一致性，使各处理处于尽可能一致的试验条件下。这种提高试验结果正确性的方法叫作正确性的试验控制。然而，试验控制在某些情况下不一定能实施。例如，研究棉花的蕾铃脱落率，要求各处理的单株蕾铃数相同；研究不同肥料对梨树的单株产量的影响，要求各株梨树的起始干周相同，等等，都是不易办到的。

如果那些不能很好地进行试验控制的试验条件 x（如上述棉花的单株蕾铃数、梨树的起始干周等）是可以量测的，且与试验指标的观测值 y（如上述棉花的蕾铃脱落率、梨树的单株产量等）之间存在直线关系，那么就可以利用这种直线关系将各处理的试验指标的观测值 y 都矫正到试验条件 x 相同的数值，使得处理之间试验指标的比较能够在相同的 x 基础上进行，从而得出正确的结论。这种提高试验结果正确性的方法叫作正确性的统计控制。这时所进行的协方差分析是将直线回归分析与方差分析相结合的一种统计分析方法，这种协方差分析称为回归模型的协方差分析（ANOCOV on regression model）。

（2）估计协方差分量。在第五章曾讨论过，方差分析根据均方 MS 与期望均方 EMS 间的关系，可获得不同变异来源的方差分量估计值。在协方差分析中，根据均积 MP 与期望均积（expected mean products，EMP）间的关系，可获得不同变异来源的协方差分量（covariance components）估计值。有了方差分量和协方差分量的估计值就可进一步估算出两个相关变量 x 与 y 之间各个变异来源的相关系数，进而进行相应的总体相关分析。这在遗传、育种、生态、环保的研究上是很有用处的。这种协方差分析称为相关模型的协方差分析（ANOCOV on correlation model）。

第二节　单因素完全随机设计试验资料的协方差分析

下面结合实际例子介绍单因素完全随机设计试验资料协方差分析的原理与步骤。

【例 11-1】　为研究 4 种不同肥料 A_1、A_2、A_3、A_4（处理数 $k=4$）对梨树单株产量的影响，选择 40 株梨树做试验，把 40 株梨树完全随机分为 4 组，每组包含 10 株梨树（重复数 $n=10$），每组施用 1 种肥料。各株梨树的起始干周（x，cm）和单株产量（y，kg）列于表 11-1。检验 4 种肥料梨树的单株产量是否有差异。

R 脚本　SAS 程序

表 11-1　梨树肥料试验的起始干周与单株产量

肥料	变量	观测值（x_{ij}，y_{ij}）										总和	平均
A_1	x_{1j}	36	30	26	23	26	30	20	19	20	16	$x_{1.}=246$	$\bar{x}_{1.}=24.6$
	y_{1j}	89	80	74	80	85	68	73	68	80	58	$y_{1.}=755$	$\bar{y}_{1.}=75.5$
A_2	x_{2j}	28	27	27	24	25	23	20	18	17	20	$x_{2.}=229$	$\bar{x}_{2.}=22.9$
	y_{2j}	64	81	73	67	77	67	64	65	59	57	$y_{2.}=674$	$\bar{y}_{2.}=67.4$

续表

肥料	变量	观测值（x_{ij}, y_{ij}）										总和	平均
A_3	x_{3j}	28	33	26	22	23	20	22	23	18	17	$x_{3.}=232$	$\overline{x}_{3.}=23.2$
	y_{3j}	55	62	58	58	66	55	60	71	55	48	$y_{3.}=588$	$\overline{y}_{3.}=58.8$
A_4	x_{4j}	32	23	27	23	27	28	20	24	19	17	$x_{4.}=240$	$\overline{x}_{4.}=24.0$
	y_{4j}	52	58	64	62	54	54	55	44	51	51	$y_{4.}=545$	$\overline{y}_{4.}=54.5$
												$x_{..}=947$	$\overline{x}_{..}=23.675$
												$y_{..}=2562$	$\overline{y}_{..}=64.050$

　　该试验将 4 种肥料分别施于各包含 10 株梨树的 4 组梨树，各组梨树的单株产量 y 既包含不同肥料所引起的自身变异，还包含不同起始干周 x 的影响所引起的变异，因此应采用协方差分析法对起始干周 x 的影响所引起的变异进行统计控制，正确检验 4 种肥料梨树的平均单株产量是否有差异。

（一）试验资料的数学模型

　　表 11-1 中的梨树单株产量观测值 y_{ij} 不仅包含肥料效应和随机误差，还包含起始干周 x_{ij} 的影响。因此，对于单因素完全随机设计试验资料，观测值 y_{ij} 的数据结构式为

$$y_{ij}=\mu_y+\tau_i+\beta_e(x_{ij}-\mu_x)+\varepsilon_{ij} \quad (i=1,2,\cdots,k; \ j=1,2,\cdots,n) \quad (11\text{-}3)$$

其中，μ_y 和 μ_x 分别是 y 和 x 的总体平均数；τ_i 为第 i 处理效应（固定效应）；β_e 为各组 y 与 x 呈直线关系的总体回归系数 β_{ei}（$i=1,2,\cdots,k$）的加权平均数（假定 $\beta_{e1}=\beta_{e2}=\cdots=\beta_{ek}$ 成立），$\beta_e(x_{ij}-\mu_x)$ 为由于 x_{ij} 偏离 μ_x 所引起的 y 的变异部分；ε_{ij} 为随机误差，相互独立且服从 $N(0,\sigma^2)$。

　　式（11-3）就是单因素完全随机设计试验资料协方差分析的数学模型。由式（11-3）移项可得

$$y_{ij}-\tau_i=(\mu_y-\beta_e\mu_x)+\beta_e x_{ij}+\varepsilon_{ij} \quad (11\text{-}4)$$

$$y_{ij}-\beta_e(x_{ij}-\mu_x)=\mu_y+\tau_i+\varepsilon_{ij} \quad (11\text{-}5)$$

若将 y_{ij} 用样本统计数表示，则有

$$y_{ij}=\overline{y}_{..}+t_i+b_e(x_{ij}-\overline{x}_{..})+e_{ij} \quad (11\text{-}6)$$

$$y_{ij}-t_i=(\overline{y}_{..}-b_e\overline{x}_{..})+b_e x_{ij}+e_{ij} \quad (11\text{-}7)$$

$$y_{ij}-b_e(x_{ij}-\overline{x}_{..})=\overline{y}_{..}+t_i+e_{ij} \quad (11\text{-}8)$$

其中，$\overline{y}_{..}$、$\overline{x}_{..}$、t_i、b_e、e_{ij} 分别是 μ_y、μ_x、τ_i、β_e、ε_{ij} 的估计值。

　　若令 $y'_{ij}=y_{ij}-\tau_i$ 或 $y'_{ij}=y_{ij}-t_i$，则式（11-4）或式（11-7）改写为

$$y'_{ij}=(\mu_y-\beta_e\mu_x)+\beta_e x_{ij}+\varepsilon_{ij} \quad (11\text{-}9)$$

$$y'_{ij}=(\overline{y}_{..}-b_e\overline{x}_{..})+b_e x_{ij}+e_{ij} \quad (11\text{-}10)$$

　　式（11-9）或式（11-10）指明，观测值 y_{ij} 减去处理效应后，对 y'_{ij} 与 x_{ij} 进行直线回归分析，可求出 β_e 的估计值 b_e。

　　若令 $y'_{ij}=y_{ij}-\beta_e(x_{ij}-\mu_x)$ 或 $y'_{ij}=y_{ij}-b_e(x_{ij}-\overline{x}_{..})$，则式（11-4）或式（11-7）改写为

$$y'_{ij}=\mu_y+\tau_i+\varepsilon_{ij} \tag{11-11}$$

$$y'_{ij}=\bar{y}_{..}+t_i+e_{ij} \tag{11-12}$$

式（11-11）或式（11-12）指明，在对观测值 y_{ij} 进行直线回归矫正后，对 y'_{ij} 进行方差分析就消除了 x_{ij} 不一致对 y_{ij} 的影响。

（二）计算变量 x 和 y 的各项平方和与乘积和及其自由度

根据表 11-1 的观测值可计算得变量 x 和 y 各变异来源的平方和、乘积和及其自由度。

1. 计算变量 x 的各项平方和

矫正数　$C_x=\dfrac{x_{..}^2}{kn}=\dfrac{947^2}{4\times10}=22420.225$

总平方和　$SS_{T_x}=\sum\limits_{i=1}^{k}\sum\limits_{j=1}^{n}x_{ij}^2-C_x$

$=(36^2+30^2+\cdots+17^2)-22420.225=896.775$

肥料间平方和　$SS_{t_x}=\dfrac{1}{n}\sum\limits_{i=1}^{k}x_{i.}^2-C_x=\dfrac{246^2+229^2+232^2+240^2}{10}-22420.225=17.875$

误差平方和　$SS_{e_x}=SS_{T_x}-SS_{t_x}=896.775-17.875=878.900$

2. 计算变量 y 的各项平方和

矫正数　$C_y=\dfrac{y_{..}^2}{kn}=\dfrac{2562^2}{4\times10}=164096.100$

总平方和　$SS_{T_y}=\sum\limits_{i=1}^{k}\sum\limits_{j=1}^{n}x_{ij}^2-C_y$

$=(89^2+80^2+\cdots+51^2)-164096.100=4561.900$

肥料间平方和　$SS_{t_y}=\dfrac{1}{n}\sum\limits_{i=1}^{k}y_{i.}^2-C_y=\dfrac{755^2+674^2+588^2+545^2}{10}-164096.100=2610.900$

误差平方和　$SS_{e_y}=SS_{T_y}-SS_{t_y}=4561.900-2610.900=1951.000$

3. 计算变量 x 和 y 的各项乘积和

矫正数　$C_{xy}=\dfrac{x_{..}y_{..}}{kn}=\dfrac{947\times2562}{4\times10}=60655.350$

总乘积和　$SP_T=\sum\limits_{i=1}^{k}\sum\limits_{j=1}^{n}x_{ij}y_{ij}-C_{xy}$

$=(36\times89+30\times80+\cdots+17\times51)-60655.350=720.650$

肥料间乘积和　$SP_t=\dfrac{1}{n}\sum\limits_{i=1}^{k}x_{i.}y_{i.}-C_{xy}$

$=\dfrac{246\times755+229\times674+232\times588+240\times545}{10}-60655.350=73.850$

误差乘积和　$SP_e=SP_T-SP_t=720.650-73.850=646.800$

4. 计算各项自由度

总自由度　$df_T=kn-1=4\times10-1=39$

肥料间自由度　　　$df_t = k-1 = 4-1 = 3$

误差自由度　　　　$df_e = df_T - df_t = 39-3 = 36$

变量 x 和 y 的各项平方和、乘积和及其自由度列于表 11-2。

表 11-2　表 11-1 资料的自由度、平方和与乘积和

变异来源	df	SS_x	SS_y	SP
肥料间	3	17.875	2610.900	73.850
肥料内（误差）	36	878.900	1951.000	646.800
总变异	39	896.775	4561.900	720.650

（三）对 x 和 y 进行方差分析

表 11-3　起始干周 x 和单株产量 y 的方差分析表

变异来源	df	x 变量			y 变量		
		SS	MS	F	SS	MS	F
肥料间	3	17.875	5.985	0.24	2610.900	870.3	16.06**
误差	36	878.900	24.414		1951.000	54.194	
总变异	39	896.775			4561.900		

注：$F_{0.05(3,\,36)} = 2.86$，$F_{0.01(3,\,36)} = 4.38$

因为起始干周、肥料间的 $F < F_{0.05(3,\,36)}$、$p > 0.05$，单株产量、肥料间的 $F > F_{0.01(3,\,36)}$、$p < 0.01$，表明 4 种肥料的供试梨树平均起始干周差异不显著；4 种肥料的供试梨树平均单株产量差异极显著。这里对单株产量 y 进行的 F 检验是在没有考虑起始干周 x 的线性影响下进行的，若单株产量 y 与起始干周 x 之间直线关系不显著，即起始干周 x 对单株产量 y 线性影响不显著，上面对单株产量 y 进行的 F 检验结果可以接受；若单株产量 y 与起始干周 x 之间直线关系显著，即起始干周 x 对单株产量 y 的线性影响显著，则须先对梨树单株产量 y 进行矫正，然后对矫正梨树单株产量 y' 进行方差分析，才能获得正确结论。

（四）计算回归系数 b_e 并进行假设检验

如上所述，对包含 x_{ij} 对 y_{ij} 线性影响的误差项 y'_{ij} 与 x_{ij} 进行直线回归分析，可求出 β_e 的估计值 b_e。回归系数 b_e 由包含 x_{ij} 对 y_{ij} 线性影响的误差项的 SP_e、SS_{e_x} 计算。

$$b_e = \frac{SP_e}{SS_{e_x}} = \frac{646.800}{878.900} = 0.7359$$

对回归系数进行假设检验如下：

无效假设与备择假设　　$H_0: \beta_e = 0$；$H_A: \beta_e \neq 0$

回归平方和　　$SS_{e_R} = \frac{SP_e^2}{SS_{e_x}} = \frac{646.800^2}{878.900} = 475.993$

回归自由度　　$df_{e_R} = 1$

离回归平方和　　$SS_{e_r} = SS_{e_y} - SS_{e_R} = 1951.000 - 475.993 = 1475.007$

离回归自由度　　$df_{e_r} = k(n-1) - 1 = 4 \times (10-1) - 1 = 35$

构建 F 统计数　　$F = \dfrac{SS_{e_R}}{SS_{e_r}/df_{e_r}} = \dfrac{475.993}{1475.007/35} = 11.29^{**}$

根据 $df_1 = df_{e_R} = 1$、$df_2 = df_{e_r} = 35$ 查附表 4，得 $F_{0.01(1,\ 35)} = 7.42$，因为计算所得的 $F > F_{0.01(1,\ 35)}$、$p < 0.01$，否定 H_0：$\beta_e = 0$，接受 H_A：$\beta_e \neq 0$，表明梨树单株产量 y 与起始干周 x 之间直线关系极显著，即梨树起始干周 x 对梨树单株产量 y 的线性影响极显著。

（五）对矫正后的梨树单株产量进行方差分析

1. 求矫正后的梨树单株产量的各项平方和及自由度　　利用直线回归关系对梨树单株产量一一作矫正，并由矫正后的梨树单株产量进行方差分析计算量大，且舍入误差大。统计学已证明，矫正后的梨树单株产量的总平方和、误差平方和及自由度等于其相应变异项的离回归平方和及自由度，各项平方和及自由度可直接计算如下。

矫正梨树单株产量的总平方和与自由度，即总离回归平方和与自由度，记为 SS_T'、df_T'，

$$SS_T' = SS_{T_y} - SS_{R_y} = SS_{T_y} - \frac{SP_T^2}{SS_{T_x}} = 4561.900 - \frac{720.650^2}{896.775} = 3982.784 \tag{11-13}$$

$$df_T' = df_{T_y} - df_{R_y} = 39 - 1 = 38$$

矫正梨树单株产量的误差项平方和与自由度，即误差离回归平方和与自由度，记为 SS_e'、df_e'，

$$SS_e' = SS_{e_r} = 1475.007 \tag{11-14}$$

$$df_e' = df_{e_r} = 35$$

矫正梨树单株产量处理间平方和与自由度，记为 SS_t'、df_t'，

$$SS_t' = SS_T' - SS_e' = 3982.784 - 1475.007 = 2507.777 \tag{11-15}$$

$$df_t' = df_T' - df_e' = k - 1 = 4 - 1 = 3$$

2. 对矫正梨树单株产量进行方差分析　　方差分析表见 11-4。

表 11-4　矫正梨树单株产量的方差分析表

变异来源	df	SS	MS	F
肥料间	3	2507.777	835.926	19.835^{**}
肥料内（误差）	35	1475.007	42.143	
总变异	38	3982.784		

注：$F_{0.01(3,\ 35)} = 4.40$

因为肥料间的 $F > F_{0.01(3,\ 35)}$、$p < 0.01$，表明不同肥料的矫正梨树平均单株产量差异极显著，所以还须进一步进行不同肥料矫正梨树平均单株产量的多重比较。

3. 根据直线回归关系计算各种肥料的矫正梨树平均单株产量

矫正梨树平均单株产量计算公式如下：

$$\overline{y}_{i\cdot}' = \overline{y}_{i\cdot} - b_e(\overline{x}_{i\cdot} - \overline{x}_{\cdot\cdot}) \tag{11-16}$$

其中，$\bar{y}'_{i.}$ 为第 i 处理矫正梨树平均单株产量；$\bar{y}_{i.}$ 为第 i 处理梨树平均单株产量；$\bar{x}_{i.}$ 为第 i 处理梨树平均起始干周；$\bar{x}_{..}$ 为 x_{ij} 的总平均数；b_e 为误差回归系数。

将各有关数值代入式（11-16），计算出各种肥料的矫正梨树平均单株产量：

$$\bar{y}'_{1.}=\bar{y}_{1.}-b_e(\bar{x}_{1.}-\bar{x}_{..})=75.5-0.7359\times(24.6-23.675)=74.819$$

$$\bar{y}'_{2.}=\bar{y}_{2.}-b_e(\bar{x}_{2.}-\bar{x}_{..})=67.4-0.7359\times(22.9-23.675)=67.970$$

$$\bar{y}'_{3.}=\bar{y}_{3.}-b_e(\bar{x}_{3.}-\bar{x}_{..})=58.8-0.7359\times(23.2-23.675)=59.150$$

$$\bar{y}'_{4.}=\bar{y}_{4.}-b_e(\bar{x}_{4.}-\bar{x}_{..})=54.5-0.7359\times(24.0-23.675)=54.261$$

4. 各种肥料矫正梨树平均单株产量的多重比较

（1）t 检验。检验两个处理矫正平均数的差异是否显著，可采用 t 检验。

$$t=\frac{\bar{y}'_{i.}-\bar{y}'_{j.}}{s_{\bar{y}'_{i.}-\bar{y}'_{j.}}} \tag{11-17}$$

统计数 t 服从 $df=df'_e$ 的 t 分布。其中，$\bar{y}'_{i.}-\bar{y}'_{j.}$ 为两个处理矫正平均数的差数；$s_{\bar{y}'_{i.}-\bar{y}'_{j.}}$ 为两个处理矫正平均数差数标准误，计算公式为

$$s_{\bar{y}'_{i.}-\bar{y}'_{j.}}=\sqrt{MS'_e\left[\frac{2}{n}+\frac{(\bar{x}_{i.}-\bar{x}_{j.})^2}{SS_{e_x}}\right]} \tag{11-18}$$

其中，MS'_e 为误差离回归均方；df'_e 为误差离回归自由度；n 为各处理的重复数；$\bar{x}_{i.}$、$\bar{x}_{j.}$ 为处理 i、j 的 x 变量的平均数；SS_{e_x} 为 x 变量的误差平方和。

例如，检验 A_1 与 A_2 矫正梨树平均单株产量的比较，将有关数值代入式（11-18），得

$$s_{\bar{y}'_{i.}-\bar{y}'_{j.}}=\sqrt{MS'_e\left[\frac{2}{n}+\frac{(\bar{x}_{i.}-\bar{x}_{j.})^2}{SS_{e_x}}\right]}=\sqrt{42.143\times\left[\frac{2}{10}+\frac{(24.6-22.9)^2}{878.900}\right]}=2.927$$

于是，

$$t=\frac{\bar{y}'_{i.}-\bar{y}'_{j.}}{s_{\bar{y}'_{i.}-\bar{y}'_{j.}}}=\frac{74.819-67.970}{2.927}=2.34$$

根据 $df'_e=35$ 查附表 3，得 $t_{0.05(35)}=2.030$，因为计算所得的 $t<t_{0.05(35)}$、$p>0.05$，表明肥料 A_1 与 A_2 矫正梨树平均单株产量差异不显著。

其余的每两个处理矫正平均数的比较都须再计算 $s_{\bar{y}'_{i.}-\bar{y}'_{j.}}$，进行 t 检验。

（2）LSD 法。利用 t 检验进行多重比较，每一次比较都要算出各自的矫正平均数差数标准误 $s_{\bar{y}'_{i.}-\bar{y}'_{j.}}$。当误差项自由度在 20 以上，$x$ 变量的变异不甚大（即 x 变量各处理平均数间差异不显著），为简便起见，可计算出平均矫正平均数差数标准误 $\bar{s}_{\bar{y}'_{i.}-\bar{y}'_{j.}}$，采用 LSD 法进行多重比较。$\bar{s}_{\bar{y}'_{i.}-\bar{y}'_{j.}}$ 的计算公式如下：

$$\bar{s}_{\bar{y}'_{i.}-\bar{y}'_{j.}}=\sqrt{\frac{2MS'_e}{n}\left[1+\frac{SS_{t_x}}{SS_{e_x}(k-1)}\right]} \tag{11-19}$$

其中，SS_{t_x} 为 x 变量的处理间平方和。

根据 df'_e 查附表3，得 $t_{\alpha(df'_e)}$，最小显著差数为

$$LSD_\alpha = t_{\alpha(df'_e)}\bar{s}_{\bar{y}_{i\cdot}-\bar{y}_{j\cdot}} \tag{11-20}$$

本例，

$$\bar{s}_{\bar{y}_{i\cdot}-\bar{y}_{j\cdot}} = \sqrt{\frac{2MS'_e}{n}\left[1+\frac{SS_{t_x}}{SS_{e_x}(k-1)}\right]} = \sqrt{\frac{2\times 42.143}{10}\times\left[1+\frac{17.875}{878.900\times(4-1)}\right]} = 2.913$$

根据 $df'_e = 35$ 查附表3，得 $t_{0.05(35)} = 2.030$，$t_{0.1(35)} = 2.724$，于是，

$$LSD_{0.05} = t_{0.05(35)}\bar{s}_{\bar{y}_{i\cdot}-\bar{y}_{j\cdot}} = 2.030\times 2.913 = 5.913$$

$$LSD_{0.01} = t_{0.01(35)}\bar{s}_{\bar{y}_{i\cdot}-\bar{y}_{j\cdot}} = 2.724\times 2.913 = 7.935$$

不同肥料的矫正梨树平均单株产量的多重比较见表11-5。结果表明，除肥料 A_3、A_4 矫正梨树平均单株产量差异不显著外，其余各种肥料两两矫正梨树平均单株产量差异显著或极显著，这里表现为肥料 A_1 的矫正梨树平均单株产量显著或极显著高于其余3种肥料的矫正梨树平均单株产量；肥料 A_2 的矫正梨树平均单株产量极显著高于肥料 A_3、A_4 的矫正梨树平均单株产量。4种肥料以 A_1 的梨树平均单株产量最高，A_2 次之，A_3、A_4 的梨树平均单株产量最低。

表 11-5 不同肥料矫正梨树平均单株产量多重比较表（LSD 法）

肥料	矫正平均单株产量 $\bar{y}_{i\cdot}$	显著性	
		0.05	0.01
A_1	74.819	a	A
A_2	67.970	b	A
A_3	59.150	c	B
A_4	54.261	c	B

（3）LSR 法。当误差自由度在 20 以上，x 变量的变异不甚大（即 x 变量各处理平均数间差异不显著），还可以计算出平均矫正平均数标准误 $\bar{s}_{\bar{y}_{i\cdot}}$，利用 LSR 法（q 法或 SSR 法）进行多重比较。$\bar{s}_{\bar{y}_{i\cdot}}$ 的计算公式如下：

$$\bar{s}_{\bar{y}_{i\cdot}} = \sqrt{\frac{MS'_e}{n}\left[1+\frac{SS_{t_x}}{SS_{e_x}(k-1)}\right]} \tag{11-21}$$

根据 df'_e、秩次距 k 查附表6或附表7，得 $q_{\alpha(df'_e,k)}$ 或 $SSR_{\alpha(df'_e,k)}$，与 $\bar{s}_{\bar{y}_{i\cdot}}$ 相乘，计算最小显著极差 $LSR_{\alpha,k}$：

$$LSR_{\alpha,k} = q_{\alpha(df'_e,k)}\bar{s}_{\bar{y}_{i\cdot}} \quad\text{或}\quad LSR_{\alpha,k} = SSR_{\alpha(df'_e,k)}\bar{s}_{\bar{y}_{i\cdot}} \tag{11-22}$$

对于【例 11-1】，采用 SSR 法进行不同肥料的矫正梨树平均单株产量多重比较。将 $MS'_e = 42.413$、$n = 10$、$SS_{t_x} = 17.875$、$SS_{e_x} = 878.9$、处理数 $k = 4$ 代入式（11-21）计算得

$$\bar{s}_{\bar{y}_{i\cdot}} = \sqrt{\frac{MS'_e}{n}\left[1+\frac{SS_{t_x}}{SS_{e_x}(k-1)}\right]} = \sqrt{\frac{42.143}{10}\times\left[1+\frac{17.875}{878.900\times(4-1)}\right]} = 2.060$$

SSR 值（利用线性插值法计算）与 LSR 值见表11-6。

表 11-6 SSR 值与 LSR 值表

df'_e	秩次距 k	$SSR_{0.05}$	$SSR_{0.01}$	$LSR_{0.05}$	$LSR_{0.01}$
	2	2.875	3.855	5.922	7.941
35	3	3.025	4.025	6.231	8.291
	4	3.110	4.130	6.406	8.507

不同肥料的矫正梨树平均单株产量多重比较见表 11-7。用 SSR 法进行多重比较的结果与用 LSD 法进行多重比较的结果相同。

表 11-7 不同肥料的矫正平均单株产量多重比较表（SSR 法）

肥料	矫正平均单株产量 $\bar{y}_i$	显著性	
		0.05	0.01
A_1	74.819	a	A
A_2	67.970	b	A
A_3	59.150	c	B
A_4	54.261	c	B

第三节 单因素随机区组设计试验资料的协方差分析

【例 11-2】 对 6 个菜豆品种（$k=6$）进行维生素 C 含量（y，mg/100g）比较试验，4 次重复（$r=4$），随机区组设计。根据前人的研究，菜豆维生素 C 含量不仅与品种有关，而且与豆荚的成熟度有关。但在试验中又无法使所有小区的豆荚都同时成熟，所以同时测定了 100g 所采豆荚干物重百分率 x（%），作为豆荚成熟度指标，测定结果列于表 11-8，进行协方差分析。

表 11-8 6 个菜豆品种的维生素 C 含量 y 与豆荚干物重百分率 x 测定结果

品种	区组 I		区组 II		区组 III		区组 IV		总和		平均	
	x_{i1}	y_{i1}	x_{i2}	y_{i2}	x_{i3}	y_{i3}	x_{i4}	y_{i4}	$x_{i.}$	$y_{i.}$	$\bar{x}_{i.}$	$\bar{y}_{i.}$
A_1	34.0	93.0	33.4	94.8	34.7	91.7	38.9	80.8	141.0	360.3	35.25	90.08
A_2	39.6	47.3	39.8	51.5	51.2	33.3	52.0	27.2	182.6	159.3	45.65	39.83
A_3	31.7	81.4	30.1	109.0	33.8	71.6	39.6	57.5	135.2	319.5	33.80	79.88
A_4	37.7	66.9	38.2	74.1	40.3	64.7	39.4	69.3	155.6	275.0	38.90	68.75
A_5	24.9	119.5	24.0	128.5	24.9	125.6	23.5	129.0	97.3	502.6	24.32	125.65
A_6	30.3	106.6	29.1	111.4	31.7	99.0	28.3	126.1	119.4	443.1	29.85	110.78
总和 $x_{.j}$	198.2		194.6		216.6		221.7		$x_{..}=$ 831.1		$\bar{x}_{..}=$ 34.62	
总和 $y_{.j}$		514.7		569.3		485.9		489.9		$y_{..}=$ 2059.8		$\bar{y}_{..}=$ 85.83

1. 试验资料的数学模型 这是一个单因素随机区组设计试验，观测值 y_{ij} 不仅包含品种效应、区组效应和随机误差，而且还受到豆荚干物重百分率 x 的影响，因此，观测值 y_{ij} 的数据结构式为

$$y_{ij} = \mu_y + \tau_i + R_j + \beta_e(x_{ij} - \mu_x) + \varepsilon_{ij} \quad (i=1, 2, \cdots, k; \quad j=1, 2, \cdots, r) \quad (11\text{-}23)$$

其中，μ_y、μ_x、τ_i、$\beta_e(x_{ij}-\mu_x)$、ε_{ij} 的意义同前；R_j 为第 j 区组效应；β_e 为各区组 y 与 x 呈直线关系的总体回归系数 β_{ei}（$i=1$，2，$\cdots$，k）的加权平均数（假定 $\beta_{e1}=\beta_{e2}=\cdots=\beta_{ek}$ 成立）。

式（11-23）就是单因素随机区组设计试验资料协方差分析的数学模型。由式（11-23）移项可得

$$y_{ij}-\tau_i-R_j=(\mu_y-\beta_e\mu_x)+\beta_e x_{ij}+\varepsilon_{ij} \tag{11-24}$$

$$y_{ij}-\beta_e(x_{ij}-\mu_x)=\mu_y+\tau_i+R_j+\varepsilon_{ij} \tag{11-25}$$

若用样本统计数表示式（11-23）、式（11-24）、式（11-25），则为

$$y_{ij}=\bar{y}_{..}+t_i+r_j+b_e(x_{ij}-\bar{x}_{..})+e_{ij} \tag{11-26}$$

$$y_{ij}-t_i-r_j=(\bar{y}_{..}-b_e\bar{x}_{..})+b_e x_{ij}+e_{ij} \tag{11-27}$$

$$y_{ij}-b_e(x_{ij}-\bar{x}_{..})=\bar{y}_{..}+t_i+r_j+e_{ij} \tag{11-28}$$

其中，$\bar{y}_{..}$、$\bar{x}_{..}$、t_i、b_e、e_{ij} 的意义同前；r_j 是 R_j 的估计值。

若令 $y'_{ij}=y_{ij}-\tau_i-R_j$ 或 $y'_{ij}=y_{ij}-t_i-r_j$，则式（11-24）或式（11-27）改写为

$$y'_{ij}=(\mu_y-\beta_e\mu_x)+\beta_e x_{ij}+\varepsilon_{ij} \tag{11-29}$$

$$y'_{ij}=(\bar{y}_{..}-b_e\bar{x}_{..})+b_e x_{ij}+e_{ij} \tag{11-30}$$

式（11-29）或式（11-30）指明，观测值 y_{ij} 减去处理效应、区组效应后，对 y'_{ij} 与 x_{ij} 进行直线回归分析，可求出 β_e 的估计值 b_e。

若令 $y'_{ij}=y_{ij}-\beta_e(x_{ij}-\mu_x)$ 或 $y'_{ij}=y_{ij}-b_e(x_{ij}-\bar{x}_{..})$，则式（11-24）或式（11-27）改写为

$$y'_{ij}=\mu_y+\tau_i+R_j+\varepsilon_{ij} \tag{11-31}$$

$$y'_{ij}=\bar{y}_{..}+t_i+r_j+e_{ij} \tag{11-32}$$

式（11-31）或式（11-32）指明，在对观测值 y_{ij} 进行直线回归矫正后，对 y'_{ij} 进行方差分析就消除了 x_{ij} 不一致对 y_{ij} 的影响。

2. 计算变量 x 和 y 的各项平方和与乘积和及其自由度　　根据表 11-8 资料可计算得变量 x 和 y 各变异来源的平方和与乘积和及其自由度。

（1）计算变量 x 的各项平方和。

R 脚本　　SAS 程序

矫正数　　$C_x=\dfrac{x_{..}^2}{kr}=\dfrac{831.1^2}{6\times 4}=28780.300$

总平方和　　$SS_{T_x}=\displaystyle\sum_{i=1}^{k}\sum_{j=1}^{r}x_{ij}^2-C_x$

$$=(34.0^2+39.6^2+\cdots+28.3^2)-28780.300=1303.6296$$

区组间平方和　　$SS_{r_x}=\dfrac{1}{k}\displaystyle\sum_{j=1}^{r}x_{.j}^2-C_x$

$$=\dfrac{198.2^2+194.6^2+216.6^2+221.7^2}{6}-28780.300=89.5079$$

品种间平方和　　$SS_{t_x}=\dfrac{1}{r}\displaystyle\sum_{i=1}^{k}x_{i.}^2-C_x$

$$=\dfrac{141.0^2+182.6^2+\cdots+119.4^2}{4}-28780.300=1079.1521$$

误差平方和　　　　$SS_{e_x}=SS_{T_x}-SS_{r_x}-SS_{t_x}$

$\qquad\qquad\qquad =1303.6297-89.5079-1079.1521=134.9696$

（2）计算变量 y 的各项平方和。

矫正数　　　$C_y=\dfrac{y_{..}^2}{kr}=\dfrac{2059.8^2}{6\times4}=176782.340$

总平方和　　　$SS_{T_y}=\sum\limits_{i=1}^{k}\sum\limits_{j=1}^{r}y_{ij}^2-C_y$

$\qquad\qquad\quad =(93.0^2+47.3^2+\cdots+126.1^2)-176782.340=21108.865$

区组间平方和　　　$SS_{r_y}=\dfrac{1}{k}\sum\limits_{j=1}^{r}y_{.j}^2-C_y$

$\qquad\qquad\qquad =\dfrac{514.7^2+569.3^2+485.9^2+489.9^2}{6}-176782.340=737.565$

品种间平方和　　　$SS_{t_y}=\dfrac{1}{r}\sum\limits_{i=1}^{k}y_{i.}^2-C_y$

$\qquad\qquad\qquad =\dfrac{360.3^2+159.3^2+\cdots+443.1^2}{4}-176782.340=18678.215$

误差平方和　　　$SS_{e_y}=SS_{T_y}-SS_{r_y}-SS_{t_y}$

$\qquad\qquad\quad =21108.865-737.565-18678.215=1693.085$

（3）计算变量 x 和 y 的各项乘积和。

矫正数　　　$C_{xy}=\dfrac{x_{..}y_{..}}{kr}=\dfrac{831.1\times2059.8}{6\times4}=71329.158$

总乘积和　　　$SP_T=\sum\limits_{i=1}^{k}\sum\limits_{j=1}^{r}x_{ij}y_{ij}-C_{xy}$

$\qquad\qquad\quad =(34.0\times93.0+39.6\times47.3+\cdots+28.3\times126.1)-71329.158$

$\qquad\qquad\quad =-4987.5075$

区组间乘积和　　　$SP_r=\dfrac{1}{k}\sum\limits_{j=1}^{r}x_{.j}y_{.j}-C_{xy}$

$\qquad\qquad\qquad =\dfrac{198.2\times514.7+194.6\times569.3+216.6\times485.9+221.7\times489.9}{6}$

$\qquad\qquad\qquad -71329.158$

$\qquad\qquad\qquad =-219.8092$

品种间乘积和　　　$SP_t=\dfrac{1}{r}\sum\limits_{i=1}^{k}x_{i.}y_{i.}-C_{xy}$

$\qquad\qquad\qquad =\dfrac{141.0\times360.3+182.6\times159.3+\cdots+119.4\times443.1}{4}-71329.158$

$\qquad\qquad\qquad =-4407.6575$

误差乘积和　　$SP_e=SP_T-SP_r-SP_t$

$\qquad\qquad =-4987.5057-(-219.8092)-(-4407.6575)=-360.0390$

（4）计算各项自由度。

总自由度　　$df_T = kr - 1 = 6 \times 4 - 1 = 23$

区组间自由度　$df_r = r - 1 = 4 - 1 = 3$

品种间自由度　$df_t = k - 1 = 6 - 1 = 5$

误差自由度　　$df_e = df_T - df_r - df_t = 23 - 3 - 5 = 15$

变量 x 和 y 的各项平方和、乘积和及其自由度列于表 11-9。

表 11-9　表 11-8 资料变量 x 和 y 的平方和、乘积和及其自由度

变异来源	df	SS_x	SS_y	SP
区组间	3	89.5079	737.565	−219.8092
品种间	5	1079.1521	18678.215	−4407.6575
误差	15	134.9696	1693.085	−360.0390
总变异	23	1303.6296	21108.865	−4987.5075
品种＋误差	20	1214.1217	20371.300	−4767.6965

3. 对变量 x 和 y 进行方差分析　方差分析表见表 11-10。

表 11-10　豆荚干物重百分率 x 和维生素 C 含量 y 的方差分析表

变异来源	df	豆荚干物重百分率 x			维生素 C 含量 y		
		SS	MS	F	SS	MS	F
品种间	5	1079.1521	215.8304	23.99**	18678.215	3735.6430	33.10**
误差	15	134.9696	8.9980		1693.085	112.8723	
品种＋误差	20	1214.1217			20371.300		

注：$F_{0.01(5, 15)} = 4.56$

因为豆荚干物重百分率、维生素 C 含量品种间的 $F > F_{0.01(5, 15)}$、$p < 0.01$，表明 6 个品种的平均豆荚干物重百分率、平均维生素 C 含量差异均极显著。

4. 计算回归系数 b_e 并进行假设检验　回归系数 b_e 由包含 x_{ij} 对 y_{ij} 线性影响的误差项的 SP_e、SS_{e_x} 计算。

$$b_e = \frac{SP_e}{SS_{e_x}} = \frac{-360.0390}{134.9696} = -2.6676$$

对回归系数进行假设检验如下：

无效假设与备择假设　$H_0: \beta_e = 0$；$H_A: \beta_e \neq 0$

回归平方和　　$SS_{e_R} = \frac{SP_e^2}{SS_{e_x}} = \frac{(-360.0390)^2}{134.9696} = 960.4243$

回归自由度　　$df_{e_R} = 1$

离回归平方和　$SS_{e_r} = SS_{e_y} - SS_{e_R} = 1693.085 - 960.4243 = 732.6607$

离回归自由度　$df_{e_r} = (k-1)(r-1) - 1 = (6-1)(4-1) - 1 = 14$

构建 F 统计数　　$F=\dfrac{SS_{e_R}}{SS_{e_r}/df_{e_r}}=\dfrac{960.4243}{732.6607/14}=18.35^{**}$

根据 $df_1=df_{e_R}=1$、$df_2=df_{e_r}=14$ 查附表4，得 $F_{0.01(1,14)}=8.86$，因为计算所得的 $F>F_{0.01(1,14)}$、$p<0.01$，否定 H_0：$\beta_e=0$，接受 H_A：$\beta_e\neq0$，表明维生素 C 含量 y 与豆荚干物重百分率 x 之间直线关系极显著，即豆荚干物重百分率 x 对维生素 C 含量 y 的线性影响极显著。

5. 对矫正后的维生素 C 含量进行方差分析

（1）求矫正后的维生素 C 含量的各项平方和及自由度。矫正维生素 C 含量的总平方和与自由度，即总离回归平方和与自由度，记为 SS'_T、df'_T，

$$SS'_T=SS_{T_y}-SS_{R_y}=SS_{T_y}-\frac{SP_T^2}{SS_{T_x}}=20371.300-\frac{(-4767.6965)^2}{1214.1217}=1649.1818 \quad（11\text{-}33）$$

$$df'_T=df_{T_y}-df_{R_y}=20-1=19$$

注意，上述 df_{T_y}、SS_{T_x}、SS_{T_y}、SP_T 为表 11-10 中品种＋误差的自由度、平方和与乘积和，是减去了区组自由度、平方和与乘积和的总自由度、总平方和与总乘积和。

矫正维生素 C 含量的误差项平方和与自由度，即误差离回归平方和与自由度，记为 SS'_e、df'_e，

$$SS'_e=SS_{e_r}=732.6607 \quad（11\text{-}34）$$

$$df'_e=df_{e_r}=14$$

矫正维生素 C 含量品种间平方和与自由度，记为 SS'_t、df'_t，

$$SS'_t=SS'_T-SS'_e=1649.1818-732.6607=916.5211 \quad（11\text{-}35）$$

$$df'_t=df'_T-df'_e=19-14=5 \quad 或 \quad df'_t=k-1=6-1=5$$

（2）对矫正维生素 C 含量进行方差分析。方差分析表见表 11-11。

表 11-11　矫正维生素 C 含量的方差分析表

变异来源	df	SS	MS	F
品种间	5	916.5211	183.3042	3.50^*
误差	14	732.6607	52.3329	
总变异	19	1649.1818		

注：$F_{0.05(5,14)}=2.96$，$F_{0.01(5,14)}=4.69$

因为品种间的 F 介于 $F_{0.05(5,14)}$ 与 $F_{0.01(5,14)}$ 之间、$0.01<p<0.05$，表明不同品种的矫正平均维生素 C 含量差异显著，须进一步进行不同品种矫正平均维生素 C 含量的多重比较。

（3）根据直线回归关系计算各品种的矫正平均维生素 C 含量。将各有关数值代入式（11-16），计算出各品种的矫正平均维生素 C 含量。

$$\bar{y}'_{1.}=\bar{y}_{1.}-b_e(\bar{x}_{1.}-\bar{x}_{..})=90.08-(-2.6676)\times(35.25-34.63)=91.73$$
$$\bar{y}'_{2.}=\bar{y}_{2.}-b_e(\bar{x}_{2.}-\bar{x}_{..})=39.83-(-2.6676)\times(45.65-34.63)=69.23$$
$$\bar{y}'_{3.}=\bar{y}_{3.}-b_e(\bar{x}_{3.}-\bar{x}_{..})=79.88-(-2.6676)\times(33.80-34.63)=77.67$$
$$\bar{y}'_{4.}=\bar{y}_{4.}-b_e(\bar{x}_{4.}-\bar{x}_{..})=68.75-(-2.6676)\times(38.90-34.63)=80.14$$
$$\bar{y}'_{5.}=\bar{y}_{5.}-b_e(\bar{x}_{5.}-\bar{x}_{..})=125.65-(-2.6676)\times(24.32-34.63)=98.15$$

$$\bar{y}_6' = \bar{y}_{6\cdot} - b_e(\bar{x}_{6\cdot} - \bar{x}_{\cdot\cdot}) = 110.78 - (-2.6676) \times (29.85 - 34.63) = 98.03$$

（4）各品种矫正平均维生素 C 含量的多重比较。由于 6 个品种的平均豆荚干物重百分率差异极显著，只能用 t 检验进行两两品种矫正平均维生素 C 含量的比较。

$$t = \frac{\bar{y}_{i\cdot}' - \bar{y}_{j\cdot}'}{s_{\bar{y}_{i\cdot}' - \bar{y}_{j\cdot}'}} \tag{11-36}$$

统计数 t 服从 $df = df_e'$ 的 t 分布。其中，$s_{\bar{y}_{i\cdot}' - \bar{y}_{j\cdot}'}$ 的计算公式为

$$s_{\bar{y}_{i\cdot}' - \bar{y}_{j\cdot}'} = \sqrt{MS_e'\left[\frac{2}{r} + \frac{(\bar{x}_{i\cdot} - \bar{x}_{j\cdot})^2}{SS_{e_x}}\right]} \tag{11-37}$$

例如，进行品种 A_5 与 A_6 矫正平均维生素 C 含量的比较，将 $MS_e' = 52.3329$、$r = 4$、$\bar{x}_{5\cdot} = 24.32$、$\bar{x}_{6\cdot} = 29.85$、$SS_{e_x} = 134.9696$ 代入式（11-37），得

$$s_{\bar{y}_{5\cdot}' - \bar{y}_{6\cdot}'} = \sqrt{MS_e'\left[\frac{2}{r} + \frac{(\bar{x}_{5\cdot} - \bar{x}_{6\cdot})^2}{SS_{e_x}}\right]} = \sqrt{52.3329 \times \left[\frac{2}{4} + \frac{(24.32 - 29.85)^2}{134.9696}\right]} = 6.1663$$

于是，

$$t = \frac{\bar{y}_{5\cdot}' - \bar{y}_{6\cdot}'}{s_{\bar{y}_{5\cdot}' - \bar{y}_{6\cdot}'}} = \frac{98.15 - 98.03}{6.1663} = 0.0195$$

因为 $t < 1$、$p > 0.05$（此时不用查临界 t 值即可判断），表明品种 A_5 与 A_6 矫正平均维生素 C 含量差异不显著。

再如，进行品种 A_6 与 A_2 矫正平均维生素 C 含量的比较，因为

$$s_{\bar{y}_{6\cdot}' - \bar{y}_{2\cdot}'} = \sqrt{MS_e'\left[\frac{2}{r} + \frac{(\bar{x}_{6\cdot} - \bar{x}_{2\cdot})^2}{SS_{e_x}}\right]} = \sqrt{52.3329 \times \left[\frac{2}{4} + \frac{(29.85 - 45.65)^2}{134.9696}\right]} = 11.0888$$

于是，

$$t = \frac{\bar{y}_{6\cdot}' - \bar{y}_{2\cdot}'}{s_{\bar{y}_{6\cdot}' - \bar{y}_{2\cdot}'}} = \frac{98.03 - 69.23}{11.0888} = 2.5972$$

根据 $df_e' = 14$，查附表 3，得 $t_{0.05(14)} = 2.145$，$t_{0.01(14)} = 2.977$，因为计算所得的 t 值介于 $t_{0.05(14)}$ 与 $t_{0.01(14)}$ 之间、$0.01 < p < 0.05$，表明品种 A_6 与 A_2 矫正平均维生素 C 含量差异显著。

检验其他品种矫正平均维生素 C 含量两两差异是否显著，方法同上，这里不再一一赘述。作为练习，留给读者完成。

当误差项自由度在 20 以上，变量 x 的变异不甚大（即变量 x 各处理平均数差异不显著），可由式（11-19）计算平均矫正平均数差数标准误 $\bar{s}_{\bar{y}_{i\cdot}' - \bar{y}_{j\cdot}'}$，采用 LSD 法进行多重比较；或由式（11-21）计算平均矫正平均数标准误 $\bar{s}_{\bar{y}_{i\cdot}'}$，利用 LSR 法（q 法或 SSR 法）进行多重比较。

第四节　协方差分量的估计

与回归模型的协方差分析不同，相关模型的协方差分析主要讨论两个总体的相关问题。

两个相关变量 x 和 y 间的相关系数 $r=\dfrac{SP_{xy}}{\sqrt{SS_xSS_y}}$ ，如果将分子和分母同除以自由度 $n-1$ ，则相

关系数可表示为 $r=\dfrac{\dfrac{SP_{xy}}{n-1}}{\sqrt{\dfrac{SS_x}{n-1}\dfrac{SS_y}{n-1}}}=\dfrac{MP_{xy}}{\sqrt{s_x^2s_y^2}}$ ，也就是说两个变量间的相关系数可以用其方差和协

方差表示。

　　第五章介绍了方差分量的估计方法，即根据各变异来源均方的期望估计各效应的方差分量。各效应的协方差分量也可根据各变异来源两变量间均积的期望来估计。在此基础上，可以计算不同变异来源下两变量间的相关系数等，在数量遗传研究中广泛应用。

　　【例 11-3】　随机抽取 4 个水稻品种（ $k=4$ ）进行试验，4 次重复（ $n=4$ ），完全随机设计，对穗数（ x ）和千粒重（ y ，g）两性状进行观测。穗数 x 和千粒重 y 的方差和协方差分析结果列于表 11-12（表 11-12 仅列出了变量 x 和 y 的均方、均积及其期望）。估计穗数和千粒重两个性状各变异来源的协方差分量，并计算各变量来源两性状间的相关系数。

表 11-12　4 个水稻品种的穗数 x 和千粒重 y 的方差和协方差分析表

变异来源	变量 x		变量 y		变量 x 与 y	
	MS	EMS	MS	EMS	MP	EMP
品种间	6.8264	$n\sigma_{\tau_x}^2+\sigma_{e_x}^2$	1.2368	$n\sigma_{\tau_y}^2+\sigma_{e_y}^2$	−1.5546	$ncov_\tau(x,y)+cov_e(x,y)$
品种内	0.5060	$\sigma_{e_x}^2$	0.0405	$\sigma_{e_y}^2$	0.0412	$cov_e(x,y)$

　　根据表 11-12 的结果，由 MS 和 EMS 的关系可求得方差分量的估计值

$$\hat{\sigma}_{e_x}^2=0.5060 , \quad \hat{\sigma}_{\tau_x}^2=\frac{6.8264-0.5060}{4}=1.5801$$

$$\hat{\sigma}_{e_y}^2=0.0405 , \quad \hat{\sigma}_{\tau_y}^2=\frac{1.2368-0.0405}{4}=0.2991$$

　　由 MP 和 EMP 的关系可求得协方差分量的估计值

$$c\hat{o}v_e(x, y)=0.0412 , \quad c\hat{o}v_\tau(x, y)=\frac{-1.5546-0.0412}{4}=-0.3990$$

　　根据数量遗传学有关计算公式，穗数和千粒重两个性状各变异来源的相关系数估计值如下：

　　误差相关系数的估计值

$$\hat{\rho}_e=\frac{c\hat{o}v_e(x, y)}{\sqrt{\hat{\sigma}_{e_x}^2\hat{\sigma}_{e_y}^2}}=\frac{0.0412}{\sqrt{0.5060\times0.0405}}=0.2878$$

　　品种（基因型）相关系数的估计值

$$\hat{\rho}_t=\frac{c\hat{o}v_\tau(x, y)}{\sqrt{\hat{\sigma}_{\tau_x}^2\hat{\sigma}_{\tau_y}^2}}=\frac{-0.3990}{\sqrt{1.5801\times0.2991}}=-0.5804$$

　　表型相关系数的估计值

$$\hat{\rho}_p = \frac{c\hat{o}v_e(x, y) + c\hat{o}v_\tau(x, y)}{\sqrt{(\hat{\sigma}_{e_x}^2 + \hat{\sigma}_{\tau_x}^2)(\hat{\sigma}_{e_y}^2 + \hat{\sigma}_{\tau_y}^2)}} = \frac{0.0412 + (-0.3990)}{\sqrt{(0.5060+1.5801)\times(0.0405+0.2991)}} = -0.4251$$

习　题

1. 如何计算均积? 均积与协方差有何关系? 协方差有何意义?

2. 协方差分析有何功用? 回归模型和相关模型的协方差分析有何区别?

3. 为研究 3 种肥料 A_1、A_2、A_3 对于苹果产量的影响, 选取 24 株同龄苹果树, 第一年记录下各苹果树的产量 (x, kg)。第二年将 24 株苹果树随机分为 3 组, 每组包含 8 株苹果树。每组苹果树随机施用 3 种肥料的 1 种, 再记录下各苹果树的产量 (y, kg), 得结果于下表, 进行协方差分析。

肥料		观测值								总和	平均
A_1	x_{1j}	47	58	53	46	49	56	54	44	$x_{1.}=407$	$\bar{x}_{1.}=50.9$
	y_{1j}	54	66	63	51	56	66	61	50	$y_{1.}=467$	$\bar{y}_{1.}=58.4$
A_2	x_{2j}	52	53	64	58	59	61	63	66	$x_{2.}=476$	$\bar{x}_{2.}=59.5$
	y_{2j}	54	53	67	62	62	63	64	69	$y_{2.}=494$	$\bar{y}_{2.}=61.8$
A_3	x_{3j}	44	48	46	50	59	57	58	53	$x_{3.}=415$	$\bar{x}_{3.}=51.9$
	y_{3j}	52	58	54	61	70	64	69	66	$y_{3.}=494$	$\bar{y}_{3.}=61.8$
										$x_{..}=1298$	$\bar{x}_{..}=54.1$
										$y_{..}=1455$	$\bar{y}_{..}=60.6$

4. 研究施肥期和施肥量对杂交水稻'南优 3 号'结实率的影响, 共 14 个处理, 2 次重复, 随机区组设计。由于在试验过程中发现单位面积上的颖花数 (x, 万/m^2) 与结实率 (p, %) 之间似有明显的直线关系, 因此将颖花数和结实率一起测定, 结果列下表 (注: 表中 y 的数值为结实率 p 的反正弦转换值 $y = \sin^{-1}\sqrt{p}$), 进行协方差分析。

处理	区组 I		区组 II		总和		平均	
	x_{i1}	y_{i1}	x_{i2}	y_{i2}	$x_{i.}$	$y_{i.}$	$\bar{x}_{i.}$	$\bar{y}_{i.}$
1	4.59	58	4.32	61	8.91	119	4.455	59.5
2	4.09	65	4.11	62	8.20	127	4.100	63.5
3	3.94	64	4.11	64	8.05	128	4.025	64.0
4	3.9	66	3.57	69	7.47	135	3.735	67.5
5	3.45	71	3.79	67	7.24	138	3.620	69.0
6	3.48	71	3.38	72	6.86	143	3.430	71.5
7	3.39	71	3.03	74	6.42	145	3.210	72.5
8	3.14	72	3.24	69	6.38	141	3.190	70.5
9	3.34	69	3.04	69	6.38	138	3.190	69.0
10	4.12	61	4.76	54	8.88	115	4.440	57.5
11	4.12	63	4.75	56	8.87	119	4.435	59.5

续表

处理	区组 I		区组 II		总和		平均	
	x_{i1}	y_{i1}	x_{i2}	y_{i2}	$x_{i.}$	$y_{i.}$	$\bar{x}_{i.}$	$\bar{y}_{i.}$
12	3.84	67	3.6	62	7.44	129	3.720	64.5
13	3.96	64	4.5	60	8.46	124	4.230	62.0
14	3.03	75	3.01	71	6.04	146	3.020	73.0
总和　$x_{.j}$	52.39		53.21		$x_{..}=105.60$		$\bar{x}_{..}=3.771$	
$y_{.j}$		937		910		$y_{..}=1847$		$\bar{y}_{..}=66.0$

主要参考文献

北京大学数学力学系数学专业概率统计组. 1976. 正交设计. 北京：人民教育出版社.

北京林学院. 1980. 数理统计. 北京：中国林业出版社.

陈爱江, 张文良. 2011. 概率论与数理统计. 北京：中国质检出版社.

董大钧. 1993. SAS 统计分析软件应用指南. 北京：电子工业出版社.

杜荣骞. 1999. 生物统计学. 北京：高等教育出版社.

杜荣骞. 2003. 生物统计学. 2 版. 北京：高等教育出版社.

范福仁. 1980. 生物统计学（修订本）. 南京：江苏科学技术出版社.

范濂. 1983. 农业试验统计方法. 郑州：河南科学技术出版社.

方开泰, 许建伦. 1987. 统计分布. 北京：科学出版社.

冯佰利, 张宾, 高小丽, 等. 2004. 抗旱小麦的冷温特征及其生理特性分析. 作物学报, 30（12）：1215-1219.

盖钧镒. 2000. 试验统计方法. 3 版. 北京：中国农业出版社.

盖钧镒. 2013. 试验统计方法. 4 版. 北京：中国农业出版社.

高惠璇, 李东风, 耿直, 等. 1995. SAS 系统与基础统计分析. 北京：北京大学出版社.

耿旭, Hills F J. 1988. 农业科学生物统计. 高明尉, 张全德, 胡秉民, 译. 北京：农业出版社.

黄玉碧. 2016. SAS 在农业科学研究中的应用. 北京：中国农业出版社.

郝明德, 王旭刚, 党廷辉, 等. 2004. 黄土高原旱地小麦多年定位施用化肥的产量效应分析. 作物学报, 30（11）：1108-1112.

贾乃光. 1999. 数理统计. 北京：中国林业出版社.

孔繁玲. 1991. 田间试验及统计方法. 北京：中央广播电视大学出版社.

李春喜, 王志和, 王文林. 2002. 生物统计学. 2 版. 北京：科学出版社.

李景均. 1995. 试验统计学导论. 潘玉春, 刘明孚, 译. 哈尔滨：黑龙江教育出版社.

李向高, 帅绯, 张崇禧, 等. 1993. 东北刺人参的脂溶性成分的研究. 吉林农业大学学报, 15（4）：32-39.

林德光. 1982. 生物统计的数学原理. 沈阳：辽宁人民出版社.

林少宫. 1978. 基础概率与数理统计. 2 版. 北京：人民教育出版社.

刘来福, 程书肖. 1988. 生物统计. 北京：北京师范大学出版社.

孟维韧, 王伯伦, 黄元财, 等. 2004. 不同粳稻品种产量构成因素与光合特性的研究. 沈阳农业大学学报, 35（4）：353-358.

明道绪. 1998. 生物统计. 北京：中国农业科技出版社.

明道绪. 2002. 生物统计附试验设计. 3 版. 北京：中国农业出版社.

明道绪. 2005. 田间试验与统计分析. 北京：科学出版社.

明道绪. 2006. 高级生物统计. 北京：中国农业出版社.

明道绪. 2008a. 生物统计附试验设计. 4 版. 北京：中国农业出版社.

明道绪. 2008b. 田间试验与统计分析. 2 版. 北京：科学出版社.

明道绪. 2013. 田间试验与统计分析. 3 版. 北京：科学出版社.

莫惠栋. 1984. 农业试验统计. 上海：上海科学技术出版社.

南京农业大学. 1988. 田间试验与统计方法. 2 版. 北京：农业出版社.

彭昭英. 2000. SAS 系统应用开发指南. 北京：北京希望电子出版社.

日本数学会. 1984. 数学百科词典. 马忠林, 译. 北京：科学出版社.

荣廷昭, 李晚忱. 2001. 田间试验与统计分析. 成都：四川大学出版社.

沈恒范. 1982. 概率论讲义. 2 版. 北京：人民教育出版社.

沈永欢, 梁在中, 许覆瑚, 等. 1999. 实用数学手册. 北京：科学出版社.

盛骤, 谢式千, 潘承毅. 1989. 概率论与数理统计. 2 版. 北京：高等教育出版社.

王贵学. 1994. 园艺试验与统计分析. 成都：成都科技大学出版社.

王梓坤. 1976. 概率论基础及其应用. 北京：科学出版社.

杨纪珂. 1983. 应用生物统计. 北京：科学出版社.

杨纪珂, 齐翔林. 1985. 现代生物统计. 合肥：安徽教育出版社.

赵仁熔, 余松烈. 1979. 田间试验方法. 北京：农业出版社.

赵增煜. 1986. 常用农业科学试验法. 北京：农业出版社.

中国科学院数学研究所概率统计室. 1974. 常用数理统计表. 北京：科学出版社.

中国科学院数学研究所数理统计组. 1974. 回归分析方法. 北京：科学出版社.

中国科学院数学研究所数理统计组. 1975. 正交试验法. 北京：人民教育出版社.

中国科学院数学研究所数理统计组. 1977. 方差分析. 北京：科学出版社.

中国科学院数学研究所统计组. 1973. 常用数理统计方法. 北京：科学出版社.

朱孝达. 2000. 田间试验与统计方法. 重庆：重庆大学出版社.

Bailey T J. 1981. Statistical Methods in Biology. 2nd ed. London: Hodder and Stoughton.

Bancroft T A. 1968. Topics in Intermediate Statistical Methods. Vol.1. Iowa: Iowa State University Press.

Bishop O N. 1980. Statistics for Biology. 3rd ed. London: Longman Group Limited.

Chattecjee S, Price B. 1977. Regression Analysis by Example. New York: John Wiley & Sons.

Chernick M R, Friis R H. 2003. Introductory Biostatistics for the Health Sciences. New York: John Wiley & Sons.

Cochran W G. 1977. Sampling Techniques. 3rd ed. New York: John Wiley & Sons.

Cody R P，Smith J K. 2011. SAS®应用统计分析. 5 版. 辛涛，译. 北京：人民邮电出版社.

Dean A M, Voss D T. 1999. Design and Analysis of Experiments. New York: Springer Science & Business Media, LLC.

Degroot M H, Schervish M J. 2012. Probability and Statistics . 4th ed. Boston: Pearson Education, Inc.

Glover T, Mitchell K. 2001. An Introduction to Biostatistics. New York: McGraw-Hill Companies, Inc.

Kasch D. 1983. Biometrie Einfuhrung in die Biostatistik. Berlin: VEB Deutcher Landwirtschaftsverlag.

Kleinbaum D G, Kupper L L, Muller K E, et al. 1998. Applied Regression Analysis and Other Multivariable Methods. 3rd ed.
　　Pacific Grove: Thomson-Brooks/Cole.

Le C T. 2003. Introductory Biostatistics. New York: John Wiley & Sons.

Little T M，Hills F J. 1983. 农业试验设计和分析. 李耀锃，高学曾，译. 北京：农业出版社.

Montogomery D C. 1976. Design and Analysis of Experiments. New York: John Wiley & Sons.

Raghavarao D. 1983. Statistical Techniques in Agricultural and Biological Research. New Delhi: Oxford and I.B.H. Publication Co.

Robert R S, Rohlf F J. 1977. Biometry. New York: W. H. Freeman and Company.

Snedecor G W. 1963. 应用于农学和生物学实验的数理统计方法. 杨纪珂，汪安琦，译. 北京：科学出版社.

Steel R G D，Torrie J H. 1976. 数理统计的原理与方法. 杨纪珂，孙长鸣，译. 北京：科学出版社.

Sullivan M. 2004. STATISTICS Informed Decisions Using Data. New York: Pearson Education, Inc.

van Belle G, Fisher L D, Heagerty P J, et al. 2004. Biostatistics: A Methodology for the Health Sciences. 2nd ed. New York: John
　　Wiley & Sons.

Weber E. 1980. Grundriβ der biologischen Statistik. New York: Gustav Fischer Verlag Stuttgart.

附录一 常用试验设计与统计分析的 SAS 程序

一、SAS 系统简介

SAS（Statistical Analysis System，统计分析系统）是当今国际上著名的数据分析软件系统，其基本部分是 SAS/BASE 软件。20 世纪 60 年代末期，由美国北卡罗来纳州州立大学（North Carolina State University）的 A. J. Barr 和 J. H. Goodnight 两位教授开始开发，于 1975 年创建了美国 SAS 研究所（SAS Institute Inc.）。之后，推出的 SAS 系统，始终以领先的技术和可靠的支持著称于世，通过不断发展和完善，目前已成为大型集成应用软件系统。SAS 统计软件包已推出 SAS 9.4，有关 SAS 统计软件包的主页是 http://www.sas.com。

SAS 系统具有统计分析方法丰富、信息储存简单、语言编程能力强、能对数据连续处理、使用简单等特点。SAS 是一个出色的统计分析系统，它汇集了大量的统计分析方法，从简单的描述统计到复杂的多变量分析，编制了大量的使用简便的统计分析过程。

二、SAS for Windows 的启动与退出

1. 启动 SAS for Windows 的启动，按如下步骤进行。开机后，直接用鼠标双击桌面上 SAS 系统的快捷键图标，自动显示主画面（附图 1-1），即可进入 SAS 系统。

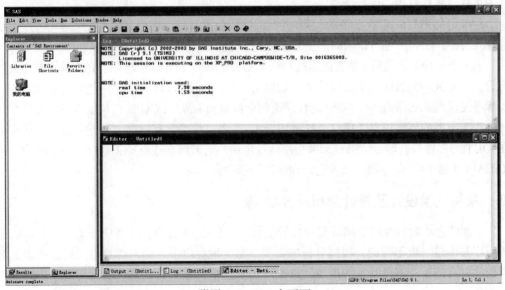

附图 1-1 SAS 主画面

2. 退出 当用完 SAS for Windows，需要退出时，可以单击 "File"，选择 "Exit"，或者单击 "×"（关闭）按钮，立即显示（附图 1-2）：

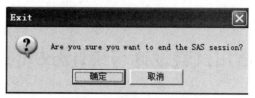

附图 1-2　退出 SAS 视窗

如果确认需要退出 SAS for Windows，单击"确定"按钮；如果需要继续使用 SAS for Windows，单击"取消"按钮。

三、SAS 程序结构、程序的输入、修改调试和运行

1. 程序结构　　在 SAS 系统中任何一个完整的处理过程均可分为两大步——数据步和过程步来完成。

数据步——将不同来源的数据读入 SAS 系统建立起 SAS 数据集。每一个数据步均由 data 语句开始，以 run 语句结束。

过程步——调用 SAS 系统中已编号的各种过程来处理和分析数据集中的数据。每一个过程步均以 proc 语句开始，run 语句结束，并且每个语句后均以";"结束。

2. 程序的输入、修改调试和运行　　SAS 程序只能在 PGM 窗口输入、修改，并写在 PGM 窗口预先设置好的行号区的右边。SAS 程序语句可以使用大写或小写字母或混合使用来输入，每个语句中的单词或数据项间应以空格隔开。每行输入完后加上";"，但在数据步中 cards 语句后面的数据行不能加";"，必须等到数据输入完后提行单独加";"。在键入过程中可移动光标对错误进行修改。

SAS 语句书写格式相当自由，可在各行的任何位置开始语句的书写。一个语句可以连续写在几行中，一行中也可以同时写上几个语句，但每个语句后面必须用";"隔开。

当一个程序输入完后，是否能运行和结果是否正确，只有将其发送到 SAS 系统中心去执行后，在 LOG 和 OUTPUT 窗口检查才能确定。发送程序的命令为 F8 功能键或 SUBMIT。当程序发送到 SAS 系统后，PGM 的程序语句全部自动清除，LOG 窗口将逐步记下程序运行的过程和出现的错误信息（用红色提示错误）。如果过程步没有错误，运行完成后，通常会在 OUTPUT 窗口打印出结果；如果程序运行出错，则需要在 PROGRAM EDITOR 窗口用 RECALL（或 F4）命令调回已发送的程序进行修改。

四、常用试验设计及统计分析的 SAS 程序

下面结合本教材介绍常用试验设计及统计分析的 SAS 程序，读者应注意，所提供的这些程序并不是一成不变的，根据分析的需要，每一种程序中各语句都有不同的选项，下面的程序只给出了一些最基本的语句。只要大家熟悉并掌握了 SAS 程序，就可以根据需要灵活应用。

（一）试验设计

SAS 提供的 FACTEX、PLAN 和 OPTEX 等过程可以实现常用的试验设计，本附录主要介绍利用 FACTEX 和 PLAN 过程实现完全随机设计、随机区组设计、拉丁方设计和裂区设计。

1．FACTEX 和 PLAN 过程介绍

（1）FACTEX 过程的语法如下：

　　PROC FACTEX　选项列表；

　　FACTORS　因素名称列表/选项；

　　SIZE　标准容量；

　　MODEL　效应模型/选项；

　　BLOCKS　区组设置；

　　EXAMINE　选项列表；

　　OUTPUT OUT＝SAS 数据集选项串；

（2）PLAN 过程的语法如下：

　　PROC PLAN　选项列表；

　　FACTORS　试验因素及因素选择方式/全局选项；

　　OUTPUT OUT＝SAS　数据集 <试验因素值的设置>；

　　TREATMENTS　试验因素及因素选择方式；

2．随机化排列的试验设计

（1）单因素完全随机设计。

```
proc factex;
    factors growreg01/nlev＝6;
    output out＝CRD01 randomize(20190315) designrep＝4
        [growreg01]＝growreg02 cvals＝('A1' 'A2' 'A3' 'A4' 'A5' 'A6');
run;
proc print data＝CRD01;
run;
```

（2）两因素交叉分组完全随机设计。

```
proc factex;
    factors trt/nlev＝15;
    output out＝RCBD02 designrep＝4
        trt cvals＝('A1B1' 'A1B2' 'A1B3' 'A1B4' 'A1B5'
        'A2B1' 'A2B2' 'A2B3' 'A2B4' 'A2B5'
        'A3B1' 'A3B2' 'A3B3' 'A4B4' 'A3B5')
        randomize(20181108)novalran;
run;
proc print data＝RCBD02;
run;
```

（3）两因素系统分组完全随机设计。

```
proc plan seed＝20180820;
    factors plant＝3 ordered leaf＝2;
    treatments sample＝2;
run;
```

```
proc print;
run;
```

（4）单因素随机区组设计。

```
proc factex;
    factors blocks/nlev＝3;
    output out＝RCBD blocks nvals＝(1 2 3) randomize(12345);
run;
    factors variety/nlev＝10;
    size design＝10;
    output out＝RCBD01 designrep＝RCBD variety cvals＝('1' '2' '3' '4' '5' '6' '7' '8' '9' '10')
        randomize(123) novalran;
run;
proc print data＝RCBD01;
run;
```

（5）两因素随机区组设计。

```
proc factex;
    factors blocks/nlev＝3;
    output out＝bk blocks nvals＝(1 2 3);
run;
    factors trt/nlev＝8;
    output out＝RCBD02 designrep＝bk
        trt cvals＝('A1B1' 'A1B2' 'A2B1' 'A2B2' 'A3B1' 'A3B2' 'A4B1' 'A4B2')
        randomize(20181108) novalran;
run;
proc print data＝RCBD02;
run;
```

（6）拉丁方设计。

```
proc plan;
    factors row＝5 ordered col＝5 ordered;
    treatments design1＝5 cyclic design2＝5 cyclic 3;
run;
```

（7）裂区设计。

```
proc plan seed＝20180820;
    factors blocks＝3 ordered A_cells＝3 ordered;
    treatments A＝3;
run;
proc plan seed＝20180901;
    factors blocks＝3 ordered A_cells＝3 ordered B_cells＝4 ordered;
    treatments B＝4;
```

run;

（二）资料的整理与描述

SAS 提供的 FREQ 过程可以对资料进行整理，利用 GCHART 和 GPLOT 等过程绘制统计图，利用 MEANS 和 CAPABILITY 等过程可对资料进行统计描述。

1. FREQ、GCHART 和 MEANS 过程介绍　　用 FREQ 过程可以获得资料的频数分布表。FREQ 过程的语法格式如下：

```
proc freq 选项列表;
by 变量列表;
exact 统计数列表/算法列表;
output out＝SAS 数据集 统计数列表;
tables 频数统计类型/选项列表;
test 选项列表;
weight 变量/选项列表;
```

用 GCHART 过程能够绘制柱形图、直方图、二维饼图、三维饼图、误差柱形图等多种统计图形，它直观展现了频数、累积频数、频率、累积频率、百分率、累积百分率、总和、均值的大小和变化。GCHART 过程的语法格式如下：

```
proc gchart 选项列表;
block 绘图变量列表/选项列表;
hbar | hbar3d | vbar | vbar3d 绘图变量列表/选项列表;
pie | pie3d | donut 绘图变量列表/选项列表;
star 绘图变量列表/选项列表;
run;
```

用 MEANS 过程可计算变量全部观测或分组观测的描述统计数；估计分位数，包括样本中值；计算均值置信区间；识别异常值；执行均值 t 检验等。MEANS 过程的语法格式如下：

```
proc means 选项列表 统计数列表;
by 变量列表;
class 变量列表/选项列表;
freq 变量;
id 变量列表;
output out＝SAS 数据集 输出统计数列表 id 分组列表;
types 输出类型;
var 变量列表/weight＝权重变量;
weight 变量;
```

2. 计数资料的整理

```
data P40;
input number_spikelet@@;
cards;
18 15 17 19 16 15 20 18 19 17
```

```
17 18 17 16 18 20 19 17 16 18
17 16 17 19 18 18 17 17 17 18
18 15 16 18 18 18 17 20 19 18
17 19 15 17 17 17 16 17 18 18
17 19 19 17 19 17 18 16 18 17
17 19 16 16 17 17 17 15 17 16
18 19 18 18 19 19 20 17 16 19
18 17 18 20 19 16 18 19 17 16
15 16 18 17 18 17 17 16 19 17
;
proc freq;
    tables number_spikelet/outcum;
run;
proc gchart;
    vbar number_spikelet/discrete width＝10 noframe;
run;
```

3．计量资料的整理

```
proc format;
    value numberformat 67.5-<82.5＝'75' 82.5-<97.5＝'90' 97.5-<112.5＝'105'
        112.5-<127.5＝'120' 127.5-<142.5＝'135' 142.5-<157.5＝'150' 157.5-<172.5＝'165'
        172.5-<187.5＝'180' 187.5-<202.5＝'195' 202.5-<217.5＝'210' 217.5-<232.5＝'225'
        232.5-<247.5＝'240' 247.5-<262.5＝'255';
run;
data P42;
input yield@@;
cards;
177 215 197  97 123 159 245 119 119 131 149 152 167 104
161 214 125 175 219 118 192 176 175  95 136 199 116 165
214  95 158  83 137  80 138 151 187 126 196 134 206 137
 98  97 129 143 179 174 159 165 136 108 101 141 148 168
163 176 102 194 145 173  75 130 149 150 161 155 111 158
131 189  91 142 140 154 152 163 123 205 149 155 131 209
183  97 119 181 149 187 131 215 111 186 118 150 155 197
116 254 239 160 172 179 151 198 124 179 135 184 168 169
173 181 188 211 197 175 122 151 171 166 175 143 190 213
192 231 163 159 158 159 177 147 194 227 141 169 124 159
;
proc freq;
    format yield numberformat.;
```

```
    tables yield/outcum;
run;
proc gchart;
    vbar yield/midpoints＝75 to 255 by 15 discrete noframe width＝6 space＝0;
run;
```

4. 资料的描述

```
data lt21;
input yield@@;
cards;
25.0 26.0 22.0 20.0 24.5 23.5
;
proc means n mean std var cv;
run;
```

（三）平均数的假设检验

单个样本平均数的假设检验以及两个样本平均数的假设检验都可调用 TTEST 过程进行分析。

1. TTEST 过程的程序格式　　　TTEST 过程的编程语法包括如下常用的语句：

```
    PROC TTEST  选项串;
    CLASS  变量名称;
    PAIRED  变量名称串;
    VAR  变量名称串;
```

语句"PROC TTEST 选项串;"的选项有 5 个可供选用。其中，ALPHA＝p 确定显著水平；CI＝EQUAL（CI＝UMPU 或 CI＝NONE）确定是否打印标准差的置信区间；COCHRAN 在方差不等的情况下，采用近似 t 统计量的概率水平的"Cochran 和 Cox"近似值；DATA＝SAS 数据集 指定分析的数据集；$H_0＝m$ 在单个样本、两个样本平均数的 t 检验中指定无效假设，如果省略，则 $H_0＝0$。

语句"CLASS 变量名称;"指定区分两个样本观测的变量，该变量的值只能是两个不同的值，可以是两个字符值，也可以是两个数。如果是单个样本或成对数据的 t 检验，则可省略该语句。

语句"PAIRED 变量名称串;"指定在配对设计中要比较的变量，用星号（＊）或冒号（:）分隔变量，如 A*B 表示比较变量 A 和变量 B 的均值差异。

语句"VAR 变量名称串;"界定参与分析的数值变量。

2. 单个样本平均数的假设检验（教材【例 4.2】）

```
data testt1;
input x@@;
cards;
32.5 28.6 28.4 24.7 29.1 27.2 29.8 33.3 29.7
;
proc ttest ci＝none h0＝27.5;
```

```
        var x;
    run;
```

程序说明：样本平均数与总体平均数的差异显著性检验可调用 TTEST 过程。data 语句产生临时数据集 testt1，表明数据步的开始；input 语句指明读取变量 x，@@表示读入一条观测值后不换行，连续读入数据，使用@@符号可在一个物理行中输入多条观测值，减少数据输入行；cards 语句表明以下为数据行，数据行下的"；"表示数据行结束；proc ttest 语句指明调用 TTEST 过程对数据集 testt1 进行分析，选项 ci＝none 表示不估计总体标准差 σ 的置信区间，选项 h0＝27.5 表示总体平均数 μ＝27.5；语句 var 表示对变量 x 进行分析；run 语句表示过程步结束，开始运行过程步。

3．配对设计试验资料的假设检验（教材【例 4.5】）

```
    data testt2;
    input treat x1 x2@@;
    cards;
    1 2722.2　951.4 2 2866.7 1417.0 3 2675.9 1275.3
    4 2169.2 2228.5 5 2253.9 2462.6 6 2415.1 2715.4
    ;
    proc ttest;
        paired x1*x2;
    run;
```

程序说明：配对试验资料的 t 检验可调用 TTEST 过程。语句"paired x1*x2"表示比较变量 x_1 和变量 x_2 的均值差异

4．非配对设计试验资料的假设检验（教材【例 4.3】）

```
    data testt3;
    input variety x@@;
    cards;
    1 18.68 1 20.67 1 18.42 1 18.00 1 17.44 1 15.95
    2 18.68 2 23.22 2 21.42 2 19.00 2 18.92
    ;
    proc ttest;
        class variety;
        var x;
    run;
```

程序说明：非配对试验资料的 t 检验需调用 TTEST 过程。input 语句读入处理变量 variety（品种）和试验结果 x（块茎干物质含量）；class 语句定义分类变量，TTEST 过程要求分类变量只能有两个水平，此处为 1（鲁引 1 号）和 2（大西洋）。

（四）百分率的假设检验

单个样本百分率的假设检验可用 FREQ 过程进行，但两个样本百分率的假设检验没有现成的过程可用，可通过自编程序来完成。

1．单个样本百分率的假设检验（教材【例 4-6】）

```
options nodate nonotes;
data lt4_6;
input pheno count@@;
cards;
0 68
1 82
;
ods listing close;
ods rtf body='d:/rtfRes/Res46.rtf';
proc freq;
    weight count;
    tables pheno/binomial(p=0.5);
run;
ods rtf close;
```

2．两个样本百分率的假设检验（教材【例 4-7】）

```
options nodate nonotes;
data lt4_7;
x1=355;     /*指定第一个二项总体此事件发生的次数*/
n1=378;     /*指定第一个二项总体的样本容量*/
x2=346;     /*指定第二个二项总体此事件发生的次数*/
n2=396;     /*指定第二个二项总体的样本容量*/
p1=x1/n1;   /*计算第一个样本百分数*/
p2=x2/n2;   /*计算第二个样本百分数*/
pb=(x1+x2)/(n1+n2);
u=(p1-p2)/sqrt(pb*(1-pb)*(1/n1+1/n2));
p=2*(1-probnorm(abs(u))); /*计算 u 值对应的两尾概率,若是左尾或右尾测验把 2*去掉即可*/
ods listing close;
ods rtf body='d:/rtfRes/Res47.rtf';
proc print data=lt4_7(keep=p1 p2 u p);
run;
ods rtf close;
```

（五）次数资料的假设检验

用 FREQ 过程可实现次数资料的适合性检验和独立性检验。

1．适合性检验（教材【例 8-2】）

```
options nodate nonotes;
data lt4_8;
input phen$ frequence@@;
```

```
cards;
紫色粉质 921
紫色甜质 312
白色粉质 279
白色甜质 104
;
ods listing close;
ods rtf body＝'d:\rtfRes\Res8_2.rtf';
proc freq order＝data;
    weight frequence;
    tables phen/expected testf＝(909 303 303 101);
    tables phen/expected testp＝(0.5625 0.1875 0.1875 0.0625);
    tables phen/expected testp＝(56.25 18.75 18.75 6.25);
run;
ods rtf close;
```

2．独立性检验（教材【例 8-5】）

```
options nodate nonotes;
data lt8_5;
input type$ res$ frequence;
cards;
A1 dt 37
A1 nd 150
A2 dt 49
A2 nd 100
A3 dt 23
A3 nd 57
;
ods listing close;
ods rtf body＝'d:\rtfRes\Res8_5.rtf';
proc freq;
    weight frequence;
    tables type*res/chisq nopercent nocol norow;
run;
ods rtf close;
```

（六）方差分析

对于一般的方差分析（平衡资料，即各处理重复数相等）可用 ANOVA 过程；对于非平衡资料（各处理重复数不等）的方差分析可用 GLM 过程。下面分别介绍 ANOVA 过程和 GLM 过程。

1．ANOVA 过程的程序格式

　　proc anova　选项;

　　class　变量;

　　model　依变量＝效应/选项;

　　means　效应/选项;

　　程序说明：proc anova 语句中的"选项"——data＝输入数据集，outstat＝输出数据集，用于存储方差分析结果；class 语句指明分类变量，此语句一定要设定，并且应出现在 model 语句之前；model 语句定义分析所用的线性数学模型；means 语句计算各处理效应的平均数，"选项"用于设定多重比较方法——常用的有 LSD 法、DUNCAN（Duncan 新复极差法）、TUKEY（Tukey 固定极差检验法）、DUNNETT 和 DUNNETU（Dunnett 氏最小显著差数两尾和一尾检验法），显著水平的确定采用如 ALPHA＝0.01（表示将显著水平设定为 0.01），缺省为 0.05。

　　上述语句中，关键语句在于定义线性数学模型。同一试验资料，根据模型不同而异。常用的模型定义语句有：model y＝a（单因素试验资料的方差分析）、model y＝a b（两因素试验资料无互作模型）、model y＝a b c（三因素主效模型）、model y＝a b a*b（两因素试验资料有互作模型，也可写成 y＝a|b）、model y＝a b（a）（两因素试验资料嵌套模型，用于系统分组资料）、model y1 y2＝a b（两元两因素主效模型）。

　　结果输出包括分类变量信息表、方差分析表和多重比较表等。

2．GLM 过程的程序格式

　　proc glm　选项;

　　class　变量;

　　model　依变量＝效应/选项;

　　means　效应/选项;

　　random　效应/选项;

　　contrast　"对比说明"效应　对比向量;

　　output out＝输出数据集　predicted|p＝变量名　residual|r＝变量名;

　　程序说明：proc glm 语句设定分析数据集和输出数据集；class 语句指明分类变量，此语句一定要设定，并且应出现在 model 语句之前；model 语句定义分析所用的线性数学模型和结果输出项；means 语句计算平均数，并可选用多种多重比较方法；random 语句指定模型中的随机效应，"选项"——q 给出期望均方中主效应的所有二次型；contrast 语句用于对比检验；output 语句产生输出数据集，p＝定义 y 预测值变量名，r＝定义误差变量名。

　　模型定义仍是 GLM 过程使用的关键（同上）。通过设定模型（model），即可对不同的试验设计资料进行分析。当处理效应为固定效应时，通过 means 语句计算平均数，进行多重比较，当处理效应为随机效应时，可利用 random 语句或 varcomp 过程估计方差分量。

3．常用田间试验资料的方差分析

（1）单因素完全随机试验重复数相等资料的方差分析（教材【例 5.3】）。

title 'ANOVA of single-factor data with completely random design';

title 'with equal replications(example 5.3)';

```
data anova1;
input variety x@@;
cards;
1 12 1 10 1 14 1 16 1 12 1 18 2  8 2 10 2 12 2 14 2 12 2 16
3 14 3 16 3 13 3 16 3 10 3 15 4 16 4 18 4 20 4 16 4 14 4 16
;
proc anova;
     class variety;
     model x=variety;
     means variety/duncan;
run;
```

（2）单因素完全随机试验重复数不等资料的方差分析（教材【例 **5.4**】）。

```
title 'ANOVA of single-factor data with completely random design';
title 'with unequal replications(example 5.4)';
data anova2;
input variety x@@;
cards;
1 21.5 1 19.5 1 20.0 1 22.0 1 18.0 1 20.0
2 16.0 2 18.5 2 17.0 2 15.5 2 20.0 2 16.0
3 19.0 3 17.5 3 20.0 3 18.0 3 17.0
4 21.0 4 18.5 4 19.0 4 20.0
5 15.5 5 18.0 5 17.0 5 16.0
;
proc glm;
     class variety;
     model x=variety/ss1;
     means variety/duncan;
run;
```

（3）两因素交叉分组试验单独观测值资料的方差分析（教材【材料例 **5.5**】）。

```
title 'ANOVA of two-factor data under crossover classification';
title 'with single observed value(example 5.5)';
data anova3;
input field method x@@;
cards;
1 1 71 1 2 73 1 3 77 2 1 90 2 2 90 2 3 92
3 1 59 3 2 70 3 3 80 4 1 75 4 2 80 4 3 82
5 1 65 5 2 60 5 3 67 6 1 82 6 2 86 6 3 85
;
proc anova;
```

```
      class field method;
      model x＝field method;
      means field method/duncan;
run;
```
（4）两因素交叉分组试验有重复观测值资料的方差分析（教材【例5.6】）。
```
title 'ANOVA of two-factor data under crossover classification';
title 'with repeated observed values(example 5.6)';
data anova4;
input density fert x@@;
cards;
1 1 27 1 2 26 1 3 31 1 4 30 1 5 25 1 1 29 1 2 25 1 3 30 1 4 30 1 5 25
1 1 26 1 2 24 1 3 30 1 4 31 1 5 26 1 1 26 1 2 29 1 3 31 1 4 30 1 5 24
2 1 30 2 2 28 2 3 31 2 4 32 2 5 28 2 1 30 2 2 27 2 3 31 2 4 34 2 5 29
2 1 28 2 2 26 2 3 30 2 4 33 2 5 28 2 1 29 2 2 25 2 3 32 2 4 32 2 5 27
3 1 33 3 2 33 3 3 35 3 4 35 3 5 30 3 1 33 3 2 34 3 3 33 3 4 34 3 5 29
3 1 34 3 2 34 3 3 37 3 4 33 3 5 31 3 1 32 3 2 35 3 3 35 3 4 35 3 5 30
;
proc anova;
      class density fert;
      model x＝density fert density*fert;
      means density fert/duncan;
      means density*fert/lsd;
run;
```
（5）二级样本含量相等的二因素系统分组资料的方差分析（教材【例5.7】）。
```
title 'ANOVA of two-factor data under hierarchical classification';
data anova5;
input plant leaf x@@;
cards;
1 1 12.1 1 1 12.1 1 2 12.8 1 2 12.8
2 1 14.4 2 1 14.4 2 2 14.7 2 2 14.5
3 1 23.1 3 1 23.4 3 2 28.1 3 2 28.8
;
proc glm;
      class plant leaf;
      model x＝plant leaf(plant);
      test h＝plant e＝leaf(plant);
      means plant e＝leaf(plant)/duncan;
run;
```
（6）单因素随机区组设计试验资料的分析（教材【例6.1】）。

```
title 'ANOVA of single-factor data with randomized blocks design(Example 6.1)';
data anova6;
input variety$ block x@@;
cards;
A 1 15.3 B 1 18.0 C 1 16.6 D 1 16.4 E 1 13.7 F 1 17.0
D 2 17.3 F 2 17.6 E 2 13.6 C 2 17.8 A 2 14.9 B 2 17.6
C 3 17.6 A 3 16.2 F 3 18.2 B 3 18.6 D 3 17.3 E 3 13.9
B 4 18.3 D 4 17.8 A 4 16.2 E 4 14.0 F 4 17.5 C 4 17.8
;
proc glm;
    class variety block;
    model x＝variety block;
    means variety/duncan;
run;
```

（7）拉丁方设计试验结果的分析（教材【例 6.3】）。

```
data anova7;
input nd$ row col x@@;
cards;
C 1 1 10.1 A 1 2   7.9 B 1 3   9.8 E 1 4   7.1 D 1 5   9.6
A 2 1   7.0 D 2 2 10.0 E 2 3   7.0 C 2 4   9.7 B 2 5   9.1
E 3 1   7.6 C 3 2   9.7 D 3 3 10.0 B 3 4   9.3 A 3 5   6.8
D 4 1 10.5 B 4 2   9.6 C 4 3   9.8 A 4 4   6.6 E 4 5   7.9
B 5 1   8.9 E 5 2   8.9 A 5 3   8.6 D 5 4 10.6 C 5 5 10.1
;
proc glm;
    class nd row col;
    model x＝nd row col;
    means nd/duncan;
run;
```

（8）两因素随机区组设计试验资料的方差分析（教材【例 6.5】）。

```
data anova7;
input a b block x@@;
cards;
3 2 1 10.0 1 2 1 11.0 2 1 1 19.0 4 1 1 17.0 2 2 1 20.0 1 1 1 12.0 3 1 1 19.0 4 2 1 11.0
2 2 2 19.0 1 1 2 13.0 4 1 2 16.0 1 2 2 10.0 3 2 2   8.0 2 1 2 16.0 4 2 2   9.0 3 1 2 18.0
4 1 3 15.0 3 2 3   7.0 2 1 3 12.0 3 1 3 16.0 1 1 3 13.0 1 2 3 13.0 2 2 3 17.0 4 2 3   8.0
;
proc anova;
    class a b block;
```

```
    model x＝a b block a*b;
    means a b a*b/duncan;
run;
```

（9）两因素裂区设计试验资料方差分析（教材【**例 6.6**】）。

```
data anova8;
input a b block x@@;
cards;
1 1 1 39.8 1 1 2 38.5 1 1 3 39.1 1 2 1 43.3 1 2 2 43.5 1 2 3 46.5
1 3 1 55.9 1 3 2 69.7 1 3 3 63.8 1 4 1 52.6 1 4 2 57.5 1 4 3 57.7
2 1 1 27.5 2 1 2 27.1 2 1 3 26.8 2 2 1 44.8 2 2 2 48.8 2 2 3 47.6
2 3 1 48.7 2 3 2 44.5 2 3 3 48.6 2 4 1 41.7 2 4 2 37.2 2 4 3 36.5
3 1 1 26.5 3 1 2 25.8 3 1 3 26.3 3 2 1 35.4 3 2 2 34.5 3 2 3 36.3
3 3 1 42.0 3 3 2 44.3 3 3 3 43.6 3 4 1 39.1 3 4 2 39.6 3 4 3 44.3
;
proc glm;
    class a b block;
    model x＝block a a*block b a*b/ss1;
    test h＝block a e＝a*block;
    means a/duncan e＝blocks*A;
    means b/duncan;
    lsmeans A*B/tdiff pdiff;
run;
```

（10）多环境试验资料的联合方差分析（教材【**例 6.5**】）。

```
options nodate nonotes;
data lt65;
input year$ site$ env$ gen$ block$ yield@@;
cards;
Y1 S1 E1 G1 blk1  8.84 Y1 S1 E1 G2 blk1  8.05 Y1 S1 E1 G3 blk1 11.17
Y1 S1 E1 G4 blk1  7.24 Y1 S1 E1 G5 blk1  9.43 Y1 S1 E1 G1 blk2  8.29
Y1 S1 E1 G2 blk2  9.43 Y1 S1 E1 G3 blk2 11.11 Y1 S1 E1 G4 blk2  7.87
Y1 S1 E1 G5 blk2  8.60 Y1 S1 E1 G1 blk3  8.81 Y1 S1 E1 G2 blk3  8.43
Y1 S1 E1 G3 blk3 10.24 Y1 S1 E1 G4 blk3  7.28 Y1 S1 E1 G5 blk3  9.83
Y1 S2 E2 G1 blk1  9.30 Y1 S2 E2 G2 blk1  8.44 Y1 S2 E2 G3 blk1 10.38
Y1 S2 E2 G4 blk1  9.03 Y1 S2 E2 G5 blk1  8.67 Y1 S2 E2 G1 blk2  9.53
Y1 S2 E2 G2 blk2  7.74 Y1 S2 E2 G3 blk2  9.34 Y1 S2 E2 G4 blk2  7.39
Y1 S2 E2 G5 blk2  8.12 Y1 S2 E2 G1 blk3  8.13 Y1 S2 E2 G2 blk3  8.42
Y1 S2 E2 G3 blk3  8.02 Y1 S2 E2 G4 blk3  8.30 Y1 S2 E2 G5 blk3  7.93
Y1 S3 E3 G1 blk1  8.38 Y1 S3 E3 G2 blk1  7.35 Y1 S3 E3 G3 blk1  8.38
Y1 S3 E3 G4 blk1  9.28 Y1 S3 E3 G5 blk1  7.24 Y1 S3 E3 G1 blk2  9.39
```

```
Y1 S3 E3 G2 blk2  6.70 Y1 S3 E3 G3 blk2  8.88 Y1 S3 E3 G4 blk2  7.85
Y1 S3 E3 G5 blk2  7.42 Y1 S3 E3 G1 blk3  8.60 Y1 S3 E3 G2 blk3  7.35
Y1 S3 E3 G3 blk3  8.93 Y1 S3 E3 G4 blk3  7.17 Y1 S3 E3 G5 blk3  6.42
Y1 S4 E4 G1 blk1 10.75 Y1 S4 E4 G2 blk1 13.00 Y1 S4 E4 G3 blk1 12.33
Y1 S4 E4 G4 blk1 12.17 Y1 S4 E4 G5 blk1 12.33 Y1 S4 E4 G1 blk2 11.75
Y1 S4 E4 G2 blk2 12.25 Y1 S4 E4 G3 blk2 13.33 Y1 S4 E4 G4 blk2 12.00
Y1 S4 E4 G5 blk2 11.92 Y1 S4 E4 G1 blk3 11.12 Y1 S4 E4 G2 blk3 12.10
Y1 S4 E4 G3 blk3 13.25 Y1 S4 E4 G4 blk3 10.68 Y1 S4 E4 G5 blk3 12.14
Y2 S1 E5 G1 blk1  9.36 Y2 S1 E5 G2 blk1  8.63 Y2 S1 E5 G3 blk1 11.76
Y2 S1 E5 G4 blk1  7.73 Y2 S1 E5 G5 blk1  8.22 Y2 S1 E5 G1 blk2  9.60
Y2 S1 E5 G2 blk2  7.77 Y2 S1 E5 G3 blk2 10.92 Y2 S1 E5 G4 blk2  7.81
Y2 S1 E5 G5 blk2  7.44 Y2 S1 E5 G1 blk3 10.33 Y2 S1 E5 G2 blk3  8.66
Y2 S1 E5 G3 blk3 10.50 Y2 S1 E5 G4 blk3  9.25 Y2 S1 E5 G5 blk3  7.96
Y2 S2 E6 G1 blk1  9.48 Y2 S2 E6 G2 blk1  9.16 Y2 S2 E6 G3 blk1  9.55
Y2 S2 E6 G4 blk1  8.87 Y2 S2 E6 G5 blk1  8.44 Y2 S2 E6 G1 blk2  9.32
Y2 S2 E6 G2 blk2  9.11 Y2 S2 E6 G3 blk2  9.78 Y2 S2 E6 G4 blk2  8.23
Y2 S2 E6 G5 blk2  8.27 Y2 S2 E6 G1 blk3  9.18 Y2 S2 E6 G2 blk3  9.06
Y2 S2 E6 G3 blk3 10.41 Y2 S2 E6 G4 blk3  8.34 Y2 S2 E6 G5 blk3  7.83
Y2 S3 E7 G1 blk1 10.19 Y2 S3 E7 G2 blk1  8.52 Y2 S3 E7 G3 blk1  9.34
Y2 S3 E7 G4 blk1  9.01 Y2 S3 E7 G5 blk1  9.09 Y2 S3 E7 G1 blk2  9.34
Y2 S3 E7 G2 blk2  5.61 Y2 S3 E7 G3 blk2  8.09 Y2 S3 E7 G4 blk2  7.85
Y2 S3 E7 G5 blk2  5.36 Y2 S3 E7 G1 blk3  8.38 Y2 S3 E7 G2 blk3  7.02
Y2 S3 E7 G3 blk3  8.60 Y2 S3 E7 G4 blk3  8.43 Y2 S3 E7 G5 blk3  6.54
Y2 S4 E8 G1 blk1  9.04 Y2 S4 E8 G2 blk1  9.42 Y2 S4 E8 G3 blk1  9.38
Y2 S4 E8 G4 blk1  7.58 Y2 S4 E8 G5 blk1  7.46 Y2 S4 E8 G1 blk2  8.71
Y2 S4 E8 G2 blk2  9.50 Y2 S4 E8 G3 blk2 10.00 Y2 S4 E8 G4 blk2  8.46
Y2 S4 E8 G5 blk2  7.38 Y2 S4 E8 G1 blk3  8.63 Y2 S4 E8 G2 blk3  8.91
Y2 S4 E8 G3 blk3  9.58 Y2 S4 E8 G4 blk3  8.22 Y2 S4 E8 G5 blk3  6.87
;
ods listing close;
ods rtf file='d:/rtfRes/lt65.rtf';
proc sort data=lt65;
    by year site;
run;
proc glm data=lt65 outstat=bb;
    class year site gen block;
    model yield=block gen;
    by year site;
run;
```

```
data cc;
set bb;
keep _SOURCE_ DF SS;
if _SOURCE_^="ERROR" then delete;
run;
data dd;
set cc;
f=DF;u=1/f;t=1;logs=f*log(SS/f);
run;
proc means noprint data=dd;
    var ss f u logs t;
    output out=ee sum=t_ss t_f t_u t_logs k;
run;
data result;
set ee;
sc2=t_ss/t_f;fz=t_f*log(sc2)-t_logs;
fm=1+1/3/(k-1)*(t_u-1/t_f);
df=k-1;chisqr=fz/fm;
prob=1-probchi(chisqr,df);
run;
proc print noobs;
title 'Bartlett Test for Homogeneity of Error Variance';
var chisqr df prob;
run;
proc glm data=lt65;
    class year site gen block;
    model yield=block(year*site)year site gen year*site year*gen gen*site year*site*gen/ss3;
    means gen/dunnett('G5');
    means gen/dunnett('G5') alpha=0.01;
run;
ods rtf close;
```

（11）单个观测值正交试验资料的方差分析（教材【例 7.2】）。

```
title 'ANOVA of data with orthogonal design(Example 7.2)';
data anova10;
input a b c x@@;
cards;
1 1 1 299.0 1 2 2 259.0 1 3 3 376.5
2 1 2 261.5 2 2 3 249.0 2 3 1 364.0
3 1 3 261.5 3 2 1 196.5 3 3 2 326.5
```

```
;
proc glm;
    class a b c;
    model x＝a b c;
    means a b c/duncan;
run;
```

（12）混合水平正交表（教材【**例 7.3**】）。

```
title 'ANOVA of data with orthogonal design(Example 7.3)';
data anova11;
input a b c x@@;
cards;
1 1 1 17 1 2 2 19 2 1 2 26 2 2 1 25
3 1 2 16 3 2 1 14 4 1 1 24 4 2 2 28
;
proc glm;
    class a b c;
    model x＝a b c;
    means a b c/duncan;
run;
```

（13）有重复观测值正交试验资料的方差分析（教材【**例 7.4**】）。

```
title 'ANOVA of data with orthogonal design(Example 7.4)';
data anova12;
input block a b c x@@;
cards;
1 1 1 1 299.0 1 1 2 2 259.0 1 1 3 3 376.5 1 2 1 2 261.5 1 2 2 3 249.0 1 2 3 1 364.0
1 3 1 3 261.5 1 3 2 1 196.5 1 3 3 2 326.5 2 1 1 1 276.5 2 1 2 2 239.0 2 1 3 3 371.5
2 2 1 2 269.0 2 2 2 3 269.0 2 2 3 1 359.0 2 3 1 3 169.0 2 3 2 1 149.0 2 3 3 2 304.0
;
proc glm;
    class block a b c d;
    model x＝block a b c d;
    means a b c/duncan;
run;
```

（14）因素间有交互作用的正交设计资料的方差分析（教材【**例 7.5**】）。

```
title 'ANOVA of data with orthogonal design(Example 7.5)';
data anova13;
input a b c x@@;
cards;
1 1 1 55 1 1 2 38 1 2 1 97 1 2 2 89 2 1 1 122 2 1 2 124 2 2 1 79 2 2 2 61
```

```
;
proc glm;
    class a b c;
    model x＝a b c a*b b*c;
    means a b c/duncan;
run;
```

（七）线性回归与相关分析

SAS 系统提供的 CORR 过程可以进行简单相关分析和偏相关分析，REG 和 GLM 过程可以进行线性回归分析。

其中，REG 过程语法格式如下：

proc reg 选项列表;
    model 依变量名称列表＝自变量名称列表/选项列表;
CORR 过程的语法格式如下：

proc corr 选项列表;
    partial 变量名称列表;
    var 变量名称列表;

1. 直线回归分析（教材【例 9.1】）

```
title 'Linear regression analysis(Example 9.1)';
data reg1;
input x y@@;
cards;
35.5 12 34.1 16 31.7 9 40.3 2 36.8 7 40.2 3 31.7 13 39.2 9 44.2 -1
;
proc gplot;
    plot y*x＝'*';
proc reg corr;
    model y＝x/clm cli;
run;
```

程序说明：一元线性回归分析可调用 REG 过程。proc 语句选项 corr，要求输出简单相关系数；model 语句指明输出 clm——y 总体平均数的置信区间和 cli——单个 y 值的置信区间。

2. 多元线性回归分析（教材【例 10.5】）

```
title 'Multiple linear regression analysis(Example 10.5)';
data e85;
input x1 x2 x3 x4 y@@;
cards;
30.8 33.0 50.0 90 520.8 23.6 33.6 28.0 64 195.0
31.5 34.0 36.6 82 424.0 19.8 32.0 36.0 70 213.5
27.7 26.0 47.2 74 403.3 27.7 39.0 41.8 83 461.7
```

16.2 43.7 44.1 83 248.0 31.2 33.7 47.5 80 410.0

23.9 34.0 45.3 75 378.3 30.3 38.9 36.5 78 400.8

35.0 32.5 36.0 90 395.0 33.3 37.2 35.9 85 400.0

27.0 32.8 35.4 70 267.5 25.2 36.2 42.9 70 361.3

23.6 34.0 33.5 82 233.8 21.3 32.9 38.6 80 210.0

21.1 42.0 23.1 81 168.3 19.6 50.0 40.3 77 400.0

21.6 45.1 39.3 80 319.4 32.3 25.6 39.8 71 376.2

;

proc reg data＝e85;

　　　model y＝x1 x2 x3 x4/xpx i stb selection＝stepwise;

run;

程序说明：多元线性回归分析同样可调用 reg 过程。model 语句定义多元线性回归分析的数学模型，选项 xpx 输出回归模型 $X'X$ 的矩阵，选项 i 输出 $X'X$ 的逆矩阵，选项 stb 输出标准化后的偏回归系数，选项 selection＝stepwise 指明用逐步回归方法确定最优回归方程。

假设该数据资料已经被建立在 a:e85.dat 标准文件中，则前面的数据步可以简化，从而直接调用 a 盘上的数据，具体程序为：

data e85;infile 'a:e85.dat';

input x1 x2 x3 y;

proc reg data＝e85 outest＝est;

model y＝x1 x2 x3 x4/xpx i stb selection＝backward;

run;

3．相关与偏相关分析

data e85;

input x1 x2 x3 x4 y@@;

cards;

30.8 33.0 50.0 90 520.8 23.6 33.6 28.0 64 195.0

31.5 34.0 36.6 82 424.0 19.8 32.0 36.0 70 213.5

27.7 26.0 47.2 74 403.3 27.7 39.0 41.8 83 461.7

16.2 43.7 44.1 83 248.0 31.2 33.7 47.5 80 410.0

23.9 34.0 45.3 75 378.3 30.3 38.9 36.5 78 400.8

35.0 32.5 36.0 90 395.0 33.3 37.2 35.9 85 400.0

27.0 32.8 35.4 70 267.5 25.2 36.2 42.9 70 361.3

23.6 34.0 33.5 82 233.8 21.3 32.9 38.6 80 210.0

21.1 42.0 23.1 81 168.3 19.6 50.0 40.3 77 400.0

21.6 45.1 39.3 80 319.4 32.3 25.6 39.8 71 376.2

;

proc corr nosimple;　　　/*对变量两两间进行直线相关分析*/

run;

```
proc corr nosimple;        /*对 x1 和 y 两个变量进行偏相关分析*/
    var x1 y;
    partial x2 x3 x4;
run;
```

（八）协方差分析（教材【例 11.3】）

```
title 'Analysis of covariance(Example 11.3)';
data anocov2;
input variety block x y@@;
cards;
1 1 34.0  93.0 1 2 33.4  94.8 1 3 34.7  91.7 1 4 38.9  80.8
2 1 39.6  47.3 2 2 39.8  51.5 2 3 51.2  33.3 2 4 52.0  27.2
3 1 31.7  81.4 3 2 30.1 109.0 3 3 33.8  71.6 3 4 39.6  57.5
4 1 37.7  66.9 4 2 38.2  74.1 4 3 40.3  64.7 4 4 39.4  69.3
5 1 24.9 119.5 5 2 24.0 128.5 5 3 24.9 125.6 5 4 23.5 129.0
6 1 30.3 106.6 6 2 29.1 111.4 6 3 31.7  99.0 6 4 28.3 126.1
;
proc glm;
    class variety block;
    model y＝x variety block/solution;
    means variety/duncan;
    lsmeans variety/stderr pdiff tdiff;
    output p＝yp;
proc plot;
    plot yp*x＝'+';
run;
```

程序说明：协方差分析可调用 GLM 过程。class 语句指明了分类变量为 variety 和 block（这里代表品种和区组），且必须在 model 语句之前。model 语句定义协方差分析的数学模型。选项 solution 给出参数的估计值；means 语句中，多重比较选用 Duncan 法（SSR 法）；lsmeans 语句计算效应的最小二乘估计的平均数（LSM）；stderr 给出 LSM 的标准误；tdiff, fdiff 要求显示检验 H_0: LSM(i)＝LSM(j) 的 t 值和概率值。

附录二　常用试验设计与统计分析的 R 脚本

一、R 简介

R 是一个有着强大统计分析及作图功能的软件系统，最先由 Ross Ihaka 和 Robert Gentleman 共同创立，在 GNU 协议 General Public License 下免费发行，现由 R 开发核心小组维护。

现在越来越多的人开始接触、学习和使用 R，R 具有免费、统计分析能力突出、作图功能强大、帮助功能完善、可移植性强、拓展与开发能力强大和不依赖操作系统等优点。

R 的核心开发与维护小组通过 R 的主页（http://cran.r-project.org）及时发布有关信息，包括 R 的简介、R 的更新及宏包信息、R 常用手册、已出版的关于 R 的图书等。R 的 CRAN 社区是我们获得软件和资源的主要场所，通过它或其镜像站点可以下载最新版本及大量的程序包（packages）。

二、R 的安装、启动与退出

1. R 的安装　　从 CRAN 社区选择 32 或 64 位软件下载最新的封装好的 R 安装程序到本地计算机，运行可执行的安装文件，通常缺省的安装目录为"C:/Program Files/R/R-x.x.x"，其中"x.x.x"为版本号，目前最高版本为 3.5.2，安装时可以改变目录。R 从 2.2.0 以后还可以选择中文作为基本语言，这样 R 的图形用户界面，即 RGui 窗口的菜单都是中文的（附图 2-1）。

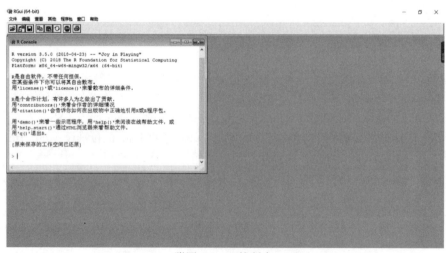

附图 2-1　R 控制台

2. R 的启动　　安装完成后点击桌面上的 R x.x.x 图标就可启动 R R-Gui。R 是按照问答的方式运行的，如果在命令提示符"＞"后键入命令并回车，R 就完成一些操作。

3．R 的退出 在命令行键入 q（）或点击 RGui 右上角的"×"，退出时可选择保存工作空间，缺省文件名为 R 安装目录的 bin 子目录下的 R.RData，以后可以通过命令 load（）或通过菜单"文件"下的"加载工作空间"加载，进而继续前一次的工作（附图 2-2）。

附图 2-2　退出 R 视窗

三、R 程序包的安装与载入

1．R 程序包的安装 R 程序包的安装有 3 种方式：菜单方式、命令方式和本地安装。

（1）菜单方式。在联网条件下，按步骤"程序包→安装程序包→选择 CRAN 镜像服务器（附图 2-3）→选定程序包（附图 2-4）"进行实时安装。

附图 2-3　CRAN 镜像服务器选择对话框

附图 2-4　程序包选择对话框

（2）命令方式。在联网条件下，在命令提示符后键入＞install.packages("agricolae")完成程序包 agricolae 的安装。

（3）本地安装。先从 CRAN 社区下载需要的程序包及与之关联的程序包，再按第一种方式通过"程序包"菜单中的"Install package(s)from local files..."，选定本机的程序包进行安装。

2．R 程序包的载入 除 R 的标准程序包（如 base 包）外，新安装的程序包在使用前必须先载入，有两种方式：菜单方式和命令方式。

（1）菜单方式。按步骤"程序包→载入程序包..."，再从已有的程序包中选定需要的一个加载。

（2）命令方式。在命令提示符后键入＞library("agricolae")来加载程序包 agricolae。

四、常用试验设计与统计分析的 R 脚本

（一）试验设计

程序包 agricolae 提供了农学和植物育种研究中的田间试验设计若干函数，design.crd 可用于完全随机设计，design.rcbd 可用于随机区组设计，design.lsd 可用于拉丁方设计、design.split 可用于裂区设计。

（1）单因素完全随机设计。

```
library(agricolae)
trt <-c("A1","A2","A3","A4","A5","A6")
r <-c(4,4,4,4,4,4)
outdesign1 <-design.crd(trt,r,serie＝1,20190219,"Mersenne-Twister",randomization＝TRUE)
print(outdesign1$parameters)
book1<-outdesign1
head(book1)
```

（2）单因素随机区组设计。

```
library(agricolae)
# 10 treatments and 3 blocks
trt<-c("G1","G2","G3","G4","G5","G6","G7","G8","G9","G10")
outdesign <-design.rcbd(trt,3,serie＝0,continue＝TRUE)
head(outdesign)
```

（3）两因素随机区组设计。

```
library(agricolae)
# 8 treatments and 3 blocks
trt<-c("A1B1","A1B2","A2B1","A2B2","A3B1","A3B2","A4B1","A4B2")
outdesign <-design.rcbd(trt,3,serie＝1,continue＝TRUE)
head(outdesign)
```

（4）拉丁方设计。

```
library(agricolae)
```

```
#5*5 Ladin Square Design
varieties<-c("G1","G2","G3","G4","G5")
outdesign <-design.lsd(varieties,serie=2,seed=20190219)
head(outdesign)
```

（5）裂区设计。

```
library(agricolae)
# main-plot factor with 3 levels and split-plot factor with 4 levels,and 3 blocks in split-plot
t1<-c("A1","A2","A3")
t2<-c("B1","B2","B3","B4")
outdesign <-design.split(t1,t2,r=3,serie=2,seed=45,kinds="Super-Duper")#seed=45
head(outdesign)
```

（二）资料的整理与描述

R 语言可利用各种数据源，其中最常用的是 Excel 源数据。建立数据文件的方法是：打开 Excel 软件，按格式录入数据（附图 2-5），另存为 d:/data/*.csv 文件。当在 R 控制台提示符>后输入：read.table（“d:/data/*.csv”，header=T），即可读取该数据文件。

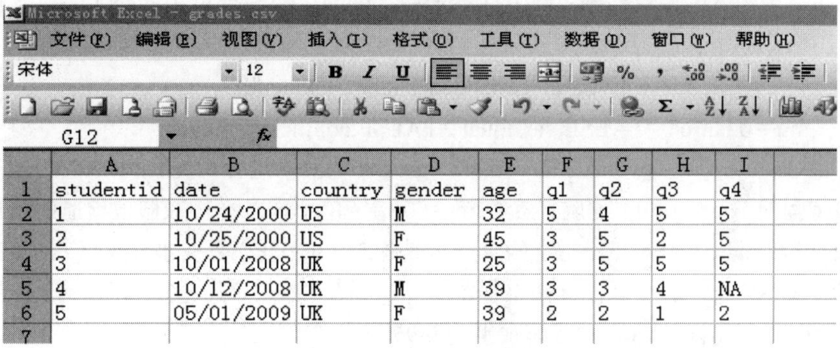

	A	B	C	D	E	F	G	H	I
1	studentid	date	country	gender	age	q1	q2	q3	q4
2	1	10/24/2000	US	M	32	5	4	5	5
3	2	10/25/2000	US	F	45	3	5	2	5
4	3	10/01/2008	UK	F	25	3	5	5	5
5	4	10/12/2008	UK	M	39	3	3	4	NA
6	5	05/01/2009	UK	F	39	2	2	1	2
7									

附图 2-5　Excel 源数据格式

第一行为变量名，其他单元格为对应变量数据；NA 表示数据缺失

1．计数资料的整理

```
setwd("d:/data")
wheat<-read.table("table21.csv",header=TRUE) #读取数据文件
counts<-table(wheat$spikelet) #对数据文件 spikelet 变量以观察值统计次数
means<-data.frame(counts) #将行数据转换为列数据表
means
barplot(means$Freq,names.arg=means$Var1,xlab="spikelet",ylab="frequency")#作条形图,括号内选项依次为纵轴变量、横轴变量、图标、x 坐标和 y 坐标
```

2．计量资料的整理

```
setwd("d:/data")
data<-read.table("table24.csv",header=TRUE)
```

```
counts<-table(cut(data$yield,breaks＝seq(67.5,262.5,15))) #求各组组限及统计次数
counts
data.frame(counts)
hist(data$yield,breaks＝67.5+(0:13)*15,xlab＝"yield",ylab＝"frequency")
```

3．资料的统计描述

```
yield<-c(25.0,26.0,22.0,20.0,24.5,23.5)
descri<-function(x){
    n<-length(x)
    m<-mean(x)
    s<-sd(x)
    cv<-s/m*100
    data.frame(n＝n,mean＝m,sd＝s,cv＝cv)
}
descri(yield)
```

（三）平均数的假设检验

单个样本平均数的假设检验、两个样本平均数的假设检验都可用 R 的 t.test（）函数来实现，其调用格式如下：

```
t.test(x,y＝NULL,alternative＝c("two.sided","less","greater"),
        mu＝0,paired＝FALSE,var.equal＝FALSE,conf.level＝0.95)
```

参数 alternative＝c（"two.sided"，"less"，"greater"）要求进行两尾（two.sided）或一尾［小于（less）或大于（greater）］检验；参数 mu＝0 指定单个样本平均数假设检验时，原总体平均数为 0；参数 paired＝FALSE 指定两个样本是配对（TRUE）还是非配对（FALSE）；参数 var.equal＝FALSE 指定非配对设计两个样本方差同质（TRUE）还是不同质（FALSE）；参数 conf.level＝0.95 指定区间估计时置信水平为 0.95。

1．单个样本平均数的假设测验（教材【例 4-2】）

```
x<-c(32.5,28.6,28.4,34.7,29.1,27.2,29.8,33.3,29.7)
t.test(x,alternative＝"two.sided",mu＝27.5)
```

2．非配对设计两个样本平均数的假设测验（教材【例 4-3】）

```
G1<-c(18.68,20.67,18.42,18.00,17.44,15.95)
G2<-c(18.68,23.22,21.42,19.00,18.92)
var.test(G2,G1,alternative＝"two.sided")#方差同质性检验
t.test(G1,G2,var.equal＝TRUE,alternative＝"two.sided")
```

3．配对设计两个样本平均数的假设检验（教材【例 4-5】）

```
P1<-c(2722.2,2866.7,2675.9,3469.2,3653.9,3815.1)
P2<-c(951.4,1417.0,1275.3,2228.5,2462.6,2715.4)
t.test(P1,P2,paired＝TRUE,alternative＝"two.sided")
```

（四）百分率的假设检验

在 R 中，可直接利用函数 prop.test（　）对百分率进行估计与检验，其调用格式如下：

prop.test(x,n,p＝NULL,alternative＝c("two.sided","less","greater"),

conf.level＝0.95,correct＝TRUE)

1．单个样本百分率的假设检验（教材【例 4-6】）

prop.test(68,150,correct＝FALSE)

2．两个样本百分率的假设检验（教材【例 4-7】）

flatpod<-c(38,72)

pods<-c(120,135)

prop.test(flatpod,pods)

（五）次数资料的假设检验

次数资料的适合性检验和独立性检验，可用 chisq.test(　)来实现，其调用格式如下：

chisq.test(x,y＝NULL,correct＝TRUE, p＝rep(1/length(x),length(x)),

rescale.p＝FALSE, simulate.p.value＝FALSE,B＝2000)

参数 correct＝TRUE 指定对 χ^2 进行连续性矫正；p＝rep(1/length(x),length(x))指定理论概率；模拟概率。

1．次数资料的适合性检验（教材例【8-2】）

x<-c(491,76,90,86)

chisq.test(x,correct＝TRUE,p＝c(9/16,3/16,3/16,1/16))

2．次数资料的独立性检验（教材【例 8-6】）

x<-c(12,224,76,60,548,39,246,659,28,416,765,47)

dim(x)<- c(3,4)　　　#4*3 列联表

chisq.test(x,correct＝FALSE)

（六）方差分析

方差分析可用 aov（　）函数来实现，其调用格式如下

aov(formula,data＝NULL,projections＝FALSE,qr＝TRUE,

contrasts＝NULL,...)

由于试验设计的不同，方差分析时数学模型的书写是关键，将 R 常见的表达式及符号归纳如下：

试验设计	数学模型的表达式
单因素完全随机设计	y~A
含单个协变量的单因素完全随机设计	y~x+A
两因素交叉分组完全随机设计	y~A*B
含两个协变量的两因素完全随机设计	y~x1+x2+A*B
单因素随机区组设计	y~B+A（B 是区组因子）
两因素系统分组完全随机设计	y~A+Error（B/A）

符号	用法
～	分隔符，左边为响应变量，右边为解释变量。如 y～A+B+C
	分隔解释变量
:	变量间的互作项。如 y～A+B+A：B
*	包含互作项的所有可能项。如 y～A*B*C 等价于 y～A+B+C+A：B+A：C+B：C+A：B：C
.	包含除响应变量外的所有变量。如一个数据框包含变量 y、A、B 和 C，则 y～.等价于 y～A+B+C

利用 R 的 AGRICOLAE 包中的函数 LSD.test( )、duncan.test( )和 SNK.test( )可实现平均数的多重比较，依次为最小显著差数法、SSR 法和 q 法。LSD.test( )的调用格式如下：

LSD.test(y,trt,DFerror,MSerror,alpha＝0.05,

　　　p.adj＝c("none","holm","hommel","hochberg","bonferroni","BH","BY","fdr"),

　　　group＝TRUE,main＝NULL,console＝FALSE)

duncan.test( )的调用格式如下：

duncan.test(y,trt,DFerror,MSerror,alpha＝0.05,

　　　group＝TRUE,main＝NULL,console＝FALSE)

SNK.test( )的调用格式如下：

SNK.test(y,trt,DFerror,MSerror,alpha＝0.05,

　　　group＝TRUE,main＝NULL,console＝FALSE)

1．各处理重复数相等的单因素完全随机设计试验资料的方差分析（教材【例 5-3】）

```
library(agricolae)
setwd("d:/data")
mydata<-read.table("lt53.csv",header＝TRUE,sep＝",")
model<-aov(yield~line,data＝mydata)
compari<-duncan.test(model,"line",alpha＝0.01,console＝TRUE)
plot(compari,variation="IQR")
```

2．各处理重复数不等的单因素完全随机设计试验资料的方差分析（教材【例 5-4】）

```
library(agricolae)
setwd("d:/data")
mydata<-read.table("lt54.csv",header＝TRUE,sep＝",")
model<-aov(lene~variety,data＝mydata)
compari<-duncan.test(model,"variety",alpha＝0.01,console＝TRUE)
plot(compari,variation="IQR")
```

3．两因素交叉分组单个观测值试验资料的方差分析（教材【例 5-5】）

```
library(agricolae)
setwd("d:/data")
mydata<-read.table("lt55.csv",header＝TRUE,sep＝",")
model<-aov(yield~field+method,data＝mydata)
```

```
anova(model)
windows(width＝7,height＝3.5)
par(mfrow＝c(1,2))
compari1<-SNK.test(model,"field",alpha＝0.05,console＝TRUE)
compari2<-SNK.test(model,"method",alpha＝0.05,console＝TRUE)
plot(compari1,variation＝"IQR")
plot(compari2,variation＝"IQR")
```

4．两因素交叉分组完全随机设计试验资料的方差分析（教材【例 5-6】）

```
library(agricolae)
setwd("d:/data")
mydata<-read.table("lt56.csv",header＝TRUE,sep＝",")
model<-aov(yield~density*fert,data＝mydata)
summary(model)
windows(width＝9,height＝3.5)
op<-par(mfrow＝c(1,2))
plot(yield~density+fert,data＝mydata)
with(mydata,interaction.plot(density,fert,yield,trace.label＝"fert"))
with(mydata,interaction.plot(fert,density,yield,trace.label＝"density"))
compari1<-SNK.test(model,"density",alpha＝0.05,console＝TRUE)
compari2<-SNK.test(model,"fert",alpha=0.05,console＝TRUE）
TukeyHSD(model,"density:fert")
```

5．两因素系统分组完全随机设计试验资料的方差分析（教材【例 5-7】）

```
setwd("d:/data")
example57<-read.table('example57.txt',header＝T)
library(agricolae)
fit<-aov(ww~plant+Error(leaf/(plant)),example57)
summary(fit)
comp<-with(example57,duncan.test(ww,plant,DFerror＝3,MSerror＝9.19))
comp$group
plot(comp)
```

6．单因素随机区组设计试验资料的方差分析（教材【例 6-1】）

```
library(agricolae)
setwd("d:/data")
mydata<-read.table("lt61.csv",header＝TRUE,sep＝",")
model<-aov(yield~block+variety,data＝mydata)
anova(model)
windows(width＝7,height＝3.5)
par(mfrow＝c(1,2))
compari1<-duncan.test(model,"variety",alpha＝0.05,console＝TRUE)
```

```
plot(compari1,variation="IQR")
```

7．两因素随机区组设计试验资料的方差分析（教材【例 6-2】）

```
library(agricolae)
setwd("d:/data")
mydata<-read.table("lt62.csv",header=TRUE,sep=",")
model1<-aov(yield~block+variety*fert,data=mydata)
anova(model1)
model2<-aov(yield~block+trt,data=mydata)
anova(model2)
windows(width=13,height=3.5)
par(mfrow=c(1,3))
compari1<-duncan.test(model1,"variety",alpha=0.05,console=TRUE)
compari2<-duncan.test(model1,"fert",alpha=0.05,console=TRUE)
plot(compari1,variation="IQR")
plot(compari2,variation="IQR")
compari3<-LSD.test(model2,"trt",alpha=0.05,console=TRUE)
plot(compari3,variation="IQR")
```

8．拉丁方设计试验资料的方差分析（教材【例 6-3】）

```
library(agricolae)
setwd("d:/data")
mydata<-read.table("lt63.csv",header=TRUE,sep=",")
model<-aov(yield~row+col+perin,data=mydata)
anova(model)
windows(width=7,height=3.5)
par(mfrow=c(1,1))
x<-duncan.test(model,"perin",alpha=0.05,console=TRUE)
plot(x,variation="IQR")
```

9．裂区设计试验资料的方差分析（教材【例 6-4】）

```
library(agricolae)
setwd("d:/data")
mydata<-read.table("lt64.csv",header=TRUE,sep=",")
model<-with(mydata,sp.plot(block,fert,variety,yield))
gla<-model$gl.a;glb<-model$gl.b
Ea<-model$Ea;Eb=model$Eb
out1<-with(mydata,duncan.test(yield,fert,gla,Ea,console=TRUE))
out2<-with(mydata,duncan.test(yield,variety,glb,Eb,console=TRUE))
windows(width=7,height=3.5)
par(mfrow=c(1,2))
plot(out1,xlab="fert",las=1, variation="IQR")
```

```
plot(out2,xlab="variety",las=1,variation="IQR")
fit<-aov(yield~block+fert*variety+Error(block/fert),data=mydata)
summary(fit)
```

10．多环境试验资料的方差分析（教材【例 6-5】）

```
library(agricolae)
setwd("d:/data")
mydata<-read.table("lt65.csv",header=TRUE,sep=",")
model1<-aov(yield~block%in%env+gen*env,data=mydata)
anova(model1)
model2<-aov(yield~block%in%(year*site)+gen*site*year,data=mydata)
anova(model2)
windows(width=13, height=3.5)
par(mfrow=c(1,2))
compari1<-duncan.test(model1,"gen",alpha=0.05,console=TRUE)
compari2<-duncan.test(model1,"env",alpha=0.05,console=TRUE)
plot(compari1,variation="IQR")
plot(compari2,variation="IQR")
```

11．单个观测值正交设计试验资料的方差分析（教材【例 7-2】）

```
setwd("d:/data")
ortho1<-read.table('lt72.csv',header=TRUE,sep=",")
ortho1
library(agricolae)
fit<-aov(yield~auxin+light+variety,data=ortho1)
summary(fit)
windows(width=13,height=3.5)
par(mfrow=c(1,3))
compari1<-duncan.test(fit,"auxin",alpha=0.05,console=TRUE)
compari2<-duncan.test(fit,"light",alpha=0.05,console=TRUE)
compari3<-duncan.test(fit,"variety",alpha=0.05,console=TRUE)
plot(compari1,variation="IQR")
plot(compari2,variation="IQR")
plot(compari3,variation="IQR")
```

12．混合水平正交设计试验资料的方差分析（教材【例 7-3】）

```
setwd("d:/data")
ortho2<-read.table('lt73.csv',header=TRUE,sep=",")
library(agricolae)
fit<-aov(yield~variety+density+fertn,data=ortho2)
summary(fit)
windows(width=13,height=3.5)
```

```
par(mfrow=c(1,3))
compari1<-duncan.test(fit,"variety",alpha＝0.05,console＝TRUE)
compari2<-duncan.test(fit,"density",alpha＝0.05,console＝TRUE)
compari3<-duncan.test(fit,"fertn",alpha＝0.05,console＝TRUE)
plot(compari1,variation＝"IQR")
plot(compari2,variation＝"IQR")
plot(compari3,variation＝"IQR")
```

13．有重复观测值正交设计试验资料的方差分析（教材【例 7-4】）

```
setwd("d:/data")
ortho3<-read.table('lt74.csv',header＝TRUE,sep＝",")
ortho1
library(agricolae)
fit<-aov(yield~block+auxin+light+variety,data＝ortho3)
summary(fit)
windows(width＝13,height＝3.5)
par(mfrow＝c(1,3))
compari1<-duncan.test(fit,"auxin",alpha＝0.05,console＝TRUE)
compari2<-duncan.test(fit,"light",alpha＝0.05,console＝TRUE)
compari3<-duncan.test(fit,"variety",alpha＝0.05,console＝TRUE)
plot(compari1,variation＝"IQR")
plot(compari2,variation＝"IQR")
plot(compari3,variation＝"IQR")
```

14．因素间有交互作用的正交设计试验资料的方差分析（教材【例 7-5】）

```
setwd("d:/data")
ortho4<-read.table('lt75.csv',header＝TRUE,sep＝",")
library(agricolae)
fit<-aov(yield~pon1+pon2+pon1:pon2+pon3+pon2:pon3,data＝ortho4)
summary(fit)
windows(width＝13,height＝3.5）
par(mfrow＝c(1,3))
compari1<-duncan.test(fit,"pon1",alpha＝0.05,console＝TRUE)
compari2<-duncan.test(fit,"pon2",alpha＝0.05,console＝TRUE)
compari3<-duncan.test(fit,"pon3",alpha＝0.05,console＝TRUE)
plot(compari1,variation＝"IQR")
plot(compari2,variation＝"IQR")
plot(compari3,variation＝"IQR")
```

（七）线性回归与相关分析

线性回归分析主要在于建立线性回归方程并对其作显著性测验，可用 lm（ ）函数实现，其选项包括：lm（formula，data）。线性相关分析主要在于估算相关系数并作显著性测验，可用 cor.test（ ）函数实现。

1. 直线回归分析（教材【例 9-1】）

```
mydata<-read.table("d:/data/lt91.csv",header＝T,sep＝",")
plot(mydata$temp,mydata$peri)
fit<-lm(peri~temp,data＝mydata)
anova(fit)
summary(fit)
abline(fit)
```

2. 多元线性回归分析

```
mydata<-read.table("d:/data/lt105.csv",header＝T,sep＝",")
fit<-lm(y~x1+x2+x3+x4,data＝mydata)
anova(fit)
summary(fit)
```

3. 相关与偏相关分析

```
library(psych)
library(corpcor)
library(ggm)
mydata<-read.table("d:/data/lt105.csv",header＝T,sep＝",")
xcor＝cor(mydata)#相关系数矩阵
xcor
xpcor＝cor2pcor(xcor)#偏相关矩阵
xpcor
jsbl <- c(2,5) #要计算的相关系数的变量下标
tjbl <- c(1,3,4) #条件(控制)变量的下标,即要排除影响的变量的下标
u <- c(jsbl,tjbl)
s <- cov(mydata) #变量的协方差
r <- pcor(u,s) #偏相关系数
q <- length(tjbl) #计算要控制的变量数
n <- dim(mydata) #计算样本量
pcor_test<- pcor.test(r,q,n)#偏相关系数显著性检验结果
data.frame(r,pcor_test)
```

（八）协方差分析

1. 单因素完全随机设计试验资料的协方差分析（教材【例 11-1】）

```
library(HH)
library(agricolae)
library(effects)
windows(width＝9,height＝3.5)
```

```
mydata<-read.table("d:/data/lt111.csv",header＝T,sep＝",")
fit<-ancova(yield~fert+trunkg,data＝mydata)
anova(fit)
means1<-effect("fert",fit)
glht(fit,linfct＝mcp(fert＝"Tukey"))
plot(cld(tuk,level＝.05),col＝"lightgrey")
```

2．单因素随机区组设计试验资料的协方差分析（教材【例11-2】）

```
library(HH)
library(effects)
windows(width＝7，height＝3.5)
op<-par(mfrow＝c(1,2))
mydata<-read.table("d:/data/lt112.csv",header＝T,sep＝",")
ancovaplot(vcc ~ perc+variety,data＝mydata)
ancovaplot(vcc ~ perc*variety,data＝mydata)
ancovaplot(vcc ~ perc,groups＝variety,data＝mydata)
ancovaplot(vcc ~ type,x=perc,data＝mydata)
fit<-ancova(vcc~perc+variety,data=mydata,blocks＝block)
means1<-effect("variety",fit)
means1
tuk<-glht(fit,linfct＝mcp(variety="Tukey"))
plot(cld(tuk,level=.05),col＝"lightgrey")
```

附录三 课程实验

在附录一和附录二中分别介绍了 SAS 编程和 R 脚本实现试验设计和资料的整理与分析方法。利用计算机和统计分析软件实现试验设计、资料整理与描述和资料的统计分析是重要的实践教学环节，不同学校的课程实验学时有所不同，本附录建议安排如下 6 个实验，可供课程实验时参考。

实验 1 试 验 设 计

【实验性质】 综合性。

【实验目的】 掌握试验设计的基本方法，掌握 SAS 的 FACTEX 过程和 PLAN 过程的语法或 R 的 AGRICOLAE 包的 design.crd、design.rcrd 和 design.split 函数，能用 SAS 软件或 R 的 AGRICOLAE 包实现常用的试验设计，拟定试验方案。

【实验材料】 计算机，SAS 9.4，FACTEX 过程，PLAN 过程；R 的 AGRICOLAE 包。

【实验内容】

1.1 单因素完全随机设计

某水稻品种的筛选试验，包括 G_1、G_2、G_3、G_4、G_5、G_6、G_7、G_8、G_9、G_{10}、G_{11}、G_{12}（其中 G_{12} 为对照）共 12 个水稻品种，采用完全随机设计，处理重复 3 次，拟定试验方案。

1.2 单因素随机区组设计

6 个油菜品种 A、B、C、D、E、F（其中 F 为对照）进行比较试验，采用随机区组设计，处理重复 3 次，拟定试验方案。

1.3 两因素随机区组设计

玉米品种（A）与施氮量（B）的两因素试验，因素 A 设置 4 个水平：A_1、A_2、A_3 和 A_4，因素 B 设置 3 个水平：B_1、B_2 和 B_3，采用随机区组设计，处理重复 3 次，拟定试验方案。

1.4 两因素裂区设计

某玉米种植密度和有机肥施用量的两因素试验，采用裂区设计。施氮量为主区因素，设置 3 个水平：A_1、A_2 和 A_3，种植密度为副区因素，设置 4 个水平：B_1、B_2、B_3 和 B_4，主区按随机区组设计排列，处理重复 4 次，拟定试验方案。

SAS 程序或 R 脚本：

运行结果：

实验 2　试验资料的整理与描述

【实验性质】　综合性。

【实验目的】　掌握数据文件建立的方法，利用 SAS 或 R 对资料进行整理，能用统计表或统计图呈现资料整理的结果。

【实验材料】　计算机，SAS 9.4，FREQ 和 GCHART 等过程；R 的 table( )、hist( )和 barplot( )等函数。

【实验内容】　随机抽取 50 株某杂交小麦，测定每株的株高（Height, cm）、穗长（Length, cm）、穗粒数（Numbers）和成熟早晚（Growth）等 4 个性状，结果详见下表。

植株编号	Height	Length	Numbers	Growth	植株编号	Height	Length	Numbers	Growth
1	71.3	8.9	60	M	26	61.5	7.4	50	L
2	66.8	7.9	50	M	27	64.2	7.0	52	L
3	70.3	7.0	61	L	28	64.3	8.7	52	M
4	67.6	8.2	54	E	29	66.5	8.6	46	M
5	63.9	6.0	50	L	30	68.8	6.8	42	M
6	63.4	7.8	46	E	31	66.3	7.6	46	E
7	62.7	7.6	48	L	32	67.6	7.7	48	E
8	60.2	7.6	45	M	33	67.7	7.4	64	E
9	69.9	7.9	54	M	34	64.8	6.8	66	M
10	66.8	7.8	50	E	35	68.1	6.7	62	M
11	64.2	7.0	48	E	36	65.1	7.6	48	M
12	70.2	8.5	50	L	37	65.9	7.5	46	E
13	67.7	7.2	54	L	38	69.5	6.0	54	E
14	68.3	7.7	44	E	39	64.5	8.2	48	L
15	72.0	7.5	54	E	40	65.9	9.0	48	E
16	68.5	8.2	55	L	41	64.5	7.5	52	E
17	66.4	7.1	56	E	42	66.8	7.0	52	E
18	68.7	6.7	52	M	43	63.1	6.3	46	E
19	64.5	8.9	46	E	44	62.4	7.9	42	L
20	60.0	8.4	56	E	45	66.4	8.1	52	M
21	66.7	8.1	58	M	46	66.7	6.6	50	M
22	61.5	7.2	48	E	47	65.6	7.4	50	L
23	68.4	6.9	44	M	48	66.8	8.2	50	E
24	67.6	8.4	52	E	49	70.5	7.7	38	L
25	66.0	7.7	48	E	50	68.7	8.5	48	E

注：变量 Growth 中，E、M 和 L 分别表示早熟（Early）、中熟（Mid）和晚熟（Late）

对该试验资料的株高进行整理，制作次数分布表，绘制直方图；对穗粒数进行整理，制作次数分布表，绘制条形图；对成熟早晚进行整理，制作次数分布表，绘制条形图。

SAS 程序或 R 脚本：

运行结果：

实验 3　平均数的假设检验

【实验性质】　综合性。

【实验目的】　掌握平均数假设检验和总体平均数区间估计的方法，能利用 SAS 或 R 实现上述分析。

【实验材料】　计算机，SAS 9.4，TTEST 过程；R 的 t.test( ) 和 var.test( ) 等函数。

【实验内容】

3.1　单个样本平均数的假设检验

已知玉米单交种群'单 105'的平均穗重 $\mu_0 = 300\text{g}$ ，喷药后，随机抽取 9 个果穗称重，得到的 9 个果穗重量分别为：308、305、311、298、315、300、321、294、320（g）。试测验喷药后平均穗重与已知的平均穗重 300g 间的差异显著性。

3.2　非配对设计两个样本平均数的假设检验

研究矮壮素使玉米矮化的效果，在抽穗期测定喷矮壮素小区玉米 8 株、对照区玉米 9 株，测得株高结果见表 1，试对喷矮壮素处理与对照之间株高的差异显著性进行测验。

表 1　喷矮壮素与否的玉米株高　　　　　　　　　　（单位：cm）

序号	喷矮壮素（A_1）	对照（A_2）	序号	喷矮壮素（A_1）	对照（A_2）
1	160	170	6	170	290
2	160	270	7	150	270
3	200	180	8	210	230
4	160	250	9		170
5	200	270			

3.3　配对设计两个样本平均数的假设检验

选面积为 33.33m² 的玉米小区 10 个，各分成两半，一半去雄（A）另一半不去雄（B），得到如表 2 所示的产量结果。试就去雄与不去雄玉米平均产量间的差异显著性进行统计检验。

表 2　10 个小区玉米去雄和不去雄的产量及其差数　　　（单位：0.5kg）

序号	去雄（A）	不去雄（B）	差数（d）	序号	去雄（A）	不去雄（B）	差数（d）
1	28	25	3	6	34	25	9
2	30	28	2	7	30	28	2
3	31	29	2	8	28	27	1
4	35	29	6	9	34	32	2
5	30	31	−1	10	32	27	5

SAS 程序或 R 脚本：

运行结果：

实验 4　百分率或次数资料的假设检验

【实验性质】　综合性。

【实验目的】　掌握百分率的假设检验和总体百分率置信区间估计以及次数资料的适合性检验和独立性检验，能利用 SAS 或 R 实现上述分析。

【实验材料】　计算机，SAS 9.4，FREQ 过程；R 的 prop.test( ) 和 chisq.test( ) 等函数。

【实验内容】

4.1　单个样本百分率的假设检验

紫花和白花大豆品种进行杂交，在 F_2 共得 289 株，其中紫花 208 株，白花 81 株。如果花色受一对等位基因控制，根据遗传学原理，F_2 紫花株与白花株的理论分离比率为 3∶1，即紫花理论百分数为 75%，白花理论百分数为 25%。试分析该试验结果是否符合一对等位基因的分离规律。

4.2　两个样本百分率的假设检验

调查低洼地小麦 378 株（n_1），其中有锈病株 355 株（x_1）；调查高坡地小麦 396 株（n_2），其中有锈病株 346 株（x_2）。试测验两种麦田的锈病发生率有无显著差异。

4.3　次数资料的适合性检验

在玉米杂交试验中，用紫色甜质纯合自交系和白色粉质纯合自交系进行杂交，F_2 得 4 种表现型：紫色粉质 921 粒，紫色甜质 312 粒，白色粉质 279 粒，白色甜质 104 粒。试检验抽样总体的分离比例是否符合 9∶3∶3∶1 的理论比例。

4.4　次数资料的独立性检验

测定不同种植密度下玉米每株穗数的分布，得到如下表所示的结果。请测验玉米每株穗数的分布与种植密度间有无关系。

种植密度/（株/m²）	空秆株	一穗株	双穗和三穗株
2	12	224	76
4	60	548	39
6	246	659	28
8	416	765	47

SAS 程序或 R 脚本：

运行结果：

实验 5　试验资料的方差分析

【实验性质】　综合性。

【实验目的】　掌握试验资料方差分析的方法，能利用 SAS 或 R 实现单因素完全随机设计、单因素随机区组设计、单因素拉丁方设计、两因素交叉分组完全随机设计、两因素系统分组完全随机设计和两因素随机区组设计试验资料的方差分析。

【实验材料】　计算机，SAS 9.4，ANOVA 过程，GLM 过程；R 的 aov( )和 box( )等函数，以及 AGRICOLAE 包中的 LSD.test( )、duncan.test( )和 SNK.test( )等函数。

【实验内容】

5.1　单因素完全随机设计试验资料的方差分析

某小麦种植试验选 4 个新品系作处理，处理重复数相等，选非处理因素均匀一致的试验地，按随机规则将每个品系放置于试验单元，4 个品系的产量观测结果见表 1。试检验品系间的产量差异是否显著。

表 1　4 个不同小麦品系的产量　　　　　　　　（单位：kg/小区）

variety	yield					
04-1	12	10	14	16	12	18
04-2	8	10	12	14	12	16
04-3	14	16	13	16	10	15
04-4	16	18	20	16	14	16

注：variety 为小麦品系，yield 为小麦产量

5.2　单因素随机区组设计试验资料的方差分析

小麦种植适用性试验，供试品种（variety）A、B、C、D、E、F、G、H 共 8 个，其中 A 是标准品种，试验采用随机区组（blocks）设计，重复 3 次，小区计产面积 25m²，产量（output， kg）测定结果见表 2。试选出最适宜本地种植的品种。

表 2　随机区组设计的小麦产量观测数据

品种（variety）	区组（blocks）		
	I	II	III
A	10.9	9.1	12.2
B	10.8	12.3	14.0

续表

品种（variety）	区组（blocks）		
	I	II	III
C	11.1	12.5	10.5
D	9.1	10.7	10.1
E	11.8	13.9	16.8
F	10.1	10.6	11.8
G	10.0	11.5	14.1
H	9.3	10.4	14.4

5.3　单因素拉丁方设计试验资料的方差分析

有 A、B、C、D、E　5 个水稻品种作比较试验，其中 E 是标准品种，采用 $5×5$ 拉丁方设计，其田间排列和产量观测结果见表 3。试选出较优的水稻品种。

表 3　5×5 拉丁方设计的水稻产量观测数据和田间排列

行区组	列区组				
	1	2	3	4	5
1	D（37）	A（38）	C（38）	B（44）	E（38）
2	B（48）	E（40）	D（36）	C（32）	A（35）
3	C（27）	B（32）	A（32）	E（30）	D（26）
4	E（28）	D（37）	B（43）	A（38）	C（41）
5	A（34）	C（30）	E（27）	D（30）	B（41）

5.4　两因素交叉分组完全随机设计试验资料的方差分析

3 种肥料（A 因素）与 3 个小麦品种（B 因素）的完全随机试验，每处理种 3 盆，得每盆产量结果于表 4。试作方差分析。

表 4　3 种肥料与 3 个小麦品种的盆栽产量　　　　　（单位：g/盆）

肥料	品种								
	B_1			B_2			B_3		
A_1	21	22	20	19	18	16	16	17	17
A_2	12	14	13	13	14	12	13	14	14
A_3	13	14	15	14	13	13	12	15	14

5.5 两因素系统分组完全随机设计试验资料的方差分析

随机选取 3 株植株（A_1、A_2、A_3），每株内随机选取 2 片叶子（B_1、B_2），用取样器从每片叶子上选取同样面积的两个样品（S_1、S_2），称取样品的湿重（g），结果见表 5。试分析不同植株、同一植株不同叶片间湿重差异的显著性。

表 5 植株叶片湿重的检测数据

	B_1		B_2	
	S_1	S_2	S_1	S_2
A_1	12.1	12.1	12.8	12.8
A_2	14.4	14.4	14.7	14.5
A_3	23.1	23.4	28.1	28.8

5.6 两因素交叉分组随机区组设计试验资料的方差分析

玉米品种（variety）与施肥类型（fertilize）两因素试验，品种选 4 水平 V_1、V_2、V_3 和 V_4，施肥类型选 2 水平 F_1 和 F_2，共 8 个水平组合（处理），随机区组设计，重复 3 次，小区计产面积 20m²，产量测定结果（kg）见表 6。试分析品种和施肥的增产效应。

表 6 随机区组设计的玉米产量观测数据

品种（variety）	肥料（fertilize）	区组（blocks）		
		I	II	III
V_1	F_1	12.0	13.0	13.0
V_1	F_2	11.0	10.0	13.0
V_2	F_1	19.0	16.0	12.0
V_2	F_2	20.0	19.0	17.0
V_3	F_1	19.0	18.0	16.0
V_3	F_2	10.0	8.0	7.0
V_4	F_1	17.0	16.0	15.0
V_4	F_2	11.0	9.0	8.0

SAS 程序或 R 脚本：

运行结果：

实验 6 直线回归与相关分析

【实验性质】 综合性。

【实验目的】　掌握直线回归与相关分析的方法，能利用 SAS 软件实现直线回归与相关分析。

【实验材料】　计算机，SAS 9.4，CORR 过程，REG 过程，GPLOT 过程；R 的 lm（ ）和 cor.test( )。

【实验内容】

6.1　直线回归分析

观测不同浓度葡萄糖溶液（y，mg/L）在光电比色计上的消光度（x），观测数据见表 1。试完成消光度作依变量、浓度作自变量的回归分析。

表 1　葡萄糖浓度及其相应的消光度观测数据

x	0	5	10	15	20	25	30
y	0.00	0.11	0.23	0.34	0.46	0.57	0.71

6.2　直线相关分析

测定 13 块中籼‘南京 11 号’高产田的穗数（x_1，万/667m^2）、每穗粒数（x_2）和稻谷产量（x_3，kg/667m^2）得结果于表 2。试进行 3 个性状间的简单相关分析。

表 2　‘南京 11 号’高产田的穗数、每穗粒数和产量

x_1	x_2	x_3	x_1	x_2	x_3
26.7	73.4	504	27.0	71.4	473
31.3	59.0	480	33.3	64.5	537
30.4	65.9	526	30.4	64.1	515
33.9	58.2	511	31.5	61.1	502
34.6	64.6	549	33.1	56.0	498
33.8	64.6	552	34.0	59.8	523
30.4	62.1	496			

SAS 程序或 R 脚本：

运行结果：

附录四 常用数理统计表

附表 1 标准正态分布表

$$\Phi(u)=\frac{1}{\sqrt{2\pi}}\int_{-\infty}^{u}e^{-\frac{u^2}{2}}\,du \quad (u\leqslant 0)$$

u	0.00	0.01	0.02	0.03	0.04	0.05	0.06	0.07	0.08	0.09	u
−0.0	0.5000	0.4960	0.4920	0.4880	0.4840	0.4801	0.4761	0.4721	0.4681	0.4641	−0.0
−0.1	0.4602	0.4562	0.4522	0.4483	0.4443	0.4404	0.4364	0.4325	0.4286	0.4247	−0.1
−0.2	0.4207	0.4168	0.4129	0.4090	0.4052	0.4013	0.3974	0.3936	0.3897	0.3859	−0.2
−0.3	0.3821	0.3783	0.3745	0.3707	0.3669	0.3632	0.3594	0.3557	0.3520	0.3483	−0.3
−0.4	0.3446	0.3409	0.3372	0.3336	0.3300	0.3264	0.3228	0.3192	0.3156	0.3121	−0.4
−0.5	0.3085	0.3050	0.3015	0.2981	0.2946	0.2912	0.2877	0.2843	0.2810	0.2776	−0.5
−0.6	0.2743	0.2709	0.2676	0.2643	0.2611	0.2578	0.2546	0.2514	0.2483	0.2451	−0.6
−0.7	0.2420	0.2389	0.2358	0.2327	0.2297	0.2266	0.2236	0.2206	0.2177	0.2148	−0.7
−0.8	0.2119	0.2090	0.2061	0.2033	0.2005	0.1977	0.1949	0.1922	0.1894	0.1867	−0.8
−0.9	0.1841	0.1814	0.1788	0.1762	0.1736	0.1711	0.1685	0.1660	0.1635	0.1611	−0.9
−1.0	0.1587	0.1562	0.1539	0.1515	0.1492	0.1469	0.1446	0.1423	0.1401	0.1379	−1.0
−1.1	0.1357	0.1335	0.1314	0.1292	0.1271	0.1251	0.1230	0.1210	0.1190	0.1170	−1.1
−1.2	0.1151	0.1131	0.1112	0.1093	0.1075	0.1056	0.1038	0.1020	0.1003	0.09853	−1.2
−1.3	0.09680	0.09510	0.09342	0.09176	0.09012	0.08851	0.08691	0.08534	0.08379	0.08226	−1.3
−1.4	0.08076	0.07927	0.07780	0.07636	0.07493	0.07353	0.07215	0.07078	0.06944	0.06811	−1.4
−1.5	0.06681	0.06552	0.06426	0.06301	0.06178	0.06057	0.05938	0.05821	0.05705	0.05592	−1.5
−1.6	0.05480	0.05370	0.05262	0.05155	0.05050	0.04947	0.04846	0.04746	0.04648	0.04551	−1.6
−1.7	0.04457	0.04363	0.04272	0.04182	0.04093	0.04006	0.03920	0.03836	0.03754	0.03673	−1.7
−1.8	0.03593	0.03515	0.03438	0.03362	0.03288	0.03216	0.03144	0.03074	0.03005	0.02938	−1.8
−1.9	0.02872	0.02807	0.02743	0.02680	0.02619	0.02559	0.02500	0.02442	0.02385	0.02330	−1.9
−2.0	0.02275	0.02222	0.02169	0.02118	0.02068	0.02018	0.01970	0.01923	0.01876	0.01831	−2.0
−2.1	0.01786	0.01743	0.01700	0.01659	0.01618	0.01578	0.01539	0.01500	0.01463	0.01426	−2.1
−2.2	0.01390	0.01355	0.01321	0.01287	0.01255	0.01222	0.01191	0.01160	0.01130	0.01101	−2.2
−2.3	0.01072	0.01044	0.01017	$0.0^2 9903$	$0.0^2 9642$	$0.0^2 9387$	$0.0^2 9137$	$0.0^2 8894$	$0.0^2 8656$	$0.0^2 8424$	−2.3
−2.4	$0.0^2 8198$	$0.0^2 7976$	$0.0^2 7760$	$0.0^2 7549$	$0.0^2 7344$	$0.0^2 7143$	$0.0^2 6947$	$0.0^2 6756$	$0.0^2 6569$	$0.0^2 6387$	−2.4
−2.5	$0.0^2 6210$	$0.0^2 6037$	$0.0^2 5868$	$0.0^2 5703$	$0.0^2 5543$	$0.0^2 5386$	$0.0^2 5234$	$0.0^2 5085$	$0.0^2 4940$	$0.0^2 4799$	−2.5
−2.6	$0.0^2 4661$	$0.0^2 4527$	$0.0^2 4396$	$0.0^2 4269$	$0.0^2 4145$	$0.0^2 4025$	$0.0^2 3907$	$0.0^2 3793$	$0.0^2 3681$	$0.0^2 3573$	−2.6
−2.7	$0.0^2 3467$	$0.0^2 3364$	$0.0^2 3264$	$0.0^2 3167$	$0.0^2 3072$	$0.0^2 2980$	$0.0^2 2890$	$0.0^2 2803$	$0.0^2 2718$	$0.0^2 2635$	−2.7
−2.8	$0.0^2 2555$	$0.0^2 2477$	$0.0^2 2401$	$0.0^2 2327$	$0.0^2 2256$	$0.0^2 2186$	$0.0^2 2118$	$0.0^2 2052$	$0.0^2 1988$	$0.0^2 1926$	−2.8
−2.9	$0.0^2 1866$	$0.0^2 1807$	$0.0^2 1750$	$0.0^2 1695$	$0.0^2 1641$	$0.0^2 1589$	$0.0^2 1538$	$0.0^2 1489$	$0.0^2 1441$	$0.0^2 1395$	−2.9
−3.0	$0.0^2 1350$	$0.0^2 1306$	$0.0^2 1264$	$0.0^2 1223$	$0.0^2 1183$	$0.0^2 1144$	$0.0^2 1107$	$0.0^2 1070$	$0.0^2 1035$	$0.0^2 1001$	−3.0
−3.1	$0.0^3 9676$	$0.0^3 9354$	$0.0^3 9043$	$0.0^3 8740$	$0.0^3 8447$	$0.0^3 8164$	$0.0^3 7888$	$0.0^3 7622$	$0.0^3 7364$	$0.0^3 7114$	−3.1
−3.2	$0.0^3 6871$	$0.0^3 6637$	$0.0^3 6410$	$0.0^3 6190$	$0.0^3 5976$	$0.0^3 5770$	$0.0^3 5571$	$0.0^3 5377$	$0.0^3 5190$	$0.0^3 5009$	−3.2
−3.3	$0.0^3 4834$	$0.0^3 4665$	$0.0^3 4501$	$0.0^3 4342$	$0.0^3 4189$	$0.0^3 4041$	$0.0^3 3897$	$0.0^3 3758$	$0.0^3 3624$	$0.0^3 3495$	−3.3
−3.4	$0.0^3 3369$	$0.0^3 3248$	$0.0^3 3131$	$0.0^3 3018$	$0.0^3 2909$	$0.0^3 2803$	$0.0^3 2701$	$0.0^3 2602$	$0.0^3 2507$	$0.0^3 2415$	−3.4
−3.5	$0.0^3 2326$	$0.0^3 2241$	$0.0^3 2158$	$0.0^3 2078$	$0.0^3 2001$	$0.0^3 1926$	$0.0^3 1854$	$0.0^3 1785$	$0.0^3 1718$	$0.0^3 1653$	−3.5
−3.6	$0.0^3 1591$	$0.0^3 1531$	$0.0^3 1473$	$0.0^3 1417$	$0.0^3 1363$	$0.0^3 1311$	$0.0^3 1261$	$0.0^3 1213$	$0.0^3 1166$	$0.0^3 1121$	−3.6
−3.7	$0.0^3 1078$	$0.0^3 1036$	$0.0^4 9961$	$0.0^4 9574$	$0.0^4 9201$	$0.0^4 8842$	$0.0^4 8496$	$0.0^4 8162$	$0.0^4 7841$	$0.0^4 7532$	−3.7
−3.8	$0.0^4 7235$	$0.0^4 6948$	$0.0^4 6673$	$0.0^4 6407$	$0.0^4 6152$	$0.0^4 5906$	$0.0^4 5669$	$0.0^4 5442$	$0.0^4 5223$	$0.0^4 5012$	−3.8
−3.9	$0.0^4 4810$	$0.0^4 4615$	$0.0^4 4427$	$0.0^4 4247$	$0.0^4 4074$	$0.0^4 3908$	$0.0^4 3747$	$0.0^4 3594$	$0.0^4 3446$	$0.0^4 3304$	−3.9
−4.0	$0.0^4 3167$	$0.0^4 3036$	$0.0^4 2910$	$0.0^4 2789$	$0.0^4 2673$	$0.0^4 2561$	$0.0^4 2454$	$0.0^4 2351$	$0.0^4 2252$	$0.0^4 2157$	−4.0
−4.1	$0.0^4 2066$	$0.0^4 1978$	$0.0^4 1894$	$0.0^4 1814$	$0.0^4 1737$	$0.0^4 1662$	$0.0^4 1591$	$0.0^4 1523$	$0.0^4 1458$	$0.0^4 1395$	−4.1
−4.2	$0.0^4 1335$	$0.0^4 1277$	$0.0^4 1222$	$0.0^4 1168$	$0.0^4 1118$	$0.0^4 1069$	$0.0^5 1022$	$0.0^5 9774$	$0.0^5 9345$	$0.0^5 8934$	−4.2
−4.3	$0.0^5 8540$	$0.0^5 8163$	$0.0^5 7801$	$0.0^5 7455$	$0.0^5 7124$	$0.0^5 6807$	$0.0^5 6503$	$0.0^5 6212$	$0.0^5 5934$	$0.0^5 5668$	−4.3
−4.4	$0.0^5 5413$	$0.0^5 5169$	$0.0^5 4935$	$0.0^5 4712$	$0.0^5 4498$	$0.0^5 4294$	$0.0^5 4098$	$0.0^5 3911$	$0.0^3 3732$	$0.0^5 3561$	−4.4
−4.5	$0.0^5 3398$	$0.0^5 3241$	$0.0^5 3092$	$0.0^5 2949$	$0.0^5 2813$	$0.0^5 2682$	$0.0^5 2558$	$0.0^5 2439$	$0.0^5 2325$	$0.0^5 2216$	−4.5
−4.6	$0.0^5 2112$	$0.0^5 2013$	$0.0^5 1919$	$0.0^5 1828$	$0.0^5 1742$	$0.0^5 1660$	$0.0^5 1581$	$0.0^5 1506$	$0.0^5 1434$	$0.0^5 1366$	−4.6
−4.7	$0.0^5 1301$	$0.0^5 1239$	$0.0^5 1179$	$0.0^5 1123$	$0.0^5 1069$	$0.0^5 1017$	$0.0^6 9630$	$0.0^6 9211$	$0.0^6 8765$	$0.0^6 8339$	−4.7
−4.8	$0.0^6 7933$	$0.0^6 7547$	$0.0^6 7178$	$0.0^6 6827$	$0.0^6 6492$	$0.0^6 6173$	$0.0^6 5869$	$0.0^6 5580$	$0.0^6 5304$	$0.0^6 5042$	−4.8
−4.9	$0.0^6 4792$	$0.0^6 4554$	$0.0^6 4327$	$0.0^6 4111$	$0.0^6 3906$	$0.0^6 3711$	$0.0^6 3525$	$0.0^6 3348$	$0.0^6 3179$	$0.0^6 3019$	−4.9

$$\Phi(u) = \frac{1}{\sqrt{2\pi}} \int_{-\infty}^{u} e^{-\frac{u^2}{2}} \, du \quad (u \geqslant 0)$$

u	0.00	0.01	0.02	0.03	0.04	0.05	0.06	0.07	0.08	0.09	u
0.0	0.5000	0.5040	0.5080	0.5120	0.5160	0.5199	0.5239	0.5279	0.5319	0.5359	0.0
0.1	0.5398	0.5438	0.5478	0.5517	0.555	0.5596	0.5636	0.5675	0.5714	0.5753	0.1
0.2	0.5793	0.5832	0.5871	0.5910	0.5948	0.5987	0.6026	0.6064	0.6103	0.6141	0.2
0.3	0.6179	0.6217	0.6255	0.6293	0.6331	0.6368	0.6406	0.6443	0.6480	0.6517	0.3
0.4	0.6554	0.6591	0.6628	0.6664	0.6700	0.6736	0.6772	0.6808	0.6844	0.6879	0.4
0.5	0.6915	0.6950	0.6985	0.7019	0.7054	0.7088	0.7123	0.7157	0.7190	0.7224	0.5
0.6	0.7257	0.7291	0.7324	0.7357	0.7389	0.7422	0.7454	0.7486	0.7517	0.7549	0.6
0.7	0.7580	0.7611	0.7642	0.7673	0.7703	0.7734	0.7764	0.7794	0.7823	0.7852	0.7
0.8	0.7881	0.7910	0.7939	0.7967	0.7995	0.8023	0.8051	0.8078	0.8106	0.8133	0.8
0.9	0.8159	0.8186	0.8212	0.8238	0.8264	0.8289	0.8315	0.8340	0.8365	0.8389	0.9
1.0	0.8413	0.8438	0.8461	0.8485	0.8508	0.8531	0.8554	0.8577	0.8599	0.8621	1.0
1.1	0.8643	0.8665	0.8686	0.8708	0.8729	0.8749	0.8770	0.8790	0.8810	0.8830	1.1
1.2	0.8849	0.8869	0.8888	0.8907	0.8925	0.8944	0.8962	0.8980	0.8997	0.90147	1.2
1.3	0.90320	0.90490	0.90658	0.90824	0.90988	0.91149	0.91309	0.91466	0.91621	0.91774	1.3
1.4	0.91924	0.92073	0.92220	0.92364	0.92507	0.92647	0.92785	0.92922	0.93056	0.93189	1.4
1.5	0.93319	0.93448	0.93574	0.93699	0.93822	0.93943	0.94062	0.94179	0.94295	0.94408	1.5
1.6	0.94520	0.94630	0.94738	0.94845	0.94950	0.95053	0.95154	0.95254	0.95352	0.95449	1.6
1.7	0.95543	0.95637	0.95728	0.95818	0.95907	0.95994	0.96080	0.96164	0.96246	0.96327	1.7
1.8	0.96407	0.96485	0.96562	0.96638	0.96712	0.96784	0.96856	0.96926	0.96995	0.97062	1.8
1.9	0.97128	0.97193	0.97257	0.97320	0.97381	0.97441	0.97500	0.97558	0.97615	0.97670	1.9
2.0	0.97725	0.97778	0.97831	0.97882	0.97932	0.97982	0.98030	0.98077	0.98124	0.98169	2.0
2.1	0.98214	0.98257	0.98300	0.98341	0.98382	0.98422	0.98461	0.98500	0.98537	0.98574	2.1
2.2	0.98610	0.98645	0.98679	0.98713	0.98745	0.98778	0.98809	0.98840	0.98870	0.98899	2.2
2.3	0.98928	0.98956	0.98983	$0.9^2 0097$	$0.9^2 0358$	$0.9^2 0613$	$0.9^2 0863$	$0.9^2 1106$	$0.9^2 1344$	$0.9^2 1576$	2.3
2.4	$0.9^2 1802$	$0.9^2 2024$	$0.9^2 2240$	$0.9^2 2451$	$0.9^2 2656$	$0.9^2 2857$	$0.9^2 3053$	$0.9^2 3244$	$0.9^2 3431$	$0.9^2 3613$	2.4
2.5	$0.9^2 3790$	$0.9^2 3963$	$0.9^2 4132$	$0.9^2 4297$	$0.9^2 4457$	$0.9^2 4614$	$0.9^2 4766$	$0.9^2 4815$	$0.9^2 5060$	$0.9^2 5201$	2.5
2.6	$0.9^2 5339$	$0.9^2 5473$	$0.9^2 5604$	$0.9^2 5731$	$0.9^2 5855$	$0.9^2 5975$	$0.9^2 6093$	$0.9^2 6207$	$0.9^2 6319$	$0.9^2 6427$	2.6
2.7	$0.9^2 6533$	$0.9^2 6636$	$0.9^2 6736$	$0.9^2 6833$	$0.9^2 6928$	$0.9^2 7020$	$0.9^2 7110$	$0.9^2 7197$	$0.9^2 7282$	$0.9^2 7365$	2.7
2.8	$0.9^2 7445$	$0.9^2 7523$	$0.9^2 7599$	$0.9^2 7673$	$0.9^2 7744$	$0.9^2 7814$	$0.9^2 7882$	$0.9^2 7948$	$0.9^2 8012$	$0.9^2 8074$	2.8
2.9	$0.9^2 8134$	$0.9^2 8193$	$0.9^2 8250$	$0.9^2 8305$	$0.9^2 8359$	$0.9^2 8411$	$0.9^2 8462$	$0.9^2 8511$	$0.9^2 8559$	$0.9^2 8605$	2.9
3.0	$0.9^2 8650$	$0.9^2 8694$	$0.9^2 8736$	$0.9^2 8777$	$0.9^2 8817$	$0.9^2 8856$	$0.9^2 8893$	$0.9^2 8930$	$0.9^2 8965$	$0.9^2 8999$	3.0
3.1	$0.9^3 0324$	$0.9^3 0646$	$0.9^3 0957$	$0.9^3 1260$	$0.9^3 1553$	$0.9^3 1836$	$0.9^3 2112$	$0.9^3 2378$	$0.9^3 2636$	$0.9^3 2886$	3.1
3.2	$0.9^3 3129$	$0.9^3 3363$	$0.9^3 3590$	$0.9^3 3810$	$0.9^3 4024$	$0.9^3 4230$	$0.9^3 4429$	$0.9^3 4623$	$0.9^3 4810$	$0.9^3 4991$	3.2
3.3	$0.9^3 5166$	$0.9^3 5335$	$0.9^3 5499$	$0.9^3 5658$	$0.9^3 5811$	$0.9^3 5959$	$0.9^3 6103$	$0.9^3 6242$	$0.9^3 6376$	$0.9^3 6505$	3.3
3.4	$0.9^3 6631$	$0.9^3 6752$	$0.9^3 6969$	$0.9^3 6982$	$0.9^3 7091$	$0.9^3 7197$	$0.9^3 7299$	$0.9^3 7398$	$0.9^3 7493$	$0.9^3 7585$	3.4
3.5	$0.9^3 7674$	$0.9^3 7759$	$0.9^3 7842$	$0.9^3 7922$	$0.9^3 7999$	$0.9^3 8074$	$0.9^3 8146$	$0.9^3 8215$	$0.9^3 8282$	$0.9^3 8347$	3.5
3.6	$0.9^3 8409$	$0.9^3 8469$	$0.9^3 8527$	$0.9^3 8583$	$0.9^3 8637$	$0.9^3 8689$	$0.9^3 8739$	$0.9^3 8787$	$0.9^3 8834$	$0.9^3 8879$	3.6
3.7	$0.9^3 8922$	$0.9^3 8964$	$0.9^4 0039$	$0.9^4 0426$	$0.9^4 0799$	$0.9^4 1158$	$0.9^4 1504$	$0.9^4 1838$	$0.9^4 2159$	$0.9^4 2468$	3.7
3.8	$0.9^4 2765$	$0.9^4 3052$	$0.9^4 3327$	$0.9^4 3593$	$0.9^4 3848$	$0.9^4 4094$	$0.9^4 4331$	$0.9^4 4558$	$0.9^4 4777$	$0.9^4 4983$	3.8
3.9	$0.9^4 5190$	$0.9^4 5385$	$0.9^4 5573$	$0.9^4 5753$	$0.9^4 5926$	$0.9^4 6092$	$0.9^4 6253$	$0.9^4 6406$	$0.9^4 6554$	$0.9^4 6696$	3.9
4.0	$0.9^4 6833$	$0.9^4 6964$	$0.9^4 7090$	$0.9^4 7211$	$0.9^4 7327$	$0.9^4 7439$	$0.9^4 7546$	$0.9^4 7649$	$0.9^4 7748$	$0.9^4 7843$	4.0
4.1	$0.9^4 7934$	$0.9^4 8022$	$0.9^4 8106$	$0.9^4 8186$	$0.9^4 8263$	$0.9^4 8338$	$0.9^4 8409$	$0.9^4 8477$	$0.9^4 8542$	$0.9^4 8605$	4.1
4.2	$0.9^4 8665$	$0.9^4 8723$	$0.9^4 8778$	$0.9^4 8832$	$0.9^4 8882$	$0.9^4 8931$	$0.9^4 8978$	$0.9^5 0226$	$0.9^5 0655$	$0.9^5 1066$	4.2
4.3	$0.9^5 1460$	$0.9^5 1837$	$0.9^5 2199$	$0.9^5 2545$	$0.9^5 2876$	$0.9^5 3193$	$0.9^5 3497$	$0.9^5 3788$	$0.9^5 4066$	$0.9^5 4332$	4.3
4.4	$0.9^5 4587$	$0.9^5 4831$	$0.9^5 5065$	$0.9^5 5288$	$0.9^5 5502$	$0.9^5 5706$	$0.9^5 5902$	$0.9^5 6089$	$0.9^5 6268$	$0.9^5 6439$	4.4
4.5	$0.9^5 6602$	$0.9^5 6759$	$0.9^5 6908$	$0.9^5 7051$	$0.9^5 7187$	$0.9^5 7318$	$0.9^5 7442$	$0.9^5 7561$	$0.9^5 7675$	$0.9^5 7784$	4.5
4.6	$0.9^5 7888$	$0.9^5 7987$	$0.9^5 8081$	$0.9^5 8172$	$0.9^5 8258$	$0.9^5 8340$	$0.9^5 8419$	$0.9^5 8494$	$0.9^5 8566$	$0.9^5 8634$	4.6
4.7	$0.9^5 8699$	$0.9^5 8761$	$0.9^5 8821$	$0.9^5 8877$	$0.9^5 8931$	$0.9^5 8983$	$0.9^6 0320$	$0.9^6 0789$	$0.9^6 1235$	$0.9^6 1661$	4.7
4.8	$0.9^6 2067$	$0.9^6 2453$	$0.9^6 2822$	$0.9^6 3173$	$0.9^6 3508$	$0.9^6 3827$	$0.9^6 4131$	$0.9^6 4420$	$0.9^6 4696$	$0.9^6 4958$	4.8
4.9	$0.9^6 5208$	$0.9^6 5446$	$0.9^6 5673$	$0.9^6 5889$	$0.9^6 6094$	$0.9^6 6289$	$0.9^6 6475$	$0.9^6 6652$	$0.9^6 6821$	$0.9^6 6981$	4.9

附表2 标准正态分布的两尾分位数 u_α 值表

p	0.01	0.02	0.03	0.04	0.05	0.06	0.07	0.08	0.09	0.10
0.0	2.575829	2.326348	2.170090	2.053749	1.959964	1.880794	1.811911	1.750686	1.695398	1.644854
0.1	1.598193	1.554774	1.514102	1.475791	1.439531	1.405072	1.372204	1.340755	1.310579	1.231552
0.2	1.253565	1.226528	1.200359	1.174987	1.150349	1.126391	1.103063	1.080319	1.058122	1.036433
0.3	1.015222	0.994458	0.974114	0.954165	0.934589	0.915365	0.896473	0.877896	0.859617	0.841621
0.4	0.823894	0.806421	0.789192	0.772193	0.755415	0.738847	0.722479	0.706303	0.690309	0.674490
0.5	0.658838	0.643345	0.628006	0.612813	0.597760	0.582841	0.568051	0.553385	0.538836	0.524401
0.6	0.510073	0.495850	0.481727	0.467699	0.453762	0.439913	0.426148	0.412463	0.398855	0.385320
0.7	0.371856	0.358459	0.345125	0.331853	0.318639	0.305481	0.292375	0.279319	0.266311	0.253347
0.8	0.240426	0.227545	0.214702	0.201893	0.189118	0.176374	0.163658	0.150969	0.138304	0.125661
0.9	0.113039	0.100434	0.087845	0.075270	0.062707	0.050154	0.037608	0.025069	0.012533	0.000000

附表3 t值表（两尾）

自由度 df	概率值 p						
	0.500	0.200	0.100	0.050	0.025	0.010	0.005
1	1.000	3.078	6.314	12.706	25.452	63.657	127.321
2	0.816	1.886	2.920	4.303	6.205	9.925	14.089
3	0.765	1.638	2.353	3.182	4.177	5.841	7.453
4	0.741	1.533	2.132	2.776	3.495	4.604	5.598
5	0.727	1.476	2.015	2.571	3.163	4.032	4.773
6	0.718	1.440	1.943	2.447	2.969	3.707	4.317
7	0.711	1.415	1.895	2.365	2.841	3.499	4.029
8	0.706	1.397	1.860	2.306	2.752	3.355	3.833
9	0.703	1.383	1.833	2.262	2.685	3.250	3.690
10	0.700	1.372	1.812	2.228	2.634	3.169	3.581
11	0.697	1.363	1.796	2.201	2.593	3.106	3.497
12	0.695	1.356	1.782	2.179	2.560	3.055	3.428
13	0.694	1.350	1.771	2.160	2.533	3.012	3.372
14	0.692	1.345	1.761	2.145	2.510	2.977	3.326
15	0.691	1.341	1.753	2.131	2.490	2.947	3.286
16	0.690	1.337	1.746	2.120	2.473	2.921	3.252
17	0.689	1.333	1.740	2.110	2.458	2.898	3.222
18	0.688	1.330	1.734	2.101	2.445	2.878	3.197
19	0.688	1.328	1.729	2.093	2.433	2.861	3.174
20	0.687	1.325	1.725	2.086	2.423	2.845	3.153
21	0.686	1.323	1.721	2.080	2.414	2.831	3.135
22	0.686	1.321	1.717	2.074	2.405	2.819	3.119
23	0.685	1.319	1.714	2.069	2.398	2.807	3.104
24	0.685	1.318	1.711	2.064	2.391	2.797	3.091
25	0.684	1.316	1.708	2.060	2.385	2.787	3.078
26	0.684	1.315	1.706	2.056	2.379	2.779	3.067
27	0.684	1.314	1.703	2.052	2.373	2.771	3.057
28	0.683	1.313	1.701	2.048	2.368	2.763	3.047
29	0.683	1.311	1.699	2.045	2.364	2.756	3.038
30	0.683	1.310	1.697	2.042	2.360	2.750	3.030
35	0.682	1.306	1.690	2.030	2.342	2.724	2.996
40	0.681	1.303	1.684	2.021	2.329	2.704	2.971
45	0.680	1.301	1.679	2.014	2.319	2.690	2.952
50	0.679	1.299	1.676	2.009	2.311	2.678	2.937
55	0.679	1.297	1.673	2.004	2.304	2.668	2.925
60	0.679	1.296	1.671	2.000	2.299	2.660	2.915
70	0.678	1.294	1.667	1.994	2.291	2.648	2.899
80	0.678	1.292	1.664	1.990	2.284	2.639	2.887
90	0.677	1.291	1.662	1.987	2.280	2.632	2.878
100	0.677	1.290	1.660	1.984	2.276	2.626	2.871
120	0.677	1.289	1.658	1.980	2.270	2.617	2.860
∞	0.674	1.282	1.645	1.960	2.241	2.576	2.807

附表 4　F 值表（右尾，方差分析用）

df_2	df_1											
	1	2	3	4	5	6	7	8	9	10	11	12
1	161	200	216	225	230	234	237	239	241	242	243	244
	4052	5000	5403	5625	5764	5859	5928	5981	6022	6056	6082	6106
2	18.51	19.00	19.16	19.25	19.30	19.33	19.35	19.37	19.38	19.40	19.40	19.41
	98.50	99.00	99.17	99.25	99.30	99.33	99.36	99.37	99.39	99.40	99.41	99.42
3	10.13	9.55	9.28	9.12	9.01	8.94	8.89	8.85	8.81	8.79	8.76	8.74
	34.12	30.82	29.46	28.71	28.24	27.91	27.67	27.49	27.35	27.23	27.13	27.05
4	7.71	6.94	6.59	6.39	6.26	6.16	6.09	6.04	6.00	5.96	5.94	5.91
	21.20	18.00	16.69	15.98	15.52	15.21	14.98	14.80	14.66	14.55	14.45	14.37
5	6.61	5.79	5.41	5.19	5.05	4.95	4.88	4.82	4.77	4.74	4.70	4.68
	16.26	13.27	12.06	11.39	10.97	10.67	10.46	10.29	10.16	10.05	9.96	9.89
6	5.99	5.14	4.76	4.53	4.39	4.28	4.21	4.15	4.10	4.06	4.03	4.00
	13.75	10.92	9.78	9.15	8.75	8.47	8.26	8.10	7.98	7.87	7.79	7.72
7	5.59	4.74	4.35	4.12	3.97	3.87	3.79	3.73	3.68	3.64	3.60	3.57
	12.25	9.55	8.45	7.85	7.46	7.19	6.99	6.84	6.72	6.62	6.54	6.47
8	5.32	4.46	4.07	3.84	3.69	3.58	3.50	3.44	3.39	3.35	3.31	3.28
	11.26	8.65	7.59	7.01	6.63	6.37	6.18	6.03	5.91	5.81	5.73	5.67
9	5.12	4.26	3.86	3.63	3.48	3.37	3.29	3.23	3.18	3.14	3.10	3.07
	10.56	8.02	6.99	6.42	6.06	5.80	5.61	5.47	5.35	5.26	5.18	5.11
10	4.96	4.10	3.71	3.48	3.33	3.22	3.14	3.07	3.02	2.98	2.94	2.91
	10.04	7.56	6.55	5.99	5.64	5.39	5.20	5.06	4.94	4.85	4.77	4.71
11	4.84	3.98	3.59	3.36	3.20	3.09	3.01	2.95	2.90	2.85	2.82	2.79
	9.65	7.21	6.22	5.67	5.32	5.07	4.89	4.74	4.63	4.54	4.46	4.40
12	4.75	3.89	3.49	3.26	3.11	3.00	2.91	2.85	2.80	2.75	2.72	2.69
	9.33	6.93	5.95	5.41	5.06	4.82	4.64	4.50	4.39	4.30	4.22	4.16
13	4.67	3.81	3.41	3.18	3.03	2.92	2.83	2.77	2.71	2.67	2.63	2.60
	9.07	6.70	5.74	5.21	4.86	4.62	4.44	4.30	4.19	4.10	4.02	3.96
14	4.60	3.74	3.34	3.11	2.96	2.85	2.76	2.70	2.65	2.60	2.57	2.53
	8.86	6.51	5.56	5.04	4.69	4.46	4.28	4.14	4.03	3.94	3.86	3.80
15	4.54	3.68	3.29	3.06	2.90	2.79	2.71	2.64	2.59	2.54	2.51	2.48
	8.68	6.36	5.42	4.89	4.56	4.32	4.14	4.00	3.89	3.80	3.73	3.67
16	4.49	3.63	3.24	3.01	2.85	2.74	2.66	2.59	2.54	2.49	2.46	2.42
	8.53	6.23	5.29	4.77	4.44	4.20	4.03	3.89	3.78	3.69	3.62	3.55
17	4.45	3.59	3.20	2.96	2.81	2.70	2.61	2.55	2.49	2.45	2.41	2.38
	8.40	6.11	5.18	4.67	4.34	4.10	3.93	3.79	3.68	3.59	3.52	3.46
18	4.41	3.55	3.16	2.93	2.77	2.66	2.58	2.51	2.46	2.41	2.37	2.34
	8.29	6.01	5.09	4.58	4.25	4.01	3.84	3.71	3.60	3.51	3.43	3.37

续表

df_2	df_1											
	14	16	20	24	30	40	50	75	100	200	500	∞
1	245	246	248	249	250	251	252	253	253	254	254	254
	6143	6170	6209	6235	6261	6287	6303	6324	6334	6350	6360	6366
2	19.42	19.43	19.45	19.45	19.46	19.47	19.48	19.48	19.49	19.49	19.49	19.50
	99.43	99.44	99.45	99.46	99.47	99.47	99.48	99.49	99.49	99.49	99.50	99.50
3	8.71	8.69	8.66	8.64	8.62	8.59	8.58	8.56	8.55	8.54	8.53	8.53
	26.92	26.83	26.69	26.60	26.50	26.41	26.35	26.28	26.24	26.18	26.15	26.13
4	5.87	5.84	5.80	5.77	5.75	5.72	5.70	5.68	5.66	5.65	5.64	5.63
	14.25	14.15	14.02	13.93	13.84	13.75	13.69	13.61	13.58	13.52	13.49	13.46
5	4.64	4.60	4.56	4.53	4.50	4.46	4.44	4.42	4.41	4.39	4.37	4.36
	9.77	9.68	9.55	9.47	9.38	9.29	9.24	9.17	9.13	9.08	9.04	9.02
6	3.96	3.92	3.87	3.84	3.81	3.77	3.75	3.73	3.71	3.69	3.68	3.67
	7.60	7.52	7.40	7.31	7.23	7.14	7.09	7.02	6.99	6.93	6.90	6.88
7	3.53	3.49	3.44	3.41	3.38	3.34	3.32	3.29	3.27	3.25	3.24	3.23
	6.36	6.28	6.16	6.07	5.99	5.91	5.86	5.79	5.75	5.70	5.67	5.65
8	3.24	3.20	3.15	3.12	3.08	3.04	3.02	2.99	2.97	2.95	2.94	2.93
	5.56	5.48	5.36	5.28	5.20	5.12	5.07	5.00	4.96	4.91	4.88	4.86
9	3.03	2.99	2.94	2.90	2.86	2.83	2.80	2.77	2.76	2.73	2.72	2.71
	5.01	4.92	4.81	4.73	4.65	4.57	4.52	4.45	4.41	4.36	4.33	4.31
10	2.86	2.83	2.77	2.74	2.70	2.66	2.64	2.60	2.59	2.56	2.55	2.54
	4.60	4.52	4.41	4.33	4.25	4.17	4.12	4.05	4.01	3.96	3.93	3.91
11	2.74	2.70	2.65	2.61	2.57	2.53	2.51	2.47	2.46	2.43	2.42	2.40
	4.29	4.21	4.10	4.02	3.94	3.86	3.81	3.74	3.71	3.66	3.62	3.60
12	2.64	2.60	2.54	2.51	2.47	2.43	2.40	2.37	2.35	2.32	2.31	2.30
	4.05	3.97	3.86	3.78	3.70	3.62	3.57	3.50	3.47	3.41	3.38	3.36
13	2.55	2.51	2.46	2.42	2.38	2.34	2.31	2.28	2.26	2.23	2.22	2.21
	3.86	3.78	3.66	3.59	3.51	3.43	3.38	3.31	3.27	3.22	3.19	3.17
14	2.48	2.44	2.39	2.35	2.31	2.27	2.24	2.21	2.19	2.16	2.14	2.13
	3.70	3.62	3.51	3.43	3.35	3.27	3.22	3.15	3.11	3.06	3.03	3.00
15	2.42	2.38	2.33	2.29	2.25	2.20	2.18	2.14	2.12	2.10	2.08	2.07
	3.56	3.49	3.37	3.29	3.21	3.13	3.08	3.01	2.98	2.92	2.89	2.87
16	2.37	2.33	2.28	2.24	2.19	2.15	2.12	2.09	2.07	2.04	2.02	2.01
	3.45	3.37	3.26	3.18	3.10	3.02	2.97	2.90	2.86	2.81	2.78	2.75
17	2.33	2.29	2.23	2.19	2.15	2.10	2.08	2.04	2.02	1.99	1.97	1.96
	3.35	3.27	3.16	3.08	3.00	2.92	2.87	2.80	2.76	2.71	2.68	2.65
18	2.29	2.25	2.19	2.15	2.11	2.06	2.04	2.00	1.98	1.95	1.93	1.92
	3.27	3.19	3.08	3.00	2.92	2.84	2.78	2.71	2.68	2.62	2.59	2.57

续表

df_2	df_1											
	1	2	3	4	5	6	7	8	9	10	11	12
19	4.38	3.52	3.13	2.90	2.74	2.63	2.54	2.48	2.42	2.38	2.34	2.31
	8.18	5.93	5.01	4.50	4.17	3.94	3.77	3.63	3.52	3.43	3.36	3.30
20	4.35	3.49	3.10	2.87	2.71	2.60	2.51	2.45	2.39	2.35	2.31	2.28
	8.10	5.85	4.94	4.43	4.10	3.87	3.70	3.56	3.46	3.37	3.29	3.23
22	4.30	3.44	3.05	2.82	2.66	2.55	2.46	2.40	2.34	2.30	2.26	2.23
	7.95	5.72	4.82	4.31	3.99	3.76	3.59	3.45	3.35	3.26	3.18	3.12
24	4.26	3.40	3.01	2.78	2.62	2.51	2.42	2.36	2.30	2.25	2.22	2.18
	7.82	5.61	4.72	4.22	3.90	3.67	3.50	3.36	3.26	3.17	3.09	3.03
26	4.23	3.37	2.98	2.74	2.59	2.47	2.39	2.32	2.27	2.22	2.18	2.15
	7.72	5.53	4.64	4.14	3.82	3.59	3.42	3.29	3.18	3.09	3.02	2.96
28	4.20	3.34	2.95	2.71	2.56	2.45	2.36	2.29	2.24	2.19	2.15	2.12
	7.64	5.45	4.57	4.07	3.75	3.53	3.36	3.23	3.12	3.03	2.96	2.90
30	4.17	3.32	2.92	2.69	2.53	2.42	2.33	2.27	2.21	2.16	2.13	2.09
	7.56	5.39	4.51	4.02	3.70	3.47	3.30	3.17	3.07	2.98	2.91	2.84
36	4.11	3.26	2.87	2.63	2.48	2.36	2.28	2.21	2.15	2.11	2.07	2.03
	7.40	5.25	4.38	3.89	3.57	3.35	3.18	3.05	2.95	2.86	2.79	2.72
42	4.07	3.22	2.83	2.59	2.44	2.32	2.24	2.17	2.11	2.06	2.03	1.99
	7.28	5.15	4.29	3.80	3.49	3.27	3.10	2.97	2.86	2.78	2.70	2.64
50	4.03	3.18	2.79	2.56	2.40	2.29	2.20	2.13	2.07	2.03	1.99	1.95
	7.17	5.06	4.20	3.72	3.41	3.19	3.02	2.89	2.78	2.70	2.63	2.56
60	4.00	3.15	2.76	2.53	2.37	2.25	2.17	2.10	2.04	1.99	1.95	1.92
	7.08	4.98	4.13	3.65	3.34	3.12	2.95	2.82	2.72	2.63	2.56	2.50
70	3.98	3.13	2.74	2.50	2.35	2.23	2.14	2.07	2.02	1.97	1.93	1.89
	7.01	4.92	4.07	3.60	3.29	3.07	2.91	2.78	2.67	2.59	2.51	2.45
80	3.96	3.11	2.72	2.49	2.33	2.21	2.13	2.06	2.00	1.95	1.91	1.88
	6.96	4.88	4.04	3.56	3.26	3.04	2.87	2.74	2.64	2.55	2.48	2.42
100	3.94	3.09	2.70	2.46	2.31	2.19	2.10	2.03	1.97	1.93	1.89	1.85
	6.90	4.82	3.98	3.51	3.21	2.99	2.82	2.69	2.59	2.50	2.43	2.37
150	3.90	3.06	2.66	2.43	2.27	2.16	2.07	2.00	1.94	1.89	1.85	1.82
	6.81	4.75	3.91	3.45	3.14	2.92	2.76	2.63	2.53	2.44	2.37	2.31
200	3.89	3.04	2.65	2.42	2.26	2.14	2.06	1.98	1.93	1.88	1.84	1.80
	6.76	4.71	3.88	3.41	3.11	2.89	2.73	2.60	2.50	2.41	2.34	2.27
400	3.86	3.02	2.63	2.39	2.24	2.12	2.03	1.96	1.90	1.85	1.81	1.78
	6.70	4.66	3.83	3.37	3.06	2.85	2.68	2.56	2.45	2.37	2.29	2.23
1000	3.85	3.00	2.61	2.38	2.22	2.11	2.02	1.95	1.89	1.84	1.80	1.76
	6.66	4.63	3.80	3.34	3.04	2.82	2.66	2.53	2.43	2.34	2.27	2.20
∞	3.84	3.00	2.60	2.37	2.21	2.10	2.01	1.94	1.88	1.83	1.79	1.75
	6.63	4.61	3.78	3.32	3.02	2.80	2.64	2.51	2.41	2.32	2.25	2.18

df_2	df_1											
	14	16	20	24	30	40	50	75	100	200	500	∞
19	2.26	2.21	2.16	2.11	2.07	2.03	2.00	1.96	1.94	1.91	1.89	1.88
	3.19	3.12	3.00	2.92	2.84	2.76	2.71	2.64	2.60	2.55	2.51	2.49
20	2.22	2.18	2.12	2.08	2.04	1.99	1.97	1.93	1.91	1.88	1.86	1.84
	3.13	3.05	2.94	2.86	2.78	2.69	2.64	2.57	2.54	2.48	2.44	2.42
22	2.17	2.13	2.07	2.03	1.98	1.94	1.91	1.87	1.85	1.82	1.80	1.78
	3.02	2.94	2.83	2.75	2.67	2.58	2.53	2.46	2.42	2.36	2.33	2.31
24	2.13	2.09	2.03	1.98	1.94	1.89	1.86	1.82	1.80	1.77	1.75	1.73
	2.93	2.85	2.74	2.66	2.58	2.49	2.44	2.37	2.33	2.27	2.24	2.21
26	2.09	2.05	1.99	1.95	1.90	1.85	1.82	1.78	1.76	1.73	1.71	1.69
	2.86	2.78	2.66	2.58	2.50	2.42	2.36	2.29	2.25	2.19	2.16	2.13
28	2.06	2.02	1.96	1.91	1.87	1.82	1.79	1.75	1.73	1.69	1.67	1.65
	2.79	2.72	2.60	2.52	2.44	2.35	2.30	2.23	2.19	2.13	2.09	2.06
30	2.04	1.99	1.93	1.89	1.84	1.79	1.76	1.72	1.70	1.66	1.64	1.62
	2.74	2.66	2.55	2.47	2.39	2.30	2.25	2.17	2.13	2.07	2.03	2.01
36	1.98	1.93	1.87	1.82	1.78	1.73	1.69	1.65	1.62	1.59	1.56	1.55
	2.62	2.54	2.43	2.35	2.26	2.18	2.12	2.04	2.00	1.94	1.90	1.87
42	1.94	1.89	1.83	1.78	1.73	1.68	1.65	1.60	1.57	1.53	1.51	1.49
	2.54	2.46	2.34	2.26	2.18	2.09	2.03	1.95	1.91	1.85	1.80	1.78
50	1.89	1.85	1.78	1.74	1.69	1.63	1.60	1.55	1.52	1.48	1.46	1.44
	2.46	2.38	2.27	2.18	2.10	2.01	1.95	1.87	1.82	1.76	1.71	1.68
60	1.86	1.82	1.75	1.70	1.65	1.59	1.56	1.51	1.48	1.44	1.41	1.39
	2.39	2.31	2.20	2.12	2.03	1.94	1.88	1.79	1.75	1.68	1.63	1.60
70	1.84	1.79	1.72	1.67	1.62	1.57	1.53	1.48	1.45	1.40	1.37	1.35
	2.35	2.27	2.15	2.07	1.98	1.89	1.83	1.74	1.70	1.62	1.57	1.54
80	1.82	1.77	1.70	1.65	1.60	1.54	1.51	1.45	1.43	1.38	1.35	1.32
	2.31	2.23	2.12	2.03	1.94	1.85	1.79	1.70	1.65	1.58	1.53	1.49
100	1.79	1.75	1.68	1.63	1.57	1.52	1.48	1.42	1.39	1.34	1.31	1.28
	2.27	2.19	2.07	1.98	1.89	1.80	1.74	1.65	1.60	1.52	1.47	1.43
150	1.76	1.71	1.64	1.59	1.54	1.48	1.44	1.38	1.34	1.29	1.25	1.22
	2.20	2.12	2.00	1.92	1.83	1.73	1.66	1.57	1.52	1.43	1.38	1.33
200	1.74	1.69	1.62	1.57	1.52	1.46	1.41	1.35	1.32	1.26	1.22	1.19
	2.17	2.09	1.97	1.89	1.79	1.69	1.63	1.53	1.48	1.39	1.33	1.28
400	1.72	1.67	1.60	1.54	1.49	1.42	1.38	1.32	1.28	1.22	1.17	1.13
	2.13	2.05	1.92	1.84	1.75	1.64	1.58	1.48	1.42	1.32	1.25	1.19
1000	1.70	1.65	1.58	1.53	1.47	1.41	1.36	1.30	1.26	1.19	1.13	1.08
	2.10	2.02	1.90	1.81	1.72	1.61	1.54	1.44	1.38	1.28	1.19	1.11
∞	1.69	1.64	1.57	1.52	1.46	1.39	1.35	1.28	1.24	1.17	1.11	1.00
	2.08	2.00	1.88	1.79	1.70	1.59	1.52	1.42	1.36	1.25	1.15	1.00

附表 5　F 值表（方差一致性检验用，两尾，$\alpha=0.05$）

df_2	df_1（较大均方的自由度）														
	2	3	4	5	6	7	8	9	10	12	15	20	30	60	∞
1	799.5	864.2	899.6	921.8	937.1	948.2	956.7	963.3	968.6	976.7	982.5	993.1	1001	1010	1018
2	39.00	39.17	39.25	39.30	39.33	39.36	39.37	39.39	39.40	39.41	39.43	39.45	39.46	39.48	39.50
3	16.04	15.44	15.10	14.88	14.73	14.62	14.54	14.47	14.42	14.34	14.28	14.17	14.08	13.99	13.90
4	10.65	9.98	9.60	9.36	9.20	9.07	8.98	8.90	8.84	8.75	8.68	8.56	8.46	8.36	8.26
5	8.43	7.76	7.39	7.15	6.98	6.85	6.76	6.68	6.62	6.52	6.46	6.33	6.23	6.12	6.02
6	7.26	6.60	6.23	5.99	5.82	5.70	5.60	5.52	5.46	5.37	5.30	5.17	5.07	4.96	4.85
7	6.54	5.89	5.52	5.29	5.12	4.99	4.90	4.82	4.76	4.67	4.60	4.47	4.36	4.25	4.14
8	6.06	5.42	5.05	4.82	4.65	4.53	4.43	4.36	4.30	4.20	4.13	4.00	3.89	3.78	3.67
9	5.71	5.08	4.72	4.48	4.32	4.20	4.10	4.03	3.96	3.87	3.80	3.67	3.56	3.45	3.33
10	5.46	4.83	4.47	4.24	4.07	3.95	3.85	3.78	3.72	3.62	3.55	3.42	3.31	3.20	3.08
11	5.26	4.63	4.28	4.04	3.88	3.76	3.66	3.59	3.53	3.43	3.36	3.23	3.12	3.00	2.88
12	5.10	4.47	4.12	3.89	3.73	3.61	3.51	3.44	3.37	3.28	3.21	3.07	2.96	2.85	2.72
13	4.97	4.35	4.00	3.77	3.60	3.48	3.39	3.31	3.25	3.15	3.08	2.95	2.84	2.72	2.60
14	4.86	4.24	3.89	3.66	3.50	3.38	3.29	3.21	3.15	3.05	2.98	2.84	2.73	2.61	2.49
15	4.77	4.15	3.80	3.58	3.41	3.29	3.20	3.12	3.06	2.96	2.89	2.76	2.64	2.52	2.40
16	4.69	4.08	3.73	3.50	3.34	3.22	3.12	3.05	2.99	2.89	2.82	2.68	2.57	2.45	2.32
17	4.62	4.01	3.66	3.44	3.28	3.16	3.06	2.98	2.92	2.82	2.75	2.62	2.50	2.38	2.25
18	4.56	3.95	3.61	3.38	3.22	3.10	3.01	2.93	2.87	2.77	2.70	2.56	2.44	2.32	2.19
19	4.51	3.90	3.56	3.33	3.17	3.05	2.96	2.88	2.82	2.72	2.65	2.51	2.39	2.27	2.13
20	4.46	3.86	3.51	3.29	3.13	3.01	2.91	2.84	2.77	2.68	2.60	2.46	2.35	2.22	2.09
21	4.42	3.82	3.48	3.25	3.09	2.97	2.87	2.80	2.73	2.64	2.56	2.42	2.31	2.18	2.04
22	4.38	3.78	3.44	3.22	3.05	2.93	2.84	2.76	2.70	2.60	2.53	2.39	2.27	2.14	2.00
23	4.35	3.75	3.41	3.18	3.02	2.90	2.81	2.73	2.67	2.57	2.50	2.36	2.24	2.11	1.97
24	4.32	3.72	3.38	3.15	2.99	2.87	2.78	2.70	2.64	2.54	2.47	2.33	2.21	2.08	1.94
25	4.29	3.69	3.35	3.13	2.97	2.85	2.75	2.68	2.61	2.51	2.44	2.30	2.18	2.05	1.91
26	4.27	3.67	3.33	3.10	2.94	2.82	2.73	2.65	2.59	2.49	2.42	2.28	2.16	2.03	1.88
27	4.24	3.65	3.31	3.08	2.92	2.80	2.71	2.63	2.57	2.47	2.39	2.25	2.13	2.00	1.85
28	4.22	3.63	3.29	3.06	2.90	2.78	2.69	2.61	2.55	2.45	2.37	2.23	2.11	1.98	1.83
29	4.20	3.61	3.27	3.04	2.88	2.76	2.67	2.59	2.53	2.43	2.36	2.21	2.09	1.96	1.81
30	4.18	3.59	3.25	3.03	2.87	2.75	2.65	2.57	2.51	2.41	2.34	2.20	2.07	1.94	1.79
32	4.15	3.56	3.22	3.00	2.84	2.71	2.62	2.54	2.48	2.38	2.31	2.16	2.04	1.91	1.75
34	4.12	3.53	3.19	2.97	2.81	2.69	2.59	2.52	2.45	2.35	2.28	2.13	2.01	1.88	1.72

续表

df_2	df_1(较大均方的自由度)														
	2	3	4	5	6	7	8	9	10	12	15	20	30	60	∞
36	4.09	3.50	3.17	2.94	2.78	2.66	2.57	2.49	2.43	2.33	2.25	2.11	1.99	1.85	1.69
38	4.07	3.48	3.15	2.92	2.76	2.64	2.55	2.47	2.41	2.31	2.23	2.09	1.96	1.82	1.66
40	4.05	3.46	3.13	2.90	2.74	2.62	2.53	2.45	2.39	2.29	2.21	2.07	1.94	1.80	1.64
50	3.97	3.39	3.05	2.83	2.67	2.55	2.46	2.38	2.32	2.22	2.14	1.99	1.87	1.72	1.55
60	3.93	3.34	3.01	2.79	2.63	2.51	2.41	2.33	2.27	2.17	2.09	1.94	1.82	1.67	1.48
80	3.86	3.28	2.95	2.73	2.57	2.45	2.35	2.28	2.21	2.11	2.03	1.88	1.75	1.60	1.40
∞	3.69	3.12	2.79	2.57	2.41	2.29	2.19	2.11	2.05	1.94	1.87	1.71	1.57	1.39	1.00

附表 6　q 值表

df	α	秩次距 k																		
		2	3	4	5	6	7	8	9	10	11	12	13	14	15	16	17	18	19	20
2	0.05	6.08	8.33	9.80	10.83	11.74	12.44	13.03	13.54	13.99	14.39	14.75	15.08	15.38	15.65	15.91	16.14	16.37	16.57	16.77
	0.01	14.04	19.02	22.29	24.72	26.63	28.20	29.53	30.68	31.69	32.59	33.40	34.13	34.81	35.43	36.00	36.53	37.03	37.50	37.95
3	0.05	4.50	5.91	6.82	7.50	8.04	8.48	8.85	9.18	9.46	9.72	9.95	10.15	10.35	10.52	10.84	10.69	10.98	11.11	11.24
	0.01	8.26	10.62	12.27	13.33	14.24	15.00	15.64	16.20	16.69	17.13	17.53	17.89	18.22	18.52	19.07	18.81	19.32	19.55	19.77
4	0.05	3.93	5.04	5.76	6.29	6.71	7.05	7.35	7.60	7.83	8.03	8.21	8.37	8.52	8.66	8.79	8.91	9.03	9.13	9.23
	0.01	6.51	80.12	9.17	9.96	10.85	11.10	11.55	11.93	12.27	12.57	12.84	13.09	13.32	13.53	13.73	13.91	14.08	14.24	14.40
5	0.05	3.64	4.60	5.22	5.67	6.03	6.33	6.58	6.80	6.99	7.17	7.32	7.47	7.60	7.72	7.83	7.93	8.03	8.12	8.21
	0.01	5.70	6.98	7.80	8.42	8.91	9.32	9.67	9.97	10.24	10.48	10.70	10.89	11.08	11.24	11.40	11.55	11.68	11.81	11.93
6	0.05	3.46	4.34	4.90	5.30	5.63	5.90	6.12	6.32	6.49	6.65	6.79	6.92	7.03	7.14	7.24	7.34	7.43	7.51	7.59
	0.01	5.24	6.33	7.03	7.56	7.97	8.32	8.61	8.87	9.10	9.30	9.48	9.65	9.81	9.95	10.08	10.21	10.32	10.43	10.54
7	0.05	3.35	4.16	4.68	5.06	5.36	5.61	5.82	6.00	6.16	6.30	6.43	6.55	6.66	6.76	6.85	6.94	7.02	7.10	7.17
	0.01	4.95	5.92	6.54	7.01	7.37	7.68	7.94	8.17	8.37	8.55	8.71	8.86	9.00	9.12	9.24	9.35	9.46	9.55	9.65
8	0.05	3.26	4.04	4.53	4.89	5.17	5.40	5.60	5.77	5.92	6.05	6.18	6.29	6.39	6.48	6.57	6.65	6.73	6.80	6.87
	0.01	4.74	5.64	6.20	6.62	6.96	7.24	7.47	7.68	7.86	8.03	8.18	8.31	8.44	8.55	8.66	8.76	8.85	8.94	9.03
9	0.05	3.20	3.95	4.41	4.76	5.02	5.24	5.43	5.59	5.74	5.87	5.98	6.09	6.19	6.28	6.36	6.44	6.51	6.58	6.64
	0.01	4.60	5.43	5.96	6.35	6.66	6.91	7.13	7.33	7.49	7.65	7.78	7.91	8.03	8.13	8.23	8.33	8.41	8.49	8.57
10	0.05	3.15	3.88	4.33	4.65	4.91	5.12	5.30	5.46	5.60	5.72	5.83	5.93	6.03	6.11	6.19	6.27	6.34	6.40	6.47
	0.01	4.48	5.27	5.77	6.14	6.43	6.67	6.87	7.05	7.21	7.36	7.48	7.60	7.71	7.81	7.91	7.99	8.08	8.15	8.23
11	0.05	3.11	3.82	4.26	4.57	4.82	5.03	5.20	5.35	5.49	5.61	5.71	5.81	5.90	5.98	6.06	6.13	6.20	6.27	6.33
	0.01	4.39	5.15	5.62	5.97	6.25	6.48	6.67	6.84	6.99	7.13	7.25	7.36	7.46	7.56	7.65	7.73	7.81	7.88	7.95
12	0.05	3.08	3.77	4.20	4.51	4.75	4.95	5.12	5.27	5.39	5.51	5.61	5.71	5.80	5.88	5.95	6.02	6.09	6.15	6.21
	0.01	4.32	5.05	5.55	5.84	6.10	6.32	6.51	6.67	6.81	6.94	7.06	7.17	7.26	7.36	7.44	7.52	7.59	7.66	7.73
13	0.05	3.06	3.73	4.15	4.45	4.69	4.88	5.05	5.19	5.32	5.45	5.53	5.63	5.71	5.79	5.86	5.93	5.99	6.05	6.11
	0.01	4.26	4.96	5.40	5.73	5.98	6.19	6.37	6.53	6.67	6.79	6.90	7.01	7.10	7.19	7.27	7.35	7.42	7.48	7.55
14	0.05	3.03	3.70	4.11	4.41	4.64	4.83	4.99	5.13	5.25	5.36	5.46	5.55	5.64	5.71	5.79	5.85	5.91	5.97	6.03
	0.01	4.21	4.89	5.23	5.63	5.88	6.08	6.26	6.41	6.54	6.66	6.77	6.87	6.96	7.05	7.13	7.20	7.27	7.33	7.39

续表

df	α	2	3	4	5	6	7	8	9	10	11	12	13	14	15	16	17	18	19	20
									秩次距 k											
15	0.05	3.01	3.67	4.08	4.37	4.59	4.78	4.94	5.08	5.20	5.31	5.40	5.49	5.57	5.65	5.72	5.78	5.85	5.90	5.96
	0.01	4.17	4.84	5.25	5.56	5.80	5.99	6.16	6.31	6.44	6.55	6.66	6.76	6.84	6.93	7.00	7.07	7.14	7.20	7.26
16	0.05	3.00	3.65	4.05	4.33	4.56	4.74	4.90	5.03	5.15	5.26	5.35	5.44	5.52	5.59	5.66	5.73	5.79	5.84	5.90
	0.01	4.13	4.79	5.19	5.49	5.72	5.92	6.08	6.22	6.35	6.46	6.56	6.66	6.74	6.82	6.90	6.97	7.03	7.09	7.15
17	0.05	2.98	3.63	4.02	4.30	4.52	4.70	4.86	7.99	5.11	5.21	5.31	5.39	5.47	5.54	5.61	5.67	5.73	5.79	5.84
	0.01	4.10	4.74	5.14	5.43	5.66	5.85	6.01	6.15	6.27	6.38	6.48	6.57	6.66	6.73	6.81	6.87	6.94	7.00	7.05
18	0.05	2.97	3.61	4.00	4.28	4.49	4.67	4.82	4.96	5.07	5.17	5.27	5.35	5.43	5.50	5.57	5.63	5.69	5.74	5.79
	0.01	4.07	4.70	5.09	5.38	5.60	5.79	5.94	6.08	6.20	6.31	6.41	6.50	6.58	6.65	6.73	6.79	6.85	6.91	6.97
19	0.05	2.96	3.59	3.98	4.25	4.47	4.65	4.79	4.92	5.04	5.14	5.23	5.31	5.39	5.46	5.53	5.59	5.65	5.70	5.75
	0.01	4.05	4.67	5.05	5.33	5.55	5.73	5.89	6.02	6.16	6.25	6.34	6.43	6.51	6.58	6.65	6.72	6.78	6.84	6.89
20	0.05	2.95	3.58	3.96	4.23	4.45	4.62	4.77	4.90	5.01	5.11	5.20	5.28	5.36	5.43	5.49	5.55	5.61	5.66	5.71
	0.01	4.02	4.64	5.02	5.29	5.51	5.69	5.84	5.97	6.09	6.19	6.28	6.37	6.45	6.52	6.59	6.65	6.71	6.77	6.82
24	0.05	2.92	3.53	3.90	4.17	4.37	4.54	4.68	4.81	4.92	5.05	5.10	5.18	5.25	5.32	5.38	5.44	5.49	5.55	5.59
	0.01	3.96	4.55	4.91	5.17	5.37	5.54	5.69	5.81	5.92	6.02	6.11	6.19	6.26	6.33	6.39	6.45	6.51	6.56	6.61
30	0.05	2.89	3.49	3.85	4.10	4.30	4.46	4.60	4.72	4.82	4.92	5.00	5.08	5.15	5.21	5.27	5.33	5.38	5.43	5.47
	0.01	3.89	4.45	4.80	5.05	5.24	5.40	5.54	5.65	5.76	5.85	5.93	6.01	6.08	6.14	6.20	6.26	6.31	6.36	6.41
40	0.05	2.86	3.44	3.79	4.04	4.23	4.39	4.52	4.63	4.73	4.82	4.90	4.98	5.04	5.11	5.16	5.22	5.27	5.31	5.36
	0.01	3.82	4.37	4.70	4.93	5.11	5.26	5.39	5.50	5.60	5.69	5.76	5.83	5.90	5.96	6.02	6.07	6.12	6.16	6.21
60	0.05	2.83	3.40	3.74	3.98	4.16	4.31	4.44	4.55	4.65	4.73	4.81	4.88	4.94	5.00	5.06	5.11	5.15	5.20	5.24
	0.01	3.76	4.28	4.59	4.82	4.99	5.13	5.25	5.36	5.45	5.53	5.60	5.67	5.73	5.78	5.84	5.89	5.93	5.97	6.01
120	0.05	2.80	3.36	3.68	3.92	4.10	4.24	4.36	4.47	4.56	4.64	4.71	4.78	4.84	4.90	4.95	5.00	5.04	5.09	5.13
	0.01	3.70	4.20	4.50	4.71	4.87	5.01	5.12	5.21	5.30	5.37	5.44	5.50	5.56	5.61	5.66	5.71	5.75	5.79	5.85
∞	0.05	2.77	3.31	3.63	3.86	4.03	4.17	4.29	4.39	4.47	4.55	4.62	4.68	4.74	4.80	4.85	4.89	4.93	4.97	5.01
	0.01	3.64	4.12	4.40	4.60	4.76	4.88	4.99	5.08	5.16	5.23	5.29	5.35	5.40	5.45	5.49	5.54	5.57	5.61	5.65

附表 7　SSR 值表

df	α	2	3	4	5	6	7	8	9	10	12	14	16	18	20
								秩次距 k							
1	0.05	18.0	18.0	18.0	18.0	18.0	18.0	18.0	18.0	18.0	18.0	18.0	18.0	18.0	18.0
	0.01	90.0	90.0	90.0	90.0	90.0	90.0	90.0	90.0	90.0	90.0	90.0	90.0	90.0	90.0
2	0.05	6.09	6.09	6.09	6.09	6.09	6.09	6.09	6.09	6.09	6.09	6.09	6.09	6.09	6.09
	0.01	14.0	14.0	14.0	14.0	14.0	14.0	14.0	14.0	14.0	14.0	14.0	14.0	14.0	14.0
3	0.05	4.50	4.50	4.50	4.50	4.50	4.50	4.50	4.50	4.50	4.50	4.50	4.50	4.50	4.50
	0.01	8.26	8.50	8.60	8.70	8.80	8.90	8.90	9.00	9.00	9.00	9.10	9.20	9.30	9.30
4	0.05	3.93	4.00	4.02	4.02	4.02	4.02	4.02	4.02	4.02	4.02	4.02	4.02	4.02	4.02
	0.01	6.51	6.80	6.90	7.00	7.10	7.10	7.20	7.20	7.30	7.30	7.40	7.40	7.50	7.50
5	0.05	3.64	3.74	3.79	3.83	3.83	3.83	3.83	3.83	3.83	3.83	3.83	3.83	3.83	3.83
	0.01	5.70	5.96	6.11	6.18	6.26	6.33	6.40	6.44	6.50	6.60	6.60	6.70	6.70	6.80
6	0.05	3.46	3.58	3.64	3.68	3.68	3.68	3.68	3.68	3.68	3.68	3.68	3.68	3.68	3.68
	0.01	5.24	5.51	5.65	5.73	5.81	5.88	5.95	6.00	6.00	6.10	6.20	6.20	6.30	6.30

| df | α | 秩次距 k | | | | | | | | | | | | | |
		2	3	4	5	6	7	8	9	10	12	14	16	18	20
7	0.05	3.35	3.47	3.54	3.58	3.60	3.61	3.61	3.61	3.61	3.61	3.61	3.61	3.61	3.61
	0.01	4.95	5.22	5.37	5.45	5.53	5.61	5.69	5.73	5.80	5.80	5.90	5.90	6.00	6.00
8	0.05	3.26	3.39	3.47	3.52	3.55	3.56	3.56	3.56	3.56	3.56	3.56	3.56	3.56	3.56
	0.01	4.74	5.00	5.14	5.23	5.32	5.40	5.47	5.51	5.50	5.60	5.70	5.70	5.80	5.80
9	0.05	3.20	3.34	3.41	3.47	3.50	3.51	3.52	3.52	3.52	3.52	3.52	3.52	3.52	3.52
	0.01	4.60	4.86	4.99	5.08	5.17	5.25	5.32	5.36	5.40	5.50	5.50	5.60	5.70	5.70
10	0.05	3.15	3.30	3.37	3.43	3.46	3.47	3.47	3.47	3.47	3.47	3.47	3.47	3.47	3.48
	0.01	4.48	4.73	4.88	4.96	5.06	5.12	5.20	5.24	5.28	5.36	5.42	5.48	5.54	5.55
11	0.05	3.11	3.27	3.35	3.39	3.43	3.44	3.45	3.46	3.46	3.46	3.46	3.46	3.47	3.48
	0.01	4.39	4.63	4.77	4.86	4.94	5.01	5.06	5.12	5.15	5.24	5.28	5.34	5.38	5.39
12	0.05	3.08	3.23	3.33	3.36	3.48	3.42	3.44	3.44	3.46	3.46	3.46	3.46	3.47	3.48
	0.01	4.32	4.55	4.68	4.76	4.84	4.92	4.96	5.02	5.07	5.13	5.17	5.22	5.24	5.26
13	0.05	3.06	3.21	3.30	3.36	3.38	3.41	3.42	3.44	3.45	3.45	3.46	3.46	3.47	3.47
	0.01	4.26	4.48	4.62	4.69	4.74	4.84	4.88	4.94	4.98	5.04	5.08	5.13	5.14	5.15
14	0.05	3.03	3.18	3.27	3.33	3.37	3.39	3.41	3.42	3.44	3.45	3.46	3.46	3.47	3.47
	0.01	4.21	4.42	4.55	4.63	4.70	4.78	4.83	4.87	4.91	4.96	5.00	5.04	5.06	5.07
15	0.05	3.01	3.16	3.25	3.31	3.36	3.38	3.40	3.42	3.43	3.44	3.45	3.46	3.47	3.47
	0.01	4.17	4.37	4.50	4.58	4.64	4.72	4.77	4.81	4.84	4.90	4.94	4.97	4.99	5.00
16	0.05	3.00	3.15	3.23	3.30	3.34	3.37	3.39	3.41	3.43	3.44	3.45	3.46	3.47	3.47
	0.01	4.13	4.34	4.45	4.54	4.60	4.67	4.72	4.76	4.79	4.84	4.88	4.91	4.93	4.94
17	0.05	2.98	3.13	3.22	3.28	3.33	3.36	3.38	3.40	3.42	3.44	3.45	3.46	3.47	3.47
	0.01	4.10	4.30	4.41	4.50	4.56	4.63	4.68	4.72	4.75	4.80	4.83	4.86	4.88	4.89
18	0.05	2.97	3.12	3.21	3.27	3.32	3.35	3.37	3.39	3.41	3.43	3.45	3.46	3.47	3.47
	0.01	4.07	4.27	4.38	4.46	4.53	4.59	4.64	4.68	4.71	4.76	4.79	4.82	4.84	4.85
19	0.05	2.96	3.11	3.19	3.26	3.31	3.35	3.37	3.39	3.41	3.43	3.44	3.46	3.47	3.47
	0.01	4.05	4.24	4.35	4.43	4.50	4.56	4.61	4.64	4.67	4.72	4.76	4.79	4.81	4.82
20	0.05	2.95	3.10	3.18	3.25	3.30	3.34	3.36	3.38	3.40	3.43	3.44	3.46	3.46	3.47
	0.01	4.02	4.22	4.33	4.40	4.47	4.53	4.58	4.61	4.65	4.69	4.73	4.76	4.78	4.79
22	0.05	2.93	3.08	3.17	3.24	3.29	3.32	3.35	3.37	3.39	3.42	3.44	3.45	3.46	3.47
	0.01	3.99	4.17	4.28	4.36	4.42	4.48	4.53	4.57	4.60	4.65	4.68	4.71	4.74	4.75
24	0.05	2.92	3.07	3.15	3.22	3.28	3.31	3.34	3.37	3.38	3.41	3.44	3.45	3.46	3.47
	0.01	3.96	4.14	4.24	4.33	4.39	4.44	4.49	4.53	4.57	4.62	4.64	4.67	4.70	4.72
26	0.05	2.91	3.06	3.14	3.21	3.27	3.30	3.34	3.36	3.38	3.41	3.43	3.45	3.46	3.47
	0.01	3.93	4.11	4.21	4.30	4.36	4.41	4.46	4.50	4.53	4.58	4.62	4.65	4.67	4.69
28	0.05	2.90	3.04	3.13	3.20	3.26	3.30	3.33	3.35	3.37	3.40	3.43	3.45	3.46	3.47
	0.01	3.91	4.08	4.18	4.28	4.34	4.39	4.43	4.47	4.51	4.56	4.60	4.62	4.65	4.67
30	0.05	2.89	3.04	3.12	3.20	3.25	3.29	3.32	3.35	3.37	3.40	3.43	3.44	3.46	3.47
	0.01	3.89	4.06	4.16	4.22	4.32	4.36	4.41	4.45	4.48	4.54	4.58	4.61	4.63	4.65
40	0.05	2.86	3.01	3.10	3.17	3.22	3.27	3.30	3.33	3.35	3.39	3.42	3.44	3.46	3.47
	0.01	3.82	3.99	4.10	4.17	4.24	4.30	4.31	4.37	4.41	4.46	4.51	4.54	4.57	4.59
60	0.05	2.83	2.98	3.08	3.14	3.20	3.24	3.28	3.31	3.33	3.37	3.40	3.43	3.45	3.47
	0.01	3.76	3.92	4.03	4.12	4.17	4.23	4.27	4.31	4.34	4.39	4.44	4.47	4.50	4.53
100	0.05	2.80	2.95	3.05	3.12	3.18	3.22	3.26	3.29	3.32	3.36	3.40	3.42	3.45	3.47
	0.01	3.71	3.86	3.98	4.06	4.11	4.17	4.21	4.25	4.29	4.35	4.38	4.42	4.45	4.48
∞	0.05	2.77	2.92	3.02	3.09	3.15	3.19	3.23	3.26	3.29	3.34	3.38	3.41	3.44	3.47
	0.01	3.64	3.80	3.90	3.98	4.04	4.09	4.14	4.17	4.20	4.26	4.31	4.34	4.38	4.41

附表 8 χ^2 值表（右尾）

df	概率 p									
	0.995	0.990	0.975	0.950	0.900	0.100	0.050	0.025	0.010	0.005
1					0.02	2.71	3.84	5.02	6.63	7.88
2	0.01	0.02	0.05	0.10	0.21	4.61	5.99	7.38	9.21	10.60
3	0.07	0.11	0.22	0.35	0.58	6.25	7.81	9.35	11.34	12.84
4	0.21	0.30	0.48	0.71	1.06	7.78	9.49	11.14	13.28	14.86
5	0.41	0.55	0.83	1.15	1.61	9.24	11.07	12.83	15.09	16.75
6	0.68	0.87	1.24	1.64	2.20	10.64	12.59	14.45	16.81	18.55
7	0.99	1.24	1.69	2.17	2.83	12.02	14.07	16.01	18.48	20.28
8	1.34	1.65	2.18	2.73	3.49	13.36	15.51	17.53	20.09	21.96
9	1.73	2.09	2.70	3.33	4.17	14.68	16.92	19.02	21.69	23.59
10	2.16	2.56	3.25	3.94	4.87	15.99	18.31	20.48	23.21	25.19
11	2.60	3.05	3.82	4.57	5.58	17.28	19.68	21.92	24.72	26.76
12	3.07	3.57	4.40	5.23	6.30	18.55	21.03	23.34	26.22	28.30
13	3.57	4.11	5.01	5.89	7.04	19.81	22.36	24.74	27.69	29.82
14	4.07	4.66	5.63	6.57	7.79	21.06	23.68	26.12	29.14	31.32
15	4.60	5.23	6.27	7.26	8.55	22.31	25.00	27.49	30.58	32.80
16	5.14	5.81	6.91	7.96	9.31	23.54	26.30	28.85	32.00	34.27
17	5.70	6.41	7.56	8.67	10.09	24.77	27.59	30.19	33.41	35.72
18	6.26	7.01	8.23	9.39	10.86	25.99	28.87	31.53	34.81	37.16
19	5.84	7.63	8.91	10.12	11.65	27.20	30.14	32.85	36.19	38.58
20	7.43	8.26	9.59	10.85	12.44	28.41	31.41	34.17	37.57	40.00
21	8.03	8.90	10.28	11.59	13.24	29.62	32.67	35.48	38.93	41.40
22	8.64	9.54	10.98	12.34	14.04	30.81	33.92	36.78	40.29	42.80
23	9.26	10.20	11.69	13.09	14.85	32.01	35.17	38.08	41.64	44.18
24	9.89	10.86	12.40	13.85	15.66	33.20	36.42	39.36	42.98	45.56
25	10.52	11.52	13.12	14.61	16.47	34.38	37.65	40.65	44.31	46.93
26	11.16	12.20	13.84	15.38	17.29	35.56	38.89	41.92	45.61	48.29
27	11.81	12.88	14.57	16.15	18.11	36.74	40.11	43.19	46.96	49.64
28	12.46	13.56	15.31	16.93	18.94	37.92	41.34	44.46	48.28	50.99
29	13.12	14.26	16.05	17.71	19.77	39.09	42.56	45.72	49.59	52.34
30	13.79	14.95	16.79	18.49	20.60	40.26	43.77	46.98	50.89	53.67
40	20.71	22.16	24.43	26.51	29.05	51.80	55.76	59.34	63.69	66.77
50	27.99	29.71	32.36	34.76	37.69	63.17	67.50	71.42	76.15	79.49
60	35.53	37.48	40.48	43.19	46.46	74.40	79.08	83.30	88.38	91.95
70	43.28	45.44	48.76	51.74	55.33	85.53	90.53	95.02	100.42	104.22
80	51.17	53.54	57.15	60.39	64.28	96.58	101.88	106.03	112.33	116.32
90	59.20	61.75	65.65	69.13	73.29	107.56	113.14	118.14	124.12	128.30
100	67.33	70.06	74.22	77.93	82.36	118.50	124.34	129.56	135.81	140.17

附表9　r 与 R 临界值表

df	α	变量总个数 M				df	α	变量总个数 M			
		2	3	4	5			2	3	4	5
1	0.05	0.997	0.999	0.999	0.999	24	0.05	0.388	0.470	0.523	0.562
	0.01	1.000	1.000	1.000	1.000		0.01	0.496	0.565	0.609	0.642
2	0.05	0.950	0.975	0.983	0.987	25	0.05	0.381	0.462	0.514	0.553
	0.01	0.990	0.995	0.997	0.998		0.01	0.487	0.555	0.600	0.633
3	0.05	0.878	0.930	0.950	0.961	26	0.05	0.374	0.454	0.506	0.545
	0.01	0.959	0.976	0.982	0.987		0.01	0.478	0.546	0.590	0.624
4	0.05	0.811	0.881	0.912	0.930	27	0.05	0.367	0.446	0.498	0.536
	0.01	0.917	0.949	0.962	0.970		0.01	0.470	0.538	0.582	0.615
5	0.05	0.754	0.863	0.874	0.898	28	0.05	0.361	0.439	0.490	0.529
	0.01	0.874	0.917	0.937	0.949		0.01	0.463	0.530	0.573	0.606
6	0.05	0.707	0.795	0.839	0.867	29	0.05	0.355	0.432	0.482	0.521
	0.01	0.834	0.886	0.911	0.927		0.01	0.456	0.522	0.565	0.598
7	0.05	0.666	0.758	0.807	0.838	30	0.05	0.349	0.426	0.476	0.514
	0.01	0.798	0.855	0.885	0.904		0.01	0.449	0.514	0.558	0.519
8	0.05	0.632	0.726	0.777	0.811	35	0.05	0.325	0.397	0.445	0.482
	0.01	0.765	0.827	0.860	0.882		0.01	0.418	0.481	0.523	0.556
9	0.05	0.602	0.697	0.750	0.786	40	0.05	0.304	0.373	0.419	0.455
	0.01	0.735	0.800	0.836	0.861		0.01	0.393	0.454	0.494	0.526
10	0.05	0.576	0.671	0.726	0.763	45	0.05	0.288	0.353	0.397	0.432
	0.01	0.708	0.776	0.814	0.840		0.01	0.372	0.430	0.470	0.501
11	0.05	0.553	0.648	0.703	0.741	50	0.05	0.273	0.336	0.379	0.412
	0.01	0.684	0.753	0.793	0.821		0.01	0.354	0.410	0.449	0.479
12	0.05	0.532	0.627	0.683	0.722	60	0.05	0.250	0.308	0.348	0.380
	0.01	0.661	0.732	0.773	0.802		0.01	0.325	0.377	0.414	0.442
13	0.05	0.514	0.608	0.664	0.703	70	0.05	0.232	0.286	0.324	0.354
	0.01	0.641	0.712	0.755	0.785		0.01	0.302	0.351	0.386	0.413
14	0.05	0.497	0.590	0.646	0.686	80	0.05	0.217	0.269	0.304	0.332
	0.01	0.623	0.694	0.737	0.768		0.01	0.283	0.330	0.362	0.389
15	0.05	0.482	0.574	0.630	0.670	90	0.05	0.205	0.254	0.288	0.315
	0.01	0.606	0.677	0.721	0.752		0.01	0.267	0.312	0.343	0.368
16	0.05	0.468	0.559	0.615	0.655	100	0.05	0.195	0.241	0.274	0.300
	0.01	0.590	0.662	0.706	0.738		0.01	0.254	0.297	0.327	0.351
17	0.05	0.456	0.545	0.601	0.641	125	0.05	0.174	0.216	0.246	0.269
	0.01	0.575	0.647	0.691	0.724		0.01	0.228	0.266	0.294	0.316
18	0.05	0.444	0.532	0.587	0.628	150	0.05	0.159	0.198	0.225	0.247
	0.01	0.561	0.633	0.678	0.710		0.01	0.208	0.244	0.270	0.290
19	0.05	0.433	0.520	0.575	0.615	200	0.05	0.138	0.172	0.196	0.215
	0.01	0.549	0.620	0.665	0.698		0.01	0.181	0.212	0.234	0.253
20	0.05	0.423	0.509	0.563	0.604	300	0.05	0.113	0.141	0.160	0.176
	0.01	0.537	0.608	0.652	0.685		0.01	0.148	0.174	0.192	0.208
21	0.05	0.413	0.498	0.522	0.592	400	0.05	0.098	0.122	0.139	0.153
	0.01	0.526	0.596	0.641	0.674		0.01	0.128	0.151	0.167	0.180
22	0.05	0.404	0.488	0.542	0.582	500	0.05	0.088	0.109	0.124	0.137
	0.01	0.515	0.585	0.630	0.663		0.01	0.115	0.135	0.150	0.162
23	0.05	0.396	0.479	0.532	0.572	1000	0.05	0.062	0.077	0.088	0.097
	0.01	0.505	0.574	0.619	0.652		0.01	0.081	0.096	0.106	0.115

附表 10　常用正交表

（1）　$L_4(2^3)$

处理	列号		
	1	2	3
1	1	1	1
2	1	2	2
3	2	1	2
4	2	2	1

注：任两列间的交互作用为另外一列

（2）　$L_8(2^7)$

处理	列号						
	1	2	3	4	5	6	7
1	1	1	1	1	1	1	1
2	1	1	1	2	2	2	2
3	1	2	2	1	1	2	2
4	1	2	2	2	2	1	1
5	2	1	2	1	2	1	2
6	2	1	2	2	1	2	1
7	2	2	1	1	2	2	1
8	2	2	1	2	1	1	2

$L_8(2^7)$ 表头设计

因素数	列号						
	1	2	3	4	5	6	7
3	A	B	$A \times B$	C	$A \times C$	$B \times C$	
4	A	B	$A \times B$ $C \times D$	C	$A \times C$ $B \times D$	$B \times C$ $A \times D$	D
4	A	B $C \times D$	$A \times B$	C $B \times D$	$A \times C$	D $B \times C$	$A \times D$
5	A $D \times E$	B $C \times D$	$A \times B$ $C \times E$	C $B \times D$	$A \times C$ $B \times E$	D $A \times E$ $B \times C$	E $A \times B$

$L_8(2^7)$ 二列间的交互作用表

列号	1	2	3	4	5	6	7
1	(1)	3	2	5	4	7	6
2		(2)	1	6	7	4	5
3			(3)	7	6	5	4

列号	1	2	3	4	5	6	7
4				(4)	1	2	3
5					(5)	3	2
6						(6)	1
7							(7)

（3）　$L_8(4 \times 2^4)$

处理	列号				
	1	2	3	4	5
1	1	1	1	1	1
2	1	2	2	2	2
3	2	1	1	2	2
4	2	2	2	1	1
5	3	1	2	1	2
6	3	2	1	2	1
7	4	1	2	2	1
8	4	2	1	1	2

（4）　$L_9(3^4)$

处理	列号			
	1	2	3	4
1	1	1	1	1
2	1	2	2	2
3	1	3	3	3
4	2	1	2	3
5	2	2	3	1
6	2	3	1	2
7	3	1	3	2
8	3	2	1	3
9	3	3	2	1

注：任意两列间的交互作用为另外两列

（5）　$L_{16}(4^5)$

处理	列号				
	1	2	3	4	5
1	1	1	1	1	1
2	1	2	2	2	2
3	1	3	3	3	3
4	1	4	4	4	4
5	2	1	2	3	4
6	2	2	1	4	3
7	2	3	4	1	2
8	2	4	3	2	1

续表

处理	列号				
	1	2	3	4	5
9	3	1	3	4	2
10	3	2	4	3	1
11	3	3	1	2	4
12	3	4	2	1	3
13	4	1	4	2	3
14	4	2	3	1	4
15	4	3	2	4	1
16	4	4	1	3	2

注：任意两列间的交互作用为另外三列